装备科技译著出版基金

高新制造业
静电与微污染控制

*Contamination and ESD Control in
High-Technology Manufacturing*

[美]罗杰·W. 威尔克（Roger W. Welker）
[印]罗曼纳森·尼甘拉加（R. Nagarajan） 著
[美]卡尔·E. 钮伯格（Carl E. Newberg）

季启政 韩炎晖 何积浩 程千钉 译

国防工业出版社
·北京·

著作权合同登记　图字:01-2022-4049 号

图书在版编目(CIP)数据

高新制造业静电与微污染控制/(美)罗杰·W. 威尔克(Roger W. Welker),(印)罗曼纳森·尼甘拉加(R. Nagarajan),(美)卡尔·E. 钮伯格(Carl E. Newberg)著;季启政等译. —北京:国防工业出版社,2023.2

书名原文:Contamination and ESD Control in High-Technology Manufacturing

ISBN 978-7-118-12727-0

Ⅰ.①高… Ⅱ.①罗… ②罗… ③卡… ④季… Ⅲ.①电子工业-防静电 ②电子工业-微污染-污染控制 Ⅳ.①X76

中国国家版本馆 CIP 数据核字(2023)第 022604 号

Contamination and ESD Control in High-Technology Manufacturing (9780471414520/0471414522) by Roger W. Welker, R. Nagarajan and Carl E. Newberg

Copyright © 2006 by John Wiley & Sons, Inc., Hoboken, New Jersey.

All Rights Reserved. This translation published under license. Authorized translation from the English language edition, Published by John Wiley & Sons. No part of this book may be reproduced in any form without the written permission of the original copyrights holder.

Copies of this book sold without a Wiley sticker on the cover are unauthorized and illegal.

本书中文简体中文字版专有翻译出版权由 John Wiley & Sons, Inc. 公司授予国防工业出版社。未经许可,不得以任何手段和形式复制或抄袭本书内容。

本书封底贴有 Wiley 防伪标签,无标签者不得销售。

※

国防工业出版社出版发行

(北京市海淀区紫竹院南路 23 号　邮政编码 100048)
三河市腾飞印务有限公司印刷
新华书店经售

＊

开本 710×1000　1/16　印张 32¼　字数 554 千字
2023 年 2 月第 1 版第 1 次印刷　印数 1—1500 册　定价 278.00 元

(本书如有印装错误,我社负责调换)

国防书店:(010)88540777　　书店传真:(010)88540776
发行业务:(010)88540717　　发行传真:(010)88540762

序

静电放电与微污染是当今高科技产品,尤其是宇航产品、武器装备产品研制、生产过程中面临的重要问题,其关系到在轨卫星、宇宙飞船以及武器装备型号的可靠性和安全性。在微电子芯片制造、仪器精密加工等领域,静电与微污染控制也十分重要。因此,深入理解静电放电控制与微污染控制的关系及其对敏感电子产品性能的影响就变得尤为重要。国内外出版过一些有关静电防护或污染物控制的专著,然而多数只是对静电控制或微污染控制的某一方面进行论述。对于从事相关工作的学者来说,迫切需要一本能将二者相结合进行分析、阐述的著作来指导他们的工作,这对于提升读者技术水平、拓宽研究思路、激发研究灵感具有重要意义。

Contamination and ESD Control in High-Technology Manufacturing 一书视角独特,融入了多学科的交叉内容,注重理论与实践相结合,从系统顶层视角对高新制造环境中的静电与微污染控制问题进行阐释,介绍了静电与微污染控制基础知识、静电与微污染问题的分析方法、静电与微污染控制条件的构建等,并穿插了大量有关静电放电与微污染控制的案例与操作方法,总结了工程实践经验,内容结构完整,对于我国高新制造业静电与微污染控制,特别是航天型号以及武器装备产品研制生产现场管理,包括科研设备设施和多余物的管控以及敏感电子产品的制造、装联、测试、检验、试验、包装、储存、运输、使用等全过程的静电防护等具有很强的指导作用,是一本不可多得的优秀学术专著。

为方便我国读者学习、参考,中国航天科技集团有限公司第五研究院第五一四研究所组织了专业技术人员,对该书英文版进行了翻译。译者一直致力于静电与微污染控制方面的研究工作,对该领域的理论知识及工程技术有较深入的了解,具有丰富的出版专著、编制标准的经验。本书翻译严谨、专业,语言表述清晰、流畅,对于从事航空航天、武器装备、电子工程、通信工程、半导体技术、计算机与信息工程、质量控制等工作的科研人员、工程技术人员和管理人员具有很高的参考价值,通过本书可以更好地了解和掌握国外在静电与微污染控制方面的研究动态。

党的十九大报告提出了"质量强国"的要求，国家"十四五"规划也明确指出要"加快推进制造强国、质量强国建设"，在深入实施制造强国战略、实现第二个百年奋斗目标的征程中，希望有更多的读者朋友通过阅读本书投身到我国静电与微污染控制领域的学习与研究中去，为我国静电与微污染控制专业发展、高新制造业质量能力的提升以及航天强国和质量强国建设做出贡献。同时，也殷切地期望译者在今后的学术道路上不懈努力、钻研创新、勇攀高峰。

2022 年 6 月

刘尚合，中国工程院院士，陆军工程大学教授，电磁环境效应国家级重点实验室学术委员会主任，石家庄铁道大学一级教授，中国信息与电子工程科技"电磁场与电磁环境效应"学科领域首席专家，国防预研电磁兼容及防护技术专业组专家，国家重点学科学术带头人。

译者序

静电放电与污染问题在电子产品制造过程中广泛存在，是影响高新制造业电子产品质量的重要因素，尤其对于航天行业，受到静电放电潜在性损伤或污染的产品将会导致在轨卫星、飞船、武器装备等发生重大故障或产生事故隐患，因此在宇航产品、武器装备的科研生产与环境条件建设过程中，需要重点关注静电放电与污染控制问题。而污染与静电放电控制两门专业都是极具交叉性的专业学科，不仅涉及物理、化学、电子、电磁，还涉及材料、工程、管理、暖通等，同时研究清楚这两门专业难度极大，导致用于污染与静电放电控制实践、教育、科研的专著一直较为匮乏，与制造生产实际相符合的专著少之又少，能够综合制造环境整体要求的专著更是少见。

原著正是一本针对性研究高新制造业电子产品制造环境中污染与静电放电控制的专著，不仅详细阐述了高新制造环境中，尤其是洁净室中，污染与静电放电控制的内在联系，给出了污染源与静电源的控制技术与管理要求，还明确了它们涉及的联动控制方法、技术配置和测试要求等，所举案例准确、代表性强，具有极高的适用性。

2018年以来，我国开始加快发展"新型基础设施建设"，5G基建、大数据中心等新一代信息技术关键领域的发展对于电子产品制造环境的控制水平要求不断提升，本书的翻译出版将在很大程度上为相关产业高质量发展，尤其是宇航与武器装备电子产品研制、精密半导体生产现场规范化建设和管理提供指导。同时，本书也可用于静电与污染控制领域的科研与教学工作，具有很高的实用价值和参考价值。

本书由中国航天科技集团有限公司第五研究院第五一四研究所组织翻译，第1章至第3章由季启政翻译，第4章至第6章由韩炎晖、何积浩翻译，第7章至第8章由程千钉、韩炎晖翻译，第9章至第11章由何积浩、程千钉翻译。高志良、张书锋、袁亚飞、朱文凤等参与了全书的审核工作，唐旭、孙丽丽、熊国鸿、李高峰、马姗姗、张卫红、杨铭、冯娜、张宇、路子威等参与了初稿校对工作，在此表示感谢。同时，感谢中国空间技术研究院、国防工业出版社、中国人民解放军陆军工程大学石家庄校区电磁环境效应重点实验室等单位在本书翻译和出版过程中给予的大力支持。

  由于译者水平有限，书中难免存在疏漏之处，恳请广大读者批评指正。

季启政

2021 年 12 月 25 日

前言

随着科技的发展，越来越多的行业认识到污染和静电放电（ESD）是影响产量和可靠性的重要因素。例如，过去人们通常认为污染能够影响诸如半导体、磁盘驱动器、航空航天、制药和医疗器械等行业的发展，如今则发现，污染对汽车、粮食生产和食品加工等行业的影响也很大，行业发展也得益于污染控制技术的进步。静电放电控制技术及其应用亦是如此，受到了各行各业的日益关注。

目前，高等院校并未设立污染控制或静电放电控制专业，因此，工程师或科学家无法获得相应的学位。在静电放电控制领域，可以通过独立的认证机构获得静电放电控制工程师或技术人员的资格认证，然而在污染控制领域，尚无相关的资格认证平台。事实上，机械工程、化学、物理、微生物学、工业工程、电气工程等诸多领域的工程师和科学家们，其科研工作或多或少涉及污染或静电放电控制领域，并且也做出了一定的成绩。然而，尽管从事污染控制和静电放电控制研究的专业人员很多，但对相关研究仍存在一定误区，且重视程度不足。污染控制和静电放电控制的跨学科性质是产生误区的原因之一。对污染或静电放电问题进行全面的解读和分析需要运用多种学科知识，这就使得问题解读和相应的解决方案变得异常复杂且难以理解。然而现实情况下，绝大多数污染或静电放电问题是通过非常简单的分析来解决的，该种分析和解决方案可能缺乏系统性，就像蜻蜓点水，难以触及问题的本质。

此外，长久以来，人们通常认为，有利于污染控制的因素往往不利于静电放电控制，反之亦然。本书也尝试纠正这一观念，探讨污染控制和静电放电控制之间的联系。书中各章节内容概述如下：

（1）第1章和第2章分别介绍了污染控制和静电放电控制的基础知识。

（2）第3章介绍了污染和静电放电问题的分析方法。

（3）第4章介绍了如何构建一个污染和静电放电可控的环境条件，包括洁净室和防静电工作区的设计、布局、构成以及工艺流程等。

（4）第5章分别从供应商和用户的角度对清洁流程以及所需设备进行探讨。

（5）第 6 章详细介绍了洁净室和防静电工作区的工具、设备设施等的设计与认证等，包括受污染和静电放电影响的行业所涉及的材料的选择和评估。

（6）第 7 章介绍了污染和静电荷的连续监测方法及其必要性要求。

（7）第 8 章讨论了洁净室和防静电工作区的耗材及供应品的相关知识。

（8）第 9 章介绍了在洁净室和防静电工作区，"人"可能带来的污染，并探讨了如何控制这种污染，包括如何管控人的行为、制定规章制度等。

（9）第 10 章和第 11 章讨论了洁净室和防静电工作区的环境管理。凡是涉及污染和静电放电的企业，无论规模大小，都需要对洁净室和防静电工作区进行有效的管理。

本书介绍了污染控制和静电放电控制的标准、实现方法，穿插了大量的典型案例，阐述了污染控制和静电放电控制工程中的经验和教训，旨在为污染控制和静电放电控制提供具有可操作性的参考。从这个角度来看，本书可作为一本具有实用性和指导性的"操作指南"。

目 录

第1章 污染控制基础知识 ·············· 1

  1.1 引言 ·············· 1
    1.1.1 污染源 ·············· 1
    1.1.2 污染物黏附力 ·············· 3
    1.1.3 污染控制方法 ·············· 9
  1.2 污染控制术语 ·············· 10
  1.3 空气中和表面上的特定污染 ·············· 13
  1.4 污染来源 ·············· 17
  1.5 污染控制要求 ·············· 19
    1.5.1 空气颗粒物 ·············· 20
    1.5.2 化学蒸气污染控制限值 ·············· 35
    1.5.3 离子污染控制限值 ·············· 37
    1.5.4 磁性污染控制限值 ·············· 38
    1.5.5 表面污染率和空气电离 ·············· 39
    1.5.6 直接接触污染和原位污染 ·············· 40
    1.5.7 气流要求 ·············· 40
    1.5.8 压力要求和外壳排气要求 ·············· 41
    1.5.9 维护要求 ·············· 42
    1.5.10 其他要求 ·············· 45
    1.5.11 本节小结 ·············· 45
  1.6 相关标准 ·············· 45
  参考文献 ·············· 48
  其他读物 ·············· 49

第2章 ESD控制基础 ·············· 50

  2.1 引言和历史回顾 ·············· 50

2.2 静电荷控制术语 · 54
2.3 静电源 · 58
   2.3.1 静电 · 58
   2.3.2 静电充放电的影响 · 67
   2.3.3 高科技静电放电敏感器件的故障模式 · 68
2.4 静电放电控制的要求 · 69
   2.4.1 确定静电放电损害敏感度 · 71
   2.4.2 电爆装置的静电放电建模 · 76
2.5 建立防静电工作场所 · 77
   2.5.1 材料表面电阻率 · 77
   2.5.2 接地 · 79
   2.5.3 识别和访问防静电工作区 · 80
   2.5.4 防静电地板覆盖物 · 80
   2.5.5 工作表面和桌垫 · 83
   2.5.6 腕带接地点 · 85
   2.5.7 空气电离系统 · 85
   2.5.8 相对湿度 · 91
   2.5.9 椅子和凳子 · 92
   2.5.10 垃圾箱 · 93
   2.5.11 阴极射线管显示器 · 94
   2.5.12 场电位限值 · 95
   2.5.13 工具和夹具 · 97
   2.5.14 输送机 · 97
2.6 人员静电放电控制 · 97
   2.6.1 手腕带和螺旋线 · 97
   2.6.2 培训和认证计划 · 98
   2.6.3 洁净室工作服和防静电服 · 100
   2.6.4 鞋束 · 101
   2.6.5 手套、内衬和指套 · 103
2.7 耗材和附件 · 103
   2.7.1 包装 · 103
   2.7.2 干燥剂 · 105
   2.7.3 手提箱、垃圾箱等运输容器 · 105
   2.7.4 笔记本和活页夹 · 106

		2.7.5	棉签和擦拭布	107
		2.7.6	纸	107
		2.7.7	胶带	107
	2.8	个人防护设备及使用程序		107
		2.8.1	腕带和腕带监测器	108
		2.8.2	坐立规则	108
	2.9	静电放电敏感产品运输		109
	2.10	检查和记录保存		109
		2.10.1	每日目测检查	109
		2.10.2	仪器定期检查	110
		2.10.3	测试协议	112
	2.11	静电放电控制方案		115
	2.12	静电放电与污染控制		118
	2.13	有用的参考标准		119
	参考文献			120

第3章 样品采集与分析   123

	3.1	引言		123
	3.2	分析方法分类		123
		3.2.1	功能性实验室测试	125
		3.2.2	非功能性测试：客观实验室测试	128
	3.3	不同介质中的污染物采样方法		137
		3.3.1	空气中的污染物	137
		3.3.2	液体中的污染物	138
		3.3.3	材料表面的污染物	139
	3.4	有机污染物分析方法		140
		3.4.1	水膜残迹测试	140
		3.4.2	接触角法	141
		3.4.3	光激发电子发射法	141
		3.4.4	非挥发性残留物测试	141
		3.4.5	有机物采样方法	142
		3.4.6	大气中心监测系统	143
		3.4.7	化学分析电子光谱法	143
		3.4.8	气相色谱/质谱分析	143

XI

3.4.9 二次离子质谱 ·········· 144
3.5 离子性污染物和无机污染物分析方法 ·········· 144
3.6 静电放电分析方法 ·········· 145
　3.6.1 摩擦起电测试 ·········· 146
　3.6.2 体积电阻和表面电阻测试 ·········· 146
　3.6.3 空气离子发生器测试 ·········· 148
　3.6.4 常见的用于静电放电测试的现场设备 ·········· 149
3.7 数值模拟技术 ·········· 150
3.8 代数预测建模分析 ·········· 151
3.9 统计分析方法 ·········· 151
　3.9.1 基本统计分析工具 ·········· 151
　3.9.2 清洁度测定方法的量具能力分析 ·········· 152
参考文献 ·········· 158
其他读物 ·········· 159

第4章 污染和防静电工作区设计 ·········· 160

4.1 引言 ·········· 160
4.2 洁净室设计基础 ·········· 161
　4.2.1 洁净室定义 ·········· 161
　4.2.2 洁净室运行过程 ·········· 164
　4.2.3 过滤器工作原理 ·········· 164
4.3 洁净室 ·········· 167
　4.3.1 非单向流动（传统或混合流）洁净室 ·········· 168
　4.3.2 非单向流洁净室的空气电离 ·········· 170
　4.3.3 单向流动洁净室：100%过滤器覆盖率 ·········· 170
　4.3.4 单向流洁净室内的空气电离 ·········· 175
　4.3.5 增加穿孔的活动地板 ·········· 175
　4.3.6 利用穿孔活动地板平衡房间气流 ·········· 176
　4.3.7 工具安装后的气流平衡 ·········· 177
　4.3.8 实心工作台面与穿孔工作台面 ·········· 180
　4.3.9 零部件存储位置 ·········· 180
　4.3.10 水平单向流洁净室 ·········· 181
4.4 洁净室建造和运行成本 ·········· 182
4.5 现代节能方法 ·········· 184

            4.5.1　单向流清洁工作台 ·················· 184
            4.5.2　隔离器和微环境 ·················· 186
            4.5.3　特定点位洁净区 ·················· 187
            4.5.4　现有的大开间式洁净室隧道化改造 ·········· 188
            4.5.5　微环境 ······················ 189
        4.6　其他设计注意事项 ····················· 190
            4.6.1　门和风淋室 ···················· 190
            4.6.2　通道 ······················· 191
            4.6.3　设备直通通道 ··················· 192
            4.6.4　服务区 ······················ 192
    参考文献 ····························· 193

第5章　如何获得清洁的零部件：零部件清洗作业 ············ 194
    5.1　引言 ···························· 194
    5.2　历史回顾 ·························· 194
    5.3　粗略清洁度和精确清洁度检验规则 ··············· 197
        5.3.1　清洁度确定方法 ··················· 198
    5.4　可制造性和可清洗性设计 ··················· 201
        5.4.1　可制造性设计指南 ·················· 202
        5.4.2　可清洗性设计指南 ·················· 202
        5.4.3　清洁度间接测定法的可清洗性指标 ··········· 203
        5.4.4　可清洗性设计规划方面应考虑的因素 ·········· 206
        5.4.5　可清洁性设计管理注意事项 ·············· 216
    5.5　工艺设计指南 ························ 216
        5.5.1　使用水溶性切削液 ·················· 217
        5.5.2　通过实施连续流动生产来最大限度地减少
              过程中加工 ···················· 217
        5.5.3　加工后冲洗 ···················· 218
        5.5.4　最终清洁后的零件处理 ················ 218
        5.5.5　焊接和焊剂去除 ··················· 218
        5.5.6　先清洁后组装与先组装后清洁的对比 ·········· 219
    5.6　清洁过程 ·························· 220
        5.6.1　液体浴中的颗粒 ··················· 221
        5.6.2　边界层 ······················ 221

  5.6.3 超声波清洗 ·· 221
  5.6.4 喷雾清洗 ·· 225
  5.6.5 旋转冲洗干燥机清洁 ·································· 229
  5.6.6 蒸气脱脂 ·· 230
  5.6.7 化学清洗 ·· 230
  5.6.8 溶剂清洗 ·· 230
  5.6.9 机械搅拌清洗 ··· 231
  5.6.10 手动清洁 ··· 232
  5.6.11 特殊清洁 ··· 232
 5.7 干燥过程 ·· 234
  5.7.1 旋转冲洗干燥 ··· 235
  5.7.2 强制风干 ·· 235
  5.7.3 真空干燥 ·· 235
  5.7.4 吸附干燥 ·· 236
  5.7.5 化学干燥 ·· 236
 5.8 清洁成本 ·· 236
 5.9 供应商过程污染检查表 ······································· 237
 5.10 案例研究：清洁设备和清洁工艺设计 ···················· 248
 5.11 先清洁后组装与先组装后清洁对比的详细信息 ········ 254
  5.11.1 清洁策略 ··· 255
  5.11.2 案例研究：CTA 和 ATC ··························· 258
  5.11.3 案例研究结果和讨论 ································ 265
 5.12 颗粒粒径分布 ·· 267
  5.12.1 MIL-STD-1246 ····································· 267
  5.12.2 分析方法 ··· 268
  5.12.3 提取方法测试 ··· 268
  5.12.4 结果 ··· 269
 5.13 工具零件清洁 ·· 275
 参考文献 ·· 276

第6章 工具设计和认证 ·· 279

 6.1 引言 ·· 279
  6.1.1 工具设计过程 ··· 280
  6.1.2 工具设计的应用和限制 ······························· 281

- 6.2 污染和 ESD 控制要求 …… 282
- 6.3 维护要求 …… 282
  - 6.3.1 清洁程序（基础知识） …… 283
  - 6.3.2 维护清洁 …… 284
  - 6.3.3 工程变更 …… 285
  - 6.3.4 需求总结 …… 285
- 6.4 常用备选方案 …… 286
  - 6.4.1 消除产生污染的部件 …… 286
  - 6.4.2 转移产生污染的部件 …… 287
  - 6.4.3 封闭产生污染的部件并和排空出其中的污染 …… 288
- 6.5 材料 …… 295
  - 6.5.1 材料准则 …… 295
  - 6.5.2 磨损指南 …… 300
  - 6.5.3 塑料指南 …… 304
- 6.6 表面处理 …… 310
  - 6.6.1 涂敷油漆 …… 311
  - 6.6.2 阳极氧化和相关处理 …… 312
  - 6.6.3 电镀、电抛光和其他处理 …… 312
  - 6.6.4 涂层注意事项 …… 313
  - 6.6.5 增效涂层 …… 313
  - 6.6.6 涂层的相对耐磨性能 …… 314
  - 6.6.7 表面质地和孔隙度 …… 314
- 6.7 组件的选择和评估 …… 315
  - 6.7.1 气动装置 …… 316
  - 6.7.2 直线运动导轨 …… 316
  - 6.7.3 电动机 …… 316
  - 6.7.4 工艺管道和使用点过滤 …… 318
  - 6.7.5 现场监测设备 …… 318
  - 6.7.6 手动工具 …… 319
- 6.8 工具和工作区布局 …… 320
  - 6.8.1 流量控制机箱、微环境和标准机器接口 …… 320
  - 6.8.2 洁净室工具的组装 …… 324
- 6.9 自动化工具的洁净室认证 …… 327
  - 6.9.1 采样的统计要求 …… 329

  6.9.2 分析设备和方法 ·········· 333
参考文献 ·········· 336
其他读物 ·········· 336

第7章 连续监测 ·········· 337

7.1 引言 ·········· 337
  7.1.1 监测方法 ·········· 338
  7.1.2 传统的尘埃粒子计数 ·········· 339
  7.1.3 关键采样和忙期采样 ·········· 340
  7.1.4 修改的数据收集协议 ·········· 340
  7.1.5 持续进行的关键采样和忙期采样 ·········· 341
  7.1.6 案例研究：传统采样与关键采样和忙期采样的对比 ·········· 341
  7.1.7 粒子生成的趋势、循环和突发模式 ·········· 350
  7.1.8 案例研究：连续监测的其他应用 ·········· 350
  7.1.9 总结和结论 ·········· 352

7.2 连续的污染监测 ·········· 353
  7.2.1 电子多路复用监测 ·········· 353
  7.2.2 气动多路复用粒子监测 ·········· 353

7.3 生产的连续监控 ·········· 354
  7.3.1 空气质量 ·········· 354
  7.3.2 工艺流体纯度 ·········· 358
  7.3.3 100%采样的价值 ·········· 358
  7.3.4 表面清洁度和静电荷 ·········· 361

7.4 在水性清洗应用中对原位监测进行评估 ·········· 362
  7.4.1 实验描述 ·········· 363
  7.4.2 实验结果 ·········· 365
  7.4.3 使用 ISPM 管理 ·········· 375
  7.4.4 结论 ·········· 376

7.5 静电荷监测天线 ·········· 376
参考文献 ·········· 377

第8章 耗材和包装材料 ·········· 379

8.1 引言 ·········· 379

- 8.2 洁净室用手套和防静电手套 ……………………………………… 380
- 8.3 功能性与非功能性测试 …………………………………………… 381
  - 8.3.1 功能性材料认证测试 ………………………………………… 381
  - 8.3.2 非功能性测试：客观实验室测试 …………………………… 382
  - 8.3.3 手套选择时的静电放电考虑因素 …………………………… 384
- 8.4 手套使用策略 ……………………………………………………… 385
- 8.5 初次认证与持续批量认证的需要 ………………………………… 386
- 8.6 手套洗涤 …………………………………………………………… 387
  - 8.6.1 用天然橡胶乳胶手套进行早期观察 ………………………… 387
  - 8.6.2 手套可洗性 …………………………………………………… 388
  - 8.6.3 丁腈手套性能 ………………………………………………… 391
  - 8.6.4 手套洗涤总结 ………………………………………………… 392
- 8.7 手套的静电放电性能 ……………………………………………… 393
  - 8.7.1 静电放电特性的材料选择 …………………………………… 393
  - 8.7.2 洁净室手套和手套内衬的静电放电性能说明 ……………… 394
  - 8.7.3 测试注意事项 ………………………………………………… 395
  - 8.7.4 影响手套静电放电性能的因素 ……………………………… 396
- 8.8 手套洗涤 …………………………………………………………… 401
  - 8.8.1 成本效益问题 ………………………………………………… 402
  - 8.8.2 聚氨酯手套实验室特性 ……………………………………… 402
  - 8.8.3 静电放电性能 ………………………………………………… 404
  - 8.8.4 化学污染 ……………………………………………………… 404
  - 8.8.5 磨损特性 ……………………………………………………… 405
  - 8.8.6 洗涤测试 ……………………………………………………… 406
  - 8.8.7 洗涤和再利用对手套成本的影响 …………………………… 407
  - 8.8.8 结论 …………………………………………………………… 407
- 8.9 擦拭布和洁净棉签 ………………………………………………… 408
  - 8.9.1 选择适用的擦拭布或洁净棉签 ……………………………… 408
- 8.10 可重复使用包装材料和一次性包装材料 ……………………… 411
  - 8.10.1 包装中的静电放电考虑因素 ……………………………… 411
  - 8.10.2 碳填充聚合物 ……………………………………………… 411
  - 8.10.3 金属加载 …………………………………………………… 412
  - 8.10.4 局部结合剂和有机结合剂 ………………………………… 412
  - 8.10.5 共聚物共混物 ……………………………………………… 413

8.11 面部覆盖 ·· 413
参考文献 ·· 414

第9章 人为污染控制与静电控制 ·································· 417

9.1 引言 ·· 417
9.2 人为污染源 ·· 417
9.2.1 皮肤和头发 ·· 418
9.2.2 指纹 ··· 420
9.2.3 细菌和真菌 ·· 421
9.2.4 飞沫 ··· 421
9.2.5 日常服装 ·· 421
9.2.6 其他形式的污染 ······································ 423
9.3 典型的更衣方案 ·· 424
9.3.1 内部套装 ·· 425
9.3.2 发套（蓬松的） ······································ 426
9.3.3 编织手套 ·· 426
9.3.4 阻隔层手套 ·· 427
9.3.5 面罩 ··· 427
9.3.6 头罩和动力头盔 ······································ 428
9.3.7 罩袍、连体服和两件式套装 ·························· 429
9.3.8 鞋套、靴子和特质鞋束 ······························ 431
9.3.9 建议的更衣频率 ······································ 432
9.4 进入洁净室的程序 ·· 433
9.4.1 预更衣室程序 ·· 434
9.4.2 清洁 ··· 434
9.4.3 发罩和面罩 ·· 434
9.4.4 擦鞋器 ··· 436
9.4.5 洗手 ··· 436
9.4.6 换成洁净室服装 ······································ 437
9.4.7 动力头盔 ·· 439
9.4.8 鞋子 ··· 440
9.4.9 擦鞋机和粘垫 ·· 441
9.5 洁净室内行为 ·· 442
9.5.1 洁净室内工作 ·· 443

    9.5.2 HEPA 过滤器 ·················· 444
    9.5.3 调升地板 ······················ 444
    9.5.4 手套意识 ······················ 444
  9.6 洁净室退出程序 ···················· 445
    9.6.1 及膝靴 ·························· 445
    9.6.2 罩袍或连体服 ·············· 445
    9.6.3 头罩 ······························ 445
    9.6.4 发罩、手套和一次性鞋套 ··· 446
  9.7 服装与预期实现等级之间的关系 ······ 446
  9.8 防静电工作区进入程序 ············ 448
    9.8.1 防静电工作区内行为 ··· 449
    9.8.2 洁净室内的防静电工作区 ··· 449
  9.9 服装和洗衣服务 ···················· 450
    9.9.1 服装选项 ······················ 451
    9.9.2 服装清洁度测量 ·········· 451
    9.9.3 面料选择 ······················ 452
    9.9.4 服装设计与制造 ·········· 453
    9.9.5 选择洁净室洗衣服务 ··· 453
  参考文献 ·································· 454

第 10 章 更衣室布局 ···························· 456

  10.1 高效更衣室设计原则 ············ 456
  10.2 案例研究：更衣室 ················ 459
  10.3 进入洁净室 ·························· 470
    10.3.1 计划进入洁净室的行程 ··· 471
    10.3.2 更衣前操作 ················ 472
    10.3.3 洁净室服装的穿衣过程 ··· 472
    10.3.4 整理着装 ···················· 473
  10.4 退出洁净室 ·························· 473
  10.5 其他注意事项 ······················ 476
  参考文献 ·································· 477

第 11 章 程序和文件 ···························· 478

  11.1 文档的层次结构和审核 ········ 478

- 11.2 操作员自检 …………………………………………………… 480
- 11.3 非仪器审核 …………………………………………………… 481
- 11.4 仪器审核 ……………………………………………………… 482
- 11.5 第三方审核 …………………………………………………… 482
- 11.6 审核打分卡使用管理 ………………………………………… 483
- 11.7 典型调查 ……………………………………………………… 485
- 11.8 案例研究：破碎磁体流程 …………………………………… 490
  - 11.8.1 破碎磁体定义 ………………………………………… 491
  - 11.8.2 关于处理破碎磁体程序的建议 ……………………… 491
- 参考文献 …………………………………………………………… 493

第 1 章

污染控制基础知识

1.1 引　　言

污染控制本质上是一个过程，通过该过程使污染物浓度低于某一浓度限值，但这并不意味着污染控制能够完全消除污染。实际上，由于检测能力的限制，我们甚至无法确认是否已经达到零污染。我们所能做的是将污染物浓度控制在当前检测技术所确定的浓度值以下。

不同的领域对污染的定义不尽相同。通用的定义是，污染是能够对过程或结果产生不利影响的任何形式的物质或能量。该定义是一个功能性的定义，不考虑污染物的性质，只关注污染物的作用。根据该定义，污染可以是物质，如颗粒物、薄膜、离子或气体等。污染也可以是过量静电荷，因为静电放电能够导致产品损坏。污染还可以是电磁辐射，如因波长不合适导致的光污染等。一些从事污染研究的工程师甚至把超出一定界限的温度或振动也看作污染，称为热污染和振动污染。污染物的形态有多种，可以是等离子体、气态、液态或固态，也可存在于其他固体、液体以及气体中。

1.1.1 污染源

为了方便区分，通常把污染分为功能性污染和妨害性污染两大类。功能性污染是指能够对产品或过程产生直接不利影响的污染；妨害性污染则是对产品或过程间接产生不利影响的污染。显然，将污染分为上述两类是十分必要的，这就为污染识别和消除污染提供了重点与方向。一般而言，应将功能性污染作为主要的关注点；然而，如果妨害性污染影响广泛，以至于干扰了正常的功能性污染物源识别和消除，也需对其进行关注和处理。也就是说，控制妨害性污染是为间接控制功能性污染这一主要目标服务的。

污染源不一，存在形式多样，存在的区域也很多。污染源包括洁净室、工具、化学品、工艺、零件、耗材和人员等。在污染控制领域，普遍认为人是最重要的污染源，但是这一观点仍有待商榷。比如，人与工具对污染的相对贡献程度取决于操作过程。一个物料搬运和产品制造都由工人操作的工厂，同一个仅配有少量工作人员、生产过程完全自动化的工厂相比，人产生的污染比例肯定不同。另一个可供参考的例子是隔离外壳和标准机器接口（SMIF）在产品及其生产过程中的应用。在SMIF推广初期，人们普遍认为，SMIF技术的应用将降低对洁净室的要求和需求，工作人员无须穿防护服便可以在洁净室中工作，也不需要污染连续性监测。工作人员需要进入隔离环境进行维护保养，事实上隔离环境本身也会放大工具产生的污染，因此多数情况下这一设想并不能实现，这再次强调了污染连续性监测的必要性。

各种类别的污染源占总污染的比例可通过多种可视化形式呈现，帕累托图（图1.1）和饼图（图1.2）就是非常有用的图形表现形式，能快速地了解问题产生的根源，锁定整改与改进的重点。从图1.1和图1.2可以看出，在该特定环境中，工具和人是最重要的污染源，占污染百分比的一半以上。那么这样的图是如何得到的呢？

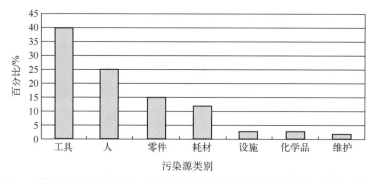

图1.1 某环境中污染源占比示意图（帕累托图，能快速确定主要影响因素）

一种方法是检查返工产品的故障分析报告，找到由污染因素导致的故障案例，然后分析污染物性质，将其归入相应的类别。例如，衣物纤维、皮肤碎屑等明显与人有关，由此将污染导致的故障归因于人为因素。

当然，通过对污染物的材质分析，也会发现污染类型可能不止一种。举例来说，假设通过鉴定识别出由某种特定的合金制成的铝颗粒时，如果某些零件和某些工具的部件都是由这种特定的铝合金制成的，则无法明确导致故障的污染来源于哪种。在上述例子中，两种都可能是污染源，导致故障的概

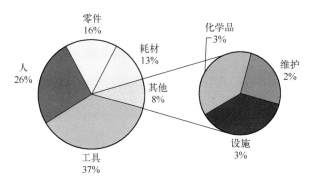

图1.2 某环境中污染源占比示意图（饼图，能说明各类污染源的相对重要性）

率各占一半。

此外，还可用其他不依赖于故障分析报告的方法来分析污染的影响，特别是返工产品数量相对较少时尤其有用。该方法是对成品率损失进行分析。采用与现场故障测试相似的方法，对可能造成产量降低的污染进行检测。有理由相信，与返工产品故障分析相比，产量分析是解决污染问题的一种更有效的方法（主动性分析而非被动性分析）。特别是当测试经过精心设计，能够很好地预测现场故障时，产量分析的优势更加明显。

1.1.2 污染物黏附力

影响污染物黏附力的因素也多种多样。

1. 范德瓦耳斯力

范德瓦耳斯力是由两物体相互靠近而产生的，普遍存在于各种原子和分子间的一种吸引力。分子间距越来越小时，吸引力也会增加。理论上来讲，这是由于电荷位移导致的（同性电荷相斥）。因此，紧密排列在物体表面上的电子会排斥邻近排列不紧密的物体表面上的电子。这种电子斥力使物体表面带相反电荷，从而使其相互吸引。当分子靠近到一定程度时会通过电子或质子的斥力产生排斥。范德瓦耳斯力吸引力和排斥力如图1.3所示。

导致污染物黏附到物体表面的所有作用力中，范德瓦耳斯力被认为是最弱的一种，但由于其广泛存在，不应低估其重要性。理论上，不同物体表面之间的接触面积越大，范德瓦耳斯力的作用就越大。当物体接触面为刚性材质且不易变形时，若二者表面相互靠近，它们之间的范德瓦耳斯吸引力会快速增大到最大值，然后保持稳定状态。相反，如果相接触的物体表面为易变形材料，两者互相接触时，接触面会变形，从而使接触面积增大，物体之间的黏附力也相应增加（弹性聚合物黏附力较大，通常难以清洗）。

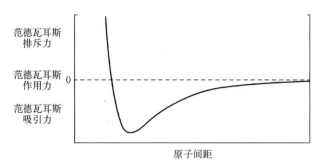

图 1.3 范德瓦耳斯吸引力和排斥力的关系

对于球形颗粒，若接触面光滑，则由范德瓦耳斯作用引起的黏附力计算公式如下：

$$F_{adh} = \frac{Ad}{12x^2}$$

式中：A 为 Hamaker 常数，取决于颗粒和物体表面的材料，不同材料数值不同，一般物质的 Hamaker 常数数量级为 10^{-19} J 或 10^{-18} J；d 为球形颗粒的直径；x 为颗粒与表面的距离，颗粒和表面的距离不可能为零。

2. 静电引力

能够将颗粒物黏附到非导电表面的第二类作用力是静电引力，其计算公式如下：

$$F_E = \frac{K_E q^2}{x^2}$$

式中：K_E 为常数（9.0×10^9 N·m^2/C^2，国际单位制）；q 为粒子所带电荷（C）；x 为颗粒的直径（m）。

对于直径大于或等于 100nm 的粒子，平衡电荷 q 大致与颗粒直径的平方成正比，因此计算得到的静电引力也与颗粒直径成正比（与范德瓦耳斯力一样）。带电粒子通过库仑吸引力黏附到带相反电荷的物体表面。但并不需要两个物体表面都带电。带电颗粒可被不带电的中性表面吸附就是一个典例。

过量电荷在污染中起着十分重要的作用。一旦累积过量，电荷就会击穿介质，释放能量，产生放电现象（静电放电（ESD）），从而导致仪器或部件损坏。静电放电是一种常见的放电现象。但是，电荷也加重了污染问题。换句话说，表面或颗粒上的电荷能够通过静电吸引（ESA）增大表面污染程度。物体表面的过量电荷会产生静电场，导致带相反电荷的颗粒沉积加速，从而加快了污染产生速度。物体表面沉积的颗粒物的数量与以下因素成正比：①粒子电荷和浓度；②单位面积静电电荷量；③暴露持续时间。

实验已经表明,带电粒子能够被带相反电荷的表面和不带电荷的表面吸引,但是带电表面几乎不吸引空气中不带电的悬浮粒子。当然,由于大多数颗粒物在产生时就已经带有电荷,所以通常情况下,在洁净室环境条件下很少存在不带电的中性粒子。

图 1.4 所示为静电吸引原理示意图:带电量为 $-q$ 的粒子被吸引到单位面积(A)带电量为 $+Q$ 的表面(粒子和表面极性相反)。图 1.5 所示为表面不带电、粒子带电的情形。粒子所带电荷排斥表面上的同性电荷,使得与粒子电性相反的电荷在粒子直接接触的表面及其周边区域聚集。由于异性电荷相吸,因此,尽管开始时表面呈现不带电的中性状态,带电粒子上的电荷也能使粒子吸附到表面。

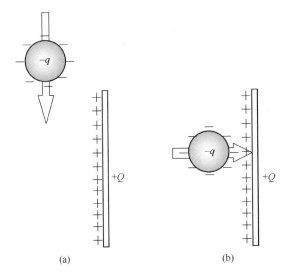

图 1.4 带电粒子对带相反电荷的表面的静电引力
(a) 粒子未受表面电荷影响,只在垂直运动;(b) 粒子的垂直运动使其进入带电表面的静电场,静电引力使得粒子发生水平运动。

对于图 1.4 所示情形,当粒子所带电荷为 q,表面带有极性相反的电荷 Q 时,沉积在表面上的粒子总数大致为

$$N = cqEBAt$$

式中:N 为沉积粒子总数;c 为空气中的粒子浓度;q 为粒子所带电荷,以库仑计;E 为表面电场强度;B 为粒子的机械迁移率;A 为电荷 Q 均匀分布的表面面积;t 为时间。

图 1.6 所示为在垂直单向流洁净室中,电荷对洁净室表面污染沉积的影响。粒子直径范围为 0.01~10μm(粒子直径大于 5μm 时,静电荷对沉积速率

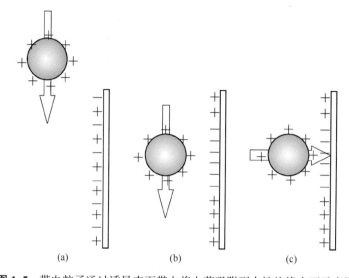

图1.5 带电粒子通过诱导表面带电将电荷吸附到中性绝缘表面示意图

(a) 带电量为+q的粒子接近中性表面;(b) 粒子上的正电荷使表面局部带负电,产生极性相反的"镜像电荷";(c) 带电粒子被镜像电荷吸引到表面。

的影响可忽略不计)。

n_b描述的是粒子电荷的波尔兹曼平衡分布状态。当$n_b=0$时,粒子不带电,但通常极少存在这种情形,因为粒子在产生的过程中一般会带上电荷。当$n_b=1$时,对应的是粒子暴露于双极空气离子云中的电荷分布,通常认为该情形是气溶胶颗粒的最小电荷状态。当$n_b=10$时,是洁净室中气溶胶最可能的电荷状态,因此该条件下的粒子沉积速率变化曲线最具实际意义。

E表示洁净室内表面的电荷状态。$E=100V/cm$(250V/in①)介于洁净室有空气电离的预期电荷状态(通常控制在±100以内)和无空气电离的实际电荷状态之间。图1.6中$n_b=10$,$E=1000V/cm$(2500V/in)时的粒子的沉积速率曲线,表示的是无空气电离的洁净室中预期的粒子沉积速率变化。

人们对洁净室中带电硅晶片上的粒子沉积现象做了很多的研究工作。Liu和Ahn[1]以及Cooper等[2]预测,无静电效应时,粒子沉积速率约为0.001~0.01cm/s。Pui等[3]在实验室条件下,通过具有最小电荷(静电效应最小)的单分散荧光粒子证实了这一预测。Wu等[4]发现,在洁净室中未接地晶圆上的粒子沉积速度大约比接地晶圆上的粒子沉积速度高一个数量级。Cooper等在相当于空气洁净度等级为美国联邦标准209(FED-STD-209)100级(相

---

① in表示英寸,1in=2.54cm。

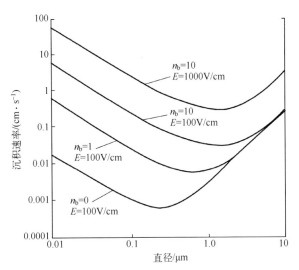

图1.6 粒子电荷和表面电荷对洁净室表面沉积污染的影响（最下面的曲线表示 $n_b = 0$、$E = 100V/cm$ 的情形，一般在实际中无法观察到，因为通常粒子在产生的过程中会带上电荷。第二条曲线，$n_b = 1$、$E = 100V/cm$，可代表洁净室中能够观察到的沉积速率的下限。上面的两条曲线，$n_b = 10$、$E = 100V/cm$ 和 $n_b = 10$、$E = 1000V/cm$，能够涵盖大多数无空气电离的洁净室的污染情形）

当于ISO 14644 5级）的洁净室粒径分布条件下，采用最小电荷分布（玻尔兹曼平衡分布）方法开展研究，得出在重力和扩散的联合作用条件下，在 $E = 100V/cm$ 低电场条件下产生的颗粒物沉积要比无静电场时高一个数量级。更多内容详见Donovan的专著[5]。

计算吸附到表面的颗粒数（粒径为 d）的基本公式如下：

$$N = cqEBAt$$

可通过以下方式对污染物或颗粒数进行控制[6]：

（1）通过标准污染控制方法，将空气中的粒子浓度 c 保持在最低水平。

（2）通过空气电离发生器，使粒子所带电荷 q 保持最低。

（3）通过阻止表面带电、接地泄放表面电荷、使用双极（正极和负极）空气电离发生器中和表面电荷，或用接地的防静电布湿擦等措施，将静电场 $E = kQ/A$ 最小化。前人已经证实，在制造行业的洁净室中，双极空气电离发生器是非常有用的洁净控制措施[7]。

（4）尽量缩短暴露时间 t。

表面带电会使得带电粒子的沉积量增加。单位面积的沉积速率与电场强度、粒子电荷以及粒子浓度成正比。目前标准的污染控制流程可降低粒子浓度，空气电离技术以及其他静电控制技术能够降低粒子和表面所带电荷，从而降低颗粒物污染。

3. 毛细作用力

能够将污染物黏附到表面的第三类作用力是毛细作用力。由于空气潮湿，水蒸气在两个物体间的间隙里凝结，产生一层毛细管薄膜，使物体间接触面积增大、范德瓦耳斯引力增大。随着水蒸气挥发，黏附力迅速增加。

毛细作用力近似与粒子和表面之间形成的毛细管桥的表面张力成正比。但需要注意的是，液体与颗粒物、表面或空气中物质间的吸力会改变液体的表面张力，因此纯液体表面张力不能很好地预测毛细作用力的大小。

在两个物体之间形成的毛细管桥以及由此引起的二者之间吸引力的增加，对表面的清洁能力具有很大的影响。接触面积的增加直接导致吸引力增大，从而分离两个物体所需的作用力也随之增大。由于随着水蒸气挥发，液体薄膜干燥，会造成黏附力增加，因此及时清洁非常关键。图1.7所示为颗粒和表面之间形成毛细管桥导致二者接触表面积增加。

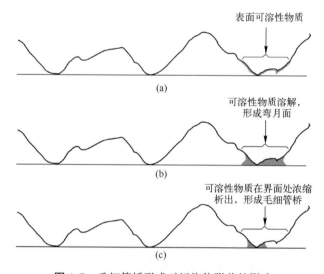

图1.7 毛细管桥形成对污染物附着的影响
(a) 污染物与表面仅有点接触；(b) 可溶性物质暴露于溶剂含量高的空气中，发生溶解，形成弯月面；
(c) 溶剂蒸发，溶质浓缩析出，形成毛细管桥。

形成毛细管桥的物质的化学特性及其经历的化学过程很大程度上能够影响污染的清除效率。例如，某些形成毛细管桥的物质能溶于极性液体（如水）中，但不能被非极性溶剂溶解，因此用非极性溶剂无法清除该类极性物质形成的污染物。此外，污染形成的相对湿度环境也能够影响其化学过程进而影响清除效率。相对湿度较低时，固体化学物质可能只是被吸附在物体表面形成固体污染物，污染物与表面之间的界面不会润湿，即无法形成毛细管桥。但如果这些固体化学物质暴露于相对湿度较高的环境中，则可能从空气中吸收或者吸附水分，并使得表面逐渐变得潮湿、滑润，最后从固体变为该物质的浓溶液，这个过程称为潮解。潮解形成的浓溶液能够润湿污染物和表面之间的界面进而形成毛细管桥，之后若相对湿度下降，界面处水分蒸发，则发生浓缩，固体溶质析出，从而使污染物和物体表面牢固地结合在一起。

4. 化学反应

第四类能够将污染物黏附到物体表面的作用力是化学反应。污染物和物体表面发生化学反应而产生的黏附力很强，以至于常规的污染物清除措施几乎不起任何作用。一旦化学反应发生，通常唯一的清除污染物的方法是找到另一种化学反应使其化学键逆转，但这是非常困难的。

1.1.3　污染控制方法

污染的影响因其来源和形式不同而异。污染可直接导致产品故障或产量降低。污染造成的损失可通过返工来纠正，但成本会随之增加。此外，污染还可能导致可靠性降低。为了确定污染存在与否以及对产品有何影响，我们往往需要进行多项测试。如果能够消除污染，则可减少测试次数，降低采样频率，进而降低生产成本。因此，污染控制的总体目标是通过产量和可靠性的最大化来优化成本。

污染控制的技术有很多，具体如下。

（1）制定污染控制计划。此项技术的重点在于确认产品或过程已知或疑似污染的容限，从而制定污染总量预算和控制策略，也包括对污染控制计划进行早期规划和管理，以期优化资源利用。这个过程通常被认为是污染控制的系统方法。

（2）建设和运营洁净设施。实施全面污染控制计划，首先要建立污染控制工作场所，这就对工作场所的结构提出了要求，包括使用单向流洁净工作台、特殊微环境、手套箱及其他嵌套式结构，以保证在最小化资本和运营成本的同时，达到所需的洁净等级（详见第4章）。

（3）选择和使用材料。包括工作场所的建筑材料、工具和固定装置的原材料、消耗品和包装材料、工艺过程化学品等。有关材料选择和持续化运行控制的说明，请参阅第3章。

（4）开发清洁工艺和相关支持设备（详见第5章）。

（5）控制工具和固定装置产生的污染。特别是在现代高度自动化的工作环境中，对工具和固定装置所产生的污染进行控制，尤为重要（详见第6章）。

（6）控制人员。几乎所有对污染敏感的行业中，人都是最重要的污染源（详见第9章和第10章）。

（7）控制消耗品，如手套（详见第8章）。

（8）持续监测以保证结果的一致性。此步骤对于识别问题和采取适宜控制措施是必不可少的（详见第7章）。

1.2 污染控制术语

本书中使用的许多术语，包括常用的缩写和首字母缩略词，常用于描述洁净室、工具、零件、消耗品等，对于从事易受污染影响的行业的工程师或设计师而言，熟悉这些术语是非常有帮助的。通常而言，首字母缩略词不会用在正文中，但具有一定的参考价值。下面列出的术语广泛应用于污染控制领域。本书2.2节定义了静电起电和放电控制的专用术语。此外，各章节中根据需要列出了一些与其内容相关的术语，如第3章关于分析方法的相关术语。

（1）吸收：物体把外界的某些物质吸到内部，如海绵吸收液体。吸收剂，也称吸附剂，常见的吸收剂包括活性炭和硅胶。

（2）吸附：物质表面吸住周围介质中的分子或离子的现象。吸附是造成无孔材料（如机加工的金属零件）化学污染的原因之一。

（3）气溶胶：固态或液态颗粒悬浮在气体介质中所形成的胶体分散体系。颗粒直径一般小于等于 $100\mu m$。

（4）空气分子污染（AMC）：以气态或蒸气态存在于空气中，可危害产品、工艺、设备等的分子（化学的、非颗粒的）物质。

（5）风速计：用于测量空气流速的仪器。

（6）阴离子：具有净负电荷的原子或分子。

（7）繁忙时段：正常生产操作期间。

（8）阳离子：具有净正电荷的原子或分子。

（9）烟囱效应：当垂直通道内外气体温度不同时，由温度差造成空气密度差别并形成气压差，从而在垂直方向上产生空气的流动。

（10）分级：在传统的美国联邦标准中，根据尘埃光学粒子计数器监测的尘埃粒子浓度限值来划分等级，如100级和10000级。FED-STD-209标准中的洁净度等级是以每立方英尺中粒径大于等于 $0.5\mu m$ 的粒子的上限浓度来划分的，FED-STD-209 E 版本在此基础上对洁净室洁净度等级进行了公制转换。在公制版本 FED-STD-209 E 版本中，等级为 M 后面加一个数字，如 M3.5 级，其含义是空气中粒径大于等于 0.5μm 的粒子的上限浓度为 $10^{3.5}$ 个$/m^3$。ISO 14644 标准中，等级为 n，其代表的含义是空气中粒径大于等于 0.1μm 的粒子的上限浓度为 10^n 个$/m^3$。

（11）洁净室：空气悬浮粒子及其他污染物浓度受控的封闭空间，空间内的气流速度、温湿度和气压等其他相关参数能够按要求受控。因此，洁净工作台、微环境等也是洁净室。

（12）胶体：又称胶状分散体，是一种悬浮于流体媒介中的粒子团。

（13）污染：所有不需要的物质或能量，包括颗粒物、有机蒸气和无机蒸气、电磁辐射、振动和静电荷（参见功能性污染和妨害性污染）。

（14）污染控制：将污染物浓度控制在某一浓度限值内的过程。

（15）关键采样和繁忙时段采样：能够保证关键位置和繁忙时段符合标准的采样。

（16）关键位置：在工具、人员或产品的移动不产生干扰的前提下，尽可能靠近产品或过程的位置。

（17）关键操作：在某种操作中，若产品或过程受到污染会导致超出预期的产量损失或现场故障，则称该操作为关键操作。例如，制造磁盘驱动器的过程中，关键操作是指在操作过程中暴露磁头/磁盘或者与磁头/磁盘接触的部件的操作。

（18）关键表面：对洁净度有较高要求的表面。

（19）去离子（DI）：经过净化去除离子物质的水或其他液体。

（20）密度计：一种用于测量胶片不透明度的光学仪器。

（21）EDX（能量色散 X 射线分析）：在扫描电镜中利用不同元素的 X 射线光子特征能量不同对样品进行成分分析。

（22）厂区环境：某设施除污染可控/静电安全区域的其他部分。

（23）FED-STD-209：美国联邦标准《洁净室和洁净区的环境控制要求》，其中描述和定义了洁净室，是国际洁净室规范的基础[8]。

（24）纤维：长/宽比大于 10 的粒子。有一些测量标准将纤维定义为长宽比大于 3 的粒子。

（25）FID（火焰离子化检测器）：可与气相色谱结合来检测挥发性污染物浓度的仪器。

（26）FTIR（傅里叶变换红外光谱）：一种可用于鉴定分子污染的技术，常用于有机污染物分析。

(27) 功能性污染：对产品或过程有直接的不利影响的污染。

(28) GC/MS（气相色谱-质谱联用仪）：气相色谱可分离多组分的挥发性化合物，质谱则用于对已分离组分进行有效的定性定量分析。

(29) HEPA（高效空气过滤器）：对于 $0.3\mu m$ 以上的颗粒灰尘及各种悬浮物的捕获效率大于等于 99.97% 的过滤器。

(30) 亲水：带有极性基团的分子，对水有大的亲和能力。亲水物质易被水润湿，也可以吸收水。形成污染的界面材料对水具有亲和性还是排斥性，是选择清洁方式以及评判清洁效率的重要依据。

(31) 疏水：与水互相排斥。疏水物质往往不会被水润湿。形成污染的界面材料对水具有亲和性还是排斥性，是选择清洁方式以及评判清洁效率的重要依据。

(32) ISO 14644：国际标准化组织（ISO）编写的、旨在统一世界各国洁净室分级的标准。

(33) 洁净度等级：物体表面污染物的数量。洁净度等级关注粒径为微米量级，在某洁净度水平条件下，每平方英尺指定表面直径大于该值的粒子期望数目小于1。该定义出自美国军用标准 MIL-STD-1246。

(34) 液体颗粒计数器（LPC）：测量悬浮于液体中固体颗粒粒径分布和数量浓度的仪器。

(35) 最大穿透粒径：在过滤时，大于和小于该粒径粒子能够被高效收集。

(36) 微米：长度单位，相当于 1m 的百万分之一，单位符号为 μm。

(37) MIL-STD-1246：美国军用标准，定义了单位表面积的污染。

(38) 分子污染：气体或分子形式存在的污染。

(39) 非颗粒物质：长度或宽度尺寸不可界定的物质，如薄膜、蒸气等。

(40) 非挥发性残留物（NVR）：含有该物质的挥发性溶剂蒸发后残留的可溶性和悬浮物质。通常在蒸发之前采用 $0.45\mu m$ 或 $0.8\mu m$ 过滤器进行过滤，将可过滤的颗粒从中区分出来。但有一些实验室在蒸发之前不进行过滤，因此最终非挥发性残留物中包含颗粒物。

(41) 妨害性污染：不会对产品或过程产生直接的不利影响，但会干扰功能性污染的识别或影响洁净室的有序管理。

(42) 光学粒子计数器（OPC）：测试污染物粒子的粒径及其分布的仪器。缩写 OPC 仅代表空气粒子计数器。

(43) 出气：材料因溶解、解吸等产生气体的过程。

(44) 颗粒物：具有可界定的宽度和厚度的物质。

(45) 扫描电子显微镜（SEM）：对物体微观形貌进行物理表征的仪器。使用电子束扫描样品，通过电子束与样品的相互作用产生各种效应，其中主要是样品的二次电子发射，利用二次电子信号成像来观察样品的表面形态，能够分辨小于 1μm 的结构。

(46) 半清洁区：对行为、材料以及服装等引入的污染进行控制的空间，但不对尘埃粒子数量浓度进行分级。

(47) 表面污染率（SCR）：表面累积的污染的比率。通常用污染度来描述表面的污染程度。

(48) 工装：用于加工、处理和组装的机器、装置或设备等，包括机器人、刚性自动化系统、材料处理系统和加工设备等。

(49) 浊度计：依据浑浊液对光进行散射或透射的原理制成的测定液体中悬浮污染物的仪器。

(50) 湍流：洁净室中任何非单向的流动。湍流通常是旋转的，甚至流动方向和大小可能超出规定限值。这里的湍流区别于流体动力学中湍流的定义。目前，未明确说明是单向流（层流）的洁净室通常为湍流洁净室或混合流洁净室。

(51) ULPA（超高效空气过滤器）：最大穿透粒径颗粒去除效率大于 99.997% 的过滤器，通常以 0.12μm 级颗粒计。

(52) 单向流：洁净室中呈直线流线型、相互平行流动的气流。过去用"层流"一词描述该类型的气体流动，但在洁净室中使用"层流"不符合流体力学定义的层流，因此现倾向于使用"单向流"。

(53) 生物污染：由细菌、孢子或病毒等造成的污染。

(54) 清洁：对洁净室内或即将置于洁净室内的物体进行手动除污的步骤。一个完整的清洁程序应说明所用清洁用品和化学品、清洁程序以及验收标准。

(55) 验证板：洁净室中的裸露、干净、无图案的硅片、圆盘、显微镜载玻片，或用作生产零件、组件和其他关键表面的替代品，用于测量表面污染率。

1.3 空气中和表面上的特定污染

空气污染是以单位体积中污染物的量来计的。例如，尘埃粒子污染通常以每立方英尺或每立方米体积所含的颗粒数表示，空气分子污染物以十亿分之几的占比或每立方米体积所含的微克数表示，空气中的细菌以每立方英尺或立方米空气的菌落计。一般而言，空气污染的测定方法要符合 ISO 14644 或

FED-STD-209 的要求。

表面污染是以单位面积上污染物的量来计的。表面污染有两种不同的表示方式。一种是用密度表示，是指单位表面积上的颗粒数或质量，与描述空气中尘埃粒子浓度时所采用的单位体积空气中的粒子的量相似。另一种是用等级表示，美国军用标准 MIL-STD-1246 中对该种方式进行了定义，即根据颗粒粒径大小分布划分清洁度等级，在对应等级条件下，每平方英尺表面积的期望颗粒数为 1。MIL-STD-1246 还定义了单位面积的非挥发性残留物的质量、出气质量损失、可凝挥发物和凝结的可凝挥发物，以及航天工业的专用术语[9]"遮蔽因子"。

使用不同的术语来区分洁净室中空气污染与表面污染之间的差异是很有必要的。比如空气污染的"等级"和表面污染"洁净度"。等级用单位体积的悬浮颗粒物（或其他类型的空气污染物）的浓度来表示，而洁净度则以单位面积上的表面污染物的浓度来表示。两种污染的术语不可混用，且多次尝试的结果表明，二者之间不能用简单的分析关系进行关联[10]。

MIL-STD-1246 给出了一种测定洁净度的方法。实验显示，颗粒物数量与粒径分布相关，以粒径大小的对数的平方为横坐标，以单位表面积的颗粒物浓度的对数为纵坐标，作图如图 1.8 所示。该粒径分布模型假定最大粒子浓度出现在 1μm 处。

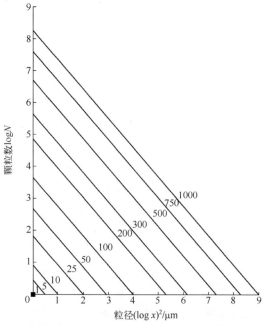

图 1.8　MIL-STD-1246 中的粒径分布模型

MIL-STD-1246 还定义了非挥发性残留物的清洁度。MIL-STD-1246 的 X、Y、Z 等级是该标准中的一个典型规定。

X 为计数颗粒清洁度水平，对应于单位面积单个粒子的粒径尺寸，如表 1.1 所列。

Y 为非挥发性残留物清洁度水平，单位为 $\mu g/cm^2$，如表 1.2 所列。

Z 为选择性或其他的清洁度水平，由表 1.1 中的一个或多个缩写以及所述的最大限值组成：

PAC 为区域面积覆盖百分比；

PC 为表 1.1 规定之外的计数颗粒；

CVCM 为根据 ASTM E595 收集到的可凝挥发物；

VCM 为通过 ASTM E595 规定之外的方法测定的可凝挥发物；

NTU 为悬浮液浊度单位；

TML 为根据 ASTM E595 计算得到的总质量损失。

表 1.1 颗粒清洁度水平

清洁度	粒径/μm	数目/ft²	数目/(0.1m²)	数目/L
1	1	1.0	1.08	10
5	1	2.8	3.02	28
	2	2.3	2.48	23
	5	1.0	1.08	10
10	1	8.4	9.07	84
	2	7.0	7.56	70
	5	3.0	3.24	30
	10	1.0	1.08	10
25	2	53	57	530
	5	23	24.8	230
	15	3.4	3.67	34
	25	1.0	1.08	10
50	5	166	179	1660
	15	25	27.0	250
	25	7.3	7.88	73
	50	1.0	1.08	10
100	5	1785	1930	17850
	15	265	286	2650
	25	78	84.2	780
	50	11	11.9	110
	100	1	1.08	10

续表

清洁度	粒径/μm	数目/ft²	数目/(0.1m²)	数目/L
200	15	4189	4520	4190
	25	1240	1340	12400
	50	170	184	1700
	100	16	17.3	160
	200	1.0	1.08	10
300	25	7455	8050	74550
	50	1021	1100	10210
	100	95	103	950
	250	2.3	2.48	23
	300	1.0	1.08	10
500	50	11817	12800	118170
	100	1100	1190	11000
	250	26	28.1	260
	500	1.0	1.08	10
750	50	95807	105000	958070
	100	8919	9630	819190
	250	214	231	2140
	500	8.1	8.75	81
	750	1.0	1.08	10
1000	100	42658	46100	426580
	250	1022	1100	10220
	500	39	42.1	390
	750	4.8	5.18	51
	1000	1.0	1.08	10

注：ft 表示英尺，1ft=0.3048m。

表1.2　非挥发性残留物清洁度水平

清洁度	非挥发性残留物限值/(μg·cm⁻²)	非挥发性残留物限值/(mg·L⁻¹)
A/100	0.01	0.1
A/50	0.02	0.2
A/20	0.05	0.5
A/10	0.1	1.0
A/5	0.2	2.0
A/2	0.5	5.0

续表

清洁度	非挥发性残留物限值/(μg·cm^{-2})	非挥发性残留物限值/(mg·L^{-1})
A	1.0	10
B	2.0	20
C	3.0	30
D	4.0	40
E	5.0	50
F	7.0	70
G	10.0	100
H	15.0	150
J	25.0	250

1.4 污染来源

研究发现，根据污染来源的属性类别对其进行分类有利于解决污染问题。按照这个思路，本书提出了一种污染源分类方案（详见下文）。对于任何一个污染源，可根据其化学组成或独有特征，确定其属于某种污染源或某两种污染源。

1. 设施

洁净室的设施（有时称其为洁净室环境）通常是一个重要的污染来源类别。在静态认证期间以及使用光学粒子计数器（OPC）进行检测期间，一般将洁净室设施作为污染来源之一进行检测。具体过程为：使用光学粒子计数器识别洁净室天花板、墙壁和地板上的最高浓度点，进而对污染源进行确认。

洁净室设施引发污染从而导致洁净度不合格的原因包括但不限于洁净室与室外大气间的静压差不合格、天花板滤网失效、过滤器破损以及风扇故障等导致换气次数不达标。此外，墙体、地板、门窗及其他建筑装饰在使用过程中老化或被损坏，也可能导致洁净度不达标。当以上因素导致洁净度不合格时，污染物的成分通常与厂房中的材料成分或外部空气相同或相似，并且往往包含地面粉尘、工厂废气、汽车尾气颗粒物等的成分。

当气流不足或方向不合理时，洁净室的空气环境也是产生污染物的可能原因之一。在这种情况下，通常需要通过流场仿真来找出气流问题所在。由于污染物的组成可以是洁净室内的任何物质，因此对于此类问题的解决，流场仿真往往比污染物组分分析的作用更大。此外，洁净室设施的施工材料也是潜在的污染来源，举例如下。

（1）设施在维护过程中使用的清洁产品可产生化学残留，并且可进一步释放到空气中成为污染物。该污染物的成分与化学清洁产品的成分相同。

（2）化学清洁剂等清洁用品还会侵蚀洁净室内的表面，使其逐渐分解变质，常见的例子如油漆变色、粉化和剥落。此类情形下，污染物的成分通常更接近于墙和地板等表面的材料，而不是导致其变质的化学产品。

（3）洁净室内的材料（如墙体和门的材料）受到物理损坏会产生污染。比如，在用石膏做墙体材料的洁净室中，硫酸钙是常见的污染物类型。

（4）洁净室内用凝胶固定的天花板骨架系统和其他材料等可能会释放气体，从而造成空气分子污染。此类形式的污染通常在较老的设施中被发现。在不考虑空气中的分子污染时，设施是合格的，但当将该设施应用于新产品的生产，且产品对空气分子污染敏感，那么污染问题就凸显出来了。

2. 工装

洁净室内的工装是第二大污染源类别。工装使用的机电和气动（或液压）设备是污染的固有来源。另外，工装易磨损，其污染特性是逐渐变化的，而维护不当通常是工装污染特性逐渐或突然恶化的原因之一。来源于工装的污染物，通常与工装材质及其表面处理材料的成分相同，特别是那些易于磨损的工装更是如此。工装污染物的上述特点有助于判断洁净室内污染源，因为特定污染源往往是特定工装所独有的。此外，工装所用的润滑剂也是重要的污染物来源。

3. 零部件

研究发现，在诸如磁盘驱动器、航空航天、平板显示器和医疗设备等行业的组装操作中，所使用的零部件通常是污染源之一。实质上，产品的零部件会污染产品本身，此类污染往往是由供应商应对措施不当或内部清洁不当造成的。在洁净室中组装或生产也会产生污染，一般称为原位污染。此类污染物的成分一般与零部件的成分一致，如果是零部件和工装磨损产生的污染物，则可能同时包含零部件的成分和工装材料的成分。此外，零部件还可能造成分子污染。如果洁净室存在分子污染，则在鉴定其来源时需要仔细检查零部件的出气情况。然而，原材料的变化、运输和操作过程中产生的意外污染以及其他因素可能会影响原材料的出气性能，需谨慎分析。

4. 耗材

耗材包括诸如擦拭布、洁净棉签、手套、包装材料、标签、胶带和纸制品等之类的物品。和审查零部件一样，在鉴定洁净室污染来源时也要仔细审查耗材的污染特性。大多数情况下，耗材产生污染的原因是生产过程中不可控的自然差异（批次间差异）或耗材滥用、误用的结果。此类污染物的成分一般与耗材的成分相同，如果是由于耗材和工装磨损而产生的污染物，则污染物可能同时包含耗材的成分和工装材料的成分。

5. 化学品

现今，人们已经认识到化学品及其分布体系是潜在的重要污染源，污染可来自于化学制剂，也可来自于与化学品有接触的人或物。与其他来源类别一样，化学品对整体污染的相对贡献与工艺过程有关。当工艺过程需要使用大量化学品（包括水）时，化学品所造成的污染占总污染的比例较高（如半导体平板显示器和薄膜盘的生产过程）。相反，当工艺过程仅使用少量化学品时，来自化学品的污染就显得微不足道，如磁盘驱动器的组装过程。

6. 人

人类是众所周知的污染源。由于个人衣着、遵纪程度以及活动的差异，不同人所带来的污染量往往具有很大差异，所产生的污染类型也因人而异，来自人类的污染物包括皮肤和头发，通常可以通过物理表现结合化学分析进行鉴定；人们平时穿着的衣服会产生纤维污染物，通常也可通过其外观和化学特性来识别；人类还是地面粉尘、食物微粒、化妆品颗粒和其他污染物的载体。此外，人类还是生物污染物的重要来源，航空航天、制药和医疗设备行业需要着重考虑这一因素。

1.5 污染控制要求

在制定污染控制计划时，最重要的步骤就是定义其适用范围。控制哪些污染物以及将其控制在什么浓度范围不是随意划定的，而是取决于产品和工艺过程需求。从事污染控制的工程师往往是根据产品设计和工艺过程需求来界定污染控制的具体要求。此外，工艺设备的制造商也可提出设备正常运行环境所需的污染控制要求。

本节将明确关于污染控制的部分要点。不同标准对污染物浓度的限值要求并不完全一致，比如 ISO 14644-1 和 FED-STD-209 这两个标准中对尘埃颗粒污染的限值规定不同。然而，这些标准并未明确给出给定情况下适宜的控制限值。有些标准规定了污染控制情况下污染物的测定方法，比如 ASTM 595 标准中规定了非挥发性残留物（NVR）的测定方法，但是标准分析方法同样不会给定适宜的控制限值，确定适宜的控制限值仍然是用户的职责。本书在对标准和方法进行探讨的同时给出了确定控制限值的方法。根据经验，对部分限值起点值给出了建议。

1.5.1 空气颗粒物

美国联邦标准 FED-STD-209 中对洁净室中的空气颗粒物污染的限值进行了描述，定义了"等级"这个术语。在该标准中，洁净度等级由每立方英尺空气中粒径大于等于 0.5μm 的粒子的上限含量确定。FED-STD-209 的修订版本 FED-STD-209 E 版本对洁净度等级进行了公制单位转换，并成为 ISO 14644-1 的基础。近期，ISO 14644 又开始了新一轮的修订，在术语上也有了新变化，增加了"等级"这个术语。但 ISO 标准中的"等级"的定义失去了原 FED-STD-209 标准中对该术语的一些易于识别的特征的描述，比如 FED-STD-209 中等级的数值等于该等级条件下每立方英尺空气中大于等于 0.5μm 的粒子的上限数，而 ISO 标准中则不然。但两个标准中的等级也存在一定的对应关系，比如当前的 ISO 14644 中的 8 级对应于 FED-STD-209 中的 100000 级；ISO 14644 中的 5 级对应于 FED-STD-209 中的 100 级；依此类推。

通常来说，空气中颗粒物浓度不得超出产品或工艺过程对颗粒物浓度要求的限值。按照洁净度要求，可以将洁净度划分为 10 级（ISO 4 级）、100 级（ISO 5 级）……依此类推。要了解洁净室对空气中颗粒物污染的要求，首先需要了解空气颗粒物洁净度的术语和含义，其次还要了解粒子计数方法，以及粒子数量是如何达到限值范围的，这就需要回答以下 3 个问题：

（1）FED-STD-209 标准和 ISO 14644（公制）标准中，洁净室各等级限值的含义分别是什么？

（2）如何评估洁净室性能？

（3）阶段性认证的过程是怎样的？

1. ISO 14644-1 和 FED-STD-209E：洁净度等级划分

在第一版美国联邦标准 FED-STD-209 中，洁净室等级等同于通过光学粒子计数器测量的每立方英尺空气中粒径大于等于 0.5μm 的粒子数量。因此，100 级洁净室每立方英尺空气中粒径大于等于 0.5μm 的粒子数不应超过 100 个。一般来讲，粒径大的粒子数目较少，粒径小的粒子数目较多。洁净度的这个定义是基于光学粒子计数器测量的不同粒径大小的粒子浓度，在编写该版本的 FED-STD-209 时，光学粒子计数器的分辨率最大能够分辨到粒径大于等于 0.5μm 的粒子。同时也对粒径大于等于 5μm 的粒子进行了测定。将位于 0.5μm 和 5.0μm 之间的粒子的浓度值连接成线，得到粒径尺寸大小的分布图。

美国联邦标准 FED-STD-209 的 E 版本和国际标准 ISO 14644-1 中定义了更多粒径大小的级别，根据洁净室的等级，被细分为 0.1μm、0.2μm、

0.3μm、0.5μm、1.0μm、5.0μm 六个层级。随着现代洁净技术的发展,洁净水平随之提高,对于洁净度为 FED-STD-209E 中 10 级、1 级以及洁净度更高的洁净室,需要增加采样时间才能获得有统计学意义的 0.5μm 和 5.0μm 粒子数,因此新的标准中允许粒径范围增加了小于 0.5μm 的粒子。ISO 14644-1 标准将粒径小于 0.1μm 的粒子称为超微粒子,使用 U 形描述对超微粒子的洁净室进行分类标示。

与美国联邦标准 FED-STD-209E 相比,国际标准 ISO 14644-1 的洁净度级别的名称和级数均发生了改变(表 1.3~表 1.5)。ISO 14644-1 将空气样品中粒子浓度单位从英制单位(个/ft³)改成了公制单位(个/m³),并另外增加了 3 个洁净室级别:1 级、2 级和 9 级。需要注意的是,在 ISO 14644 中,洁净度级别名称 N 也意味着一定粒径粒子的允许上限浓度(个/m³),采用的是大于等于 0.1μm 上限浓度 10^N 的形式。

表 1.3 ISO 14644 悬浮粒子洁净度等级

ISO 等级	粒子浓度/(个/m³(≥粒径))					
	0.1μm	0.2μm	0.3μm	0.5μm	1μm	5μm
1	10	2	—	—	—	—
2	100	24	10	4	—	—
3	1000	237	102	35	8	—
4	10000	2370	1020	352	83	—
5	100000	23700	10200	3520	832	29
6	1000000	237000	102000	35200	8320	293
7	—	—	—	352000	83200	2930
8	—	—	—	3520000	832000	29300
9	—	—	—	35200000	8320000	293000

表 1.4 FED-STD-209E 与 ISO 14644-1 洁净等级对照

ISO 14644-1	FED-STD-209E
1	—
2	—
3	1(M1.5)
4	10(M2.5)
5	100(M3.5)
6	1000(M4.5)
7	10000(M5.5)
8	100000(M6.5)

表1.5 FED-STD-209E 与 ISO 14644-1 洁净等级和上限浓度的比较[①] (单位：个/m³)

等级标准		被测粒径				
FED-STD-209E	ISO 14644-1	0.1μm	0.2μm	0.3μm	0.5μm	5.0μm
1 (M1.5)	3	35	7.5	3	1	—
10 (M2.5)	4	350	75	30	10	—
100 (M2.5)	5	—	750	300	100	—
1000 (M6.5)	6	—	—	—	1000	7
10000 (M7.5)	7	—	—	—	10000	70
100000 (M8.5)	8	—	—	—	100000	700

① 分级标准给出的规定级别允许粒径粒子数的最大浓度限值只作分级用，不代表洁净区内呈现的实际粒径的粒子分布。

2. 预估洁净室级别要求

过去主要靠猜测来预估特定情况下洁净室所需的等级要求，现在有了更科学的计算方法。通过计算流体动力学模型能够确定表面污染率与洁净室等级之间的关系，20世纪80年代后期，该方法在单向流洁净室中得到了实验验证。确定洁净室的级别要求，需要以下信息：

（1）临界粒径值，粒子粒径小于该值时不会产生危害。

（2）表面暴露在洁净室内的时间。

（3）表面平均电荷水平。空气未发生电离时，该值可以从历史数据中估计得到，通常范围为1000~2000V。相反，如果空气发生了电离，那么表面平均电荷水平将小于浮动电位（浮动电位由离子发生器调控）。正如本书第2章中所讲，对于配备空气电离系统的洁净室，物体表面的平均电荷水平取决于空气电离系统所允许的浮动电位的大小。

（4）表面暴露区域（易受污染区域）所占百分比。例如，在光刻工艺流程中，一个粒子可能会对不超过5%的表面面积造成不利影响。

（5）工艺流程中给定步骤的期望产出。

通过简单的计算可以确定特定工艺过程所需的洁净度级别。下面以洁净室内空气颗粒物为例介绍该计算方法，该方法可以容易地扩展利用到空气分子污染领域。确定洁净室等级的首要因素是该工艺过程的产出期望。本例的假定是一个大于临界粒径的粒子黏附在产品的关键区域，导致产品损害，因此，表面污染率是确定特定工艺过程所需洁净度等级的最重要因素。任何等级的洁净室的表面污染率都受粒子和表面所带电荷量的高度影响，而粒子和表面的电荷水平因是否使用空气电离器而异，如表1.6所列。

表1.6中假定洁净室的洁净度等级为ISO 14644 5级或FED-STD-209 100级。该命题旨在确定洁净室等级,因此洁净室中影响工艺过程的实际粒径分布情况无关紧要。此外,在$0.1\sim1.0\mu m$范围内,两个标准均能很好地预测正常运转的洁净室中的粒径分布。表1.6尤其适用于洁净度为FED-STD-209 100级(ISO 14644 5级)的单向流洁净室,但是通过调整洁净度等级的数量级,也可以将其外推到其他洁净度级别的单向流洁净室。例如,FED-STD-209 10级(ISO 14644 4级)单向流洁净室的表面污染率要比表1.6中的表面污染率数值低一个数量级,我们把这个数量级的调整因子称为M。

表1.6 FED-STD-209 100级(ISO 14644 5级)的单向流洁净室中,空气电离和无空气电离条件下的累积表面污染率SCR_5

粒径/μm	表面污染率/(个/(cm²·h))	
	空气发生电离 (±100V 浮动电位)	无空气电离 (1000~2000V/in 测得的表面电荷)
0.1	10.1	88~176
0.2	1.03	8.5~19
0.3	0.31	2.4~4.9
0.5	0.11	0.6~1.2
1	0.049	0.12~0.25
3	0.028	0.03~0.06

来源:参考文献[7]。

对于混合流洁净室,表面污染率可根据洁净室中空气颗粒物的停留时间进行修正。表1.7中所示的修正系数R是基于粒子(和空气分子污染物)能够在洁净室内长时间保持悬浮状态的情况下得到的,即将其简化为一个理想的搅拌容器模型。

表1.7 空气洁净度等级、体积空气置换率和平均停留时间之间的关系
(假定洁净室可看作一个理想的搅拌反应器)

FED-STD-209 等级 (ISO 14644 等级)	典型气流交换率		平均停留时间 (最小值)/min	相较于单向流洁净室的 修正系数 R
	/(V·h⁻¹)	/(V·min⁻¹)		
≥100000 (≥M8)	<20	$<\frac{1}{3}$	≥3	>10
10000 (M7)	20~60	$\frac{1}{3}\sim1$	1~3	10
1000 (M6)	60~200	$1\sim3\frac{1}{3}$	$\frac{1}{3}\sim1$	3
≤100 (<M5)	200~600	$3\frac{1}{3}\sim10$	$\frac{1}{10}\sim\frac{1}{3}$	1

第一步是确定临界粒径，粒子粒径超过该临界值就会对产品或工艺过程造成损害。本例中，假定临界粒径为 0.1μm。

第二步是确定工艺过程中易受污染的零部件面积百分比，即易受污染的有效面积比 V。对于多数光刻工艺过程，易受污染的有效面积大约仅为零部件面积的 5%。接下来，假定污染物的沉降点是随机且均匀的，由于易受污染的有效面积为 5%，因此只有 5% 的超过临界粒径的粒子会落在能够导致损害发生的区域。我们可将其视为单个粒子致损概率，即%失败率/个（在多数工艺过程中，产品的所有表面都会因受污染而导致损害发生）。本例中，假定 5% 的表面积易受污染，故 $V=0.05\%$失败率/个。

第三步是预估洁净室的表面污染率，可通过下述步骤计算得到：表 1.6 中的基准表面污染率 SCR_5 乘以洁净度级别调整因子 M，再乘以表 1.7 中给出的停留时间修正系数 R。本例中，我们需要确定的是，洁净度为 FED-STD-209 10000 级的空气电离洁净室能否满足给定工艺过程对洁净度的要求，采用上述计算步骤计算其表面污染率：基准表面污染率为 SCR_5，洁净度级别调整因子 $M=100$，停留时间修正系数 $R=10$，则洁净度为 FED-STD-209 10000 级表面污染率 SCR_7 约为 $1000SCR_5$，即 $SCR_7=1000\times10\approx10000$ 个/(cm^2·h)。

最后一步是确定产品在洁净室环境中的暴露时间 $T(h)$。本例中，假设 $T=0.5h$。

假定该工艺过程中处理的零部件的表面积 A 为 10cm^2（可能是直径 6in 的硅片上的面积为 10cm^2 的 LCD 显示芯片）。根据以上信息就可以近似地估算出失败率为临界粒径表面污染率、零部件的面积、产品暴露时间以及易受污染的有效面积百分比的乘积。因此，对于洁净度为 FED-STD-209 10000 级的洁净室，有

%失败率/个 = SCR_7(个/(cm^2·h))×T(h)×A(cm^2/个)×V(%失败率/个)
= 10000 个/(cm^2·h)×0.5h×10cm^2/个×0.05%失败率/个

即每个粒子 2500 个故障点。如果零部件上无冗余设计（LCD 显示芯片通常如此），则所有零部件都将不合格，也就是说，洁净室洁净度 10000 级不能满足要求。

对于洁净度为 FED-STD-209 100 级的单向流洁净室，计算公式变为

%失败率/个 = SCR_5(个/(cm^2·h))×T(h)×A(cm^2/个)×V(%失败率/个)
= 10 个/(cm^2·h)×0.5h×10cm^2/个×0.05%失败率/个

也就是每个 LCD 显示芯片 2.5 个故障点。

对于洁净度为 FED-STD-209 10 级的单向流洁净室，计算公式变为

%失败率/个 = SCR_4(个/(cm^2·h))×T(h)×A(cm^2/个)×V(%失败率/个)
= 1.0 个/(cm^2·h)×0.5h×10cm^2/个×0.05%失败率/个

也就是每个 LCD 显示芯片 0.25 个故障点。基于这一结果，可以预测，在 FED-STD-209 10 级洁净室中，25% 的芯片将发生故障。假定我们期望该过程的产量能够达到 95%，则故障率须降低到 5%。要实现这一目标，一种方法是将暴露时间从 30min 减少到 6min。

3. 洁净室性能测试

本部分确定了符合 ISO 14644-1 要求的测试类型和频率，给出了推荐的测试间隔，并指定了强制测试和可选测试。表 1.8 列出了确定洁净室洁净度等级的关键测试。其中粒子计数是最重要的测试项，其结果能判定洁净室是否符合相应洁净度的尘埃粒子分布要求。将气压差和气流控制在一定范围内非常重要，一方面是为了满足粒子计数的要求，另一方面对于维持洁净室的洁净度也至关重要。但是，二者不能决定洁净室粒子数是否符合洁净度等级要求，只是实现该目标的必要条件。

对于给定的受控环境，每项测试（包括粒子计数、气压差和气流）的频率需要进行调整，以反映该测试项目导致故障发生的风险。对于洁净度为 ISO 14644 5 级（FED-STD-209 100 级）的生物安全洁净室，每半年测试一次洁净度可能不能满足其洁净度要求。实际上，测试频率应该基于洁净室内允许范围内的尘埃粒子浓度对表面污染的贡献大小而确定。同样，气压差和气流测试频率应大于表 1.8 中所给出的建议。至少每次进行设备维护操作时，如果该操作可能影响房间气密性和气流，那么在房间完全恢复使用之前，应检查其气压和气流。

表 1.8　验证洁净度持续符合要求的测试周期安排

测试参数	ISO 14644-1 等级	最大时间间隔/月	ISO 14644 测试流程
粒子计数	≤5（FED-STD-209 100 级）	6	附录 A
	>5	12	
气压差	所有等级	12	附录 B5
气流	所有等级	12	附录 B4

对于上述 3 个参数（粒子计数、气压和气流）来说，需要重点考虑的是连续监测系统的可用性和负担能力。如今这些监测系统的价格相对低廉，与年度或半年度的洁净度认证成本相比，监测系统更具竞争力，因为监测系统能够自动记录数据并输出报告，省去了手动调查和后续的撰写报告的时间和精力。

洁净室能够安全可靠运行的一个重要特征是其对周围环境保持正向的压力，这一点可以通过简单的测量仪表（如倾斜管压力计或隔膜压力计）进行监测。多数情况下，洁净室等受控环境中都安装有此类仪表装置。此外，压差在整个洁净室内也可以存在。例如，如果支撑外罩包含电子器件、气动设备等，相对于周围环境，其保持负压状态，那么通常就不需要对其内部设备采取污染控制措施了。另外，更衣室和大型设备直通外罩的气压通常介于洁净室和周围环境之间。对于小型直通罩，则通常与大型设备直通罩不同，一般不对其进行压力监控。

表1.9列出了 ISO 14644-3 规定的附加可选测试，接下来将对其进行讨论。

表1.9 验证测试周期安排：ISO 14644-3 规定的附加可选测试

测试参数	等级	最大时间间隔/月	ISO 14644-3 测试流程
过滤器安装后检漏	所有等级	24	附录 B6
安全壳泄漏率	所有等级	24	附录 B4
恢复度	所有等级	24	附录 B13
气流流型	所有等级	24	附录 B7

4. 过滤器装配后的泄漏检测

对于生物安全洁净室而言，对安装后的过滤器进行泄漏检测通常是强制要求，但是对其他类型的洁净室则是可选测试。检测时，将气溶胶注入再循环管道系统或集气室中，使用光学粒子计数器来检测由于过滤器滤材不合格或安装过程中密封不严等造成的气溶胶粒子的泄漏量。另一种检测方法，对于使用高效空气过滤器（HEPA）过滤进入室内补充新风的洁净室，可以临时将空气过滤器绕过，也就是使用环境空气中的粒子浓度作为泄漏检测的粒子源进行泄露检测。该方法的优点是不需要粒子发生器，缺点是用于测试的粒子浓度具有不确定性，且可能会污染管道系统。

5. 气流流型检测

气流流型检测的目的是明确洁净室内的气流特性。推荐的检测方法是悬挂单丝线或释放示踪剂来跟踪气流流动，并逐点观察、记录。ISO 建议每 24 个月重复进行一次气流流型检测。经验表明，释放示踪剂效果较好。

房屋竣工后应进行气流流型检测。在工具安装过程中，每个主要装置安装后都应检测气流流型。工具的安装通常需要穿透墙壁和地板。如果这些穿透孔未能充分密封，则会成为泄漏路径，并改变气流。使用示踪剂可以快速发现气流流向。在所有的示踪剂方法中，利用发烟器释放可见的烟雾是最安全的方法，不会对洁净室安全造成不利影响。值得注意的是，多数烟雾是污染源。第3章详细介绍了产生烟雾的方法。

6. 恢复时间测试

恢复时间测试是为了评估洁净室被污染后，室内气流恢复到稳定的规定的洁净度等级的能力，主要用于非单向流洁净室。理论上，可将洁净室的平均停留时间模拟为一个理想的搅拌釜式反应器，其中平均停留时间 T 等于洁净室的体积 V 除以体积气流交换率 Q，一般近似形式如下：

$$T = \frac{V}{Q}$$

可以将 V/Q 看作室内气流的体积空气交换率，单位为"体积/时间"。利用给定的体积空气交换率能够很方便地粗略估算洁净室的洁净度等级。平均停留时间是体积空气交换率的倒数，如表 1.10 所列。预测得到的污染的平均停留时间受过滤器、回风口以及室内流动障碍物布局的影响，因此需要进行恢复时间测试。基于一些简单的房间设计参数估算期望恢复时间时，平均停留时间预测能够为其提供合理起点。最好在洁净室的关键位置进行恢复时间测试。如果实测恢复时间与预计恢复时间具有较大的偏差，往往是局部气流问题导致的，因此气流流型检测通常比恢复时间测试更有意义。

表 1.10 空气洁净度等级、体积空气交换率和平均停留时间之间的关系
（洁净室可看作一个理想的搅拌反应器）

FED-STD-209 等级① (ISO 14644 等级)	典型气流交换率 /(V·h^{-1})	/(V·min^{-1})	平均停留时间/min
100000（8）	<20	<$\frac{1}{3}$	≥3
10000（7）	20~60	$\frac{1}{3}$~1	1~3
1000（6）	60~200	1~3$\frac{1}{3}$	$\frac{1}{3}$~1
≤100（≤5）	200~600	3$\frac{1}{3}$~10	$\frac{1}{10}$~$\frac{1}{3}$

① 等级限值图如图 1.9 所示。

7. 其他测试

超微粒子计数（用于表征）。使用凝结核计数器（CNC）对空气动力学当量直径小于 0.1μm 的粒子进行计数，以表征洁净室的粒子分布特征。常规的 CNC 计数结果包括当量直径大于 0.1μm 的粒子。大多数 CNC 计数的粒子直径下限范围为 0.02~0.05μm。临界粒径小于 0.1μm 时，需要进行超微粒子计数测试。常规的光学粒子计数器计数结果通常不包括粒径小于 0.1μm 的粒子。

大粒子计数（用于表征）。对空气动力学当量直径大于 5μm 的粒子进行计数，以表征洁净室的粒子分布特征。大粒子计数通常使用沉降板实现，如

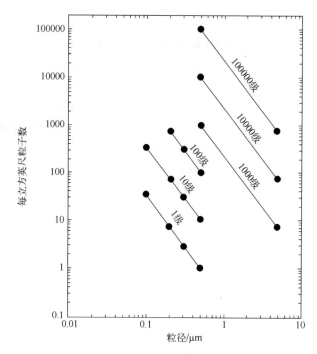

图 1.9 FED-STD-209 洁净度等级及对应的粒径上限浓度

注：分级标准给出的规定级别允许粒径粒子数的最大浓度限值只作分级用，不代表洁净区内呈现的实际粒径的粒子分布。

用于半导体工业的裸硅晶片，也可以用其他物体替代硅晶片。例如，在航空航天工业中，可用玻璃板作为沉降板的替代品来确定人造卫星太阳能电池板的散射度。在磁盘驱动器行业中，使用液体颗粒计数器（LPC）来控制零部件的颗粒物清洁度，也可用玻璃板来替代沉降板表征污染物累积的情况。

如果考虑较大粒子的影响时，需进行大粒子计数。常规的颗粒计数器难以涵盖直径超过 5~10μm 的颗粒，通常是由采样装置中的线路损失或颗粒计数器的内部损失所致。因此，有必要利用沉降板或其他替代物间接采样进行宏粒子计数表征。

空气颗粒物浓度限值所依据的是 log-log 双对数模型。我们需要关注洁净室内的实测粒径分布与模型推测值的异同。另外，我们也越来越关注粒径小于 0.1μm 的粒子以及模型通过简单外推是否可以涵盖到粒径小于 0.1μm 的粒子。研究表明，在 0.1~1μm 的范围内，颗粒物符合 log-log 分布，尤其是在第 1 操作阶段采样的洁净室。然而，对于粒径大于 1μm 的颗粒物浓度，实测值往往高于模型预测值，尤其是对处于第 2、第 3 操作阶段的洁净室。对于粒径小于 0.1μm 的颗粒物浓度则相反，实测值远小于模型简单外推所预测的值，如图 1.10 所示[11]。了解气溶胶的通用模型以及颗粒物生成及行为控制机制，一定程度上有助于理解洁净室中实际的颗粒物粒径分布，通用模型呈三峰分布，如图 1.11 所示。

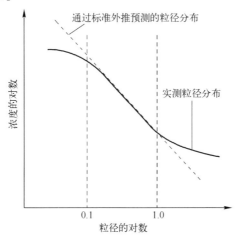

图 1.10 实际粒径分布与 ISO 14644 或 FED-STD-209 标准预测粒径分布的对比

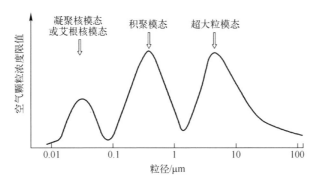

图 1.11 大气颗粒物的三峰分布（三模态）

最小粒度模态通常由粒径小于 0.1μm 的粒子组成，在与污染相关的文献中通常称为超微粒子，在与气溶胶相关的文献中通常称为凝聚核模态，有时也称为艾根核模态。这些颗粒通常通过均相成核产生，即气体经转化、燃烧或蒸发过程形成颗粒。由于具有高扩散性和电迁移性特征，一般来讲，艾根核模态粒子在大气中存在的时间非常短。颗粒易凝聚转化为粒径更大的颗粒，从而很快被去除。由于颗粒凝聚速率与颗粒物粒径的平方成正比，因此艾根核模态粒子易于与积聚模态粒子结合。

洁净室中易产生艾根核模态粒径范围内粒子的工艺过程包括受热表面挥发性物质的蒸发和凝结以及活性气体（如酸性和碱性气体）转化形成颗粒。

另一种机制是带电荷物体（特别是基于电晕放电的空气电离器的发射针）周围电晕中的气体发生化学分解。溅射产生的粒子也在艾根核模态粒径范围内；空气电离器发射针的溅射是洁净室内颗粒物的重要来源。明火也是产生艾根核模态粒径范围内粒子的一个非常重要的源。但是由于在洁净室中明火通常包含在密闭罩内，所以一般不是洁净室中艾根核模态粒子污染的重要来源。

积聚模态粒子的粒径范围为 $0.1 \sim 0.5 \mu m$。对于该粒径范围内的颗粒，扩散、静电引力、碰撞和重力沉降等的去除作用都较小，因此积聚模态粒子在大气中的停留时间最长，在大气以及洁净室空气的颗粒物中积聚模态粒子占主导地位。积聚模态粒子可通过多种机制产生，其中之一是由艾根核模态粒子凝聚形成。此外，一些磨损过程会产生大量的亚微米级颗粒，还有喷雾液体的蒸发也是产生积聚模粒子的重要机制。

粒径大于 $1\mu m$ 或 $2\mu m$ 的颗粒物称为超大粒模态粒子。该粒径范围的颗粒物通常是由磨损机制产生的，可通过碰撞和重力沉降作用去除。超大粒模态气溶胶粒子往往都是在洁净室内部产生的，尽管该粒径范围内的颗粒物能够迅速沉降在表面上，但也很容易再次发生悬浮。与积聚模态粒子数量比，空气中超大粒模态粒子数量通常相对较少，但是并不能因为超大粒模态粒子比例较小就低估其对空气污染的贡献。

例如，在航空航天工业中，由于存在光学散射、太阳能集热器以及航天器表面吸热现象，所以积聚模态粒子和超大粒模态粒子的污染效应占主导地位[12]，且污染的贡献程度与粒子的投影面积（粒径大小的平方）成正比。对于近乎所有行业，粒子的质量比粒子的数量更重要，而粒子质量与粒径大小的立方成正比，从这个角度来说，超大粒模态粒子也是重要的污染来源。

8. 气溶胶性质

表 1.11 和表 1.12 列出了粒子最重要的几种性质。电迁移率、扩散系数和沉降速度是用于描述颗粒物行为的重要属性。当考虑那些与面积成正比的污染（如光学散射）或者与质量（体积）成正比的污染（如化学反应）的影响时，表面积系数和体积系数也非常重要。表 1.11 中未列出的一个重要性质是热迁移率，也称为热泳。热泳指的是气溶胶处于非等温场时，悬浮在气体介质中的粒子易被冷的表面吸引，而被热表面排斥的性质。热泳速度与粒径大小无关[13]。对于气溶胶的这种性质，一个显著的应用是保持表面温度相对高于周围环境，从而使表面免受颗粒物污染。此外，还可在洁净室关键位置放置冷的表面来作为粒子收集器和空气分子污染收集器。表 1.11 和表 1.12 所基于的假设为：颗粒物处于标准温度（20℃）和大气压（1 个大气压）条件下，且颗粒物为单位密度的球体。表 1.12 列出了用于计算粒子动力学特性

的常数。粒子性质的计算公式如下：

（1）电迁移率 Z（单位：$cm^2 \cdot V^{-1} \cdot s^{-1}$）：

$$Z = \frac{neC}{3\pi\eta D_p}$$

式中：$n=1$（假设为单电荷粒子）；D_p 为粒径；C 为 Cunningham 滑移修正系数，无量纲 Cunningham 滑移修正系数计算如下：

$$C = 1 + 1.246\frac{2\lambda}{D_p} + 0.42\frac{2\lambda}{D_p}\exp\left(-0.87\frac{D_p}{2\lambda}\right)$$

要使所得电迁移率单位为 $cm^2/(V \cdot s)$，需进行如下换算：1 静电伏特 = 300V。

表 1.11 洁净室所关注粒径范围内的悬浮颗粒物性质

粒径 /μm	电迁移率 /($cm^2 \cdot V^{-1} \cdot s^{-1}$)	扩散系数 /($cm^2 \cdot s^{-1}$)	沉降速度 /($cm \cdot s^{-1}$)	表面积系数 /μm^2	体积系数 /μm^3
0.001	2	5×10^{-2}	7×10^{-7}	1×10^{-6}	1×10^{-9}
0.005	8×10^{-2}	2×10^{-3}	3.5×10^{-6}	2.5×10^{-5}	1.25×10^{-7}
0.01	2×10^{-2}	5×10^{-4}	7×10^{-6}	1×10^{-4}	1×10^{-6}
0.05	9×10^{-4}	2.5×10^{-5}	3.8×10^{-5}	2.5×10^{-3}	1.25×10^{-4}
0.1	2.6×10^{-4}	7×10^{-6}	8.8×10^{-5}	1×10^{-2}	1×10^{-6}
0.5	2.5×10^{-5}	6×10^{-7}	1×10^{-3}	2.5×10^{-1}	1.25×10^{-1}
1	1.1×10^{-5}	2.8×10^{-7}	3.5×10^{-3}	1	1
5	2×10^{-6}	5×10^{-8}	7.5×10^{-2}	2.5×10^{1}	1.25×10^{2}
10	9×10^{-6}	2.5×10^{-8}	0.3	1×10^{2}	1×10^{3}
50	1.8×10^{-7}	4.8×10^{-9}	7.5	2.5×10^{2}	1.25×10^{5}
100	9×10^{-8}	2×10^{-9}	25	1×10^{4}	1×10^{6}

表 1.12 计算表 1.11 中悬浮颗粒物性质的假定条件

特 性	符号	单 位	单位换算
空气黏度	η	183×10^{-6} 泊	1 泊 = $1g/(cm \cdot s)$
空气密度	δ_a	$1.205\times10^{-3} g/cm^3$	—
粒子密度	δ_p	$1 g/cm^3$	—
重力加速度	g	$981 cm/s^2$	—
玻尔兹曼常数	K	$1.38\times10^{-16} erg/K$	$1 erg = 1 dyn \cdot cm$（$1 dyn = 1 g \cdot cm/s^2$）
基本电荷单位	E	$4.8\times10^{-10} esu$（$1.6\times10^{-19} C$）	$1C = 3\times10^{9} esu$
平均自由路径	λ	$0.653\times10^{-5} cm$	—

(2) 扩散系数 D（单位：cm²/s）：

$$D = \frac{kTC}{3\pi\eta D_p}$$

式中：T 为绝对温度（K）。

(3) 沉降速度 v（单位：cm/s）：

$$v = \frac{g\delta_p D_p^2 C}{18\eta}$$

9. 阶段性认证

显然，需要运用技术手段对不同时期的洁净室洁净度等级进行检测和判定，这称为阶段性认证。最常见的 3 个阶段是：①洁净室建成后；②生产设备安装之后；③洁净室全面投产运行后。洁净室认证还有第 4 个阶段，即节能阶段。然而，第 4 个阶段在大面积的制造业洁净厂房中并不常见，偶尔在洁净室更新迭代中会涉及，因为这期间通常会把成本控制作为重点考虑的因素。上述 4 个阶段的定义如下。

(1) 第 1 阶段：设施建成后，通常称为洁净室"空态"。

(2) 第 2 阶段：设备安装之后，通常称为洁净室"静态"。

(3) 第 3 阶段：全面运行。

(4) 第 4 阶段：节能运行。

第 1 阶段符合以下描述：

(1) 洁净室设施已建成；

(2) 高效（HEPA）或超高效（ULPA）过滤器的风机运行；

(3) 清扫擦拭等已完成；

(4) 所有施工设备和人员已撤离。

第 1 阶段认证标准一般为洁净室洁净度等级对污染量限值的 20%~25%。在其他认证阶段可能产生的污染量与空态时洁净室污染物的数量息息相关。在设计良好的洁净室或单向流洁净工作台中，第 1 阶段认证的颗粒计数一般很少超过设定洁净度等级限值污染量的 1%~5%。

第 2 阶段是设备安装并调试完成后的状态。该阶段适宜对工装和工作台进行污染认证。第 2 阶段符合以下描述：

(1) 洁净室处于运行状态中；

(2) 所有工装、工作台、物料搬运和外围设备都已安装完毕；

(3) 所有工装功能正常，并按照正常生产操作的预定要求运行；

(4) 工装和工作台清扫工作已经完成；

(5) 无生产人员在场。

确保工装平稳运行非常重要，即所有的公用设施（如电力、压缩空气、污染物排放系统等）都必须正常运行。同时，工装也必须处于运行状态中（如烤炉已启动、固化灯已打开、机器人已开始工作等），确保所有潜在污染源状态，满足洁净室全面运行阶段的认证要求。

第 2 阶段认证标准通常不超过洁净室洁净度等级限定中 50% 的污染量，另外 50% 的悬浮颗粒物数量通常由"人"产生。但是也有例外，如果安全防护措施或流量控制屏障能够有效保护工装的某些部位免受人的污染，那么工装被保护的部位可以进行 100% 的洁净度等级认证。这可以用一个隧道式烤炉的例子来说明，如图 1.12 所示，隧道炉内部相对于洁净室处于正压状态，炉内产品输入端和输出端之间的炉体被外壳罩住，人无法接触到炉子的内表面（安全外壳），从而有效地隔离了洁净室内产生的污染物，烤炉内部可免受污染。因此，烤炉内部能够达到 100% 的洁净度等级认证。由于炉子的输入端和输出端暴露于洁净室中，因此也暴露于洁净室内产生的污染，即受到在洁净室附近工作的人的污染，其认证标准为洁净室洁净度等级的 50%。第 2 阶段认证采样通常在工装周围的关键位置和繁忙操作位置进行，这些区域是产品最易受到污染的地方。采样点的选择将在第 7 章中详细讨论。

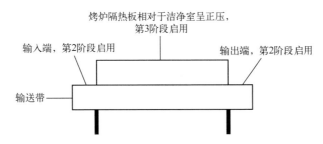

图 1.12 隧道式烤炉（示意第 2 阶段和第 3 阶段认证标准的应用）

第 3 阶段的认证标准适用于全面运行的洁净室。第 3 阶段符合以下描述：
（1）洁净室在运行中；
（2）所有工装、工作台、物料搬运和外围设备都已安装完毕；
（3）所有工具功能齐全，按照正常生产操作的要求运行；
（4）工作台清扫已完成；
（5）所有零部件、容器和辅料已进场；
（6）所有生产人员在场；
（7）常规的生产活动在进行中。

第 3 阶段的认证标准为洁净度等级对污染量限值的 100%。建议在对生产进行中的洁净室进行监测时，设置洁净度为设定等级的 70%~85% 时发出警报。因为开始常规生产操作后，洁净室的污染水平不可避免地会有所增加。第 3 阶段的采样准则可用于具有导流罩或物理保护屏障的工具的认证，或者用于有其他措施能够有效地消除人所带来的污染，并且在向人开放时停止工作的工具的认证。因此，对于与操作人员物理隔离的工具，可在工具认证阶段应用第 3 阶段的控制界限。

同样地，由透明塑料板构成的安全屏障能够将工具与操作员隔离开来，因此工具可在 100% 的洁净度等级限制下进行认证。但对于那些能提供安全屏障但允许气流进入的光幕，不满足上述要求。

第 4 阶段在大面积的制造业洁净厂房中比较少见，因为这些厂房一般不会长期不用。当洁净室要长时间处于闲置状态时，可采用第 4 阶段来节省洁净室的运行成本。第 4 阶段符合以下描述。

（1）洁净室在风扇速度较低的条件下运行，灯和门窗通常处于关闭状态。

（2）所有工具、工作台、物料搬运和外围设备都已安装完毕。

（3）所有工装在空闲模式下运行。也就是说，只要不影响工具快速返回运行状态，所有能关闭的公用设施都被关闭。这一点对于那些能够产生强烈烟囱效应的工具部件（如炉子）尤其重要，因为来自热源的烟气羽流将会使污染物悬浮于空气中。

（4）房间内的所有产品都装于防护性包装内，或存放于受保护的位置。

（5）无人员在场。

在第 4 阶段，出于节能考虑，洁净室里的风扇处于缓慢运行状态。风扇的运行成本与线速度的三次方成正比。因此，洁净室风扇线速度减半，则洁净室的运行成本降至减速前的 1/8。第 4 阶段的认证标准通常是洁净室洁净度等级限值的 100%。

表 1.13 列出的是在洁净度为 FED-STD-209 10~10000 级（ISO 14644 4~7 级）的洁净室进行阶段性认证的限值。对于工装来说，需要重点关注第 2 阶段的认证。

表1.13 洁净室阶段性认证的悬浮颗粒物浓度限值

(单位：个/ft^3（≥0.5μm）)

FED-STD-209 (ISO 14644) 洁净度等级	第 1 阶段	第 2 阶段	第 3 阶段
10（4）	2~2.5	5	10
100（5）	20~25	50	100
1000（6）	200~250	500	1000
10000（7）	2000~2500	5000	10000

1.5.2 化学蒸气污染控制限值

空气污染可以是有机和无机化学的气态或蒸气态的形式,而这是光学粒子计数器无法检测到的。气态或蒸气态的污染通常称为分子污染。洁净室空气中的气态或蒸气态污染,称为空气分子污染(airborne molecular contamination,AMC)。空气分子污染物可能来自洁净室空气处理系统带入的空气,也可能源于洁净室内的材料。来自空气的无机空气分子污染通常以酸性或碱性蒸气的形式存在,其中最常见的是氮氧化物(NO_x)、硫氧化物(SO_x)和工艺过程中的化学品(如HCl)。空气中最常见的蒸气包括氨蒸气和有机胺类蒸气。洁净室中的材料能够通过出气(材料因溶解、解吸等缓慢挥发气体)过程成为空气分子污染源。出气量与材料表面的蒸气压以及挥发性污染物浓度成正比。另外,来自材料内部的分子污染物的扩散性影响其在气相中随时间推移所发生的浓度变化。另一个需要考虑的重要因素是水解和其他化学反应。水解反应产生的蒸气压可能比反应物高得多,使得材料暴露于潮湿、化学物质和高温条件下,有可能导致材料中形成原本没有的空气分子污染物。

远紫外线光刻胶对有机胺和无机胺非常敏感。在某些情况下,空气中的胺蒸气浓度在1~2ppb[①]时就可能产生不利影响。相较而言,室外空气中的有机和无机胺的浓度范围通常为10~50ppb;非吸烟者呼吸产生的气体中的氨气浓度超过100ppb,吸烟者的这一数据则超过1000ppb。分子污染既可来自空气又可来自表面,这种双重来源性使得有必要联合使用多种方法对其浓度进行规范和控制。源于空气的分子污染通常以单位体积空气中的污染含量来表示。空气中的分子污染通常使用含有活性炭或其他吸收剂的过滤器进行控制,材料的出气量通常以其单位重量的百分比来衡量,材料的分子污染含量则通过材料验收测试来进行控制。

需要说明的是,并非所有的蒸气在所有情况下都有害。例如,在磁盘驱动器行业中,认为挥发性增塑剂邻苯二甲酸二辛酯(DOP)是非常危险的,不允许使用。因此,在生产磁盘驱动器的洁净室中很少使用乙烯基胶帘、聚氯乙烯(PVC)手套或其他增塑PVC产品。然而,在大多数半导体行业中,却不认为DOP是危险材料,普遍使用增塑PVC产品。

无机物也可能以化学蒸气的形式存在。除了会对成品造成损害,腐蚀性

---

① 大气污染物的浓度有多种表示方法,常见的包括质量浓度($\mu g/m^3$)和体积浓度(ppb 即 part per billion,指每十亿个分子中有一个分子)。在不考虑大气压力变化的情况下,$\mu g/m^3$ =(273.15/22.4)×M×1ppb(273.15+T)。其中,T为温度(℃),M为气体的分子质量。

化学蒸气还会大大缩短工具和设备的使用寿命。无机物通常是常见的酸（如盐酸或硫酸）或碱性气体（氨）。它们可能不是一开始就以酸或碱的形式存在于材料内，而是在发生水解或其他化学反应时生成的。基于此，需要测试材料在水解或其他化学反应条件下的出气特性。在半导体行业以及其他的薄膜器件制造业中，由于其产品结构极易受到腐蚀，因此酸性和碱性的分子污染物尤其受到关注。

有两种类型的测试可用于材料出气特性的鉴定：功能性测试和客观实验室测试。该部分内容将在第 3 章中详细论述。通常材料的出气特性要求如下：

（1）在 0.1Torr① 压强条件下加热到 100℃，保持 24h，材料的重量损失应小于 1%。

（2）按照规定的方法进行分析时，材料出气不得含有有害化学物质。分析方法通常为傅里叶变换红外（FTIR）光谱或气相色谱/质谱（GC/MS）。

对于批准的材料，对出气特性要求和解释有一定的自由度。考虑的因素包括：①暴露接近度；②暴露时长；③蒸气的特性。

暴露接近度是指产品和材料之间的距离。在单向流的环境中，对于与产品距离相对较远的材料，可以允许更大（大于1%）的重量损失百分比，因为出气材料被产品关键组分吸附的可能性很小。这里的接近度是一个相对的术语。在垂直单向流环境中，与位于产品下方或下风口 10cm 处的物体相比，位于产品正上方 60cm 处的物体相对更接近产品。

暴露时长是指物体接近产品的时间。与较长时间的暴露相比，通常较短的暴露时间污染产品的风险较小。但是需要注意的是，短时间暴露也可能比长时间暴露造成更高的重量损失百分比。

蒸气本身的特性也很重要。有些材料的蒸气具有特别的不利影响；有些则影响不大。一般来说，在鉴定材料出气特性时，不包括水蒸气在内。但在真空处理设备中则例外。由于材料出气中的水蒸气可能会使得真空泵运行至目标压力所需的时间增加，从而对真空设备的生产力产生不利影响，因此需要将水蒸气涵盖在重量损失总量中。

对于特定行业，有些化学材料被归类为有害化学品，这些化学物质会造成产品缺陷并影响产量或可靠性，通常在特定行业中禁止使用含该类物质的材料。洁净室中一般也不会使用任何含有或能够产生有害化学物质的材料。另外，还有一些有可能对产品产生危害的化学物质清单，但由于证据不充分，被称为疑似有害化学品。应该尽量避免使用疑似有害化学品，但行业规定中

---

① 1Torr = 133.322Pa。

并未完全禁止。表 1.14 中列出了一些例子。

表 1.14 有害化学品和疑似有害化学品举例

材料类别	危害性及受影响的行业	典型来源
低分子量硅氧烷	在磁盘驱动器和等离子显示器行业为有害化学品	弹性硅胶管、硅橡胶密封件、室温硫化（RTV）填缝料、脱模剂
有机锡化合物	在磁盘驱动器行业为有害化学品	工业增湿杀菌剂、石膏墙板、乳胶漆、黏合剂（特别是丙烯酸酯）
有机胺	在磁盘驱动器行业为疑似有害化学品；在远紫外光刻行业为有害化学品	表面抗静电喷雾剂和涂料、蓝色/粉色聚乙烯防静电托盘和包装袋、脱模剂、洗涤剂
增塑剂	疑似有害化学品；对光学涂层来说是有害化学品	增塑 PVC 中的 DOP 或邻苯二甲酸二乙基己酯（DEHP）
酸性和碱性气体	对所有行业而言都是有害化学品	金属酸洗液、电抛光液、化学去毛刺液、电镀液、燃烧气体

1.5.3 离子污染控制限值

材料溶解在液体中形成离子可产生离子污染物。离子污染能够导致零部件发生腐蚀，可能干扰工艺槽中溶液的化学性质，还可能加剧工装表面的腐蚀。离子污染可能源自空气，也可能来自材料的内部和表面。这些材料通常能够吸收大气中的水分，进而发生水解形成酸性或碱性气体，形成气相污染物。

另外，某些材料能够吸收大气中的水分，使得表面逐渐变得潮湿、润滑，最后从固体变为该物质的溶液，这种现象称为潮解。如果这些材料释放出离子并且进入溶液，则会大大加速腐蚀。液体池往往会润湿表面，导致离子溶液从缝隙渗出。加之蒸发沉积物很容易形成气溶胶，因此水分蒸发后可能导致材料表面变花，并产生离子和颗粒污染。

离子污染可能的来源包括：

（1）表面残留的化学品；

（2）涂料和聚合物中的残留物；

（3）接触废液的管路和组件；

（4）水解反应产物。

一些非水溶液（如乙醇）可能是非常重要的离子污染来源。例如，使用氯化钙（一种良好的干燥剂）进行脱水处理的异丙醇，很容易变成氯离子污染源。

可通过一些表面处理措施增加材料的耐腐蚀性和耐磨性。这些措施包括：

（1）电抛光；

（2）阳极氧化；

（3）化学镀和电镀；

(4) 刷油漆或其他涂料。

除非操作过程完全合规，否则表面处理或镀层措施都涉及使用化学物质，都可能成为离子污染源。整理加工过程可能涉及中和、漂洗。中空的框架结构内部难以冲洗，往往含有离子污染，除非采用了特殊的加工流程才有可能避免此类污染的发生。因此，在订购电抛光或电镀金属加工产品时，判断其是否受到化学残留物的污染非常重要。

可以对电镀或涂层表面的离子污染制定一个限值。首先需要确定测试方法。有一些简单的方法可以采用，比如通过在去离子（DI）水中冲洗零部件进行离子污染的测试。冲洗后使用电导池测量冲洗水的电导率。一般来说，去离子水的电阻率可高达 $18.2M\Omega \cdot cm$（$0.05\mu S/cm$）。但是，与空气接触后，去离子水的电导率通常会下降至 $10\sim 1M\Omega \cdot cm$。去离子水暴露于可发生电离的污染条件下时，该数值将进一步下降。对比暴露于空气中的去离子水与冲洗零部件的去离子水的电导率，其变化可用于表征零部件表面的离子清洁度。多数情况下，电导率小于 $0.1\mu g/cm^2$ 的氯化钠（NaCl）当量是可接受的。这里将离子电导率换算为一种易于校准的可电离盐的电导率来表示（$0.1\mu g/cm^2$ 近似等于 $0.1mg/ft^2$ 和 $0.1mg/0.1m^2$）。

1.5.4 磁性污染控制限值

磁性污染对于磁盘驱动器、磁带、可移动介质和等离子显示器等的影响很大，需将磁性污染作为一种特殊形式的颗粒污染物进行控制。磁性污染几乎全部来源于物质的内部和表面，但是可以作为空气污染物进行传播。可将产生磁性污染的材料分为软磁性材料（或低磁性材料）和硬磁性材料（或高磁性材料）两类。

软磁性材料是指能够被磁化产生磁性（通常不是永磁体），但磁性容易去掉的材料（如软铁、钢、特定的不锈钢等）。软磁性材料的磁污染物通常会对低矫顽力的磁记录载体（如软盘、磁带）造成影响。硬磁性材料是指磁化后能长久保持磁性的材料，常用于制造永磁体。常见的硬磁性材料包括钡铁氧体、钐钴（稀土材料）、钕铁氧体等。硬磁性材料可能会导致等离子显示屏和磁记录介质等的性能下降。

在设计工具时，应尽量避免使用硬磁性材料。如果不可避免（如线性可变位移传感器），则应对磁体进行表层涂敷形成涂层。如果使用裸磁铁不可避免，则应将磁体密封，最好置于真空外壳内。无论何种情况，对于磁体或包含磁体的组件，都应该定期检查和确认，确保其不带磁性。对包含磁性材料的工具或物品必须定期进行磁性释放测试（测试方法参见11.8节），以确保涂层或其他污染控制措施未被破坏。通常应将去磁作为工具维护的常规要求之一。甚则，直接接触零件表面的工具（如镊子）必须由非磁性材料制成。

1.5.5 表面污染率和空气电离

衡量洁净室或工具洁净度最直接的方法是测量其表面的污染程度。可通过提取产品表面污染物直接测量，或通过测量与其直接接触的部分（实际部件的替代物）的污染程度来间接测量。测量零部件的表面污染水平是一种很好的能够证明工具符合污染要求的方法。可以直接对零部件进行检查（如硅晶片、磁记录介质），也可以采用间接方法进行测量。对于指定了清洁度的零部件，可以采用此方法来测量通过空气传播以及接触而产生的污染物的累积量。事实上，如果部件用于组装操作或特定制作工艺（如溅射、化学沉积等）而造成污染，则可以通过原位测量方式测量此污染量。在精密装配工厂中，拧紧或卸下紧固件时产生的碎屑就是典型的原位污染。

表1.15列出了在洁净度为FED-STD-209 100级（ISO 14644 5级）的环境中表面污染率（以不同粒径大小的粒子数来表示）和空气电离的关系。累积表面污染率（SCR）的单位为个/（$cm^2 \cdot h$），是根据水平固定在100ft/min的垂直单向流环境中的直径3in的裸硅晶片收集到的粒子数量得到的。根据表1.15可推测出洁净度为FED-STD-209 100级的洁净室中的粒径分布，将其除以100再乘以所期望的洁净度等级，即可估计出期望洁净度等级的洁净室环境的SCR值。表1.15中的SCR值已经在实际生产设施中进行了实验验证。在发生空气电离的洁净室中，室内表面允许的电压范围为±100V。在无空气电离的洁净室中，测得表面的平均电压为±1000~±2000V。在表面电压为±10V的洁净室中，其SCR期望值为表1.15中有空气电离条件下（表面电压为±100V）对应SCR值的1/10。

表1.15 垂直单向流环境中，空气发生电离和无空气电离条件下的累积表面污染率　　　　（单位：个/（$cm^2 \cdot h$））

粒径/μm	有空气电离	无空气电离
0.1	10.1	88~176
0.2	1.03	8.5~19
0.3	0.31	2.4~4.9
0.5	0.11	0.6~1.2
1	0.049	0.12~0.25
3	0.028	0.03~0.06

来源：参考文献[7]。

表 1.15 中的数据有多种用途。首先，可以用来估计零部件上污染物的累积量，从而判断该洁净度等级是否适合，能否保护零部件不被污染。表面污染率乘以暴露时间得到表面污染物累积密度。其次，该数据可以用来确定除尘埃粒子污染之外的其他污染来源（如直接接触污染、原位污染等）是否占主导地位。根据洁净度等级可计算其预期污染物累积量，而后测量零部件实际污染物累积量，二者对比即可确定零部件的实际污染物累积量是否远超预期。如果实际污染物累积量远超基于尘埃粒子污染的预期值，则应致力于直接接触污染和原位污染的识别和去除。最后，表 1.15 中的数据也有助于确定洁净室或工作台在设计时是否应将空气电离纳入考虑范围。

1.5.6 直接接触污染和原位污染

由于直接接触能够传递污染，所以即使是在无尘埃颗粒物的情况下，表面也可能发生污染。这点非常重要，原因如下：首先，大多数洁净室的洁净度监控使用的是空气粒子计数器、验证板以及其他不与产品表面直接接触的设备或技术。其次，工具通常直接与产品接触，而工具由于磨损、损坏或维护不当而受到污染。由于直接接触能够传递污染，这就使得工具成为不易察觉的产品表面污染源，但是一般难以检测到（除非系统地对所有关键接触位置实施粘胶带取样）。由于直接接触不经过空气运输，洁净室的主要监控手段无法检测到这一重要污染机制。然而，直接接触传递导致的污染物数量占比很大，可能超过所有其他污染机制造成的污染物数量的总和。

即使工具选用最优的材料来制造，其磨损和零件损坏也是不可避免的。因此，有必要时常擦拭工具，从而使来自工具的污染在控制范围之内。具体内容参见 1.5.9 节。

1.5.7 气流要求

在工作台或其他位置，暴露于工装环境中的产品能否保持洁净取决于气流的洁净程度。一个重要的规则是，非必要情况下，工具不得阻碍洁净气流吹向产品。设计不可避免地会出现一些气流阻塞，要最大限度地减少这种情况的发生。

洁净室内气流的测量有两种方法，具体取决于工装所在的洁净室类型。在单向流洁净室中，气流以线速度表示。而在混流洁净室中，由于主要靠空气的稀释作用来减轻室内污染的程度，故气流以单位时间的换气次数表示。如果工具位于单向流洁净室中，无论是水平流还是垂直流，气流都将以 min/ft 或 ft/min 为单位来表示。显然，在单向流洁净室中，气流扰动对工具的污染状况影响显著。

由于气流通常不是单向的,所以混流洁净室的气流通常根据空气交换率(换气次数)来表示。然而,在现代化的洁净室设计中,对于某些特定的过程,局部区域需要专门设计成单向流。因此,在为可靠的设计指南提供指导时,检查并确定洁净室的等级和局部环境非常重要,一定要和洁净室的所有权人或设计师沟通以获得更多的详细信息。

表1.16中提供了一些关于如何确定洁净室气流以及具体数值范围的参考。需要注意的是,在一些现代化的混流洁净室中,局部单向流区域一般是专门针对特定的工具或过程而设计的。此外,工具还应遵循以下要求:

(1) 产品上风向的工具横截面面积应尽量保持最小。

(2) 工具安装时尽可能避免空气泄漏到邻近的非洁净区域。之所以提出这一要求,是因为工具往往安装在隔板上。

(3) 气流方向尽可能从产品流向操作员或工具。

(4) 机箱外壳上风扇的排气须远离产品(如将风扇的气流导向架空地板或回流管道)。

(5) 高温条件下气流方向可发生改变(烟囱效应),应在设计中加以考虑。

表1.16 不同洁净度等级洁净室静态阶段(第2阶段)的气流状态

类型	洁净度等级	认证标准
单向流	≤100	每小时换气200~600次; 垂直流量:(0.45±0.1)m/s,(90±20)ft/min; 水平流量:<0.8m/s(150ft/min),除非特别规定,一般流向操作员
混合流	1000	每小时换气60~150次
	≥10000	每小时换气20~60次

1.5.8 压力要求和外壳排气要求

污染控制最通用的多功能设计策略之一是去除洁净室中的潜在污染部件。该策略可通过多种方式来完成,其中之一是将部件封装在抽真空的外壳内。此种方法的优点在于,封装于外壳内的部件相对于洁净室保持负压,通常无须遵守洁净室的相关要求。如符合下述条件,则封装于真空外壳内的部件可免除洁净室相关要求:

(1) 外壳被抽真空至约12Pa(1.3mmHg或0.05inH$_2$O[①]);

[①] inH$_2$O 表示英寸水柱。

(2) 排气安全；

(3) 认证测试证明外壳有效。

安全的排气位置有许多，但部分存在着潜在的不安全性。通常认为，向架空地板下面或回流管道排气是安全的。但是，如果工装排出了潜在的有害气体（如空气分子污染物），则不允许排入再循环空气通道。洁净室空气再循环系统中的标准HEPA和ULPA过滤器仅能够过滤颗粒物，但不能去除空气中的分子污染物。

如果工装排气中有化学污染物存在的可能，则需要咨询洁净室设备工程师，确定是否有设备和能力来消除所产生的化学污染。比如，将化学洗涤器置于再循环空气路径中，或用于排气系统，其本质上是个大型的真空吸尘器，其容量足以容纳工装过程中的排出的气体。如果都不满足上述条件，则需要建立化学洗涤能力，减少排气中的污染。

1.5.9 维护要求

维护程序文件缺失是污染控制中最常见的问题。此外，在概念设计阶段就应该将维护需求考虑在内。需要关注以下4项内容：

(1) 由生产操作员进行清洁（制造过程的一部分）；

(2) 由维护人员进行清洁（维护过程的一部分）；

(3) 对封闭组件的维护（设计人员需要考虑的）；

(4) 由工程师进行清洁（工程过程的一部分）。

清洁流程由设计工具或指导工具设计的工程师制定。如发生工程变更，则需要工程部门参与清洁流程修订。清洁用的化学品可能会限制工具或工作台材料的选择。例如，醇类会导致油漆变成粉状或防静电垫失效，因此不能选用异丙醇清洁有油漆喷附或铺设防静电垫的工具或工作台。

同样地，擦拭布也会对工具或其部件的表面粗糙度产生影响。如果物体表面造成擦拭布撕裂，则说明其表面光洁程度太差以至于该擦拭布无法正常使用，有必要降低表面的粗糙度来解决该问题。反过来说，工具及工作表面的抛光程度会影响擦拭布的选择和使用。

此外，实际操作中，可通过给工具增加真空外壳来使其满足洁净室的洁净度要求，一般应用于某些机械或气动装置上，此类装置会产生大量由于磨损而导致的污染，需定期调整。需要操作人员、工程师或维护人员对其进行维护，这点非常重要，需重点强调。在其他程序都完成的情况下，持续的有效维护是影响洁净度的最关键因素，这点往往易被忽视，也需要特别强调。

1. 清洁流程的特点

通用的清洁流程，诸如"用异丙醇润湿擦拭布后进行清洁"之类的一般说明是不够的。清洁流程必须指出要清洁的关键区域，如何清洁，使用什么材料清洁以及如何判断清洁是否完成。清洁流程不应该包含在常规的洁净室程序文件中，而应该作为每个工作台或操作流程文件的一部分。

关键区域是指与产品、操作员或洁净室服装接触或接近的区域。"接近"是一个相对的术语。垂直单向流洁净室中产品上风向 60cm 处的物体比产品下风向 10cm 处的物体相对更接近产品。同样，操作员所坐的工作台的下面也是关键区域，因为该位置可能与操作员工作服和手套接触或接近。

以下是清洁流程所应遵循的一些准则。

（1）仅可使用洁净室认可的擦拭布、棉签和清洁用化学品。清洁用化学品的优先顺序为：去离子水；去离子水-清洗剂；异丙醇（IPA）；异丙醇-去离子水；其他溶剂。具体需咨询现场的污染控制相关工作人员，确定哪些清洁用品和清洗剂是可接受的。

（2）擦拭布应折叠后使用，随意揉团的擦拭布不能用于洁净室清洁。

（3）清洁作业应该从顶部开始，由上向下进行。

（4）清洁作业应该从后部开始，由后向前进行。

（5）擦拭布须完全润湿（但不能过于湿润以至于滴着水滴），否则可能会发生扯破、掉毛和撕裂等。润湿剂能够起到润滑作用从而防止擦拭布破裂，能增加擦拭布的化学提取能力从而有助于清除有机污染物，能增大表面张力从而有助于去除颗粒物。

（6）擦拭布需时时检查，当明显变脏时，需将其折叠以露出干净的表面，并再次润湿，擦拭待清洁的表面，直到待清洁的表面无尘埃颗粒物残留。

（7）擦拭布使用一定频次后需进行更换，以保证其满足清洁要求。

（8）通孔和盲孔、缝隙以及插槽等可用棉签进行清洁。

（9）要特别注意与产品接触的工作台和工具区域（存在磨损和直接接触传递）。

（10）采用真空吸尘器清扫，而后擦拭，最后再次采用真空吸尘器清扫以获得最佳清洁效果。

使用真空吸笔进行清洁时，应采取一些预防措施。在 20 世纪 80 年代后期，有实验表明，用真空吸笔的塑料或金属笔头接触硅片表面时，其留在硅片表面的颗粒物比擦除的要多。这些实验还显示，对于直径小于 30μm 的颗粒物（通常情况下肉眼可见的最小粒径为 30μm），真空清扫基本无效。由于接触表面而产生的磨损碎屑主要为直径小于 30μm 的颗粒物，故肉眼不可见[14]。

当表面无可见残留物且擦拭时擦拭布上无残留物时，认为该表面是洁净的。这是一种"白手套"检查法。但是关于这一洁净标准一直存在争议。人们往往担心以无肉眼可见残留物作为洁净标准可能不够充分，因为有许多颗粒物是肉眼不可见的。若要肉眼看到粒径较小的颗粒物，唯一的方式是将其放大一定的倍率，但是同时会限制观察视野，从而导致某些区域可能被忽略。同时，放大需要使用仪器，从而降低了检查效率。洁净室保持洁净（无肉眼可见的污染物）这一要求易于检查，且易于执行。此外，擦拭能够有效去除包括肉眼不可见的污染物，如某一区域存在肉眼可见的污染物，说明该区域尚未进行擦拭清洁。

2. 维护清洁

工具和工作台需要定期和不定期的维护。维护执行过程中往往需要接触平时不直接暴露于洁净室的工具部件。维护人员可能会使用一些在常规清洁过程中不易被操作员清除的材料。也就是说，维护可能使用润滑剂及其他材料，而这些材料需要特殊的化学清洗剂、擦拭布和清洁流程才能去除。需对上述流程及注意事项进行全面细化和梳理，以指导工具的安装和维护。另外，由于维护人员可接触到生产人员通常无法接触或忽视的工具部件，因此必须通过维护来执行特定的清洁程序。

对于那些由于会带来污染而需要密封或真空外壳封装的工具部件，在进行密封或封装设计时需要考虑以下注意事项。如后盖板往往经常需要调整或打开，在设计时必须考虑是否易于维护。在检修口处应避免使用黏合胶等难以去除或更换的密封材料。外壳应采用易于使用的紧固件，并且尽可能减少紧固件的使用数量。

降低移动部件污染的一种常用的方案是采用波纹管（通常由聚氨酯或聚乙烯制成）。但该方案可能不够理想，因为波纹管会产生磨损，需要更换，并且需要安装适配器和排气管等，这就增加了维护需求并使得机械复杂性增加。因此，为移动部件外围设置既与其贴合又不接触的真空外壳可能是更好的选择。另一种解决方案是将移动部件置于传送带上，传送带在非接触式引导系统中运行，从而防止污染的产生。

3. 工程变更

在工具的生命周期中，不可避免地会发生工程变更。发生工程变更时，工程负责部门要承担诸多责任，其中包括：

（1）工程师必须根据工具工程变更需要来修改操作员清洁指南；

（2）工程师必须根据工具工程变更需要来修改维护保养指南；

（3）工程变更必须符合颗粒计数和其他污染控制要求。

1.5.10 其他要求

其他要求包括对诸如电磁辐射、振动和静电荷等参数的规定和限制。例如，许多化学物质对紫外线（光）十分敏感。普通的荧光灯产生的紫外光太强，因而不能用于半导体、平板显示器、磁记录头制造等光刻工艺中。在需要照明工具时，确定灯光中是否包含对产品不利的波段非常重要。

同样地，对于某些类型的工具，振动是一个关键参数。光刻曝光设备就是一个很好的例子，通常称其为步进光刻机。步进光刻机及其他对振动参数极其敏感的工具，制造商通常会非常细致地分析并确定其对振动参数的要求。这些要求很可能会限制周边工具的设计，因此在设计之初非常有必要询问并了解所涉及的全部工具对振动参数的要求。如果工具的振动参数是确定的，那么就需要了解预期的安装设施能够承担振动参数的能力如何。此外，静电荷是迄今为止最常遇到的"其他"要求，将在第 2 章中详述。

1.5.11 本节小结

（1）产品所处位置的尘埃颗粒物浓度须经过检测验证，并达到规定等级洁净室的标准要求。

（2）气流方向和速度须符合要求。

（3）不得使用释放有害气体的材料。

（4）须对离子污染进行控制。

（5）须通过设计尽可能降低表面磨损及零部件损坏程度。

（6）材料及其表面光洁度须与清洁液和擦拭布材质匹配。

（7）须尽可能减少空气流动阻碍。

（8）洁净空气应该首先流经产品所在的位置。

（9）清洁流程必须有完整的指南文件。

（10）机箱外壳的风扇必须排风到安全的地方。

（11）必须了解对静电荷的要求，并将其纳入设计考虑中。

1.6 相关标准

用于表征洁净室以及相关材料的诸多方法已经形成了标准。其中，致力于环境科学与技术研究的研究机构是制定相关标准的主力军。目前可用的部分标准如下：

（1）ISO 14644-1，洁净室和相关受控环境，第 1 部分：根据粒子浓度划分空气洁净度等级（定义了 0.1~5.0μm 的阈值（下限）粒径范围内呈累积分布的粒子群体的洁净度分级；超微粒子（<0.1μm）和大粒子（>5μm）可分别以 U 描述符和 M 描述符来量化粒子群体）。

（2）ISO 14644-2，洁净室和相关受控环境，第 2 部分：为认证洁净室性能与 ISO 14644-1 的连续相符性所采用的测试和监控规范（定义了周期检定的要求）。

（3）ISO 14644-3，洁净室和相关受控环境，第 3 部分：计量和测试方法（定义洁净室和洁净区的特征测试方法）。

（4）ISO 14644-4，洁净室和相关洁净区，第 4 部分：设计、施工和启动（定义客户和供应商以及管理机构、咨询机构和服务机构的责任和义务）。

（5）ISO 14644-5，洁净室和相关洁净区，第 5 部分：洁净室运行（定义洁净室运行的基本原则，包括洁净室服装、室内陈设和工装、便携式设备和消耗品以及内务管理）。

（6）ISO 14644-6，洁净室和相关洁净区，第 6 部分：术语、定义和单位（定义与洁净室有关的 ISO 文件中使用的术语）。

（7）ISO 14644-7，洁净室和相关洁净区，第 7 部分：独立设施（空气清洁罩、手套箱、隔离器和微环境）（定义区别于洁净室环境的设施要求）。

（8）ISO 14644-8，洁净室和相关洁净区，第 8 部分：空气分子污染分类（定义了浓度范围在 10^0~10^{12}g/m^3 之间的空气分子的测试和分类标准）。

（9）ISO 14698-1，洁净室和相关受控环境，生物污染控制，第 1 部分：总则和方法（定义生物污染控制的原则和方法）。

（10）ISO 14698-2，洁净室和相关受控环境，生物污染控制，第 2 部分：生物污染数据的评定与说明（定义洁净室中生物性污染取样的原理和方法）。

（11）ISO 14698-3，洁净室和相关受控环境，生物污染控制，第 3 部分：对载有生物污染的湿性培养基或生物膜之惰性表面进行清洗和/或消毒过程的效率测量方法（不作为标准发布；仅作为参考文件）。

（12）IEST-G-CC1001，用于洁净室和洁净区洁净度分类和监测的尘埃颗粒物计数。

（13）IEST-G-CC1002，空气中超微粒子（<0.1μm）浓度测定。

（14）IEST-G-CC1003，空气中大粒子（>0.5μm）的测量。

（15）IEST-G-CC1004，用于洁净室和洁净区洁净度分类的连续采样计划。

（16）FED-STD-209E，洁净室和洁净区的洁净度等级。

（17）MIL-STD-1246C，产品洁净度和污染控制程序。

（18）IEST-RP-CC001.3，HEPA 和 ULPA 过滤器。
（19）IEST-RP-CC002.2，单向流洁净化空气装置。
（20）IEST-RP-CC006.2，洁净室测试。
（21）IEST-RP-CC007.1，ULPA 过滤器测试。
（22）IEST-RD-CC009.2，与污染控制有关的标准、案例、方法及相关文件汇编。
（23）IEST-RD-CC011.2，污染控制相关的术语和定义。
（24）IEST-RP-CC021.1，HEPA 和 ULPA 滤材测试。
（25）IEST-RP-CC034.1，HEPA 和 ULPA 过滤器渗漏测试。
（26）IEST-RP-CC003.2，洁净室及相关受控环境的着装要求。
（27）IEST-RP-CC004.2，洁净室及其他受控环境中使用的擦拭材料。
（28）IEST-RP-CC005.2，洁净室用手套和手指套测试标准。
（29）IEST-STD-CC1246D，产品洁净度和污染控制程序。

另一个重要来源是美国材料试验协会（ASTM）。部分有用的 ASTM 标准包括：

（1）ASTM E595，在真空环境中出气效应引起的总质量损失和挥发物质冷凝量的测试方法。
（2）ASTM E1216，用胶带取样法对表面微粒子污染取样的标准规程。
（3）ASTM E1234，航天器在环境受控区域内使用的非挥发性残留物（NVR）取样板的装卸、运输和安装标准操作规程。
（4）ASTM E1235，航天器在环境受控范围内的非挥发性残留物（NVR）重量分析测定的标准试验方法。
（5）ASTM F25，电子及类似用途的洁净室及其他防尘区域尘埃颗粒物污染的筛分和计数的标准试验方法。
（6）ASTM F50，使用可检测单亚微米和较大颗粒的仪器对洁净室及粉尘控制区内气载粒子进行定径和计数的标准实施规程。
（7）ASTM F51，洁净室衣服上颗粒污物的粒度测量与计数标准试验方法。
（8）ASTM F302，容器中航空航天流体现场取样标准操作规程。
（9）ASTM F303，元部件中航空航天流体现场采样标准操作规程。
（10）ASTM F306，利用真空卷吸技术从航空航天流体无障碍存储容器中采集颗粒物的标准操作规程。
（11）ASTM F307，气体分析用特种气体采样标准操作规程。
（12）ASTM F311，使用膜滤器处理用于微粒污染分析的航空航天流体样品的操作规程。

（13）ASTM F312，膜滤器上航空航天流体中颗粒微观大小的测定及计数方法。

（14）ASTM F318，处理航空航天流体用洁净室空气中尘埃颗粒物采样标准操作规程。

（15）ASTM F327，基于颗粒物自动监测方法对产生尘埃污染的气体排放系统和元部件进行样品采集的标准操作规程。

（16）ASTM F331，卤化溶剂从航空航天部件中提取非挥发性残留物的标准测试方法（使用旋转式闪蒸器）。

（17）ASTM F1094，采用直接加压分接抽样阀和预消毒塑料袋法监测电子器件加工用水中微生物的标准测试方法。

参考文献

［1］ B. Y. H. Liu and K. H. Ahn, Particle deposition on semiconductor wafers, *Aerosol Science and Technology*, 6：215-224, 1987.

［2］ D. W. Cooper, R. J. Miller, J. J. Wu, and M. H. Peters, Deposition of submicron aerosol particles during integrated circuit manufacturing: theory, *Particulate Science Technology*, 8 (3-4)：209-224, 1990.

［3］ D. Y. H. Pui, Y. Ye, and B. Y. H. Liu, Experimental study of particle deposition on semiconductor wafers, *Aerosol Science and Technology*, 12：795-804, 1990.

［4］ J. J. Wu, R. J. Miller, D. W. Cooper, J. F. Flynn, D. J. Delson, and R. J. Teagle, Deposition of submicron aerosol particles during integrated circuit manufacturing: experiments, *Journal of Environmental Sciences*, 32 (1)：27, 28, 43-45, 1989.

［5］ R. P. Donovan, Ed., Particle *Control for Semiconductor Manufacturing*, Marcel Dekker, New York, 1990, pp. 312-320.

［6］ D. W. Cooper, R. P. Donovan, and A. Steinman, Controlling electrostatic attraction of particles in production equipment, *Semiconductor International*, 22 (8)：149-156, 1999.

［7］ R. W. Welker, Equivalence between surface contamination rates and class 100 conditions, *Proceedings of the 34th Annual Technical Meeting of the Institute of Environmental Sciences*, King of Prussia, PA, May 3-5, 1988, pp. 449-454.

［8］ The U. S. General Services Administration (GSA) released a Notice of Cancellation for FED-STD-209E, *Airborne Particulate Cleanliness Classes in Cleanrooms and Clean Zones*, on Nov. 29, 2001. The document may still be in effect for older contracts.

［9］ MIL-STD-1246 has been supplemented by a consensus industry standard, IEST-STD-CC1246D.

［10］ Two notable early examples are O. Hamberg, Particulate fallout predictions for cleanrooms,

Journal of Environmental Sciences, May–June 1982; and S. E. Keilson, Work area characterization to control product cleanliness, *Journal of Environmental Sciences*, Mar. – Apr. 1986.

[11] This was often believed to be the case, but was first reported based on systematic experimentation in 1987. D. S. Ensor, R. P. Donovan, and B. R. Locke, Particle size distributions in cleanrooms, *Journal of the Institute of Environmental Sciences*, July 1987.

[12] See, for example, S. M. Peters, Particle fallout in a class 100,000 high–bay aerospace cleanroom, *Journal of the Institute of Environmental Sciences*, 1995, pp. 15–17.

[13] S. K. Friedlander, Smoke, Dust and Haze, Fundamentals of Aerosol Behavior, John Wiley & Sons, New York, 1977, pp. 42–44.

[14] R. W. Welker, Previously unpublished laboratory data.

 其他读物

1. Bae, G. N., C. S. Lee, and S. O. Park, Measurement of particle deposition velocity toward a horizontal semiconductor wafer by using a wafer surface scanner, *Aerosol Science and Technology*, 21: 72–82, 1994.

2. Fosnight, W. J., V. P. Gross, K. D. Murray, and R. D. Wang, Deposition of 0.1 to 1.0 micron particles, including electrostatic effects, onto silicon monitor wafers (experimental), *Microcontamination Conference Proceedings*, San Jose, CA, Sept. 21–23, 1993.

3. Greig, E., I. Amador, and S. Billat, Controlling reticle defects with conductive air, presented at the SEMI Ultraclean Manufacturing Symposium, Austin, TX, Oct. 1994.

4. Murakami, T., Togari, H. et al., Electrostatic problems in TFT – LCD production and solutions using air ionization, EOS/ESD, *Conference Proceedings*, Orlando, FL, Sept. 10–12, 1996.

5. Riley, D. J., and R. G. Carbonell, Effects of charge reversal on particle deposition onto silicon wafers, *Proceedings of the 38th Annual Technical Meeting of the Institute of Environmental Sciences*, Nashville, TN, May 3–8, 1992, pp. 450–459.

6. SEMI Draft Document E78-0998, *Electrostatic Compatibility: Guide to Assess and Control Electrostatic Discharge (ESD) and Electrostatic Attraction (ESA) for Equipment*.

7. SEMI E43, *Recommended Practice for Measuring Static Charge on Objects and Surfaces*.

8. A. Steinman, Electrostatic discharge: MR heads beware! Data Storage, July–Aug. 1996.

第 2 章

ESD 控制基础

2.1 引言和历史回顾

在本章的讨论中，我们将使用两个不同的术语：静电荷和静电放电。静电荷（ESC）是由构成材料表面的原子中带负电荷的电子和带正电荷的质子之间的不平衡所产生的。如果材料表面上的电子比质子少，则表面带正电荷；如果材料表面上的电子比质子多，则表面带负电。静电放电（ESD）发生在两个不同物体之间或在同一物体上（内）的不同区域，电荷不平衡引起电子流动。如果电荷不受控地通过静电放电敏感设备或器件，可能会导致设备损坏。

静电荷是一种特殊的污染形式。绝缘材料表面、未接地的静电耗散材料或导电材料的表面及内部的电荷量过量或缺失，会造成静电放电。即便在安全的防静电工作区内，过量的静电荷或其形成的静电场也能对产品放电，造成损伤。静电放电控制和污染控制过程惊人地相似，这也是为什么将它们在本书中一并阐述的原因。污染和静电放电普遍存在，多数情况下污染物和静电荷数量太小无法察觉，必须通过培训、采取工程措施与管理方法等对静电荷进行有效控制，这与污染控制的方法十分相似。

控制静电荷的方法一般有两种：控制物体上的电荷量以及控制放电速率。电路静电防护设计也同样重要，它能够保护 ESD 敏感装置免受突发静电放电的影响。本书不讨论电路静电防护设计，对其感兴趣的读者可以查阅相关参考文献（参考文献 [1-2]）。静电充电放电已被确定为造成高新制造业可靠性损失、产量损失和生产率降低的最重要原因之一。受静电放电影响的高新制造业涉及半导体、磁盘驱动器、平板显示器及航空航天等。

20 世纪 70 年代，静电敏感器件越来越普遍，静电放电成为导致集成电路（IC）组件损坏的主要问题。设计人员对芯片进行静电防护设计以快速应对静电放电问题，芯片静电防护设计作用明显，确保了在不受到静电损害的情况下对静电敏感器件处置和封装。但是，半导体产品尺寸不断缩小，给设计师和制造商带来的静电防护设计的挑战和问题越来越多。目前，即使是在半导体器件制造中使用的镀铬玻璃光掩模对静电放电也很敏感[3]。

半导体器件小型化和快速化的发展特点使集成电路芯片静电防护设计的相对成本越来越大。在某些情况下，集成电路的制造商和设计人员已经取消了芯片上的静电防护设计，仅在设备的输入线路上进行静电防护设计（如果有的话），以降低集成电路设计成本，提高生产率。因此，当测试此类器件的静电放电敏感度时，静电放电损坏往往出现在输出线路上而不是在输入线路上。

20世纪80年代末以前，人们认为磁盘驱动器对静电放电的敏感性不像半导体那么高。20世纪80年代后期，磁阻（MR）磁头被引入到磁盘驱动器中，导致它们比同时期的半导体更容易受到静电放电的损害。最初，磁盘驱动器制造商采用了最先进的半导体式静电放电控制方法，他们认为半导体的静电放电敏感度比磁盘驱动器组件的更强。然而，磁阻磁头要比当时的集成电路更为敏感。所以最初采取的控制措施导致了难以承受的产量损失及可靠性问题。人们很快发现这些措施难以满足要求，逐渐开始采用更为严格的控制措施[4]。

更小像素和更大屏幕是平板显示器的发展趋势。但平板显示器上的静电荷增加了表面污染风险[5]。污染或静电放电导致的单个像素的损失会导致视觉缺陷，严重降低显示器的价值。

商用现货（COTS）电子元件在航天器制造中的大量使用已成为航空航天工业的发展趋势，航天器的静电放电敏感度与半导体器件密切相关。此外，随着科学仪器传感器的发展，薄膜技术开始被用于传感器制造以提高其灵敏度，导致用于航天器的先进传感器对ESD极其敏感。

静电放电损伤是最早引起设计工程师和工艺工程师关注的影响因素。如今，工程师关注的重点日益集中在导致静电放电产生的主要原因上：材料上产生的静电荷。静电会对制造过程产生不利影响。最明显就是静电放电事件造成的产品损伤，其次是静电放电产生的电磁干扰（EMI）。EMI可能会锁定微处理器，从而导致设备在制造过程中无故停机[6]。在清洁环境中，表面具有高静电荷的物体会吸附尘埃，造成污染问题。

在产品生产制造过程中，采取措施控制静电荷的产生以及为带电的物品提供安全的泄放路径，是解决静电问题最有效的办法，可以防止静电放电的发生，减少由于静电吸引导致的污染问题。

过去，污染控制和静电放电控制的解决方案被认为是互斥的。某些措施对污染控制有利，但会对静电放电控制产生不利影响，反之亦然。目前，已有能够同时满足污染控制和静电放电控制要求的材料了，该问题已不复存在，但必须验证其满足污染和静电放电控制要求，验证过程比以往受到的严格限制要少得多。控制静电荷产生和静电放电的重点在以下几个方面：设施、人员、包装、检查和记录。

1. 日常生活中的静电充电和静电放电现象

静电充电和静电放电在日常生活中普遍存在。然而，很少有人会注意到静电充电和放电，即使观察到这种现象，他们也无法理解现象产生的原因。为了更好地理解普遍存在的静电电荷和静电放电现象，提供静电放电知识培训非常重要。带有静电荷的衣服会吸附物品，这是最为人所熟知的现象。在利于电荷产生的环境中，比如环境相对湿度较低时，不同的材料彼此接触会产生静电，导致静电吸附，进而影响产品外观。市场上有专业的喷雾剂可以用来消除静电吸附问题。

又比如洗衣店烘干衣物时会产生静电荷。几乎每个人都经历过这种情况，最初从干衣机里取出衣服时，棉袜会粘到聚酯混纺衬衫上。棉花和聚酯的电荷极性相反，因此互相吸引。当袜子从衬衫上剥离时，会听到噼啪的声音，这就是静电放电的证据。在光线充足的洗衣房里进行剥离操作时，会听到声音，但看不到火花，但在黑暗的房间里，火花就会显现，这是因为身处黑暗环境中的缘故。夜间在黑暗的房间里脱掉T恤衫也会出现同样的现象。在正常的室内光照条件下，小的静电放电现象是不可见的。因此，在静电防护场所通常光照充足，亮度足够的条件下，要重点关注小的、不可见的静电放电现象。

日常生活中，塑料食品包装袋也极易产生静电现象。从卷筒剥离保鲜膜时，保鲜膜会被充电。通常会导致塑料食品包装自身吸附。当带电的保鲜膜靠近不带电的食品容器时，食品容器表面会产生与保鲜膜极性相反的电荷，异性电荷相互吸引，保鲜膜会紧贴到食品容器上。长时间的储存后（通常在冰箱里），静电荷会消散。这就是为什么保鲜膜重复使用时，吸附效应没有第一次使用时那么明显。

用塑料梳子或刷子梳理头发时，也会产生静电荷，听到静电放电的声音。梳子或刷子会被充电，且电荷极性与头发极性相反，毛发纤维的电荷通常极性相同，所以会相互排斥，使头发呈现蓬松状态。如果电荷量过多，头发会不受控制，即"一天都不能恢复到正常状态"。这也是我们在洗发后使用护发素的原因之一。头发漂洗后留下的护发素含有消耗静电荷的化学物质，有助于减少难以控制的静电荷。洗衣时使用的织物柔顺剂的原理大致相同，在保持润滑性的同时起到减少静电荷的作用。

静电放电有时也会造成灾难性的影响。加油时，有可能会点燃加油的人或造成汽车燃烧。众所周知，油罐卡车师傅在加注汽油前总是将卡车与油罐接地。下次登机前，仔细观察地勤人员是如何给飞机加油的：泵送燃料之前，他们会将飞机和加油车接地，消除加油车和飞机之间的电位差，在加油过程中就不会产生静电放电，避免点燃燃油蒸气。静电放电也被认为是导致谷物运输机中粉尘爆炸的主要原因。对于面粉厂、炸药工厂以及易气化易燃材料，静电放电都是重要的危险因素。

多数行业在处置片材和薄膜材料时，都会考虑静电荷的影响，比如处理床上用品、缝制服装处理织物等。播放电影时，胶片寿命以及播放效果都受胶片上粉尘污染和刮擦的影响。

但是，对于多数工业行业，静电荷有时也起到正面作用。带电纸张可以进行复印。静电除尘器可清除工业生产过程中产生的废气污染物。现在市场上售卖的小型静电除尘器可以用来清除室内空气尘埃。早在20世纪30年代，静电式空气过滤器就已进入人们的视野。静电模块可以提高吸尘率，在不增加空气流动阻力的情况下就可以控制污染。近年来，制造商开始采用过滤材料持续充电技术，利用静电场效应进行除尘从而代替动力除尘。

2. 闪电

闪电（图2.1）是自然界中最壮观、最危险的静电放电现象之一。数百年前，本杰明·富兰克林证明了闪电是一种静电放电现象，之后发明了避雷针，一直沿用至今。在富兰克林开始科学实验之前，人们认为电是由两种对立的力量组成的。富兰克林证实了电由一个"普通元素"构成，称为"电火"。此外，电是"流体"，就像液体一样，它从一个物体传到另一个物体，但是从未有损耗。

富兰克林对电进行了深入的研究，比如著名的风筝实验，使得电学理论得到进一步完善。但当时电学尚无明确的定义，科学家们不得不发明新的单词或用文字组合的形式来描述他们对电的理解：富兰克林使用了"电火"这个名词，即现在意义上的电。富兰克林根据他的实验创造了一些电气术语，包括电池、充电、冷凝器、导体、正号、负号、正电和负电。今天，这些术语的原始含义仍在使用。

对研究成果的转化利用也是富兰克林的重大贡献之一。伟大发明如双光眼镜、富兰克林炉以及避雷针等，目前使用的避雷针与富兰克林时代使用的形式基本相同。如今，富兰克林时代并不存在的事物，诸如电脑之类的家用电器设施，需要采取措施避免雷电的影响。我们配备了电涌保护器以及其他噪声隔离设备来保护它们免受由雷电或其他因素引起的电涌的影响。

图 2.1 闪电

静电在云中产生，进而导致闪电，科学家们对这一说法未形成统一意见。但也对部分观点达成了共识：天气晴朗时，地球表面和电离层之间存在 20 万～50 万伏的电位差，对地电流约为 $2\times10^{-12}A/m^2$。人们普遍认为，电位差是由雷暴雷电造成的。测量结果表明，典型的雷暴活动期间，平均有约 1A 的电流流入平流层。目前的理论认为，天气晴朗时，雷暴是造成电离层电势和大气电流存在的主要原因，但具体细节还不完全清楚。雷雨云的底部带负电，顶部带正电。雷雨云底部的负电荷会导致地面带上正电荷。当雷雨云底部与地面之间的电荷差超过 25000V/cm 时，空气就形成了导电的通路，产生闪电。

由于雷电会对航空航天器、计算机等设备中的固态电子产品造成损伤，相对于 20 世纪 60 年代以前，科学家在 20 世纪 60 年代末对于闪电的研究异常活跃。随着技术的不断进步，测量能力也逐步得到了提升。

2.2 静电荷控制术语

静电荷控制术语如下：

（1）空气电离器：一种电离空气的设备。空气本身含有离子，但多数情况下，不足以充分中和静电，保护静电敏感设备。此外，在洁净室中，HEPA 和 ULPA 过滤器会去除空气离子，所以在洁净室内，需要利用空气电离技术解决静电放电问题。

（2）局部抗静电剂：一种化学化合物，应用于材料表面或浸渍在材料内，使绝缘材料上的静电消散。浸渍局部抗静电剂而形成的静电耗散型塑料，使用水或酒精清洁时可能会耗尽抗静电剂，导致静电防护失效。多数局部抗静电剂蒸气压很大，因此不能在洁净室中使用局部抗静电剂。

（3）抗静电材料：传统来讲，一种抑制或抵制摩擦起电的材料。目前已不再使用，字面本身意味着不会产生静电，这是不正确的。

（4）带电器件模型：静电放电敏感器件充电后放电的模型。磁阻磁头结构精细，极易损伤，因此在使用过程中一定不能造成摩擦起电。另外，合并磁头的磁盘一定不能带电，否则会导致磁头损坏。

（5）冷恢复：由静电放电应力改变的器件特性在室温下恢复正常的现象。

（6）导电材料：体积电阻率小于 $10^5\Omega\cdot cm$，表面电阻率小于 $10^6\Omega/sq$ 的材料。

（7）导电性：材料导电的能力。

（8）库仑（Coulomb）：电荷单位，相当于 6.24×10^{18} 个电子。

$$Q = CV$$

式中：Q 为电荷（C）；C 为电容（F）；V 为电压（V）。

（9）衰减时间：电压降低到初始值的给定百分数所需的时间；是用于空气电离器的工作台评估空气电离器和材料可接受性的两个主要标准之一。

（10）电介质：可以维持电场的非导体物质。

（11）介电击穿电压：通过电介质产生导电路径的电压。

（12）介电强度：额定电压（或电场），高于此值可以通过电介质形成导电路径。

（13）静电放电（ESD）：静电电位不同的物体之间的静电荷转移。

（14）静电放电敏感性（ESDS）：元件或组件易被静电放电损坏的特性。一般用电压表征，有 3 种测试模型：人体模型、机器模型和带电器件模型。

（15）静电场：带电物体静电荷在其周围空间所激发的电场。

（16）静电过应力（EOS）：电子元件或组件暴露于大于其最大额定值的电流或电压。EOS 可能会导致灾难性损伤。

（17）静电电位：静电场中某点与参考点电压之间的电压差。

（18）静电屏蔽：限制静电场穿透的屏障或外壳。

（19）静电放电接地：将插入点、母线、导电编织层、裸线或金属条指定为连接点，以消除连接物体上的静电荷。

（20）防静电工作区：配置各种静电防护设备、设施，中和静电荷，限制静电电位的工作环境，也称静电安全工作场所。

（21）静电放电防护：抑制静电产生、消除静电或屏蔽静电的特性。

（22）防静电工作台：配置各种静电防护设备、设施，中和静电荷，限制静电电位的工作台。

（23）防静电工作台面：用于释放材料表面静电荷或工作台表面本身静电荷的工作台面。

（24）静电放电敏感度（ESDS）：电子元器件耐受静电损伤的能力（敏感度）。易感度或敏感度是指导致性能不能达到指定参数水平要求的静电放电水平。

（25）法拉第笼：一种使静电屏蔽的外壳（可能会影响电磁波）。

（26）场感应模型：一种带电器件模型，通过静电感应充电。

（27）浮动设备模型：一种孤立设备模型，设备受电场影响产生电压。

（28）浮动电位：判定空气电离器性能的第二项指标。使用不带电的、未接地的带电板监测器或离子发生器验证器测得的最高正负电位。

（29）地：①电路或设备与大地之间或者代替大地的某个导电体之间的有意或无意的导电连接；②电路相对于大地的零电位的位置或部分；③用作电流的返回路径和任意的零点参考点的导电体（如大地或钢船的船体）。

（30）接地带：一种提供接地导电路径的物体。

（31）可接地点：静电防护材料或设备上指定的连接点、位置或组件，用以实现设备和接地点电气连接。

（32）人体模型：一种人体静电放电的模型。

（33）输入保护：用以防止静电放电损坏而与物体端子连接的外部或内部结构、设备或网络。

（34）绝缘材料：表面电阻率大于 $1\times10^{12}\Omega/sq$，体积电阻率大于 $1\times10^{11}\Omega\cdot cm$ 的材料。

（35）电离：中性原子或分子获得正电荷或负电荷的过程。

（36）焦耳：能量单位。1J 等于 1V 乘以 1C。1J 相当于 0.2391cal，1cal 热量定义为在 20℃ 条件下将 1g 水升高 1℃ 所需的能量。点燃空气中甲烷（天然气中的主要气体）的最佳混合物所需火花能量约为 0.25mJ。在空气中点燃氢气最佳混合物的能量约为 0.017mJ（约 17μJ）（NFPA 77，静电推荐操作规程，1993 年）。相比之下，多数电子设备的损坏能量在 2~1000nJ 之间。

$$H=\frac{1}{2}CV^2$$

式中：H 为能量（W·s 或 J）；C 为电容（F）；V 为电压（V）。

（37）连接处损坏：导致半导体电流-电压（I-V）特性变化的一种功率依赖机制。

（38）潜在故障：故障不在发生静电放电事件时出现，而是在正常运行一段时间后发生。

（39）氧化层击穿：氧化层的介电击穿，比如半导体器件中的氧化层的介电击穿。

（40）敏感元器件标识：硬件上或文档上用于识别静电放电敏感产品的标识。

（41）分流条：一种缩短静电放电敏感产品终端的装置，可以形成等电位表面。

（42）火花：通常指由气体（如空气）隔开的两个导体之间发生的短时间放电。

（43）静电衰减测试：规定材料接触充电并测量其衰减至特定电压所需衰减时间的程序。判定依据通常为衰减到初始电压的10%所需的时间。

（44）静电耗散材料：表面电阻率为 $1\times10^{6} \sim 1\times10^{12}$ Ω/sq 或体积电阻率为 $1\times10^{5} \sim 1\times10^{11}$ Ω·cm 的材料。

（45）静电：静止的电荷。电荷是由于物体内的电子转移（极化）或物体间的电子转（从一个物体移到另一个物体）所产生的。

（46）电气静电消除器：静电消除器一般由一个或多个电极以及一个高压电源组成。电气静电消除器产生的离子分布在高压电极周围。（另见空气电离器和电离）

（47）感应静电消除器：一种无源器件，能够提供足够强度的电场，产生离子，消除静电。

（48）核静电消除器：通过辐射空气分子产生离子以消除静电的仪器。多数型号采用α-粒子发射同位素产生离子的方式来中和静电荷（另见空气电离器和电离）。

（49）防静电工作场所：经过特殊设计用于保护静电敏感设备免受静电损坏的工作场所，也称防静电工作区。

（50）步进应力测试：在相同时间内按顺序对样品施加连续递增的应力水平所进行的测试。

（51）表面电阻率：在材料表面的直流电场强度的切向分量与线电流密度之商，即单位面积内的表面电阻单位长度的直流电压降与通过系统表面的单位宽度的电流之比。在此情况下，表面由一个正方形单位面积组成。实际上，表面电阻率是正方形的两个相对侧边之间的电阻，与正方形面积或其尺寸单位的大小无关。表面电阻率以欧姆每平方表示，使用同心环形夹具时，表面电阻率计算公式如下：

$$\rho_s = \frac{2\pi R}{\ln(D_2/D_1)}$$

式中：D_2 为外电极的内径；D_1 为内电极的外径；R 为测得的电阻（Ω）。

注意，由于 Ω/sq 这一单位的使用异常混乱，特别委托 EOS/ESD 标准小组委员会 11.0 对此术语进行了审查。

（52）摩擦起电：两件紧密接触的物质分离时产生的静电现象。两种物质的接触和分离，或者两种物质相互摩擦会产生大量的静电荷。（另见摩擦起电序列）

（53）摩擦起电序列：以一定顺序排列的物质清单，当列表上部的物质与下部的物质分离时，会带正电荷；当列表下部的物质与下部的物质分离时，会带负电荷。该序列主要用于说明物质摩擦带电之后可能产生的电荷极性。但是，该序列是在受控的条件下，对经过特别准备与清洁的物质测试得出的。日常情况下，该序列中位置彼此接近的物质接触分离可以产生与预期相反的电荷极性。该序列仅作为参考。

（54）未受保护的静电放电敏感设备：无静电屏蔽外壳（袋、箱或柜）保护，和/或电气连接器暴露在外的静电放电敏感设备。

（55）电压抑制：通过增加电容而非降低电荷来降低带电体电压的现象。

（56）体积电阻率：在材料里面的垂直于表面的直流电场强度和稳态电流密度之商，即单位体积内的体积电阻单位厚度的直流电压与单位面积流过的电流的比值。其单位通常用 Ω·cm 表示。

2.3 静 电 源

通常认为人体是导致静电放电损伤的最常见静电源。人体是一个电容器，可以存储电荷。人体电容最小约 100pF，最大可超过 500pF，具体取决于个人的体型和穿着[7]。此外，人体皮肤通常是良好的导体，其阻抗一般在 1000～3000Ω 之间。有小部分人的皮肤阻抗非常高，进行腕带接地测试时，会超过限值（通常应小于 10MΩ）范围。皮肤阻抗受相对湿度和皮肤保湿剂的影响。相对较大的人体电容和低皮肤电阻使人成为潜在的重要静电源。人员行为的相对不可预测性也是导致人体成为最重要静电源的一个因素。鉴于此，通常选用机器人和其他形式的自动化措施来进行静电放电敏感度器件的大批量制造生产。

2.3.1 静电

静电是不动的静止电荷。它是由驻留在材料表面上不平衡的电子造成的。失去电子的材料带正电荷，获得额外电子的材料带负电荷。过量的静电荷或其构成的电场也可以通过感应充电过程（后面会详细介绍）对附近的物体进行充电。被感应充电的物体受到静电放电或污染影响时会受到损坏。静电荷的产生方式有3种：传导起电、感应起电和摩擦起电。物体也会受电离辐射、等离子体或光电离子影响而带电，这里对此不做过多讨论，本节将主要讨论传导起电、感应起电和摩擦起电。

1. 传导起电

当某一带电导体或静电消散物体同其他导体或静电消散物体接触时，静电荷可以传导到其他导体或静电消散物体上。图2.2所示为一个带电的金属工具与不带电物体接触时出现的情况。接触时，由于带电金属工具与不带电物体存在电位差，金属工具上的电荷会流向不带电物体。接触后，两个物体都会带上同极性电荷。需要认识到传导起电对于绝缘体材料来讲不是重要的起电机制。

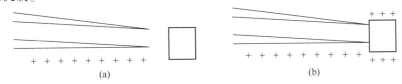

图2.2　传导起电

（a）起始状态（带电镊子和中性芯片）；（b）接触过程中镊子给芯片充电。

2. 感应起电

感应起电过程中的带电物体和静电放电敏感产品不发生接触。带电物体上的电荷会激发形成外部电场，位于此电场中的静电放电敏感物体内部电子发生流动。异性电荷相吸，同性电荷相斥。

当把静电放电敏感产品放到外部电场中时，电流将沿一个方向流动，离开电场时，电流将以相反的方向流动。如果静电放电敏感产品快速移动到强电场中，然后快速离开，会出现高电流冲击现象。处于电场中时，静电放电敏感器件中的导体可以被极化。如果静电放电敏感器件接地或与电子源/电子吸收源碰触，则产生电流冲击也会损坏静电放电敏感器件。在外部电场中接触极化的静电放电敏感器件可以导致极化被中和。当从外部电场移除静电放电敏感设备时，我们发现它已经被充电。在这种状态下的静电放电敏感物品被称为场感应充电设备。当其与接地表面如工具或其他导体接触时，带电的装置也会受到损坏。如果该静电放电敏感物体与具有足够的电容的未接地导体接触，也有可能发生损坏。

图2.3中举例说明了静电放电敏感设备感应起电的过程。假设我们有一个带电的阴极射线管（比如电视监视器、计算机显示器、示波器）和一个未充电的静电放电敏感物品。静电放电敏感物品被带入静电场后，电子被诱导穿过静电放电敏感物品中的导体。电子排斥或吸引的速率（以及由此感应生

成的电流）与带电物体上场强的变化成正比，也与不带电物体在该电场中移动的速度成正比。把物体从外部电场中移开时，受同样因素影响，电流也会发生变化。因此，当物体迅速穿过强烈变化的外部电场时，静电放电敏感设备至少会有两次因感应起电造成设备损害的可能。

图 2.3 所示还说明了静电场电位造成静电放电敏感设备损坏的其他可能性。如果静电放电敏感设备上的导体与其发生短暂接触，静电放电敏感设备上的电荷可能会由于中和过于迅速，导致静电放电事件发生，静电放电敏感设备可能因此而极化。这里，我们所举的例子是由带正电阴极射线管的玻璃表面而形成的静电场所覆盖的静电放电敏感器件。由于静电放电敏感设备可能会极化，所以靠近 CRT 的导体会带负电（异电相吸），远离 CRT 的导体带正电（保持电子总数不变）。

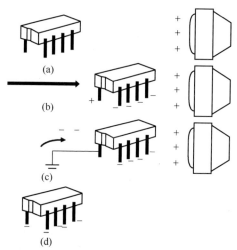

图 2.3 静电防护工作场所常见的感应起电示例，带负电的器件可能会受到 ESD 损害
（a）中性器件；（b）静电场中器件的极化状态；（c）通过接地或其他方式中和电荷；（d）电场被移除。

如果在静电场中，静电放电敏感设备上的一个导体与电子源或电子吸收源接触，则电荷将转移到器件上。图 2.3 展示了电子流入静电放电敏感器件来中和导体的带正电部分。如果随后将静电放电敏感设备从外部静电场中移除，则（负）电荷将被存储在设备上。如果充电后的设备随后接地，放电可能会非常迅速，从而可能发生破坏性静电放电事件。

3. 摩擦起电

摩擦起电中的"摩擦（triboelectric）"源于古希腊语。古人已经了解到，如果把不同的材料如琥珀和毛皮放在一起摩擦，会带电。早在约公元前 585 年，Melitus Thales 就发现了琥珀会吸引轻小物体（如头发、木屑等）[8]。现在，我们知道，当两种不同的材料带电时，一个会获得正电荷，另一个会获得负电荷。在任何时候，不同的材料彼此接触，然后分离，就会发生摩擦起电。不同材料之间接触摩擦会导致电荷量增加。

摩擦起电是多数静电带电问题产生的根源。不同材料接触-分离或相互摩擦时，会由于摩擦起电机理而积累电荷。有许多熟知的通过摩擦起电产生静电荷的例子。例如，在干衣机里一起翻滚的衣服会起电。当衣服从烘干机中取出时，它们经常粘在一起。当分开时经常发出噼啪声，这种现象就是静电放电。用梳子或刷子梳理头发，行走在地毯上，孩子们的生日聚会上表演的把橡胶气球在头发或衣服上摩擦，然后粘在墙上等等，都是常见的摩擦产生电荷例子。

通过摩擦起电，材料携带正电荷或负电荷的能力在摩擦起电序列中已经进行了排序。最完整的摩擦起电序列包括 800 多种不同的材料组合。但是，这些材料大多不太可能用于静电放电控制的工作场所。在静电放电控制的工作环境中常见的一些材料有：

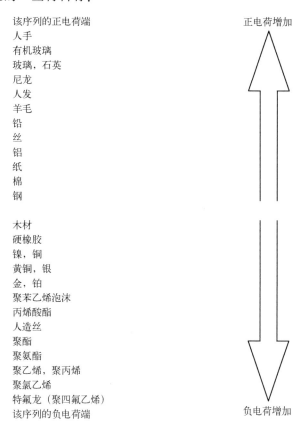

该序列的正电荷端
人手
有机玻璃
玻璃，石英
尼龙
人发
羊毛
铅
丝
铝
纸
棉
钢

木材
硬橡胶
镍，铜
黄铜，银
金，铂
聚苯乙烯泡沫
丙烯酸酯
人造丝
聚酯
聚氨酯
聚乙烯，聚丙烯
聚氯乙烯
特氟龙（聚四氟乙烯）
该序列的负电荷端

正电荷增加

负电荷增加

摩擦起电序列给出了一些材料在与该序列中其他材料接触和分离后，各材料可能如何充电的信息。当序列中的两种材料接触-分离时，该序列有助于确定在每个表面上产生电荷的极性和大小。例如，如果黄铜和聚氨酯接触并分开，黄铜应该带正电荷，聚氨酯应该带负电荷。电荷量可能会小于①钢和聚氨酯的接触和分离过程所产生的电荷。这里提到"可能"，是因为摩擦电荷的产生受许多变量的影响。一些已经确定的变量包括接触面积、表面污染物、分离速度和相对湿度。因此，如果比较几个不同的已公布的序列，序列中项目的确切顺序不总是相同。但是，在各个序列中，总体的位置是相当一致的。

1) 摩擦起电基础

摩擦序列材料排序的依据是什么？尚未有确定的解释。有的解释是电子在不同材料上的相对附着能力不同。当不同的材料接触然后分离时，电子吸附力较弱的材料就会失去一些电子，导致材料带正电。对电子具有更强保持力的材料获取从另一个表面上失去的电子，带负电。

对这种现象的一种解释是基于材料的功函数，可通过光电效应测得。在光电效应中，金属表面被光照射。如果某个波段的光具有足够的能量，则低于该能量的电子从材料中发射出去。电子的产生是光波长的函数。这个波长的光的能量被用来描述以电子伏特为单位的功函数。功函数越高，电子结合越紧密，反之亦然。另一个与之竞争的理论是，材料摩擦起电的趋势可能与构成材料表面元素的电负性有关。许多人尝试建立它们之间的相关性[9]。但是，非金属并不存在功函数的概念。在对静电放电安全的工作场所非常重要的材料中，没有功函数的元素包括氮、氧、氟、硫和氯。

2) 电负性和功函数

电负性是 Linus Pauling 最初引入的一个参数，描述了分子中的原子吸引成键电子的能力。尽管电负性不是精确定义的分子性质的参数，但是两个原子之间的电负性差异为分子中不同原子之间的键合能力提供了有用的解释。电负性可用于解释原子间键合的偶极矩（原子间键合的极化程度）以及该键的性质是离子键或共价键。

表 2.1 中列出了 Pauling 电负性标度上的电负性 X，适用于每个元素的最常见氧化状态。参考文献 [10-12] 中也描述了其他尺度。表 2.1 中也给出了金属元素的功函数[13-15]。大部分功函数都是使用光电激发来测量的。如果表

---

① 译者注：原著此处为大于。译者认为根据起电序列表，钢与聚氨酯之间的跨度大于黄铜与聚氨酯的跨度，序列表越远，摩擦起电能力越强，因此黄铜和聚氨酯的摩擦起电电荷"小于"钢和聚氨酯摩擦起电电荷。

格中出现短划线，则表示不存在任何值。至于电负性，只有惰性气体没有电负性。惰性气体通常不形成稳定的化合物。对于光电功函数，只有金属元素释放光电子，并非所有的金属元件都具有光电功函数的特征。表2.2表明，这些材料很可能来自前面所示的摩擦起电序列中，它们也存在于静电放电安全工作场所。许多材料元素的相对表面丰度不容易预测，因此这些材料的电负性和功函数未被显示。

表2.1 元素的电负性和功函数

原子数 Z	原子符号	Pauling 电负性 X	功函数 ϕ/eV	原子数 Z	原子符号	Pauling 电负性 X	功函数 ϕ/eV
1	H	2.20	—	31	Ga	1.81	4.32
2	He	—	—	32	Ge	2.01	5.0
3	Li	0.98	2.93	33	As	2.18	3.75
4	Be	1.57	4.98	34	Se	2.55	5.9
5	B	2.04	4.45	35	Br	2.96	—
6	C	2.55	5.0	36	Kr	—	—
7	N	3.04	—	37	Rb	0.82	2.26
8	O	3.44	—	38	Sr	0.95	2.59
9	F	3.98	—	39	Y	1.22	3.1
10	Ne	—	—	40	Zr	1.33	4.05
11	Na	0.93	2.36	41	Nb	1.6	4.35
12	Mg	1.31	3.66	42	Mo	2.16	4.57
13	Al	1.61	4.15	43	Tc	2.10	—
14	Si	1.90	4.79	44	Ru	2.2	4.71
15	P	2.19	—	45	Rh	2.28	4.98
16	S	2.58	—	46	Pd	2.20	5.41
17	Cl	3.16	—	47	Ag	1.93	4.63
18	Ar	—	—	48	Cd	1.69	4.08
19	K	0.82	2.29	49	In	1.78	4.09
20	Ca	1.00	2.87	50	Sn	1.96	4.42
21	Sc	1.36	3.5	51	Sb	2.05	4.55
22	Ti	1.54	4.33	52	Te	2.1	4.95
23	V	1.63	4.3	53	I	2.66	—
24	Cr	1.66	4.5	54	Xe	2.60	—
25	Mn	1.55	4.1	55	Cs	0.79	1.95
26	Fe	1.83	4.74	56	Ba	0.89	2.52
27	Co	1.88	5.0	57	La	1.10	3.5
28	Ni	1.91	5.21	58	Ce	1.12	2.9
29	Cu	1.90	4.76	59	Pr	1.13	—
30	Zn	1.65	4.26	60	Nd	1.14	3.2

续表

原子数 Z	原子符号	Pauling 电负性 X	功函数 φ/eV	原子数 Z	原子符号	Pauling 电负性 X	功函数 φ/eV
61	Pm	—		78	Pt	2.2	5.64
62	Sm	1.17	2.7	79	Au	2.4	5.37
63	Eu	—	2.5	80	Hg	1.9	—
64	Gd	1.20	2.90	81	Tl	1.8	3.84
65	Tb	—	3.0	82	Pb	1.8	4.25
66	Dy	1.22	—	83	Bi	1.9	4.34
67	Ho	1.23	—	84	Po	2.0	—
68	Er	1.24	—	85	At	2.2	—
69	Tm	1.25	—	86	Rn	—	—
70	Yb	—	—	87	Fr	0.7	—
71	Lu	1.0	3.3	88	Ra	0.9	—
72	Hf	1.3	3.9	89	Ac	1.1	—
73	Ta	1.5	4.3	90	Th	1.3	3.4
74	W	1.7	4.55	91	Pa	1.5	—
75	Re	1.9	4.72	92	U	1.7	3.63
76	Os	2.2	5.93	93	Np	1.3	—
77	Ir	2.2	5.6	94	Pu	1.3	—

表 2.2 摩擦起电序列，其各自的电负性及其功函数

材料在摩擦起电序列中的位置	原子数 Z	原子符号	Pauling 电负性 X	功函数 φ/eV
人手	11	Na	0.93	2.36
	19	K	0.82	2.29
有机玻璃，石英	14	Si	1.90	4.79
人发				
尼龙				
羊毛				
铅	82	Pb	1.8	4.25
丝绸				
铝	13	Al	1.61	4.15
纸				
棉				
钢	26	Fe	1.83	4.74
木材				
硬橡胶				
镍，铜	28	Ni	1.91	5.21
	29	Cu	1.90	4.76
黄铜，银	47	Ag	1.93	4.63

续表

材料在摩擦起电序列中的位置	原子数 Z	原子符号	Pauling 电负性 X	功函数 ϕ/eV
黄金，铂金	79 78	Au Pt	2.4 2.2	5.37 5.64
硫	16	S	2.58	—
人造丝				
聚酯纤维				
聚氨酯				
PVC	17	Cl	3.16	—
特氟龙（聚四氟乙烯）	9	F	3.98	—

摩擦起电产生的电荷极性可以根据材料表面元素的电负性或功函数预测。当不同的材料接触然后分离时，其表面由具有较高电负性元素组成的材料应带负电，并且具有较低电负性的表面应带正电。或者当不同的材料接触然后分离时，表面由具有较高功函数元素构成的材料应带负电，而具有较低功函数的表面应带正电。

不同材料的对比表明，用电负性可以比功函数更好地解释材料的摩擦起电，这种比较仅限于材料的原子表面组成能够被准确预测。出于以上原因，由 C、H、N、O 和 S 原子广泛混合组成的天然有机材料和合成聚合物不能包括在内，这些类型材料表面的原子组成可能是无法预知的。

3）摩擦起电测试在材料鉴定中的限制

许多人尝试使用摩擦起电测试来鉴定材料，基于摩擦起电测试的结果对材料进行鉴定时应谨慎。在标准化试验[16]中，特氟龙（聚四氟乙烯）或石英制圆筒从一个覆盖待评估材料的斜面向下滚动，并使用法拉第杯和静电计测量圆筒上产生的电荷。虽然这个过程可以证明是相对可重复的，但是它并没有测试所有在静电保护的工作环境中可能导致摩擦起电的材料组合。表 2.3 所列说明了材料对电荷产生的影响。产生的平均电荷是在 53%相对湿度条件下测量得到的。

表 2.3　在 53%RH[①]下各种材料组合的摩擦起电　　（单位：nC）

圆筒材料	各斜面材料电阻率			
	聚乙烯 （$>10^{12}\Omega/sq$）	静电耗散聚乙烯 （$10^{11}\Omega/sq$）	聚烯烃共混物 （$>10^{12}\Omega/sq$）	导电碳填充聚烯烃 混合物（$10^3\Omega/sq$）
黄铜	1.30	−0.24	−0.47	0.01
钢	1.21	−0.13	−0.12	<0.01
特氟龙（聚四氟乙烯）	−0.15	−0.52	−1.50	−0.83
丙烯酸树脂	1.06	0.72	0.67	1.30

续表

圆筒材料	各斜面材料电阻率			
	聚乙烯（>$10^{12}\Omega$/sq）	静电耗散聚乙烯（$10^{11}\Omega$/sq）	聚烯烃共混物（>$10^{12}\Omega$/sq）	导电碳填充聚烯烃混合物（$10^{3}\Omega$/sq）
聚碳酸酯	0.78	0.27	−0.28	0.54
玻璃填充酚醛树脂	0.97	−0.05	0.17	0.03
玻璃填充环氧树脂	0.31	−0.39	−0.56	−0.19
玻璃	2.92	<0.01	0.64	0.03

① Electro-Tech Systems 企业提供了一种方便的测量设备：705 型摩擦电荷发生测试系统（Electro-Tech Systems, Inc., 3101 Mt. Carmel Avenue, Glenside, PA 19038）。

案例研究

摩擦起电测试。在 20 世纪 90 年代早期，一家大型磁盘驱动器制造商开始制造一种新型号的老式磁头磁盘组件（HDA），并从感应磁头切换到磁阻（MR）磁头。磁阻磁头的转换使得磁头磁盘组件的存储容量相对于旧的感应磁头模型有所提高。这样做的代价是引入了一个对静电放电很敏感的读写头，而旧的感应读写头对静电放电不敏感。

这家制造商以前曾在另一家工厂有过磁阻磁头相关经验。据了解，该制造商希望用新的（当时的）薄静电耗散型丁腈洁净室手套来替代标准绝缘天然橡胶乳胶洁净室手套，以减少静电放电产生的损失。所以新的磁头磁盘组件使用了丁腈手套，以避免手工组装开发过程中的静电放电问题。

在开发磁头磁盘组件的过程中，新的磁阻磁头出现了静电放电故障，但是比例相对较低。开发实验室的一位工程师观察到这样的现象：在组装区域中，如果佩戴的丁腈类橡胶手套与组件上的聚酰亚胺部分发生摩擦，磁头线通常焊接到磁头导线接合焊盘上，总是会因静电放电损坏。他还指出，用旧的天然橡胶乳胶手套以同样的方式摩擦没有导致磁阻磁头的静电放电损害。这些是观察不同材料（天然乳胶橡胶与丁腈橡胶）在与 Kapton 接触时，产生摩擦电荷能力的结果。他立即命令将丁腈手套取下，并换上天然橡胶乳胶手套。结果是近百分之百的磁阻磁头被静电放电所破坏。他的错误在于只考虑了手套和聚酰亚胺部分之间的摩擦起电，并认为是手套选择中唯一的重要因素。他忘记了手套会碰到工作场所的许多其他材料，并被摩擦带电。丁腈手套（静电耗散型）不会倾向于长期保持这种带电状态。相反，绝缘的天然橡胶乳胶手套会保持很长一段时间。

这个问题的解决方案更复杂。操作人员被告知不要碰触零件的关键区域。在引线键合之后，键合焊盘被统一涂层，使它们的表面绝缘。丁腈手套又重新应用到生产过程中。

这个案例表明，考虑摩擦起电只是整个静电放电控制计划的一部分。只考虑摩擦起电特性，可能导致选择不充分的静电放电控制方法，或者如本案例所示，起到反作用。这里不应该理解为所有摩擦电荷测试都是毫无意义的。以自动拣放机为例，在自动化过程中，用于接触垫、待拾取物体和待放置物体的材料都是常规的，在这种情况下，不同的候选衬垫材料产生的相对摩擦电荷，可能成为选择正确的接触衬垫材料的有效标准。

2.3.2 静电充放电的影响

静电放电的影响很多，包括：
（1）微处理器的中断；
（2）数据损坏；
（3）表面污染率增加；
（4）敏感设备出现故障。

在这些影响中，微处理器性能的中断是最令人头疼的，在某些情况下甚至是代价高昂的。当静电放电进入微处理器时，微处理器可以将信号线上产生的噪声理解为不正确的命令。这可能会改变微处理器的功能，使微处理器停止工作。当这种情况发生在独立的台式机或笔记本电脑上时，结果可能会导致不正确的任务终止，引发自上次更新命令以来的数据丢失。如果同时打开多个应用程序，出现这个问题则会影响敏感设备的正常使用。如果其中一个程序在长时间的下载过程中发生中断，则可能需要重新下载，导致时间成本增加。

在制造过程中也会发生微处理器的运行中断。在这种情况下，控制自动工作单元的复杂计算机就会停止工作，导致过程停止运行。如果运行过程失败，导致一批非常昂贵的有价值的产品被破坏，则会付出特别昂贵的代价。微处理器中断的代价不应被低估。这种"中断"故障通常对计算机本身几乎没有永久性的损害。但是，在评估防止这种工作停顿的需求时，必须考虑工作损失或有价值产品的损失。如果微处理器的损失可能导致严重的人身伤害或损害生命安全，则问题变得更加严重。为避免这些类型的中断，许多风险分析的结果是部署备用系统，采用多个微处理器同时运行，以防止在一个或多个系统停止运行时功能丧失。

上述中断的静电荷通过多种路径进入微处理器。其中最常见的是线路电压瞬变。成倍增加或超过了微处理器电源电路的频率限制的瞬变，可能进入并破坏微处理器的功能。这些线路瞬变电压是由同一电源电路上的大功率放电设备在接通和关断时产生的电冲击或电浪涌造成的。防止浪涌是电涌保护器的主要功能之一，目前在大多数家庭和商业办公室中都经常使用。

导致微处理器中断的另一种方式是电磁干扰。

1. 电磁干扰和静电放电

虽然电磁辐射本身不是一种充电机制，但它是一个重要的现象，因为它会导致电流在导体中流动，并引起各种静电效应。当发生火花时，会产生电磁波。这种电磁波的产生对于大多数人来说是熟悉的。我们在 AM 收音机上听到的静电干扰（尤其是在雷暴中）是一个常见的例子。静电放电检测器的最早形式之一是在音量增大的不同广播频率之间调谐的调幅收音机。今天，配备三角测量软件的天线和计算机阵列可以用作静电放电定位器。

由 AM 收音机检测到的电磁辐射被称为无线电频率或电磁干扰。电磁干扰会导致电子电路中导体的电流流动。这些电流可以叠加在电路中的模拟和数字电子信号上，并可能导致微处理器的关闭和其他异常情况。

这个现象构成了现代电子电路电磁干扰屏蔽要求的基础。一些最先进电子设备的静电放电灵敏度已经增加了很多，以至于电磁干扰已经被证明是静电放电损害的一个原因[11-15]。

2. 静电荷和增长的表面污染率

物体表面上的静电荷会对表面污染积聚产生影响，这种现象称为静电吸引（见第 1 章）。这是一个非常重要的机制，几乎所有受颗粒污染物影响的技术中，它都会产生不利的影响。事实上，由于这个原因，在许多静电放电不构成重要失效机制的行业中，仍然需要花费很多精力去消除静电。磁记录介质的制造，薄膜的制造和复制，光盘和 DVD 的制造以及诸如透镜、反射镜和隐形眼镜等精密光学元件的制造就是很好的例子。洁净室表面的电荷水平已经由多位作者进行了测量和报告。在没有电离系统的洁净室中观察到表面电荷高达 35000V。

2.3.3 高科技静电放电敏感器件的故障模式

通用的静电放电损坏失效模式可以分为以下 3 种：

（1）灾难性故障。当发生灾难性故障时，设备完全失效。这是不利的，因为需要增加成本和时间来定位、替换和重新测试发生故障的组件。但是能够在测试过程中检测到故障，这是有益的。

（2）参数性能故障。当设备受到轻微损坏时，会出现参数性能故障，从而导致设备仍然运行但不符合规范要求。例如，设备可能不会以正确的频率振荡，可能表现出间歇性能或者性能不稳定。该设备在测试时仍然工作，但是一些性能参数可能超出了可接受的容限。参数的性能故障通常是在压力测试中发现的：在温度、湿度、压力、振动等极端情况下进行测试，在这些条件下设备仍然会运行。同样，这是不利的，因为需要增加成本和时间来定位、替换和重新测试发生故障的组件。但是能够在测试过程中检测到故障，这是有益的。

（3）潜在故障。潜在故障是指设备损坏较小以至于不会失效，仍然在其参数容差范围内继续运行。该装置即使在压力下也通过了所有的测试，并且将会被使用。这些潜在的缺陷表现为数天、数周或数月后的可靠性损失[16]。

故障的类型可以根据其相对严重性和相对频率来考虑。灾难性故障是最严重的，参数性能故障是中度严重的，潜在故障是最不严重的。相对地，灾难性故障发生频率最低，参数性能故障发生频率中等，潜在性故障发生频率最高。当考虑静电放电事件的频率时，这是有意义的。能导致灾难性故障的高压静电放电事件发生频率最低。中压静电放电事件发生频繁，并产生参数性能故障。低电压静电放电事件发生最频繁并产生潜在缺陷。

这可以通过可靠性测试来说明。表现出高参数性能故障频率的零件批次显示出高比例的可靠性损失。参数性能故障频率较低的零件批次可靠性损失比例较低。在这两种情况下，对于每种参数性能故障频率，通常达到4~10倍时，部件将无法满足其可靠性目标。

2.4 静电放电控制的要求

首先有必要确定什么类型的设备可能是静电放电敏感（ESDS）的。从静电放电敏感度数据中得知，在制定静电放电控制方案时，可以为表面、人员、包装材料、程序和工艺设定充电和放电时间的接受限度。此外，这些数据还用于调查和审计过程中静电防护要求的符合性验证。

具有静电放电灵敏度的器件类型包括：

（1）BJT（双极结型晶体管）；

（2）CCD（电荷耦合器件）；

（3）CMOS（互补金属氧化物半导体）器件；

（4）GaAs（砷化镓）器件；

（5）混合微电路；

（6）集成电路；

（7）JFET（结型场效应晶体管）；

（8）激光二极管；

（9）磁阻磁头；

（10）MCM（多芯片模块）；

(11) MEMS（微机电系统）；

(12) 微波设备；

(13) MLC（多层陶瓷）；

(14) MMIC（单片微波集成电路）；

(15) MOS（金属氧化物半导体）；

(16) 运算放大器；

(17) 振荡器；

(18) 光罩；

(19) 压电晶体；

(20) 电阻网络/芯片；

(21) 硅整流器；

(22) 小信号二极管；

(23) 表面声波器件；

(24) 薄膜显示器。

传统上无源电子元件（如电阻器和电容器）被认为是静电放电不敏感的。然而，目前许多分立无源器件是薄膜器件，在制造逻辑上与存储器集成电路的一样，采用照相平板印刷术制造，因此对静电放电损伤敏感。在将静电放电敏感器件组装到印制电路板或其他组件中之后，人们普遍认为它们不易受到静电放电的损害，这是错误的。印刷线路板可以存储比分立元件本身多得多的电荷，印刷线路板上的导电迹线可以充当天线，收集电荷并将其引导至静电放电敏感设备。最先进的印刷线路板本身可能会对静电放电损伤敏感，因为它们由多层金属层组成，这些金属层由绝缘介质绝缘层分开。部件最终可以组合成系统。即使这些系统包含在金属机箱内，如果输入和输出连接器没有得到适当的保护，静电放电仍然会导致损坏。

还要考虑一个重要的因素，器件的静电放电灵敏度以及静电放电损坏事件发生在器件上的概率因制造状态而异。两个熟悉的例子说明了这一点：晶圆上的半导体芯片相对不易受到损坏，因为难以向其传送放电电荷。相反，在包装和测试等后端工艺中，导线的存在使得它们极易受到静电放电的伤害[17]。在抛光之前，磁阻磁头相对坚固，抛光会使磁头的静电放电敏感元件变薄而变得敏感。磨合后，磁阻磁头对静电放电损害敏感，但发生静电放电事件仍然还是比较难的。相反，在将磁头连接导线之后，发生有害的静电放电事件变得相对容易。

一旦确定了易受静电放电损害的物品，就必须确定设备的静电放电敏感度。

2.4.1 确定静电放电损害敏感度

静电放电控制工作场所工程设计的第一步是确定静电放电安全工作场所中最敏感部件的静电放电敏感度。一旦设备的静电放电敏感度确定,就可以建立一个合适的静电放电安全工作场所,并且为其运行制定相关流程。确定静电放电敏感度一般有3种方法:使用4个公认的静电放电测试敏感度模型测试静电放电敏感元件;向设备制造商询问静电放电敏感度;基于已知静电放电敏感度的类似结构来估计敏感度。

确定静电放电敏感度的最直接方法是使用4种静电放电模型来测试器件。静电放电共有4种广泛接受的损坏模式,由4种模型的测试表示,即人体模型(HBM)[18]、机器模型(MM)[19]、带电器件模型(CDM)[20]、传输线脉冲(TLP)模型[21]。

一般应至少采用其中一种测试模型,但最好分别采用3种模型确定器件的静电放电敏感度。表 2.4 列出了各类 HBM、MM 和 CDM 模型,包含了基于旧版静电放电协会测试方法技术要求,以供比较。

表 2.4 当前和过去的静电放电敏感度类别

静电放电模型	当前		过去	
	类别	电压范围/V	类别	电压范围/V
HBM	0	<250		
	1A	250~500(不含500)	1	0~1999
	1B	500~1000(不含1000)		
	1C	1000~2000(不含2000)		
	2A	2000~4000(不含4000)	2	2000~3999
	2B	4000~8000(不含8000)		
	3	≥8000	3	4000~15999
MM	M1	25~100(不含100)	M1	0~100
	M2	100~200(不含200)	M2	101~200
	M3	200~400(不含400)	M3	201~400
	M4	400~800(不含800)	M4	401~800
	M5	>800	M5	>800
CDM	C1	<125	C1	0~124
	C2	125~250	C2	125~249
	C3	250~500	C3	250~499
	C4	500~1000	C4	500~999
	C5	1000~1500	C5	1000~1499
	C6	1500~2000	C6	1500~2999
	C7	≥2000	C7	≥3000

传输线脉冲模型变得越来越流行。但是，目前传输线脉冲测试尚未达成一致的标准，有几个潜在的商业化系统和"内部设计"系统仍在使用中。因此，基于传输线脉冲模型的设备分类不是标准化的。最重要的变化是定义0类人体模型零件。为保护静电放电敏感度低于250V的器件，所需的预防措施比保护静电放电灵敏度为2000V的设备所需要的预防措施要复杂得多，而且成本高昂。

1）静电放电的数学公式

简要理解静电荷和静电放电控制，只需要了解非常简单的数学关系。其中最简单的是欧姆定律，它涉及电流、电压和电阻：

$$E=IR \qquad (2.1)$$

式中：E 为电动势（V）；I 为电流（A）；R 为电阻（Ω）。

理解欧姆定律的一种方法是，如果在1Ω的电阻上施加1V的电势差（电动势），则会产生1A的电流。

简单电气设备的功率可以用如下公式计算：

$$W=EI \qquad (2.2)$$

式中：W 为功率（W）。

110V交流电线上的100W灯泡产生1A的电流①。将式（2.1）中的 E 代入式（2.2），得

$$W=I^2R \qquad (2.3)$$

电流为1.1A的100W灯泡具有82Ω的电阻。

在给定的静电放电情况下，知道消耗多少能量通常是有用的。能量等于功率与时间的乘积：

$$H=WT \qquad (2.4)$$

式中：H 为能量（W·s）；T 为时间（s）。

存储在电容器中的电荷等于电容乘以电压：

$$Q=CV \qquad (2.5)$$

式中：Q 为电荷（C）；C 为电容（F）。

存储在电容器中的能量由下式计算：

$$U=\frac{1}{2}CV^2 \qquad (2.6)$$

式中：U 为能量（W·s），1W·s=1J；C 为电容（F）；V 为电压（V）。

---

① 译者注：原文翻译如此。译者根据上述公式，认为此处应为：110V交流电线上的110W灯泡产生1A的电流。

2) 数学前缀

皮法、纳焦、兆欧等都是科学和工程符号的语言。目前已经定义了大部分的衡量基本单位：欧姆、法拉、库仑、焦耳等。这些单位的基本定义是建立在简单的数值关系上，通常比基本单位大很多。例如，1Ω 电阻上的 1V 电位将允许 1A 的电流流过。1F 等于 1C/V，该电容器的电容值表示，在电容器上充电量为 1C，可以在其极板之间建立 1V 的电位差。

在现代电子学中，我们必须处理非常大和非常小的数字。通常，这意味着我们需要使用很多零来表示数字。如果你是一个百万富翁，你有很多的钱，那么你就以百万美元衡量你的财富；例如，1 兆美元。兆是一个前缀，意思是百万。在基本单位前面的前缀是在我们说话时简单的表达方式。编写非常大和非常小的数字时使用科学记数法和工程记数法。例如，1000000 等于 1×10^6，1 后面跟着 6 个 0（一般来说，10 的幂值为 3 的整数倍）。因此，10000000Ω 等于 10×10^6Ω 或 10MΩ（是的，每一条便利的规则都有不便之处，当我们谈论数以百万计的量时，通常使用前缀 mega-，因此我们说"megabucks"或"megawatts"。欧姆是一个例外，我们从超级前缀中删除了"a"，直接说"megohms"）。表 2.5 所列为前缀及其含义的简要概述。

表 2.5 数学前缀

科学或工程表示法	书面形式	前 缀	符 号
10^{18}	1,000,000,000,000,000,000	exa	E
10^{15}	1,000,000,000,000,000	peta	P
10^{12}	1,000,000,000,000	tera	T
10^{9}	1,000,000,000	giga	G
10^{6}	1,000,000	mega	M
10^{3}	1,000	kilo	k
10^{2}	100	hecto	h
10^{1}	10	deca	da
10^{0}	1		
10^{-1}	0.1	deci	d
10^{-2}	0.01	centi	c
10^{-3}	0.001	milli	m
10^{-6}	0.000001	micro	μ
10^{-9}	0.000 000001	nano	n
10^{-12}	0.000 000 000001	pico	p
10^{-15}	0.000 000 000 000001	femto	f
10^{-18}	0.000000 000 000 000001	atto	a

请注意，当写出来的时候，在美国三个零组用逗号隔开，但在许多欧洲国家用空格隔开。在很小的数字中，三个零组总是由空格分隔的。你可以看到速记的数值：如果写出来的话，4.7pF 将是 0.0000000000047F；通过工程记数法，4.7pF 也可以写成 $4.7×10^{-12}$F。另请注意，在数字前缀中，其中一个前缀符号是希腊字母 μ。

1. 人体模型

人体模型是最古老，也是最被广泛接受的模型。图 2.4 所示为人体模型静电放电模拟器的简化电路。人体模型测试旨在模拟通过人手放电。在人体模型中，人体的电容由 100pF 电容器表示。人体的实际电容从小于 100pF 变化到大于 500pF。在用于解释静电放电敏感度的人体模型模拟结果时，必须记住这一点。电容器上的电荷通过 1500Ω 电阻传送。与身体的电容一样，手指尖端的皮肤电阻因人而异。在简化示意图中未标示出通过电阻器和开关的放电线路电感。通过设计，电感保持尽可能低，一般小于 0.1μH。

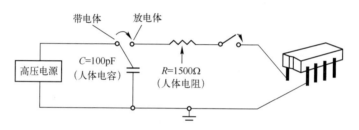

图 2.4 人体模型 ESD 损伤模拟器的简化示意图

如图 2.4 所示，人体模型电路与被测器件和高压电源连接。程序为：使用电源为电容充电，然后通过 1500Ω 电阻使电容放电至被测设备。电容器最初被充电到低电压以测试器件的静电放电敏感度。电容上的电荷逐渐增加（以增加两端电压的方式），直到器件上出现不利影响。通常在每种电压下，每个样本测试 3 个器件，并在每一步电压增量下进行样本替换。这样做是因为在每个电压下的测试可能会使器件受到损伤，从而增加其在下一个电压水平下失效的敏感性。

2. 机器模型

机器模型也被广泛接受。机器模型模拟器的简化电路如图 2.5 所示。机器模型试验旨在模拟工具、运输设备、推车等导电表面的放电。机器模型的原理图与人体模型的非常相似。在机器模型中，与静电放电敏感器件接触的机器部分电容以 200pF 电容器模拟。接触静电放电敏感设备的工具部分实际电容可能与接受模型中使用的电容大不相同。电容器上的电荷通过电阻几为零的一小段电线传递。也就是说，假设机器模型中与静电放电敏感器件接触的表面是导电的。还有，电路的电感应保持在 0.1μH 以下。

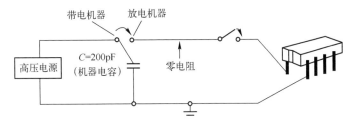

图 2.5　机器模型 ESD 损伤模拟器的简化示意图

将机器模型模拟器电路连接到被测器件和高压电源上，如图 2.5 所示。程序是使用电源给电容器充电，然后通过被测设备并且通过短的零电阻导线对电容器放电。与人体模型模拟器一样，机器模型模拟器使用相同的过程。电容器上的电荷逐渐增加，直到在被测设备上观察到不利影响。

3. 带电器件模型

在人体模型和机器模型中，被测设备上的导体与模拟测试仪物理连接。这是为了模拟人或机器与设备上导体的直接接触。带电器件模型旨在测量静电放电敏感器件暴露于外部电场的灵敏度，而不通过直接的物理接触传输电荷。在带电器件模拟中，物体被放置在外部静电场中。设备上的连接器与地线接触。外部电场强度逐渐增加，直到观察到对被测器件产生不利影响。

一般来说，机器模型的静电放电敏感度比人体模型的敏感度低，因为机器模型采用更大的电容（存储更多的电荷），并通过更小的电阻放电（允许更高的电流）。反过来，人体模型的静电放电敏感度一般低于带电器件模型的静电放电敏感度。这是因为静电放电敏感器件的电容通常比人体电容低得多，并且比人体模型模拟器中电容器存储的能量更少。然而，现代电子设备的结构已经变得非常小，带电设备故障正在成为某些行业的主要故障模式。

这些静电放电敏感度测试是破坏性的。另外，由于受测试环境条件的影响，必须测试相对较多的部件以精确地估计部件的静电放电敏感度，即在低于其真实静电放电敏感度的电压下测试的部件，可能会以不可检测的方式受到轻微损坏。这种条件会使器件在低于其固有静电放电敏感度的电压下发生故障。因此，每当施加一个新的、更高电压时，就需要测试一组新的部件。然后测试附加部件以验证静电放电敏感度。从这个描述中可以看出，测试会消耗大量的零件。还有一点需要考虑，调制过程的观察显示，反复快速地对部件进行连续的处理可能会导致部件出现在固有静电放电敏感度以下的损坏。

在一些行业中，可用的静电放电敏感器件的数量是有限的，因为模拟模型试验是破坏性的，而在模拟模型试验中破坏部件并不是很好的选择。如果没有足够的部件可以进行破坏性测试，则应该使用其他替代方法定义人体、机器和带电设备模型。

商用现货（COTS）电子设备的制造商通常知道他们制造设备的静电放电敏感度。他们需要知道产品的静电放电敏感性，以便能够对他们的制造工作区域做好准备工作，以防止发生损害。因此，在客户使用商用现货设备时，可以通过制造商了解静电放电敏感度。

有一些器件的静电放电敏感度是未知的。对于这些器件而言，可用的设备很少，所以破坏性测试不是一个可行的选择。在这种情况下，通常需要通过将未知器件上的结构和材料与静电放电敏感度已知器件上的类似结构进行比较来估算敏感度。例如，通过使用 HBM 类比方法，氧化铝绝缘层通常在 $0.1V/Å$ 膜厚度（$1V/nm$）的情况下损坏。

2.4.2 电爆装置的静电放电建模

在许多行业中，电启动爆炸装置（通常称为电爆炸装置（EED））的静电放电敏感度是一个值得关注的问题。这种装置在航空航天应用中是常见的。随着安全气囊的广泛使用，它们在现代汽车中也很常见。这些测试使用的是机器、人体和带电器件模型，但电阻和电容使用不同的值，通常比用于半导体和薄膜器件测试的值要大。表 2.6 中比较了电启动爆炸装置的静电放电敏感度测试中使用的电阻和电容与普通静电放电敏感电子器件中使用的电阻和电容。

表 2.6　电启动爆炸装置与普通电子静电放电敏感器件静电放电敏感度的电阻和电容比较

型　号	电爆炸装置		电子 ESDS 设备	
	电容/pF	电阻/Ω	电容/pF	电阻/Ω
人体	500[2]	5000[2]	100[3]	1500[3]
HBM 的变化	330[4]	150[4]	n.a.[1]	n.a.
机器	500[2]	0[2]	200[5]	0[5]
带电设备	n.a.	0	n.a.	0[6]

[1] n.a. 表示不适用。

[2] MIL-STD-322B-1984，MIL-STD-1512-1972 和 MIL-STD-1576-1984。

[3] ANSI/EOS/ESD STM5.1。

[4] IEC 801-2-1991。该模型旨在表示人员通过螺丝刀或其他金属物体进行放电。

[5] ANSI/EOS/ESD STM5.2。

[6] ANSI/EOS/ESD STM5.3。

电启动爆炸装置和电子静电放电敏感设备的测试结果有很大不同。通常，电启动爆炸装置在人体模型测试中以25000V进行测试，对应于大约0.16W·s（160mJ）的能量放电。相比之下，许多现代电子设备在电子静电放电敏感人体模型测试中很容易被100V电压损坏，过程中产生相当于大约500nJ能量。电启动爆炸装置的充电设备模型测试通常是最严格的，而电子静电放电敏感的充电设备测试通常是最不严格的。这种差异归因于电启动爆炸装置通常具有高内部电容并且可以存储大量能量，而与HBM和MM设备内的电容相比，电子静电放电敏感设备内部电容较小。

2.5 建立防静电工作场所

处理物品的工作区域需要指定为静电放电安全工作区。静电放电敏感设备只能在静电放电安全工作区进行处理。下面列出了静电放电安全工作区的一些要求。

2.5.1 材料表面电阻率

在确定了人体、机器和充电设备模型静电放电敏感度之后，可以设计一个静电放电安全的工作场所及与其相适应的程序。在设计静电放电安全工作场所时，表面电阻率是所选材料的一项最重要的特性参数。由于静电荷存在于材料的表面，所以材料的表面电阻率对于控制这些表面上的电荷和设计静电控制程序至关重要。

出于静电控制的目的，材料分为3类：导电型、静电耗散型和绝缘型。导电材料和静电耗散材料允许电流以相对较快的速率流动。绝缘材料的电流流动速度非常缓慢，以至于被认为是不导电的。根据材料的表面电阻率和体积电阻对其进行分类。

在静电安全工作场所使用的材料简介中，术语"抗静电"被错用。过去，标有"抗静电"的材料被认为是不能带电的。关于这个术语的错误观念逐渐导致这个术语不再被使用，因为它的定义过于绝对，容易产生误导。

今天，关于材料的放电特性的术语还有其他的想当然的误区。例如，有些人认为，静电耗散材料在接触和分离过程中将不能产生电荷。不管表面电阻率如何，任何材料都可以带电。不接地的导电表面或不接地的静电耗散表面可以像绝缘材料那样容易地带电。静电耗散或导电材料与绝缘材料之间的带电区别在于，电荷不像在绝缘材料上那样分布在静电耗散或导电材料上。因此，施加到静电耗散或导电表面的相同库仑数的电荷量，在整个表面均匀分布，形成低且均匀的电压（如使用场电位计所测量的），然而绝缘体上却具有局部热点。

表面电阻率是静电放电控制材料的重要特性，因为许多静电放电应用要求电荷通过材料表面耗散。材料的表面电阻越低，放电速度越快。表 2.7 中定义了三类材料（导电材料、静电耗散材料和绝缘材料）的表面电阻率和体积电阻。

表 2.7 电阻范围和材料分类

材料分类	表面电阻率/(Ω/sq)	体积电阻/(Ω/cm)	放电速度
导电材料	$<10^6$	$<10^5$	极快
静电耗散材料	$10^6 \sim 10^{12}$	$10^5 \sim 10^{11}$	快
绝缘材料	$>10^{12}$	$>10^{11}$	极慢

严格来说，物体放电的速率是构成该物体材料的电阻率和电容率的函数[22]。数学上表示为

$$\sigma = \sigma_0 e^{-t/\varepsilon\rho}$$

式中：σ 为电荷密度（C/m^2）；σ_0 为时间 t 为零时的电荷密度；t 为时间（s）；ε 为材料的电容率或介电常数；ρ 为材料的电阻率。

大多数材料的介电常数在 2~10 的范围内。相比之下，材料的体积或表面电阻率变化超过 16 个数量级。所以从实际的角度来看，只有从放电速度的角度来表征材料的电阻率时，才需要考虑材料的电阻率。

上述材料中的每一类在静电放电控制方案中都有用处。表 2.8 中列出了静电防护工作场所常见的一些导电材料、静电耗散材料和绝缘材料。

表 2.8 高新制造环境中的常见材料

绝缘材料	静电耗散材料	导电材料
塑料晶圆载体	改性塑料	不锈钢桌子
胶带（晶圆胶带等）	特别设计的工作表面	工具
油漆表面	硅晶片	人

导电材料不适用于与静电放电敏感器件的表面直接接触，因为它们不能为无意中被充电的设备提供一个安全的控制放电路径。但是，导电表面很容易通过接地中和带电电荷，这是 ESD 控制工作场所控制电荷的理想特性。另外，可以使用导电材料作为静电屏蔽包装。这些内容后面会详细介绍。

1. 控制导电材料和静电耗散材料上的静电电荷

控制导电材料静电的基本前提是接地。如果导电表面接地,则电荷将被消除。

有时不可能将导电表面接地,测试设备的某些部位偶尔会遇到这种情况。在接地无法中和导体上电荷的情况下,必须使用空气电离。

2. 控制绝缘材料上的静电电荷

处理绝缘材料的方式有很大的差别。由于电荷不会在这类材料上移动,所以接地无法中和静电荷。在制造环境中防止绝缘材料带电造成的损坏的最有效方法是将其从整个工艺流程中移除。在许多情况下,关键应用中使用绝缘体,而使用导电或静电耗散材料可以起到同样或更好的作用。塑料制造商正在不断为静电控制行业开发新的材料。

但从工艺流程中移除绝缘材料并不总是可行的。通常,我们所要保护的产品都是由绝缘材料制成的,即使不都是,电线一般也不可能在没有绝缘涂层的情况下制造。在这类情况下,控制这些材料静电的唯一解决方案是安装电离设备。相关内容以及有关接地的细节将在本章后面部分介绍。在静电放电受控工作场所中,不宜使用绝缘表面,因为它们能长时间保留电荷,以致现场引起静电放电损坏的可能性增加。然而,在静电放电受控工作场所必须用到的许多物品都是由绝缘材料制成的,因此绝缘材料又是必不可少的。

静电耗散材料被认为最适合用于静电放电受控工作场所。静电耗散材料具有足够高的电阻,可以让充电器件缓慢放电,不至于过快。此外,静电耗散表面可以接地,使静电可以更迅速地中和,从而最大限度地减少静电放电事件发生的风险。

2.5.2 接地

接地是任何静电控制程序的基础。除了作为整个静电放电计划的基础之外,设计不良的接地会导致安全和电磁干扰问题。建议设施设计人员不仅要咨询建筑师和机械/土木工程师,而且还要配备一名优秀的静电放电和电磁工程师来确保提供足够的接地。设计不良的接地系统可能成为噪声进入设施和扰乱敏感设备的通道。良好的设计包含以下项目:

(1) 接地的静电耗散或导电地板和合适的鞋子;
(2) 接地的工作表面;
(3) 接地腕带连接(根据情况选择是否进行腕带实时监控);
(4) 妥善安装和维护的空气电离系统;
(5) 相对湿度控制;

(6) 将该区域标识为静电安全工作区，设置标志和标记，禁止未经认证的人员进入静电放电安全工作区。

2.5.3 识别和访问防静电工作区

静电防护工作区标识应清楚、明显，可以采用设置入口标志、地面标志和工作台标志的方式进行标示。如果标记合理，也可以使用分区、绳索或链条等，这些特别有助于临时 EPA 设定及现场作业。应该控制进入防静电工作区的人员，只有获得认证的人员才能进入。未获证人员进入时，应由持证人员全程陪同。无人使用时，应将防静电工作区封闭。

靠近未受保护的放置静电放电敏感物品的工作台时，间距应符合规定要求。保护性边界应与静电放电敏感部件存放位置间距合理，防止外部人员进入，并确定与之相近的人员和物体所带的电荷符合限值要求。但是，实际上，保护性边界的选择有时设定得比较武断。例如，在航空航天工业中，多数遵循美国航空航天局（NASA）1m 的间距范围要求和电压小于 200V 的限值要求。与其相对，ANSI/ESD S20.20 则建议，间距小于 12ft 时，电压应小于 2000V。

禁止的材料和活动

必须保持防静电工作区清洁有序，故有一些禁止的材料和活动。禁止材料包括个人物品，如钱包和公文包。一旦发现不符合，应予以清除。一般来说，防静电工作台上所有非必需的工作设备都应移除，即使这些设备符合防静电工作区的其他使用条件。防静电工作区内禁止吸烟、进食和饮酒。

2.5.4 防静电地板覆盖物

建造防静电工作区时，首先应考虑地板。地板有静电耗散和导电两种形式。为了简化，将静电耗散和导电地板一并称为接地地板。在设施中使用何种地板是一个重要的因素。接地地板的安装成本通常为每平方英尺 5 美元至 7 美元，因而，地板成为建造防静电工作区中最昂贵的部分之一。

是否使用接地地板，取决于产品对静电放电损害的敏感性以及防静电工作区所支持的工艺。例如，如果使用腕带受限或危险，人员必须通过脚接地，则地面必须接地。如果人不是站立状态，穿鞋和地板的接地效果就会大打折扣。因此，在坐姿和站姿工作台相结合的场所中，必须采用坐立两用方式，执行坐立规则。在坐立两用方式中，坐着时操作员必须使用腕带连接，而站立时可根据情况选择是否使用腕带。

如果这个过程中的操作大部分是常规操作，那么接地地板为工作人员提供了最方便的接地方法。接地地板还为手推车、桌子等滚动设备以及椅子和凳子等设施提供了一种便捷的接地方法。

如果佩带腕带可能会对人员和工艺造成危害，则必须配置接地地板，采用鞋束接地系统。比如，某个机械车间里有多类旋转工具，腕带缠绕在钻头中可能会影响当前工作，甩动起来的腕带可能会像鞭子一样，导致人身伤害。在回流焊操作中，腕带可能会缠在链式输送机上。腕带绳将从腕带上脱落，这虽然不会对佩戴者造成直接的身体伤害，但是会对回流设备造成损害。

接地地板和鞋子简化了将敏感产品从一个地方移动到另一个地方的过程。手腕带限制了一个人在接地时离开工作台的距离。如果一个人需要在没有导电地板的设施中将静电放电敏感物品从一个工作台携带到另一个工作台，从工作台上移除静电放电敏感装置之前，必须将该装置包装在屏蔽容器中。如果人员通过接地地板的方式接地，操作人员可以在设施内的任何地方随意移动敏感产品。

1. 地板类型

接地地板形式不一，材料构成也多种多样。从活动的地板通道板到地毯都可用于地板铺设。许多材料也可用于地板。使地板具有接地性能的添加剂几乎都是碳基的，最常见的基材是乙烯基、橡胶和环氧树脂，每种材料都有优缺点，各个供应商都会指出这些特性。如前所述，通常使用一种或另一种形式的碳（纤维、粉末等）来制造接地地板。地板的导电率由存在于基体中导电材料的类型和数量限定。购买者必须仔细研究，以确保选择正确的材料。电阻和产生摩擦电压的特性变化很大，应仔细评估地板材料的电气特性（见第3章），地板材料释放的化学物质可能损坏环境的化学特性，还应检查工作场所使用化学物质的化学兼容性，以确保它们能够经受偶发的泄漏、清洁化学品以及其他有意或无意的暴露情况。

在已铺设绝缘地板的设施中，可以通过涂上静电耗散地板密封剂使地板暂时具有静电消散能力。蜡等局部地板处理剂通常不应用于洁净室，因为它们有时不能很好地黏附在地板上，并且可能含有与洁净室环境不相容的化学污染物。如果选择使用地板蜡等静电耗散性涂料，则必须执行严格的维护方案。这些涂层是暂时的，使用者必须了解材料的使用寿命，特别是在高通行量的区域。偶尔需要将地板涂层剥离并重新涂敷。用于剥离蜡和其他涂层的化学品需要进行评估，以确保它们与工作场所的产品和工艺兼容。

2. 地板安装

地板的安装对地板的最终电气性能至关重要。再次强调，这是不允许偷工减料的地方。安装不良的地板最终出现问题，可能会导致很严重的情况发生。乙烯基和橡胶地板将会用到导电的黏合剂，使用时必须非常小心。确保安装地板的人都经过地板制造商的培训，这样地板制造商就可以履行保修义务。环氧树脂地板通常是就地浇注的，浇筑方式对最终性能至关重要。地板安装的关键部分是接地网，用于将地板连接到接地系统。通常情况下，接地网络由敷设在导电环氧树脂中的铜带构成，然后连接到交流接地系统。地板制造商通常会设定铜接地网之间的距离。确保安装地板的人员严格遵守制造商的建议。许多可靠的地板企业会派代表来确保地板安装正确。该项服务有时可以在购买地板时进行协商。

临时地板（如地垫或地毯）通常使用专门配制的双面胶带来安装。胶带的一面有一层更加持久的黏合剂，涂在临时地板上。然后使用不太耐久的黏合剂将临时地板铺贴到房间。之后，如果临时地板被移除，只在房间内留下少量的胶带和黏合剂残留物，从而简化了清理作业。地板通常使用铜带接地到设施接地系统。

3. 地板维护

接地地板上的污垢会增加地板电阻率，使其不能保持静电耗散特性。使用湿拖把定期拖地板，以便保持清洁，拖地间隔以定期检测结果为依据而设定。通常认为，使用粘辊拖把对地板进行清洁是不够的。临时涂层也必须妥善保养。

4. 地板电阻指南

地板的电阻是一个重要的参数，因为它能显示地板在人员和与之接触的物品的接地情况。市场上可采购的地板的电阻范围从 $10^2 \sim 10^{12}\Omega$（或更大）不等。有些企业甚至铺设金属地板，用于某些特定应用（比如弹药）。其最低限值通常受安全规定要求影响。通常由静电放电协调员决定电阻的最高值。关键区域的最佳地板指导原则是，安装可行的阻值最低的地板。国家电气规范（NFFA 70）建议地板表面电阻率应至少为 $10^5\Omega/\text{sq}$。

影响最终阻值的因素很多，鞋子的选择、地板和鞋子上的污垢，甚至操作员出汗这一情况都会影响最终阻值。由于污染积累，与初始电阻率小于 $10^9\Omega/\text{sq}$ 的地板相比，初始表面电阻率大于 $10^9\Omega/\text{sq}$ 的地板将更快地变得绝缘化。电阻率大于 $10^9\Omega/\text{sq}$ 的地板对清洁和检查的要求比低电阻率的地板更频繁。在更重要的应用环境中，地面电阻率应低于 $10^6\Omega/\text{sq}$。

案例研究：地板

在审核大型航空航天防静电工作区时（同时也是10000级洁净室），测得某处静电耗散地板阻值大于 $10^{12}\Omega/\text{sq}$。对已测试部位用异丙醇和洁净室擦拭布清洗并重新测试后发现测量值为 $10^9\Omega/\text{sq}$。该房间的地板清洁程序规定每天应使用粘辊拖把拖地等，但更可靠的清洁程序还应包括用湿拖把拖地。粘辊清洁对于大颗粒去除是有效的，但对小颗粒去除无效。因此，没有足够的清洁，无法防止地板发生失效。

2.5.5 工作表面和桌垫

在防静电工作区内的工作台上可以安全地处理未受保护的静电放电敏感物品。工作台可能是在某块地板区域的独立工作台（可能是也可能不是某个防静电区本身），也可能是一整套工作台，它们通过接地地板或接地自动化处理系统连接在一起。它也可以是整个房间，不同的零件在其中处理、组装和包装。第一个重要的考虑是，设计工作台应以限制和控制处理元件时产生的静电为目的，且应能接地消耗带电物体电荷。设计防静电工作台时需要考虑很多因素。第二个重要的考虑是，一旦设计并安装了工作台，每个人都必须配备静电控制工具，而且会正确使用，这个过程需要通过培训完成。最后是定期检查静电控制工作台，以确保它们在安装后能够继续正常工作。

请记住，所有的导电和静电耗散材料都应接地，以保持相同的电位。为了在工作台上实现这一点，经常使用一个共地点。共地点是工作台上的单个位置，工作台上的所有导电物品和静电耗散物品都连接到该位置。然后将共地点接地到设备接地点，最好是交流参考接地。图 2.6 所示为一个典型的正常接地的工作台。如果要考虑操作人员的安全，交流电源应通过接地故障断

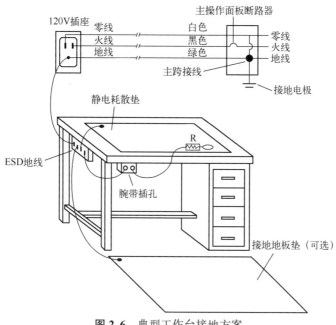

图 2.6 典型工作台接地方案

路器（GFCI）提供。

对于洁净室内的静电防护工作台面，工作表面不应该采用穿孔不锈钢，而应直接连接到交流参考地；它们不应该通过 1MΩ 电阻连接，在涉及安全问题时，工作台所连接的插座应该是接地故障断路器的交流参考地。但是，接地的导电表面与未受保护的静电放电敏感设备接触时，并不总是安全的。导电表面上的电流流动过快，以至于不能对带电物体安全地放电。因此，应用时，导电工作表面几乎总是采用接地的静电耗散材料，而非导电材料。

可选择几种类型的静电耗散表面，包括层压工作表面和乙烯基或橡胶桌垫。如果需要减振，乙烯基防静电桌垫可能是一个很好的选择。这些材料必须接地，最好通过工作台监视器进行接地。但是乙烯基桌垫在极端温度下往往表现较差。焊接操作可能会导致乙烯基桌垫燃烧或熔化，而低温操作会使乙烯基桌垫变脆。对于高温和低温极端情况，通常最好使用硬橡胶垫。

静电放电安全工作台应该配备接地棒或其他公共地线路径。这应该在工作台前端对工作台用户可见。所有单独接地的物品应该被引导到公共的接地棒。从工作台到交流参考地线的单独地线应构成完整回路。单个工作台不应互相连接（采用菊花链方式）至单一接地点（图 2.7）。其中一个风险是，如果工作台之间的某个连接断开，那么有几个工作台可能会无法接地。因此，应避免采用菊花链接地，从而消除这种风险。

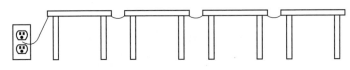

图 2.7 菊花链（串联）接地

指定工作表面的最小电阻，在工作表面和静电放电敏感器件之间可能发生直接接触的操作时是有意义的。该类工作区域包括印制电路板的组装区、封装的 IC（特别是球栅阵列、针栅阵列和类似封装的 IC）组装区。在这些工艺过程中，器件通常被放置在工作表面上，如果器件在与导电工作表面接触的瞬间是带电的（几乎总是这种情况），可能会发生带电器件模型静电放电事件。如果工作表面由静电耗散材料制成而不是由导电材料制成，则电荷将以一种更受控制的方式从器件转移到地面，因此不太可能损坏器件。

工作台接地电阻的谬误

人们通常认为在导电工作台、机架或架子与设施接地之间配置一个 1MΩ 电阻，可限制电流，并且为静电放电敏感设备提供静电放电保护。在工作表面和设施接地之间使用 1MΩ 电阻是不明智的，原因有两个：一个是可以认为大的导电表面是一个大的电子流容器，表面会吸收大量的电荷，所以通过限流电阻接地不会限制初始电流；另一个是，电阻器将限制工作表面和设施接地之间的潜在危险电流，从而破坏断路器预期的功能。

在工作表面和设施接地之间配置1MΩ电阻可能是对腕带或鞋类中1MΩ电阻用途的误解，其原意是为了防止人员遭受电击而设计的。不需要以提供电阻的方式来防止静电放电敏感物品过快放电；这类问题可通过其他方式解决。

如果建筑物的电气接地系统设计正确，则不需要安装与建筑物电气接地分开的静电放电接地系统。工作台接地和设施接地之间的电阻通常非常小。这些低电阻接地通常被认为是硬接地。一般情况下，如果表面对设施接地的电阻小于10Ω，则表面被认为是硬接地。大地通常用作静电放电接地，来代替设施接地，但是只有当大地与设施接地之间的电阻很小（通常小于10Ω）时才能够实现。这确保了插入交流电源的设备与静电防护接地项目之间的电位差最小。

2.5.6 腕带接地点

腕带接地点应与地网直接相连。尽管初看起来这似乎是安全隐患，但事实并非如此。腕带上的电线包含一个1MΩ限流电阻。这个电阻可以防止佩戴者意外地插入一个有电源的接地点，导致佩戴者受到电击。腕带接地点可以是被动插入点或是连续监视系统的一部分。研究表明，相当大比例的工作人员实际上只有20%~30%的时间通过腕带接地[23]。有几种类型的腕带监控系统可供选择。其中一些是监测佩戴者与地网之间的电阻，其他则测量佩戴者身体的电荷。

腕带监测系统可以是大监测系统的一部分，也可用于监测工作台接地、空气电离器性能、温度和相对湿度以及其他参数。比如，监测系统可以监测几乎所有可以想象到的污染物。该问题非常复杂，将在第8章详细讨论。

2.5.7 空气电离系统

环境空气中同时包含正离子和负离子，其中多数是放射性衰变或伽马射线等星际辐射轰击的副产物。该过程产生了相等数量的正离子和负离子。这些天然离子的寿命相对较短且很快会被电势与其相反的离子所吸引。因此，它们在环境空气中的浓度相对较低，并且环境空气是相对较好的绝缘体（电阻率约为$10^{15}\Omega/m$）。典型的环境空气中每立方厘米每秒产生约10个离子对。

环境大气中少量的离子可通过表面电荷的中和消除。这些离子也可以通过过滤器来去除，如用于净化洁净室空气的 HEPA 和 ULPA 过滤器。图 2.8 所示说明了该现象。将 20pF 的金属板在环境大气中充电至 5000V，约 30min 内即可放电至小于 500V。相同的带电板，在单向流动洁净室中充电至 5000V，需要约 31h 才可以放电至小于 500V。即使存在可中和电荷的环境空气离子，环境大气中的缓慢放电也不足以为具有静电放电敏感设备的一般工作场所提供保护。当某区域既是防静电工作区又是洁净区时，这个问题就变得更为严重。鉴于此，空气离子发生器是洁净室静电放电控制方案的重要组成部分（某些情况下，必不可少）。

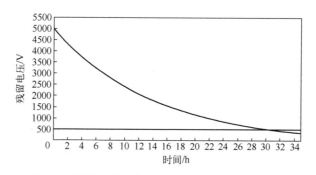

图 2.8　单向流动洁净室内孤立带电板的放电情况

电离器在空气中产生正离子和负离子。通常使用的空气电离器有 3 种：放射性空气电离器、电晕放电空气电离器和光子空气电离器。放射性空气电离器通常包含 ^{210}钋（^{210}Po）或 ^{85}氪（^{85}Kr）（^{241}镅（^{241}Am）用于类似家用电离烟雾探测器中的空气电离）。在电晕放电空气电离器中，尖针周围的高电场产生空气离子。光子空气离子发生器使用短波紫外线来电离空气分子。上述每种空气电离器都有优点和缺点。由 3 种类型的空气电离系统产生的离子被吸引到带相反电荷的表面上，在这些表面上中和电荷。但产生的空气离子也互相吸引。正离子和负离子最终会相互中和，因而限制了它们的有效范围，除非提供一些手段来分散它们。

有些电晕放电空气电离器采用单独发射器产生正离子和负离子。如果一个极性发射器安装位置距离工作场所接地导体太近，则该极性离子会通过接地网流失。如果一种极性离子优先分流到接地网，环境中与其极性相反的离子可能会过量存在，近而导致工作区电压不平衡。鉴于此，为工作台布局或调整电晕放电空气电离器位置时，必须咨询静电放电专家。使用放射性或光子空气离子发生器时，异性空气离子都是在同一空间内产生，不会产生上述问题，但需要关注其他问题。

1. 放射性空气电离器

放射性空气电离器通常使用放射性^{210}Po来产生空气离子。放射性空气电离器本质上是自平衡的，因为它们产生相同数量的正离子和负离子。这使得它不需要像电晕放电离子发生器那样的维护，如离子发生器必须定期检查、维修和调平。

工艺中使用放射性物质通常存在安全问题。幸运的是，空气电离器中使用的放射源是密封的，因此被归类为一般许可的放射性装置。这意味着即使是在发生严重事故如飞机失事后，放射性物质的包装方式也不会造成放射性物质泄漏。许多地方仍然需要定期检测放射性空气电离器的辐射泄漏情况，这在一定程度上抵消了无须校准的维护优势。曾经发生过不合格放射性离子发生器泄漏封装钋粒子的事件。20世纪80年代发生的一起事件影响最为广泛，涉事企业召回了所有的空气离子发生器，导致该企业退出了放射性空气电离器市场[24]。空气离子的范围相当有限，除非有一些使空气移动的方法。正负空气离子彼此重新结合并中和电离，除非提供气流使它们分开。这导致使用放射性空气电离器的系统变得略微复杂化。气流可以由过滤的压缩空气或由风扇提供，以分散离子。在没有空气动力装置的情况下，电离的有效直径约为6in。

工具的尺寸和形状阻碍气流时，使用放射性空气离子发生器特别有效。在这种情况下，即使是风扇或压缩空气驱动放射性离子发生器的效果也会受到限制。没有风扇或压缩空气的放射性空气电离器可以非常小，使其可以安装在不适用其他类型离子发生器的地方，例如工具上的取放装置。然后，工具可以将电离装置携带到需要工作的地方，通常是非常有限的区域。

放射性空气离子发生器的另一个优点是，在爆炸性环境中使用是安全的。但是，它们的半衰期相对较短，需要定期更换。^{210}Po的半衰期约为134天。因此，一年之后，离子发生器仅产生约为新制造时15%的离子。制造后两年时间，离子发生器只能产生其原始离子输出的5%。幸运的是，放射性空气离子发生器制造商意识到了这一点，在离子发生器标签上标明了生产日期。

效率的逐渐降低可能不会对所有流程产生重要影响。唯一可以确定的方法是根据产品的敏感性建立放电时间控制限值，并且确定在工作场所产生的有害电荷水平。一旦知道了这些控制限值，可以控制放射性空气离子发生器的性能直到其使用寿命结束。放射性空气电离器耗尽后，必须更换。在更换过程中，不得丢弃旧的离子发生器，应该返回给制造商，制造商会按程序安全地处理放射性废物。放射性空气电离器上标记有制造日期。日期通常会永久性压印在标签上，防止意外擦除。

2. 光子空气电离器

光子空气电离器使用短波紫外光（波长通常在 $0.15\mu m$ 左右）来电离空气。光子离子发生器本质上是自平衡的。然而，已知紫外线会引起皮肤癌，特别是在提供高速电荷消除所需的高功率水平情况下。紫外线空气离子发生器不需要气流，因此可用于低压反应器。但必须提供屏蔽，以防止人员接触有害的电离辐射。光子空气离子发生器必须始终封闭在不透光的外壳内使用。因此，它们的使用限于带有这类外壳的过程。

3. 电晕放电空气电离器

电晕放电空气电离器设计制造相对简单。它们需要日常维护，这必须被视为其运行成本的一部分，并且是影响特定应用程序中特定制造商和模型选择的一个因素。它们可能失去平衡，对它们要保护的工作区产生不利影响。即使是自平衡的电晕放电空气离子发生器也可能最终失去平衡。

为了产生电晕，必须产生高电压。空气离子的产生效率是电场梯度的函数。当使用尖针作为发射极时，能够产生最大的电场梯度。在电晕中产生正离子和负离子。当发射极为正时，负离子被吸引到发射极，正离子被排斥。当发射极为负时，正离子被吸引到发射极，负离子被排斥。因此，正和负发射极从表现上分别只产生正离子和负离子。

正如阴极射线管的高场电位会损坏静电放电敏感元件一样，电晕放电空气离子发生器的高场电位也会如此。因此，产品应远离电晕放电空气离子发生器。一般来说，在电离器投入使用之前，应该使用场电位计来检查电晕放电空气离子发生器上的屏蔽是否有效。另外，由于离子发生器与其环境相互作用，除非其性能得到验证，否则不应移动。当使用手持电晕放电电离空气喷枪时，这是一个特别严重的问题。发射器屏蔽不当的喷枪可能会导致静电放电损坏。

电晕放电空气离子发生器的性能可能因多种原因而变化，包括由异物造成的针结垢，从而产生起毛球、针磨损、部件老化等问题。因此，需要定期进行常规维护，以保持离子发生器正常工作。另外，来自发射极针头的磨损颗粒或从绒球脱落的污染物将会造成污染。发射器的侵蚀速率根据发射极的材料的变化而变化。由单晶硅和锗制成的发射器侵蚀速率最低，并且通常是 1 级洁净室或清洁器洁净室的首选材料。钍钨发射极具有中等侵蚀率，不锈钢发射体具有最高的侵蚀率。用正电荷发射的方式可以观察发射极针尖腐蚀情况。

电晕放电离子发生器有几种不同的类型。在交流电离器中，交流电流的正弦波形转换成高电压，产生正离子和负离子。这些离子发生器通常配有风扇，以分散产生的离子。脉冲直流空气电离器经常用于有大量来自 HEPA 的气流的洁净室。因为它们使用 HEPA 气流，所以不会因引入湍流而引起污染。如果安装在天花板附近（通常在工作表面以上 1~2m 处），它们可以在几十秒内通过中和将 ±1000V 的电荷衰减至小于 ±100V。许多脉冲直流离子发生器可以编程，使得在产生正离子或负离子之间有一段不产生离子的时间，持续时间从十分之几秒到几秒。这使得类似的电荷相互扩散，限制了正电荷和负电荷的复合。当安装在 HEPA 过滤器前面清洁工作台上，距离水平或垂直清洁台面上的工作位置达 6~24in 时，可以实现小于 10s 的消电时间。

稳态交流或直流空气电离器通常需要风扇或过滤压缩空气，以便在离子结合和中和之前分散离子。它们通常用于气流不足以有效分散离子的地方，可以在 10s 内通过中和将 ±1000V 的电荷衰减至小于 ±100V。来自风扇的气流会引起层流洁净室内的湍流，增加污染物的扩散。电晕放电离子发生器也用在吹扫枪压缩空气管线中。通常使用压缩空气或氮气。

发射极针尖可采用多种材料。在污染控制不是主要考虑因素时，通常使用不锈钢发射极。它们相对便宜，但具有最高的磨损率和最高的污染产生率。一些离子发生器制造商使用窄直径导线代替精密研磨针，来补偿发射器针尖由于磨损而变钝导致的离子化效率降低。

钍钨具有比不锈钢低得多的溅射速率，因此优选用于污染控制应用。一般来说，不锈钢发射极可适用于 100000 级和 10000 级洁净室。钍钨发射器是 1000 级和 100 级洁净室的首选。10 级洁净室和更清洁的应用通常需要使用单晶硅或锗发射体。

导致电晕放电空气离子发生器失衡的过程是复杂的：由于空气离子的溅射，正发射极会被侵蚀。空气离子的产生效率是发射极针尖曲率半径的函数。随着针尖变钝，正离子的产生减少。负发射极会被尘埃球污染，但是尘埃球并非来源于粒子，而是由气体-颗粒转换的过程产生。由于负离子产生的效率也是负发射极针尖曲率半径的函数，所以当针尖变脏时，负离子的产生降低。由于正发射极的侵蚀和负发射极的污染不会以相同的速率发生，所以离子发生器可能会失去平衡。

20 世纪 80 年代，IBM 的研究表明，发射极尖端的侵蚀和污染是由空气中的水蒸气所催化的。将发射器尖端封装在干净的干燥空气或干燥氮气的夹套中，可消除腐蚀和结垢[25]。现今，使用护套空气系统的清洁空气电离器已经商业化了。

单向流洁净室的首选系统（空气流速在 0.45~0.05m/s）是没有内置风扇的双极或快速脉冲直流空气电离器。在大多数情况下，单向流量工作台和洁净室内的气流足以达到理想的离子发生器性能，同时避免与风扇动力空气离子发生器相关的湍流。一般而言，这些气流条件将存在于100级或更好的洁净室和单向流动单元中（注意：如果单向流动工作台的条件限制双极性或快速脉冲直流离子发生器达到所需的性能，应使用风扇驱动的空气离子发生器）。

对于未配备单向气流的区域，如普通工厂工作区域或混合气流式洁净室，只有风扇式空气离子发生器能够达到理想的离子发生器性能。通常，1000级或更差的洁净室将需要使用风扇驱动的空气电离器。也可使用电离气枪。这些设备使用放射源或电晕放电源来电离空气。它们可以非常迅速地对表面进行消电，通常在不到2s的时间内从±1000V放电到小于±10V。电离式空气吹扫枪通常用于吹扫颗粒污染物或用于干燥清洁后的表面。一旦大型物体需要迅速消电时，它们也是非常有用的。

4. 空气离子风机的性能

离子发生器的性能由放电时间和浮动电位决定。

（1）放电时间。对于关键的静电放电安全工作区域，一般情况下，器件的人体模型静电放电敏感度小于±50V，从±1000V至小于±20V的放电时间应该小于20s。对于高度敏感但不是关键的静电放电安全工作区，人体模型的静电放电敏感度大于±50V但小于±200V，从±1000V至小于±50V的放电时间应该小于20s。对于人体模型静电放电敏感度大于±200V的印制线路板组装和测试等传统静电放电安全工作区，从±1000V至小于±100V的放电时间应该小于45s。

（2）浮动电位。对于关键的静电放电安全工作区，浮动电位应小于±20V。对于高度敏感但不是关键的静电放电安全工作区，放电时间之后浮动电位应小于±50V。对于传统的静电放电安全工作区，浮动电位应小于±100V。

应该在工作台首次发布到生产或开发使用之前认证离子发生器的性能，随后按规定的时间间隔进行认证。此外，应定期检查离子发生器的性能，以及在工作台上设备布局变更或工作台搬迁时定期验证。

如前所述，环境空气会在约30min内使带电板逐渐放电：通常在30min内从约±5000V放电到约小于±500V，或者在45min内从约±1000V放电到约小于±100V。相比之下，在单向流动洁净室中，从±1000V放电到小于±100V的时间约为45h。在周围环境中的电晕放电电离系统可以在50~500s内实现放电；在单向流动洁净室中通常需要10~15s。

特定的应用条件下，选择离子发生器必须考虑许多不同的因素，其中包括离子发生器的固有稳定性。不稳定的离子发生器经常漂移，超出其期望的浮动电位极限。发生这种情况的速率决定了离子发生器校准和调整的频率。因此，长期稳定性测试是离子发生器评估的重要部分[26]。与离子发生器的校准和调整有关的成本必须考虑到采集和安装的成本中。对于存在非屏蔽电场的情况，彻底检查电晕放电电离器也很重要。这些电场可以存在于离子发生器周围的任何地方。

2.5.8 相对湿度

长期以来，人们已经知道，相对湿度的升高在降低环境物品产生的静电荷量方面起着重要的作用（表2.9）。大多数行业标准要求的最低相对湿度在25%~40%的范围内。如果使用空气电离，那么有些标准规定需在最低相对湿度以下运行空气电离器。例如，在航空航天工业中，将相对湿度下限设为30%并不罕见，如果工作场所的相对湿度降至30%以下，只要使用风扇驱动的双极空气电离器，就可以继续工作。

表2.9 摩擦起电和相对湿度

活　动	在以下情况下产生的电荷	
	20%RH	80%RH
在乙烯基地板上行走	12kV	250V
在合成地毯上行走	35kV	1.5kV
泡沫垫层产生	18kV	1.5kV
拿起聚乙烯袋	20kV	600V
在地毯上滑动苯乙烯盒	18kV	1.5kV
从PC板上取下Mylar胶带	12kV	1.5kV
PC板上的收缩膜	16kV	3kV
触发真空除锡器	8kV	1kV
喷雾回路冷冻喷雾	15kV	5kV

来源：参考文献［27］。

一个经常被问到的问题是为什么相对湿度升高会降低电荷水平。第一个解释是，人们经常听到高相对湿度使空气更具导电性。第二个常用的解释是，潮湿的空气通过保持表面潮湿，有助于消散静电荷，因此增加了表面导电性。这些解释都不能令人满意。

几项研究已经探究了离子电迁移率与相对湿度的关系。空气中离子的电子迁移率控制着空气的电导率。与流行的观点相反，如果增加空气的相对湿度，则导电性变差。因此，那些认为在高相对湿度下发生的摩擦起电减少的原因,是由于在相对湿度高的情况下空气的电导率增加是不正确的。

您可能仍然很好奇,提高相对湿度是如何减少摩擦起电发生的。这通常是基于这样的基础来解释的:表面增加的含水量允许电荷更均匀地散布在表面上,从而降低表面电压。同样地,这也不能满意地解释所观察到的现象。如果把电荷分散到一个较大的区域是唯一的解释,总电荷仍然是恒定的,相对湿度升高的有利影响不会以任何实际的方式实现。在潮湿的环境中穿过铺有地毯的房间将会产生与低相对湿度情况下经过铺有地毯房间相同的电荷量。但我们知道,在相对湿度较高的情况下,我们没有"严重的静电放电问题",而在相对湿度较低的情况下会有这个问题。这里一定有其他的原因。

为了理解相对湿度的影响,我们需要了解摩擦过程中电荷是如何产生的。如果将构成材料表面元素的电负性与其在摩擦起电序列中的相对位置进行比较,那么它们排列得相当好。原子的电负性是其获得或失去电子倾向的一种衡量。含有高电负性元素的表面在与由低电负性原子组成的材料分离后,趋向于带负电荷。

假设有两种不同的材料已经开始吸附水分(吸附发生在表面上;吸收发生在大部分材料内)。当这两种不同的材料相互接触时,一些区域实际上是水分子与水分子接触。当水分子之间分离时,不会产生电荷。吸附水膜表面的原子力显微镜研究证实了这一假设。非常干燥的表面不会出现吸附水分子的液体区域。随着湿度的增加,出水分子的区域表面积增大。在高相对湿度下,在一些原子层厚的地方,表面变得或多或少地被水分子膜覆盖。

所以现在我们对于日常观察的 ESD 和相对湿度有一个合理的解释。随着空气湿度的升高,两个接触表面的原子组成变得更加相似,并且所产生的摩擦起电量下降。相对湿度控制上限由至少三个因素决定。第一个因素是工艺过程中装置的腐蚀敏感性。第二个因素是材料吸收水分后,能导致尺寸变化、硬度变化或其他物理变化。第三个因素是,零件表面的微量污染物会吸收水分,形成导电溶液,导致电流泄漏问题。

相对湿度的典型上限控制范围为 50%~70%。如果超过了相对湿度的上限,有些标准规定可以在有限的时间内持续运行。例如,一家企业为其一个位置指定了 50% 的上限控制限值。它们位于天气变化迅速的区域,只要湿度不超过 55%,在相对湿度超过 50% 的情况下仍可以继续运行 30min。这使得建筑除湿系统有一段时间能够应对环境相对湿度的突然变化。

2.5.9 椅子和凳子

椅子和凳子上的覆盖物应具备静电消散能力。不得在洁净室内使用织物覆盖物，特别是聚氨酯覆盖物。椅子的接地应通过导电脚轮或与家具滑道实现，而不是使用拖链。拖链很容易破损，所以通过拖链进行接地的地面可靠性是值得怀疑的。对于洁净室内的防静电工作区尤其如此，在这些区域，多孔地砖或地板排气格栅上的孔可能会破坏拖链。

收到配有气缸高度调节器的椅子时必须进行检查。如果在装配气缸时使用了不导电的润滑脂，椅子不会通过气缸接地。这种情况无法通过目测检测到，椅子必须使用高阻欧姆表和传统的欧姆表来验证接地。

案例研究：静电放电椅

一家制造商正在准备其工作区域，以适应磁头灵敏度增加的需求。在多年前，该区域就已配备了接地地板和带导电脚轮的椅子。当用高阻欧姆表测试椅子时，发现座椅底座和座椅靠背的材料是静电耗散的。欧姆表显示，所有的支腿和高度调整圆柱体的连接组件进行了电气连接。但是，经导电验证板测试，导电脚轮没有良好接地。

在检查脚轮塑料轮子上的接触表面后发现，这些轮子上覆盖了一层磨损瓷砖碎片（图2.9）。地板瓷砖是一种坚硬的乙烯基（不导电）材料，嵌有富碳材料的基体，使瓷砖呈蜘蛛网样外观。椅子上的脚轮黏附了地板上的非导电乙烯粒子，随后嵌入导电脚轮的接触表面。从脚轮上刮下嵌入的材料修复了接地不良问题。

图 2.9 受污染的脚轮

2.5.10 垃圾箱

垃圾箱应全部由静电耗散或导电材料制成。垃圾箱内衬可能是绝缘材料或静电耗散材料。如果使用绝缘内衬，则只可以在非生产期间从垃圾箱中取出垃圾，或者在移除内衬之前将垃圾箱重新放置在静电安全工作区之外。

有几家高科技企业采用了一种新颖的方法，大批量的生产操作中，在各个工作台提供垃圾箱。他们使用静电放电安全压敏胶带将静电屏蔽袋固定在工作台的边缘，形成一个临时废物袋。在每次轮班结束时，操作人员在离开防静电工作区时，随身将废物袋带走。

2.5.11　阴极射线管显示器

在防静电工作区内（以及多数家庭中），有名的电荷源头之一是阴极射线管（CRT），其中最为熟悉的是电视机中的显像管。为了在阴极射线管中产生图像，显像管内的电子枪向涂有荧光粉的金属屏幕发射电子流。荧光粉涂层的屏幕就在阴极射线管的前面。来自电子枪的电子流照亮屏幕上的磷光材料小点，产生图像（这个过程被称为阴极发光，因此称为阴极射线管）。这也使屏幕电性为负电。显像管的玻璃外部被感应带电到相反的电位。阴极射线管的工作原理如图2.10所示。

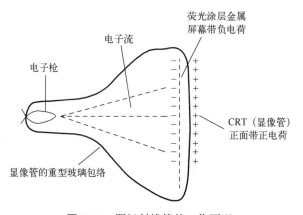

图2.10　阴极射线管的工作原理

这是日常生活中最常见的静电例子之一，尽管我们通常不把它看作是静电的表现。电视机的表面是房间里最脏的表面，这是因为电视屏幕表面带电，所以比房子中任何其他表面更容易吸引并保持更多的灰尘。

阴极射线管在计算机显示器和显微镜等高科技应用中得到了广泛的应用。示波器的显示器经常被忽视。在静电防护工作场所对阴极射线管进行测试和提供保护时，忽视示波器显示器是一个常见的错误。另一个常见的错误是忽略电子枪和荧光屏幕的影响，这两者都会在包含它们的机壳外部产生电荷，错误如图2.11所示，解决方案如图2.12所示。

现代显示器通常由液晶显示器（LCD）面板组成。这些显示器没有电子枪，因此不会由于此处所述的机制带电。因为它们的表面通常是良好的绝缘

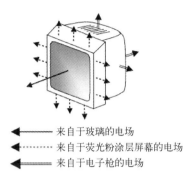

←——— 来自于玻璃的电场
←------- 来自于荧光粉涂层屏幕的电场
←———— 来自于电子枪的电场

图 2.11 包含 CRT 在内的显示器周围可能的电场

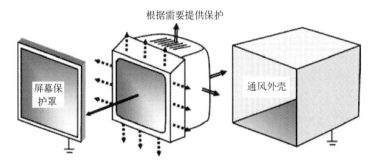

图 2.12 固定显示器的一种方式,使其无法从防静电工作区移出

体,所以在被擦拭时它们可以被充电。另一个因素是,许多电视机制造商已经开始意识到导致电视机上积尘的因素,并开始制造具有导电接地涂层的屏幕,使电荷分散。通过观察来确定特定的显示器是否安全是不可行的。正常使用条件下,有必要使用合适的检测仪器进行测试,以确定特定显示器是否构成威胁以及应采取何种纠正措施。

示波器正面是具有高电场强度的显示器。然而,示波器通常有金属外壳,电子枪产生的电场被仪器的金属外壳屏蔽,所以在示波器的周围很少检测到静电。但是,显示器和监视器很少有金属机柜。对于无法与静电放电敏感器件保持安全距离的显示器,可以用穿孔金属制造静电屏蔽外壳。然后,静电屏蔽屏幕保护装置可以作为窗口安装在屏蔽外壳中,以完全封闭显示器或监视器。

2.5.12 场电位限值

静电放电安全工作场所规定的电荷量限值不同,其具体限值取决于所参考的标准。例如,静电放电协会的标准 S20.20 将静电放电敏感物品12in(约30cm)范围内的场电位限制为 2000V。相比之下,JPL 标准 D-1348[27] 将静电放电敏感物品 1m（100cm）内的场电位限制在 200V。带电表面上的静电场使用场电位计或静电电位测量仪测量。

场电位限值使用静电电位测量仪或场电位计的非接触式电压表来测量，在几个标准中所用的静电场测量仪的规定分辨率极限是±100V。对几个品牌、型号的量具能力进行初步分析，不确定度为±20%的量具能力下可测得的最小电场在 600~900V 的范围内[28]。这符合标准 S20.20 要求的适当量具能力，但是不适合测量 JPL 的 D-1348 标准要求。

场电位限值规定了与静电放电敏感物品特定距离的带电表面的最大电荷量，这个特定距离上电荷量可以理解为场电位梯度，此时需假定防静电工作台和/或静电放电敏感器件接地并处于 0V。在使用 S20.20 规范时，相隔 12in 处允许的场电位梯度约等于 67V/cm（2000V/30cm）。使用 D-1348 规范时，相隔 1m 处的场电位梯度等于 2V/cm（200V/100cm）。因此，S20.20 所允许的场电位梯度比 D-1348 所允许的大 30 倍以上。

为了正确地看待这种差异，必须比较控制限值的净效应。在控制范围内，当一个带电的物体刚好达到控制极限时，考虑它的场电位是可行的。这是通过将表面电位的控制上限（以 V 为单位）除以带电物体和静电放电敏感器件之间的间距（cm）来计算的，结果绘制在图 2.13 中。

从图 2.13 中可以看出，在 S20.20 条件下，静电放电敏感部件在所有间隔距离下比在 D-1348 下暴露的场电位梯度大一个数量级。

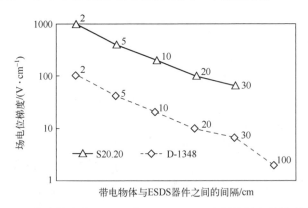

图 2.13　静电放电在 S20.20 与 JPL D-1348 之间的场电位梯度比较

除控制限值的净效应以外，第二个净效应同样重要，这与所要求的离散指标有关。D-1348 的控制距离设置为 1m，因为这是一个坐在防静电工作台内的人可达到的正常限值，1m 范围以外的物体不受 200V 表面电位限制。静电放电敏感部件暴露在过度带电物体上是不太可能的，这些部件所处超出了操作人员的正常可触及范围。相反，S20.20 规定的 1ft（12in）距离与一个人的正常可触及范围相当。与 D-1348 相比，在 S20.20 的控制要求下，静电放电敏感器件更容易暴露在过度带电的表面上。

2.5.13 工具和夹具

与静电放电敏感器件直接接触的部分工具必须通过不超过 10Ω 的电阻进行硬接地，一些设施要求接地电阻小于 1Ω。一般来说，不得通过限流电阻接地，包含限流电阻的接地通路可能为防止电路断路器跳闸，而在工具上存在致命的电压。这个地方安全需要特别关注，工具应该接地到接地故障断路器的交流参考地。在需要减振的地方，可以将符合要求的工作台垫贴在产品接触点上。

通过轴承连接工具部件被认为是一个特别困难的问题。当轴承静止时，轴承两侧的刀具段通过轴承接地。相反，当刀具移动时，轴承内的金属与金属可能会因轴承内积累的油脂而失去接触。如果发生这种情况，通常需要在轴承上提供平行的接地路径，不含限流电阻的裸螺旋线对于这种情况是特别有用的，因为它们很适用于这种运动条件（见 2.6.1 节）。

2.5.14 输送机

输送机应通过不超过 10Ω 的硬接地网进行接地。在极少数情况下，输送机滚筒可能由与输送机接地表面相连的静电耗散材料制成。导电滚筒在 ESO 应用的输送机中更为常见。

2.6 人员静电放电控制

污染控制专家最喜欢的一句话是，"完美的洁净室是一个没有设备或人员的洁净室"。同样，一个几乎完美的静电放电安全工作区是一个没有人员移动，从而不会产生静电的区域。人员是制造环境中最大的静电发生器。基于人体模型（HBM）是模拟带电的人与敏感装置之间的放电模型这一事实，可知人体模型是使用电子设备的首要也是最常见的静电放电损伤模型。由于人是大型电荷发生器，大多数制造业至少在一定程度上涉及人员，所以控制人员静电是静电控制计划最重要的方面之一。

2.6.1 手腕带和螺旋线

对于在防静电工作区工作的人员来说，最常见的接地系统是腕带和螺旋线。有许多不同类型的腕带可供选择,最常见的是手腕带,虽然这曾造成航空航天业的电子故障[28],故障的原因是手腕带上的导电纤维脱落。在某些航空航天应用中,由于这个原因,可扩展的金属腕带受到青睐,但对于手腕处汗毛多的人来说,这种腕带可能是非常不舒服的。另一个选择是使用模制塑料手腕带,这消除了可伸缩金属带的挤压问题。

为了安全起见,螺旋线包含一个$(1\pm0.2)\mathrm{M}\Omega$的限流电阻。电线及其独立电阻器可能会损坏,如果电阻器短路,则会造成安全隐患。相反,如果线圈中的电线或电阻断开,则开路状态会导致穿戴者无法放电。为此,有必要使用腕带测试仪定期测试腕带和螺旋线。连续腕带监测仪能够提供连续监测从而提升腕带安全性。

2.6.2 培训和认证计划

控制与人相关的静电问题最重要的一个环节就是培训。大多数行业规范要求对所有进入静电控制工作区的人员或者在静电敏感设备周围工作的人员进行培训。应培训的工作人员包括:管理人员、工程人员、接收人员、检查人员、运输人员、开发人员、制造人员、维保人员、设备设施管理人员、外协承包商、采购人员、质量保证人员。

这些领域在许多方案中会被忽视。

各类人员的培训应当包括适合其职责的内容:适用的规范和标准、培训演示文稿的副本、适当丰富材料、演示等。培训证书应通过对工作人员的熟练程度进行考核或考试来验证。认证的证据应通过个人徽章或公布的合格人员名单在工作区域展示。进一步地,这些信息越来越多地可以在线访问,即使在相对较远的制造地点也是如此。

培训的层次有很多,从非常基础到高层次的培训。最基本的培训是意识培训,应该涵盖静电产生的基本原理,静电放电对设备造成损害的机制,以及静电放电控制的基本原理。可以说对所有员工这个培训是强制性的,包括那些很少进入静电放电安全工作区的人员。这使得每个人都意识到在静电放电安全工作区工作的最低要求和预期。这种全员提升意识的好处包括:

(1) 管理者了解了员工应该怎么做,因此管理者可以适当地对好或差的表现做出反应。然后,管理者能够更好地评估反馈上来的、不符合要求的行为。

(2) 检查员了解了在防静电工作区工作人员应遵守的行为。这适用于内部检查员和外部审计员。

(3) 操作员可以放心地执行工作场所所需的纪律。当操作员不得不面对工程师和科学家时,这一点非常重要,这些工程师和科学家只是偶尔处于静电放电安全的工作环境,并且可能被操作人员视为他们的上级。

许多人员需要更高级的培训。审核员需要更详细地了解静电放电控制要求,以便进行检查。例如,操作员可能只需要知道地线必须连接到它先前连接的点。审核员需要知道验收标准,如接地验收所需的电阻。审核员还应接受关于如何进行审核的培训,如何操作静电放电审核工具,以及如何针对静电放电防护工作场所进行简单的维修和纠正措施。设计工程人员还应接受有关静电放电敏感产品的静电放电敏感度测试和电路设计方法的培训,以保护静电放电敏感产品不受损害。过程工程师应该了解在选择替代过程时需要评估替代的方案。

最好的基本意识培训通常需要 1~3h 的讲座和示范,接下来是短时间的"动手"培训,包括执行各项任务所需所有原则的应用。例如,如何测试腕带、如何穿上和测试鞋类以及如何检查接地连接。在静电控制的工作区实际工作之前,应该进行这种培训。许多课程包括笔试,必须在成绩合格后才能得到认证。

对于检验员来说,实际操作培训应包括练习检查工作。这为候选检查员提供了使用检查设备的机会,填写适用的检查文件,并测试他们对可立即实施的纠正措施相关知识的掌握情况。对于工程师来说,额外的培训应该着重于各种损坏机制和电路设计,以便为静电放电敏感器件提供保护。

所有人员应至少每年重复一次培训。这是必要的,因为设备的静电防护要求会改变,控制技术的选择会改变,并且人们对静电放电控制要求的记忆会随着时间的推移而淡忘。一些专业人员将会进行更频繁的培训,尤其是在设备敏感性迅速变化的情况下。培训文件和记录是非常重要的。团队每个成员的培训记录应该保存在成员的个人档案中。

应该定期审核静电安全工作区的人员绩效,确保培训计划持续发挥作用。应该记录违反静电安全协议的情况并向管理层报告,以便解决问题。如果发现全局性问题(在一个或多个领域有许多相同类型的错误),则应重新评估培训计划并纠正这些问题,一些人员可能需要更频繁的培训。

静电放电培训文件

培训可以通过多种方式进行。预先录制视频培训的应用很广泛,具有多个优点。其中一个优点就是一致性,每次传递的信息都是一样的。第二个好处是减少了专业培训师提供培训所需的时间。当雇佣新员工时或者当需要重新培训时,可以根据需要进行培训。许多用于静电放电意识训练的演示在大型教室中很难看到,但是可以通过智能搜索找到视频演示。但这样做也有缺点：首先，视频演示的内容无法紧跟技术发展；其次，演示不是互动性的，所以观众的提问必须推迟到现场教师在场时才能予以回答；最后，监督视频教学的教师专业知识能力可能不是很高。任何视频教学都应附有学生讲义。

实况教学往往比视频教学更受欢迎，因为它通常是最新的，而且有机会提出问题和得到答案。演示方式可以是现场直播或视频。视频录像和现场指导都应附有学生讲义。讲义应包括演示文稿中使用的幻灯片副本，学生应遵循的规范说明副本以及静电放电通用指南等补充信息。教师也应具备资格标准，特别是对于实时教学，具有广泛静电放电控制经验的教师将能够更好地回答学生的问题。

2.6.3　洁净室工作服和防静电服

一方面，使用场合的不同，对服装的要求差别很大。服装选择中有许多与静电控制完全无关的问题：污染控制，安全性，操作员的服装保护和统一的外观。另一方面，穿对服装能为静电控制提供极大的帮助。

从静电放电的角度来看，服装最重要的性能是消除静电荷的能力，并且屏蔽来自穿戴者的静电场[29]。

工作服，也就是工装和连衣裤，也被称为"兔子装"，是用于洁净室和静电控制行业的服装，通常是只能覆盖膝盖以上的夹克式服装。对于加工操作来说，出于安全原因，通常最好选择短袖连衣裤。洁净室连衣裤通常设计为覆盖整个身体。这些连衣裤可以采用分体或一体式设计。

在防静电工作区域内，必须穿着防静电长袍和实验室外套。长袍或实验室外套必须完全包裹穿着者的日常服装。袖子必须完全放下，遮盖住日常服装，并且必须系上纽扣或拉链以遮盖衣服。这些长袍必须由含导电纤维网格的织物构成，以形成法拉第笼屏障，从而抑制日常服装上的电荷。

按照 EOS/ESD 标准 DS2—1995 进行测试时，所穿着的服装的袖子-袖子从±1000V 衰减到小于±10V 的时间应小于 1s，并且布片-布片从±1000V 衰减到小于±10V 的时间也应小于 1s。此外，布片-布片的电阻应小于 $10^9\Omega$。服装清洁后应通过定期测试，以便保证服装在整个使用寿命期间的静电放电性能。

用于洁净室的服装材料通常由单丝聚酯纤维制成。聚酯纤维一般是一种绝缘材料，倾向于产生和积累大量的电荷。人们会认为，用于静电控制的服装将采用不同的材料，但单丝聚酯是洁净室应用的最佳材料。出于这个原因，用于洁净室应用的服装仍然使用聚酯作为基础材料。服装制造商已经发现，聚酯织物可以通过编织导电线网格形成屏蔽来控制服装上的电荷。如果网格设计得当，服装可以形成一个法拉第笼来抑制穿在服装里面的衣服所产生的电场。

防静电服的一个常见问题是在服装各个布片之间没有良好的电连接。事实确实如此，因为布片之间的连接在布片的接缝处最容易损坏。一些洁净室服装制造商已经找到了解决这个问题的方法：将导电带缝入布片之间的接缝中。然而，仍然需要严格的测试来确保服装在多次使用和洗涤后表现良好。多次使用和洗涤可能会导致以前合格的服装性能下降甚至失效[30]。

关于纺粘聚烯烃服装的注意事项。纺粘聚烯烃制成的服装比较特殊需要特别关注。Tyvek 是这个材料最熟悉的品牌之一。许多一次性洁净室服装由纺粘聚烯烃制成。聚烯烃由通常的绝缘材料聚乙烯和聚丙烯制成。有趣的是，由纺粘聚烯烃制成的洁净室服装通常被发现是静电耗散的。实际情况是，为了方便服装在制造期间的处理，相应织物必须进行化学处理，以最大限度减少静电累积。用于使织物在制造过程中易于处理的化学品通常是水溶性的，因此，洗涤纺粘聚烯烃服装会消除其静电耗散特性。

2.6.4 鞋束

为了使接地地板正常工作，地板上工作的人员必须电气连接。必须穿着可接地的鞋子来提供这种连接，而且许多类型的鞋子可用于将人员连接到接地地板。这为鞋类的选择提供了许多选项，但鞋类的选择必须注重细节，以避免问题的发生。可选择的接地鞋类包括脚跟接地带、脚趾带、一次性鞋套、鞋子和靴子，有时也被称为套鞋。过膝靴是洁净室内鞋类接地的常用解决方案。一些装置或安装需要在洁净室内使用专用的防静电鞋。参观者通常穿着鞋底缝有导电带的鞋套。

1. 洁净室靴子

洁净室用鞋应该由带有缝合导电鞋底的静电耗散靴组成。当工作人员在靴子内穿着日常鞋子时，应通过一些方法将脚与靴子导电鞋底连接，例如使用缝入的接地带。

案例研究：可接地鞋束——不完整的鞋束系统

完整鞋束系统的重要性怎么强调都不为过，由于缺乏适当的资质测试或在审计过程中的持续监督，高科技企业的两项静电放电控制计划已成为鞋束系统不合格的牺牲品。在这两种情况下，使用者并不知道在洁净室里穿着高膝盖防静电鞋的人员没有通过他们的日常鞋子接地。在这两种情况下，都必须采用一种方法将洁净室靴子与人连接。一种方法是将导电带缝入鞋底来改变鞋子的导电特性。另一个案例中，更衣程序被修改为当穿着静电放电过膝靴时，靴子内部所置鞋子和袜子之间带有导电带的一次性鞋套。如果将鞋束测试仪纳入整个静电放电控制计划的一部分，这两个问题都可以避免。

2. 访客的鞋套

访客的鞋套通常由一次性材料组成，带有一个缝入鞋底的导电带，用于将鞋套底部连接到穿着者身上。通常，袜子和日常鞋子之间应该配有导电带。许多人的袜子具有较强的导电性，因为一次性鞋套不带有限流电阻器，这可能通过导电带与地板接地，导致潜在的危险导电通路。相反，有些人穿的袜子电阻特别高，从而由于电阻过高而不能通过鞋类测试。有一种尝试是将导电带直接与皮肤接触，即将其夹在皮肤和袜子之间。但是，如果设施配备是导电地板（这在航空航天应用中经常出现），则可能会造成电击危险。同样，如果鞋束测试仪是全面静电放电控制方案的一部分，则可以避免这个问题，因为大多数鞋束测试仪在电阻太低的情况下会发出警报。

3. 防静电鞋

防静电鞋应该被视为室内用鞋，不应该穿出大楼。使用专业制造厂的鞋的优点是，所有在静电放电安全工作区工作的人都可以在脚上穿着相同颜色和样式的鞋，如果有人没有穿适当的鞋子，就会立即变得很醒目；可以购买具有钢制脚趾和跖骨保护特性的鞋子，这是许多行业中重要的职业安全考虑因素。

4. 测试鞋

在进入防静电工作区之前，工作人员必须使用鞋束测试仪来确认鞋子是否正常工作。每只脚都必须单独测试，测试时一只脚站立，手裸露并拿着导电元件。系统总电阻应小于$10^9\Omega$，应在测试仪附近张贴日志，方便记录测试结果。

无论选择何种鞋束接地系统，测试鞋束以验证其性能是非常重要的。诸如专用鞋、脚跟接地器或脚趾接地器等鞋类可能会受到污染，从而可能使鞋子接地器绝缘，污染物会迅速累积。因此有必要经常测试鞋束。至少，鞋束应在每天轮班开始时进行测试。在某些应用中，鞋束在每次进入防静电工作区时都要重新测试。

附在鞋上的接地带可能不能适合所有佩戴者。干性皮肤可能会影响通过导电带接地的效果（干性皮肤可以使用皮肤保湿剂进行处理）。鞋子接地器上的导电带可能不够长，不适合与牛仔靴等高帮鞋搭配。在后一种情况下，可以使用接地吊袜带将鞋带上的导电带连接到人的小腿上。最后，由于人们穿着的日常鞋子类型不同，有些过膝靴的接地不太牢固，这种情况可以通过将导电带缝入短靴内侧,并在日常鞋子和短袜之间穿上导电带来纠正。

2.6.5 手套、内衬和指套

手套、内衬和指套的材质需符合以下标准要求。测试人员在测试过程中不得接地,可以站在比地板高至少 12in 的绝缘表面上进行操作。此外,测试人员还应穿着与手套使用需求相对应的防护服装。例如,如果手套在非洁净室中使用,但规定要与防静电工作服一并使用,则测试时应身着防静电服。佩戴手套、指套及腕带时,应紧密触摸带电板监视器上 20pF 充电板的表面,然后将其充电到±1000V,操作人员佩戴经核准的腕带后,测量放电到 10V 以下所需的时间(对于此项测试,特定行业企业所规定的电荷量及电压有所不同)。如果放电时间符合标准要求,则手套或指套就被纳入了整个接地系统(注意:在洁净室中使用的手套、内衬和指套也必须符合洁净标准)。

2.7 耗材和附件

2.7.1 包装

防静电包装材料形式多样、材料类型不一,比如由静电耗散或导电材料制成的薄膜材料和预制袋、塑料薄膜泡沫包装等。手提箱、垃圾箱和运输容器通常由刚性聚合物、涂碳纸或纸板制成,包装泡沫也被广泛使用,这些材料性质各不相同。防静电包装与普通包装的主要不同点是其具备防静电特性。据此,防静电包装的表面电阻率、放电时间、电荷保持性和屏蔽性能应符合指标要求。对于防静电工作区以外必须使用防静电包装,如果运输或储存过程中环境相对湿度较低,也应使用防静电包装。

ANSI/EOS/ESD 标准测试方法 S11.11—1993《静电消散平面材料包装袋表面电阻测量方法》和 S11.31—1994《屏蔽袋》规定了表面电阻和静电放电屏蔽测试方法。电子工业协会(EIA)541 标准附录 E[31]是唯一用于测量薄膜材料包装袋因静电放电导致电能内部传送的测试方法,通常称为电磁干扰屏蔽。EIA 541 附录 E 将表面电阻率低于 $10^4\Omega/sq$ 的材料定义为静电屏蔽型材料。然而,表面电阻率如此高的包装材料是否能提供足够的屏蔽作用呢?这仍然值得研究。保守的数值要求是小于 $10^2\Omega/sq$。

将敏感性最高的静电放电敏感器件放置在包装袋内，在包装袋外部进行机器模型或人体模型放电。此种测试方法最直接，但破坏性大、成本高。可替代的测试方法是测量材料的电荷衰减特性[32]。

塑料薄膜片材、预制袋和泡沫包装材料种类众多。可以在聚乙烯中加入化学品使其具备静电消散功能，可以将其染成粉红色，表明其可作为防静电材料使用。该类材料静电消散测量值符合要求，同时，防静电工作区内的电场场强有限，在防静电工作区内通常能起到充分的保护作用，但在防静电工作区之外防护作用则有限。粉红色聚乙烯对湿度敏感，在12%相对湿度条件下性能不高。另外，添加剂的蒸气压较高，在许多对污染有控制要求的应用中并不适用。用于制造粉红色聚乙烯的化学制剂通常可溶于水、醇和洗涤剂-水溶液中。化学添加剂耗尽后便不再适用于防静电场所。

目前包装材料趋于使用含有铝或镍导电层的层压膜（也称为静电屏蔽袋）而非粉色聚乙烯。静电屏蔽袋聚合物层间含有金属层（图 2.14）。薄膜以防潮层形式存在，通常带有厚铝层，使其具有静态屏蔽功能，但防潮屏障作用有限。此外，薄膜既可以作为导电表面使用也可以作为静电耗散表面使用。因此，确定所需的包装袋种类非常重要，包装袋并不都一样。

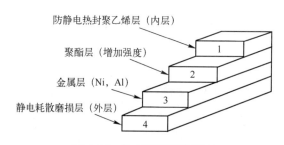

图 2.14 静电屏蔽袋横截面

静电屏蔽袋的密封方式多样，比如胶带密封和热封。有些静电屏蔽袋配有拉链封口，可多次重复使用。一般来说，不建议使用订书钉封闭包装袋。钉子会刺破袋子，可能会导致撕裂。此外，也可能会脱落金属碎片，导致电子设备短路。

静电屏蔽袋可以重复使用，直至因过度皱折受损。过度皱损的塑料薄膜会形成微小裂缝，氧化金属层。金属氧化物是绝缘体，而非导体。氧化物斑块如漏洞一样，使静电场进入屏蔽袋中，可能导致袋内放置的静电放电敏感器件损坏。

如图 2.15 所示，将手放入袋内，很容易看到金属化膜上类似非反射半透明贴片的孔。

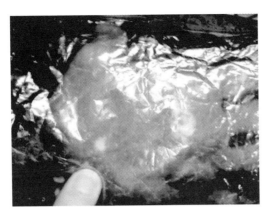

图 2.15 在严重氧化的静电屏蔽袋中观察假孔

2.7.2 干燥剂

干燥剂是保护高科技产品免受湿度伤害的重要辅助材料。干燥剂是多孔材料，具有单位重量高表面积特点，因此，包装箱内若使用干燥剂，应谨慎选择，避免产生污染。

许多材料都可以作为干燥剂使用，比如分子筛、黏土、硅胶等。其中，硅胶在制药业、磁盘驱动器制造业和电子行业中应用最广。硅胶这个名字有一定的误导性，硅胶实际上是一种硬而脆的固体材料，而不是像名字所暗示的那样，并不是柔软的橡胶状凝胶。虽然硅胶是惰性材料，但其耐磨特性也会带来问题，会加速轴承磨损，是导致磁盘驱动器划痕问题和静电放电问题的原因之一。

2.7.3 手提箱、垃圾箱等运输容器

手提箱、垃圾箱等运输容器由浸渍聚乙烯制成，通常是蓝色底色。与薄膜材料一样，它们的出气性能比较差。此外，对于重复使用的箱子，水性清洁会溶解箱体表面的添加剂，提高表面电阻率。相对湿度较低时，静电耗散特性也会降低。鉴于此，如聚乙烯已经过处理，便不再被用作防静电包装材料。

使刚性聚合物带有静电耗散特性或导电特性的方法很多。有些聚合物本身具有静电耗散特性，不需要额外添加添加剂。绝缘聚合物可以与导电聚合物（共聚）混合，也可以掺入炭黑、碳纤维或金属填充物。它们通常不会出现出气问题。使用掺入碳或金属填充颗粒的聚合物时，必须注意避免脱落。从包装箱上脱落的导电材料可能会造成电子元器件短路，也会污染洁净室。

金属填充物通常被用来制造导电容器,不仅可以用于静电防护,还可以起到电磁干扰(EMI)和射频干扰(RFI)保护作用。硬质聚合物通常用于包装材料的真空塑型。必须注意片材的选择,无论在哪里都应确保模塑包装具备防静电性能。片材变薄时,可能会分散导电填充材料,导致局部防静电性能损失[33]。

防静电工作区内使用的手提箱、垃圾箱等运输容器可以是静电耗散型的。当需要将产品从防静电工作区内移出或者将产品存放在防静电工作区外时,应使用静电屏蔽型搬运箱、垃圾箱。位于非防静电工作区时,上述容器必须配备合适的导电盖或外包装。

案例研究:包装

有机胺可以吸收大气中的水分,将有机胺加入聚乙烯,可以制成静电耗散型包装袋。在相对湿度较低的情况下,水分存量不足,包装材料的静电耗散特性也会丢失。因此,人们很快就认识到,材料运输过程中如果不能控制湿度,则不能使用由有机胺配制而成的运输材料。然而,在制造业中,相对湿度可控,可以使用有机胺包装材料。很多制造企业早在20世纪80年代初就开始使用胺改性塑料,当时主要的清洁溶剂是氯氟烃(CFC)。20世纪80年代后期,人们意识到氯氟烃会消耗高层大气中的臭氧,对环境有害。

鉴于此,许多高新制造企业逐渐开始使用清洁剂-水溶液来取代氯氟烃清洁溶剂。包装材料中的有机胺不溶于氯氟烃,而清洁剂-水溶液可以将其完全清除,包装材料逐渐失去静电耗散特性,造成静电放电问题。然而,静电耗散特性的丢失是一个渐进的过程,包装材料表面的有机胺逐渐耗尽,但内部的有机胺会逐渐扩散至表面,因此,静电放电问题有时会出现,有时则不会出现。多次洗涤后,包装材料的静电放电特性终将会丧失。半导体和磁盘驱动器制造业是上述问题的多发行业。鉴于各种豁免规定,许多航空航天企业推迟替换氯氟烃清洁溶剂。尽管半导体和磁盘驱动器制造业已多年不使用氯氟烃清洁溶剂,多数航空航天企业仍然使用有机胺聚乙烯包装材料。

有机胺包装材料有着显著的蒸气压,这是第二个问题,出气会造成污染。直到2004年,有机胺聚合物排气产生的污染对昂贵的航空航天材料造成损失的现象仍然存在。

2.7.4 笔记本和活页夹

防静电工作区内使用的文件纸张应该是静电耗散型的,或者应该放置在静电耗散型包装袋内。活页夹也应该是静电耗散型的。对于普通活页夹,可以在表面贴上静电屏蔽膜进行改性处理。

2.7.5 棉签和擦拭布

用于清洁静电放电敏感器件的棉签和擦拭布应该是导电的或是静电耗散的。用于处置产品的，必须经过测试，确保能够在不到 5s 的时间内将 20pF 的充电板从±1000V 降至±10V。测试人员必须佩戴经过认证的防静电手套和/或手指套和腕带，通过工作台接地或工作台监测器接地。如果不直接接触静电放电敏感产品，则不需要进行静电放电时间测试。

一般来说，擦拭布不应直接接触静电放电敏感器件。家用擦拭布或者不接触静电放电敏感产品的擦拭布无须静电耗散性能或导电性能。但当用于发挥缓冲、吸收、表面清洁等作用时，擦拭布会接触静电放电敏感器件，必须使用导电型擦拭布或静电耗散型擦拭布。

2.7.6 纸

在洁净室中，除非纸张是静电耗散的，否则不得使用。静电耗散型纺粘聚烯烃应在百级或更高级洁净室的防静电工作区内使用。非静电耗散型纸张必须保存在防静电保护膜或防静电袋中。绝缘浸渍型纸张必须通过污染兼容性测试。

2.7.7 胶带

胶带材料由塑料、纸或金属薄膜组成，其中一面或者双面上压有压敏黏合剂。胶带形式多样，用途广泛，可用于临时密封、永久密封（金属或塑料箔）、临时黏性纸标签以及固定或安装等（用于锯切和切割操作的双面胶带以及涂层工艺中用于掩蔽操作的胶带）。除非经过特殊配制带有静电防护特性，否则从胶带座或从产品表面剥离时会产生数千伏的电压[34]。

在防静电工作区中将 5in 长的胶带从辊子上取下贴在 20pF 的带电板上，若产生的电压小于 5V，则可接受。此外，将 5in 长的胶带从带电板上剥离时，如果产生的电压小于 5V，也认为是安全的。

关于胶带的相关操作都应在离子风机环境条件下进行。从胶带辊子或从产品表面剥离胶带可能会产生大量静电荷。常见的做法是将连接处的胶带和防尘罩同时剥离。建议先取下胶带，然后再取下防尘罩。

2.8 个人防护设备及使用程序

静电防护设备设施经过工程设计、分析和认证后，最后一道防线就是人员。工作人员如能够充分了解个人防护设备及其使用要求，按静电放电控制程序处置，就能够有效控制静电放电。

2.8.1 腕带和腕带监测器

防静电工作区内的所有人员都应佩戴腕带，腕带必须内置 $1M\Omega$ 限流电阻。但也有例外，如果佩戴腕带会产生危险，则勿佩戴。举两个不应该佩戴腕带的例子，比如，机械车间内通常会使用许多旋转工具，如果腕带与旋转工具缠绕，腕带线与腕带手环经过特殊设计，可以很快与腕带分离，可能不会使手腕缠绕到工具上，但是分离的腕带线仍会与旋转机器缠绕，仍可能会造成伤害。又比如，回流焊作业时会经常性使用配有链式输送机的工具，腕带线可能会与其缠在一起。与前一种情况类似，腕带线会从腕带上脱落，手臂卷入回流焊炉内部的风险很小，但腕带线可能会在烘箱内融化，导致机器损坏或停机。

如果腕带接地不安全，则必须通过鞋子接地，因此必须铺设静电耗散型地板或导电地板并接地，作业时应采取站立操作方式。

必须定期检测腕带。腕带的内置电阻可能会损坏，每天在使用前应至少测试一次。如果腕带内置电阻损坏导致短路，将会失去限流安全保护。测试时应与佩戴者皮肤紧密接触，这是因为如果皮肤干燥而腕带电阻值与佩戴者皮肤电阻值相加可能会超过腕带测试仪的测试上限。如果是干性皮肤，可以使用保湿霜。

禁止使用未通过系统接地测试的腕带。比如，使用伏特-欧姆表单独测试腕带线，或一并测试腕带与腕带线，这些测试都未对佩戴者皮肤进行电阻测试。在特定环境中利用腕带测试仪测试指定人员时也并未包括佩戴者的电阻值。

多数操作中都增加了腕带的测试频次要求，最好的解决方案就是配置腕带连续监测仪。有些腕带连续监测仪可以记录故障，监测佩戴者的电容、对地电阻及人体电荷。

腕带监测仪开启程序应符合要求。基于电容的腕带监测仪在人体模型静电放电敏感度大于200V的环境中使用非常有效。在处置人体模型静电放电敏感度低于200V但高于50V的工作台上，应使用基于电阻的腕带监测仪。在处置人体模型静电放电敏感度低于50V的静电敏感产品时，应使用人体电荷量监测仪。任何监测仪都应有警报功能，在腕带电阻过低或过高时进行报警。

2.8.2 坐立规则

（1）坐立操作。坐着操作时，操作员必须佩戴腕带使人员接地。在依靠腕带和鞋子接地时，必须遵守坐立规则。人员坐下时，鞋子接地可能会完全丧失防护功能。因此，通常要求在坐下之前将腕带接地，站起之前保持腕带插入状态。此操作确保了接地的连续性。

（2）站立操作。某些工作台因设计原因，不可能坐姿操作，不方便佩戴腕带。为确保符合防静电防护要求，需要将工作台高度调整至适于人员站立操作的高度，工作台前禁止放置椅子或凳子。

（3）坐姿或站立可选操作。对于某些工作台，既可以坐姿操作也可以站立操作，坐着时，必须遵守上述坐姿操作规则。如果站立操作，可不用佩戴腕带。

2.9 静电放电敏感产品运输

静电放电敏感产品若在防静电工作区内，则不需要使用静电屏蔽包装袋，但应使用静电耗散托盘或容器。如果由于其他原因需要使用包装袋，则必须使用静电耗散型或导电型包装袋。切勿使用绝缘包装袋。产品位于防静电工作区外时，必须置于导电型容器内加以保护，比如金属化塑料静电屏蔽袋、金属盒、碳纤维纸箱等，需要根据特定用途合理选择。若未经静电屏蔽包装，则禁止将放置在静电耗散容器内的静电敏感设备从防静电工作区运出。需要增加额外防护措施，将静电耗散容器放置在导电容器内进行防护。单个导电容器内可放置多个静电耗散容器。导电容器只能在防静电工作区内打开。

防静电工作区处于洁净室内时，运输要求会更加复杂。首先，包装材料认证既要考虑污染控制因素也要考虑静电放电控制因素。20世纪80年代以前，人们认为静电放电控制和污染控制措施相互独立，需要分而治之。幸运的是，如今这已不是问题，市场上已有了能够同时满足两者要求的包装材料。

2.10 检查和记录保存

2.10.1 每日目测检查

无论是开始新一天的工作还是休息片刻后回到工作岗位，开始工作前操作人员都应目测检查工作台。应按照操作工艺程序要求，查找并确认工作台上所有静电防护设备都已按说明进行正确连接。检查时至少应注意如下几点。

（1）确认电离系统存在并正常运行，通常根据设备指示灯判断；使用便携式电离设备（比如台式风扇动力电离器）时，确认是否存在、是否工作正常、位置是否合理。

（2）确认地线是否同设备、接地总线相连，接地总线是否与交流地相连（应轻轻拉拽移动装置和设备上的接地线来验证其是否安全连接）。

（3）确认工作台监测器是否存在并正常运行。

（4）确认椅子、推车等便携设施是否为静电防护设施。非防静电椅子、推车等便携式设施应置于防静电工作区之外。此项应作为审核员或管理层的特别关注事项。

对于任何可见偏差，都必须向管理人员报告，除非得到纠正，否则不得使用出现偏差的工作台。若不能立即纠正，可以将非防静电推车等移出防静电工作区，或张贴标识标明该工作台已失去静电防护作用。也需将该问题报告给防静电协调员或管理员。如需要帮助，还要告知相关工程人员。纠正后方可重新投入使用。

2.10.2　仪器定期检查

防静电协调员应根据以下要求定期检查防静电工作区和工作台检测仪器。此外，还应掌握仪器去向，确保定期检定或校准，并记录检查结果。每个工作台或区域应至少保留最近 7 次的仪器检查记录。需要定期检测的设备如下。

1. 表面电阻测试仪

表面电阻测试仪应符合 EOS/ESD S4.1 标准要求。表面电阻测试仪应由一个独立的兆欧表、至少一个质量为 2.27kg 并可充分互连的电极、开路电压为 10V 或 100V（±10%）的测量装置组成。对于处置高度敏感的静电放电敏感器件的防静电工作区，测试电压应为 10V。对于处置一般敏感的静电放电敏感器件的防静电工作区，可在 100V 电压条件下进行测试。

2. 静电场测量仪

应使用斩波稳定型非接触静电场测量仪，其电压分辨率通常为 ±10V 或 ±1V。

3. 静电定位器

静电定位器的价格相对较低，是静电场测量仪的替代选择，电压分辨率通常为 ±100V。±100V 分辨率的静电定位器不能用于测量 500V 以下电压的表面电荷（见 3.9.2 节）。

4. 充电板监测器

充电板监测器应符合 EOS/ESD S-3.1 要求。充电板监测器由一个 20pF 的充电板以及能够充电至±1000V且在有效时间内放电到±100V的充电系统组成。对于较低电压的放电，应该手动计时，记录显示器上的电压值。充电板监测器能够记录使电压降低至±100V时的放电时间，适用于评估离子风机性能，判断是否能在规定时间内将产品的静电放电敏感度浮动电位降低至±100V。

5. 充电板验证仪

充电板监测器相对比较笨重，如果防静电工作区区域面积大，离子风机数量多，不方便采用充电板监测器测量。可替代使用的是充电板验证仪，充电板验证仪是一种装有电容器极板的由电池供电的场电位计。使用辅助电池供电的充电器对平板充电，然后测量放电时间。充电板验证仪的性能应大体与充电板监测器的性能一致，符合ESD S-3.1中的指标要求。图2.16所示为使用(15±2)pF电容板，比较符合ESD S-3.1要求的充电板监测器和充电板验证仪。

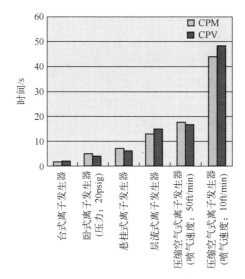

图2.16 Ion Systems 775型充电板验证仪与符合ESDA S3.1要求的充电板监测器的比较 （1psig=0.00689mPa）

6. 伏特-欧姆表

应使用便携式伏特-欧姆表来验证工具、夹具以及工作台的硬接地情况。可使用电压表识别诸如交流驱动器、烙铁、剥线钳以及引线焊接机等器件上的杂散电压。

7. 温湿度计

电池供电的便携式温湿度计随时可用。温湿度计是重要的检测工具，对于相对湿度较低的场所尤为重要。不幸的是,温湿度计精度会产生偏差,通常也不可校准。仅进行年度校准并不足以满足要求。一种值得推荐的做法是,利用湿度控制方案建立一个相对湿度恒定的测试容器,在正式使用之前验证便携式湿度计的精度。一般来说,应重点关注相对湿度下限。饱和的 $CaCl_2$ 溶液在 75°F 左右会维持 30%的相对湿度;30%的相对湿度是静电放电控制中最常见的湿度控制下限。需要在处置静电敏感产品的具体位置测量相对湿度。

8. 插座测试仪

定期审核时,应使用便携式插座测试仪检测交流电源插座。测试仪器类型的选择取决于场所的接地要求。对于接地故障断路器插座,普通插座测试仪并不适用。经验表明,插座接线不当现象比多数人想象的还要普遍。插座板或洁净工作台上的接线尤其如此。新设备(包括接线板、电涌保护器等)采购、电气维修或改装时应对插座进行极性和接地测试,后期也可进行年度检测。接地故障断路器插座检测同样非常重要,不过与普通交流插座检测使用的仪器不同。

9. 腕带监测仪和鞋类测试仪验证器

多数企业都制定了成熟的静电放电控制方案,包括佩戴腕带、穿防静电鞋等。从维护的角度来看,需要定期测试腕带和鞋的电阻。然而,绝大多数企业自身并不校准鞋类测试仪或腕带测试仪,仅进行年度校准。考虑到人员安全问题,应增加校准频次。

2.10.3 测试协议

1. 工作台持续监控

对防静电工作区内的防静电工作台的连续监控形式多样。其中最简单的就是监测工作台的接地情况。腕带监测仪使用范围广,多数监测仪可同时监测工作台接地情况和腕带情况。工作台电荷监测器可用来监测工作台接地情况、连接腕带的人员的带电情况和各式天线对工作台的充电情况[35]。

2. 地板和地垫

1)新地板

应根据制造商建议,清洁正在评估或将要安装的新地板。表面电阻测试仪的探头应按照仪器使用说明书清洁。可用单个同心环形探针或一对 2.27kg 探针测量地板的表面电阻。如数值在标准范围内则材料合格。对于新铺设的地板,每 $500m^2$($5400ft^2$)应至少测试 5 次。测试应选在使用频繁区域、经常站立处置静电放电敏感产品的区域以及灰尘易于堆积的区域。

2) 固有地板

对于固有防静电地板,测试前不得清洗,应验证其在检测周期内是否合格。表面电阻测试仪的探头应根据仪器使用说明书清洁。可用单个同心环形探针或一对 2.27kg（5 磅）探针测量地板的表面电阻。如数值在标准范围内,则认为合格。

不合格地板清洁后,再次对其检测。如数值达标,则依次测试下一个不合格区域。必须采用标准清洁方法,清洁后再次测试,以验证清洁的有效性。如果因清洁周期过长导致电阻值超差,则必须缩短清洁周期。如果因清洁方法问题导致电阻值超差,则应联系地板制造商改进清洁方法。

除非因产品处置过程改变而导致测试点改变,一般应对初始测试时确定的区域进行测试,即使用频繁区域、经常站立处置静电放电敏感产品的区域以及灰尘易于堆积的区域。

3. 工作台与桌垫

工作台应每月测试一次。如有表面电阻测试仪,应用其来验证台垫的电阻值。此外还要验证桌子和桌垫的对地电阻。

4. 工具和夹具

1) 材料首次摩擦起电测试

首先应测试工具和夹具是否是摩擦起电材料。按重要程度从高到低的顺序,依次关注与产品接触的材料、位于产品附近的材料（如 25cm 以内）以及远离产品的材料。应识别和避免使用在正常工作条件下会摩擦起电的材料,这种材料是指在工作台的空气电离系统工作条件下无法在规定时间内消散电荷至可接受电压限值的材料。

正常工作条件是指会产生摩擦起电的人员必须戴上指定的手套和腕带,测试或操作作业时与腕带接地点监视器相连。对于站立作业,鞋束与地板都应接地。此外,进行摩擦起电现象仿真时,应模拟能够设想到的最坏情况。据此,工作人员必须按规定要求处理旋钮、包装材料以及文件放置等。另外,如需剧烈摩擦,比如进行地面清洁,必须使用指定的清洁擦拭布和清洗液。

摩擦起电发生后,用电场仪检测电荷量。如果指定的工作台区域未能及时放电,则需重置位置或者进行材料替换,直至满足测试要求。如材料不能完全放电,即充电保持,则说明该材料不能满足工作环境要求。这一点非常重要,应谨记。

2) 正在进行的摩擦起电测试

每月应检查工作台上物品,验证是否能够继续使用,检查时应特别注意工作台上使用的新设备。一般情况下,首次测试未涵盖的设备应予以没收。

3) 接地

应使用电压表验证工具和固定装置的接地有效性。对于移动部件，除非与接地系统并联的地线相连，电阻值通常都会超过最大阻值10Ω。辅助接地线经常因压力作用断裂。因此，必须每月对工具和固定装置进行接地完整性验证。

4) 交流电动工具

交流电动工具包括烙铁、剥线钳、绕线工具、螺丝刀、扭矩改锥等。烙铁和电源剥线钳应按照 MIL-STD-2000A 要求进行测试（注：MIL-STD-2000A 已废止，静电放电协会正在制定替代标准）。

MIL-STD-2000A 规定，在工作温度条件下，烙铁头电压值不能超过 2mV，接地电阻值不应超过 10Ω。但是，该标准规定的限值可能不切实际。由于热电偶效应，异种金属接触会产生电压。无论烙铁是否漏电，镀金连接器与烙铁头接触都会产生约 2mV 的电压。静电放电敏感电路可承受的最大功率为 2×10^{-4}W，因此将交流电压限制在 20mV 以下较为合理。据此，若交流电源接地故障，则可允许的最大电流为 10mA。

使用最大消耗电流为 5mA 的接地故障中断电路为交流电动工具供电，可防止出现过电流。此外，接地故障中断电路具有高可靠性，能够进行持续性监测操作，因此，不必对交流电动工具开展定期检查[36]。电动工具的旋转钻头，比如螺丝刀以及绕线工具，不论是静止状态还是工作状态，其对地阻值都不应超过 10Ω，尖端电位不能超过 2mV。机床车间布满车床、钻床等设备设施，很难实现上述阻值要求。有时可使用弹簧式电刷实现接地效果。

5) 待测设备

众所周知，待测设备热插拔会损坏静电放电敏感器件。通电时产生的电源浪涌也会损坏测试设备中的静电放电敏感器件。必须用高速示波器对测试设备进行测试，以确定测试设备连接或通电时可能出现的电压尖峰。

5. 离子风机

离子风机应至少每月测试一次。应检查离子发射极磨损状况及尘埃积聚污染情况，适时进行清洁或更换。应至少每月使用充电板对其校准一次，以确保其放电时间和浮动电位符合规定要求。测试过程中，应将带电板尽可能地靠近实际工作中静电放电敏感产品的放置位置。如月度校准时发现其残余电压或放电时间不满足标准要求，则必须对其进行清洁、维护或更换。此外，为了验证性能是否稳定，必须增加对影响残余电压或放电时间位置的采样频率。多数情况下，充电板验证器可以用来代替充电板监测器。

1）放电时间

对于关键重要防静电工作区，开展处置静电放电敏感电压低于人体模型50V的科研生产活动时，从±1000V到±20V的放电时间应小于20s。对于高敏感防静电工作区，特别是开展处置静电放电敏感电压低于人体模型200V的科研生产活动时，从±1000V到±50V的放电时间应小于20s。对于普通防静电工作区，开展处置静电放电敏感电压高于人体模型200V的科研生产活动时，从±1000V到±100V的放电时间应该小于45s。后者的指标要求在半导体行业中已经使用多年，是判断放电性能的常规指标。

2）浮动电位

关键重要防静电工作区的浮动电位应小于±20V。高敏感防静电工作区的浮动电位应小于±50V。普通防静电工作区的浮动电位应小于±100V。注意，上述三类防静电工作区的浮动电位与放电时间的目标电压相同。

6. 静电事件侦测仪

静电事件侦测仪已存在多年。一个调至无当地广播信号的调频收音机就是最简单的静电事件侦测仪。收音机附近有静电放电事件时，可以听到静电放电声音。在雷暴天气中收听过调频收音机的听众对此一定不会陌生。但不足之处在于这种简单的无线电接收机不能定位静电源。近期已经研究出了利用磁阻材料确定静电放电事件的传感器。这些传感器可以连接到电路、组件或工具上。通过目测或使用偏振光显微镜可以找到静电放电事件证据，磁力重置后还可以重复使用[37-38]。

2.11 静电放电控制方案

静电放电控制方案应符合供应商要求或客户标准规定，如政府机构、行业供应商、内部供应商等。建议指派静电放电控制协调员，负责实施静电放电控制方案。静电放电控制方案包括如下几点。

（1）确保防静电工作区满足相应规定要求。使用之前应进行验收测试，使用过程中应定期测试，确保满足规定要求。

（2）处置静电放电敏感产品时，应穿戴防静电服、使用静电防护设备、遵守静电防护工作程序。

（3）制定培训计划，合理培训，确保所有进入防静电工作区的人员了解并遵守相关规定要求。应留存知识熟练程度证明以及控制维护记录。

（4）持续进行审计和检查，必要时采取纠正措施并记录。本条适用于供应商、客户及内部人员。

(5) 确保静电放电敏感产品包装充分且标识清晰。

(6) 确保对无包装产品进行充分、合理的识别。

(7) 在采购文件中明确静电放电防护要求。

(8) 明确接收、检测、组装、制造、测试、故障分析以及运输过程中静电放电敏感产品的处置程序。本条同样适用于客户工作区、现场操作、安装、维护以及返厂等工作程序。

(9) 持续认证防静电工作区使用的材料和设备。可以采用材料认证的形式，也可以采用批次验收测试认证的形式。

(10) 确保充分培训静电放电敏感产品后勤人员、操作人员、技术人员和管理人员，使其具备相应的能力。审核人员应接受专业培训。

(11) 配备必需的静电放电测试设备并定期校准。

无论是成熟的静电防护技术还是新兴技术，静电放电控制协调员都应熟悉了解，必要时可通过参加国内外技术会议了解相关知识。协调员应通过定期的审计和检查总结报告向管理层报告静电放电控制方案执行情况。若条件允许，协调员应组织成立静电放电控制委员会，通过定期举办会议或研讨会等形式丰富培训内容、传递最新研究成果，强化培训效果。

1. 审核与验证

应定期进行调查或检查。一个全面的静电放电控制方案应包括正式审核及认证两种调查或检查方式。正式审核后会出具正式的核查报告，填写核准或验收调查表，以证明某个设施或处置过程满足规定的静电防护控制要求。审核通常定期进行，比如每季度或每年。认证更多的是确认某个防静电工作区是否适用，或者处置新产品前对已经通过验证的区域进行核验以确保静电防护效果。认证通常会对审核进行记录，出具一份肯定声明，确认该区域已通过验证，可以用来处置新产品。如果新产品/工程项目较小，只使用小部分区域，可以对需要使用的该部分区域进行认证。认证的记录文件可以是正式的标准调查表，也可以是备忘录。

案例研究：多用途测试设施的审核和验证

多数大型企业都维持着对低温、振动、电磁干扰、真空等高度专业化设备的集中测试能力。这些通用设备设施都是按需购置和认证的，能够满足多数项目或产品的处置需求。可在通用环境条件下对其进行正式的审核或认证。

在处置新产品/项目之前应首先认证防静电工作区，确保其满足处置新产品/项目的静电放电控制环境要求。可以将认证通知放在新产品/项目目录中，在确保满足静电放电工作环境的同时，避免产生因接受正式审核而发生的不必要成本，这尤其适用于只使用小部分区域的产品/项目。如确实需要采取额外的防控措施，可以在现有区域中开设一条新的安全通道（需要时才会产生额外费用）。该静电放电控制审核和认证方式在确保静电防护效果的同时也可避免了产生不必要的费用。

表 2.10 为推荐采用的审核和检查频率。通过调查和检查，可以评估、记录现有方案是否持续满足静电防护效果。

（1）方案实施。
（2）设计、建造和维护防静电工作区。
（3）方案规定的防护程序。
（4）人员培训与认证。
（5）人员表现。
（6）培训记录保存。
（7）包装与存储。
（8）纠正措施，包括库存风险识别。

表 2.10 推荐采用的审核和检查频率

项目	频率	限值条件	测试方法	记录
腕带和连接线	每天	$(1\pm0.2)\text{M}\Omega$	通规/止规	日志表[①]（如果连续监控，则不需要日志表）
鞋束	每天	$800\text{k}\Omega \sim 1\times10^8\Omega$	通规/止规	日志表
防静电服	每次进入时	穿戴妥当	目测	无
操作期间的腕带佩戴	连续检测	非站立操作时插入	目测和声测	无
工作台接地	每次进入时	确保连接	目测	无[①]
地垫	每次进入时	损伤；确保连接	目测	无[①]
	每月	电阻率和对地电阻	表面电阻测试仪	日志表[①,②]
工作台垫	每天	整洁有序	目测	无
工作台垫	每月	电阻率和对地电阻	表面电阻测试仪	日志表[①,②]
地板	每月	电阻率和对地电阻	表面电阻测试仪	日志表[①,②]
椅子、推车	每天	ESD 认证设备	目测	无
其他移动设备	每月	电阻率和对地电阻	表面电阻测试仪	日志表[①,②]
腕带测试仪	每季度	电阻验证	校准电阻	日志表[①,②]

续表

项目	频率	限值条件	测试方法	记录
鞋束测试仪	每季度	电阻验证	校准电阻	日志表①,②
离子风机	每半年	放电时间和残余电压	充电板监测器或电离器验证仪	日志表①,②
静电防护体系	每年	符合要求	全套审核	认证报告
培训	每年	到期日期	培训记录	认证报告
交流电动手持工具	每天	典型值： <0.020mV$_{ac}$ <10Ω	VOM	日志表①（如果连续监控，则不需要日志表）
相对湿度	每天	符合要求	温度-相对湿度表	日志表①（如果连续监控，则不需要日志表）
鞋束	每次进入时	符合要求	鞋束测试仪	日志表①

① 异常记录和纠正措施。
② 根据需要改变洁净方法和检查频率。

2. 过程

静电放电敏感产品生产制造过程极易出现静电放电问题，这些问题易被忽略但影响深远，静电防护措施多数也是针对生产制造过程设计的。"理论结合实际"才能达到满意的静电防护效果。静电放电或污染控制工程师必须与过程工程师、设备工程师、制造人员、管理人员通力合作，才能确保静电放电控制方案发挥作用，在起到静电防护作用的同时不对产品处置过程产生不利影响。

2.12 静电放电与污染控制

除非静电放电和污染控制措施相互影响，否则应分开处置。鉴于此，说明如下：

（1）洁净室表面电荷控制可对污染控制带来积极影响。就这点而言，应该选择低摩擦起电、可接地的静电耗散或导电材料。但多数情况下，这两种解决方案远远不够，可以采取空气电离等进一步的防控措施。无论洁净室内产品静电放电敏感度如何又或者在进行何种科研生产活动，空气电离都有益于污染控制。

（2）无论洁净室内产品静电放电敏感度如何又或者在进行何种科研生产

活动，采取静电放电控制措施可以最大限度地减少静电放电或电磁干扰引起的微处理器故障问题。

（3）混流式洁净室未对未配备风扇或压缩空气的离子发生器进行性能优化设计。因此，混流式洁净室优选配备风扇动力或压缩气体的离子发生器。但配备风扇动力或压缩气体的离子发生器可能会扩散污染，产生不利影响。静电放电（放电时间和浮动电位）控制措施必须与污染（空气中颗粒数量、表面污染率等）控制措施结合使用。

（4）在单向气流流动环境中，如离子发生器位于天花板上或在台式HEPA过滤器附近，作用会很明显，特别是在控制表面污染方面。若单向流洁净室和洁净工作台内的气流流向相反，则会产生隔离效果或导致流动分层，进而影响离子发生器的静电放电时间特性。安置离子发生器时必须充分考虑洁净室内的气流效应。

（5）离子发生器安装在房间天花板内时，放电时间不会很快。因为静电放电敏感器件通常要求趋于保持低电压，只有当离子风机或气动电离器位于器件附近时才能起到应有的效果。在这些情况下，平衡静电放电失效和污染失效的要求就应视情况具体问题具体分析。

（6）在污染敏感环境中使用的静电放电材料和设备必须通过污染控制效果认证。同理，在静电敏感环境中使用的污染控制材料和设备必须通过静电放电控制效果认证。

（7）目前从市场上可购得污染控制连续监测系统和静电放电控制连续监测系统。若同时使用，应尽量减少产品处置过程干扰。

2.13 有用的参考标准

多数电荷中和方案与程序都可以作为过程能力研究的主题，中和压力敏感时产生的电荷就是很好的案例。剥离黏合剂时，通常用离子风将带电物体吹淋，几秒钟后，完成中和，然后再进行处置。样品剥离、离子风吹淋以及剩余电荷量测量属于过程能力研究项目。用于中和电荷，有时则用于中和样品。剩余电荷量平均值和标准偏差可用于计算带电物体需要中和多长时间才能实现3个、6个或更多个"西格玛"过程。可参考美国国防部标准化文件（含MIL标准），具体如下：

（1）DOD HNDBK-263《电气/电子部件、组件和设备保护手册》；

（2）MIL-B-81705《阻隔材料、柔性、静电防护、热封》；

（3）MIL-STD-1686《静电放电控制方案制定与实施程序要求》。

ANSI/EOS/ESD 协会标准如下：

（1） STD S1《人员接地腕带》；

（2） STD DS2—1995《服装》；

（3） STD S3.1—1991《电离器》；

（4） STD S4.1—1990《工作表面：电阻特性》；

（5） STD S5.1—1993《人体模型》；

（6） STD S5.2—1994《机器模型》；

（7） STD DS5.3—1993《带电器件模型》；

（8） STD S6.1—1991《接地：推荐做法》；

（9） STD S7.1—1994《地板材料：材料的电阻特性》；

（10） STD S8.1—1993《标识：静电放电意识》；

（11） STD DS9.1—1994《鞋束》；

（12） STD S11.11—1993《静电耗散平面材料表面电阻测量：包装袋》；

（13） STD S11.31—1994《屏蔽袋》；

（14） STD S20.20—1999《静电放电控制方案》；

（15） STD S541—2003《静电放电敏感产品包装材料》。

参考文献

[1] A. Z. H. Wang, *On-Chip ESD Protection for Integrated Circuits: An IC Design Perspective*, Kluwer Academic, Boston, 2002.

[2] A. A. Amerasekera, C. Duvvury, W. Anderson, and H. Gieser, *ESD in Silicon Integrated Circuits*, Wiley, New York, 2002.

[3] J. Wiley and A. Steinman, Investigating a new generation of ESD-induced reticule defects, *MiCRO*, Apr. 1999, pp. 35-40.

[4] A. Steinman, Electrostatic discharge: MR heads beware, *Data Storage*, July-Aug. 1996, pp. 69-72.

[5] T. Murakami, H. Togari, and A. Steinman, "Electrostatic Problems in TFT-LCD Production and Solutions Using Ionization", Proceeding of EOS/ESD symposium, pp. 364-371 Orlando, FA Oct. 1996.

[6] L. B. Levit, L. G. Henry, J. A. Montoya, F. A. Marcelli, and R. P. Lucero, Investigating FOUPs as a source of ESD-induced electromagnetic interference, *MICRO*, 2002, pp. 41-48.

[7] N. Jonassen, Human body capacitance, *EOS/ESD Conference Proceedings*, Las Vegas, NV, Oct. 6-8, 1998, pp. 111-117.

[8] Thales is credited with discovering that amber rubbed with wool or fur attracts light bodies.

None of Thales's manuscripts is known to have survived to modern times. Everything we know about him comes from the writings of others, particularly Aristotle.

[9] H. B. Michaelson, Relation Between an Atomic Electronegativity Scale and the Work Function. IBM J. Res. Develop, V. 22, No. 1 Jan, 1978, pp. 72–80.

[10] L. Pauling, *The Nature of the Chemical Bond*, 3rd ed., Cornell University Press, Ithaca, NY, 1960.

[11] J. Hölzl and F. K. Schulte, Work functions in metals, in *Solid Surface Physics*, G. Höhler, Ed., Springer-Verlag, Berlin, 1979.

[12] J. C. Riviere, Work function: measurement and results, in *Solid State Surface Science*, Vol. 1, M. Green, Ed., Marcel Dekker, New York, 1969.

[13] One of the most frequently used procedures for evaluating planar material is the inclined plane test method described in ESD ADV 11.21. The test measures the charge developed on Teflon and quartz cylinders when rolled down a test sample mounted to a plane inclined at 15°.

[14] R. C. Allen, IC susceptibility from ESD-induced EMI, *Evaluation Engineering*, May 1998, pp. 116–121.

[15] A. Wallash and D. C. Smith, Damage to magnetic recording heads due to electromagnetic interference, *IEEE EMC Symposium Proceedings*, 1998 pp. 834–836. Denver, August 26, 1998.

[16] A. Wallash and D. C. Smith, Electromagnetic interference (EMI) damage to giant magnetoresistive (GMR) recording heads, *EOS/ESD Conference Proceedings*, Las Vegas, NY, Oct. 6-8, 1998, pp. 368–374.

[17] O. J. McAteer, R. E. Twist, and R. C. Walker, Identification of latent ESD failures, *EOS-2*, Sept. 9-11, 1981, pp. 54–57.

[18] J. Markey, D. Tan, and V. Kraz, Controlling ESD damage of ICs at various steps of back-end process, *EOS/ESD Conference Proceedings*, Portland, OR, Sept. 11-13, 2001, pp. 120–124.

[19] ANSI/ESD STM5.1-2001, *Electrostatic Discharge Sensitivity Testing: Human Body Model (HBM) Component Level*.

[20] ANSI/ESD STM5.2-1999, *Electrostatic Discharge Sensitivity Testing: Machine Model (MM) Component Level*.

[21] ANSI/ESD STM5.3.1-1999, *Charged Device Model (CDM): Component Level*.

[22] ANSI/ESD SP5.5.1-2004, *Electrostatic Discharge Sensitivity Testing Transmission Line Pulse (TLP) Component Level*.

[23] T. O'Connell, the case for continuous monitoring, *EOS/ESD Technology*, Oct. 1992, pp. 16–17.

[24] Microcontamination, Staff Industry News section of Magazine May 1988, pp. 10–11.

[25] K. D. Murray, V. P. Gross, and P. C. D. Hobbs, Clean corona ionization, ESD Journal Dec 1991/Jan. 1992.

[26] C. E. Newberg, Analysis of the electrical field effects of ac and dc ionization systems for MR head manufacturing, *EOS/ESD Conference Proceedings*, Orlando, FL 1999, Sept. 28-30 pp. 319-328.

[27] JPL Standard D-1348, Standard for Electrostatic Discharge Control, March, 2003.

[28] R. W. Welker previously unpublished laboratory data.

[29] R. Moss, Exploding the humidity half-truth and other dangerous myths, *EOS/ESD Technology*, Apr. 1987, p. 10.

[30] See http://llis.nasa.gov/llis/plls/index.html, PLSS data base entry 0301, Electrostatic discharge (ESD) wrist strap contamination of Magellan flight hardware.

[31] M. J. D. Dyer, The antistatic performance of cleanroom clothing: Do tests on the fabric relate to performance of the garment within the cleanroom? *EOS/ESD Conference Proceedings*, Sept. 1997 Santa Clara 23-25 pp. 276-286.

[32] W. Boone, Evaluation of cleanroom/ESD garment fabrics: test methods and results, *EOS/ESD Conference Proceedings*, Las Vegas, NV, Oct. 6-8, 1998, pp. 10-17.

[33] Currently replaced by ANSI/STD S541-2003, *Packaging Materials for ESD Sensitive Items*.

[34] One test method for charge decay time is described in J. Passi, S. Nurmi, R. Vuorinen, S. Strengell, and P. Maijala, Performance of ESD protective materials at low relative humidity, Journal of *Electrostatics*, V51-52 May 2001, pp. 429-434.

[35] R. L. Benson and S. V. Patel, Exploring ESD thermoformable packaging materials, *Evaluation Engineering*, Nov. 1998 pp. S-4 to S-11.

[36] R. J. Pierce and J. Shah, Potential ESD hazards when using adhesive tapes, *Evaluation Engineering*, 1996, pp. S-30 to S-31.

[37] S. Heyman, C. Newberg, N. Verbiest, and L. Branst, Voltage detection systems help battle ESD, *Evaluation Engineering*, Nov. 1997, pp. S-6 to S12.

[38] G. Baumgartner and J. S. Smith, EOS analysis of soldering iron tip voltage, *EOS/ESD Conference Proceedings*, Las Vegas, NV, Oct. 6-8, 1998, pp. 224-232.

第 3 章

样品采集与分析

3.1 引　言

样品采集与分析是污染控制和静电放电控制最重要的步骤之一。关于污染物样品采集与分析的书籍资料非常多，也佐证了这一点。这些文件资料都有参考价值，但往往更注重实验室方法，而实验室方法通常会涉及一些不适合在非实验室环境下使用的复杂仪器。了解并掌握不同的方法非常重要，因为需要识别出污染物，以进一步识别并消除污染源。然而，在材料科学实验室中，人们往往过分地强调采用不同的分析方法对污染物进行分析，却忽略了适宜性的选择要求，这不利于洁净室或防静电工作区内的污染控制。

本章在探讨多种样品采集和分析方法的同时更注重分析结果的应用，特别是将分析结果应用于产地控制，包括室内具体操作场所的控制和供应商生产车间的控制。

3.2 分析方法分类

污染物分析方法通常有以下几种分类方式：
(1) 根据污染物的介质/载体属性进行分类（图 3.1 (a)）；
(2) 根据污染物质状态分类（图 3.1 (b)）；
(3) 根据污染物种类进行分类（图 3.1 (c)）。

这 3 种分类方式既有优点也有缺点。优点在于，每种分类方式都构建了一个体系，可在该体系下对各种方法进行讨论、比较和对比。缺点在于，分类方式本身可能会有重叠。比如，某些生物污染物可能源自液体、气体或表面，也可将其视为颗粒物污染。气体和蒸气污染物可能是有机污染物也可能是无机污染物。

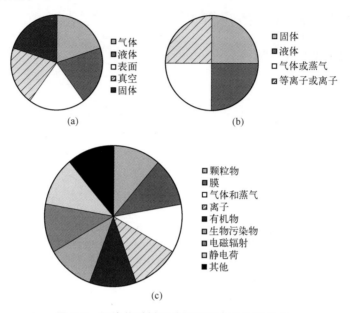

图3.1　污染物采样和分析方法常见分类方式
(a) 污染物的介质/载体属性；(b) 污染物质状态；(c) 污染物种类。

利用功能性实验室测试和客观实验室测试方法，也可对污染物采样和分析方法进行分类。此外还有一种称为现场测试的方法，与实验室测试的方法相对。功能性实验室测试和客观实验室测试这两种测试方法的定义如下：

（1）功能性实验室测试是一种不要求对污染物的数量进行描述，但需对污染本身产生的影响进行描述的测试。

（2）客观实验室测试则注重污染物数量，而不考虑污染物数量产生的影响。

了解功能性实验室测试和客观实验室测试的区别非常重要。功能性实验室测试通常用于材料和工艺流程鉴定，确保其适用。因此，功能性实验室测试对于材料和工艺流程的选择至关重要。客观实验室测试通常会忽略污染对功能的影响，而是关注污染物浓度的准确测定。

（3）实验室测试通常需要使用昂贵的仪器，耗费时间较长，有时会要求测试人员的仪器操作熟练程度。

（4）现场测试通常成本低、速度快、易于操作和获取结果。

同理，了解实验室测试和现场测试的区别也很重要。实验室测试必须在实验室环境条件下进行，通常需要使用相对昂贵且难以移动的仪器设备，往往会比较耗时，对人员技能和熟练程度要求较高，通常认为其不适用于现场测试，这就大大限制了其在实际中的应用。但是反过来说，实验室测试可以用于测定重要污染物的数量、进行化学鉴定等。现场测试简单、快速、成本低、易于获取结果，更适用于制造流程性能研究及长期过程控制研究。现场测试通常无法识别出化学信息，在现场测试条件不受控时，必须辅以实验室测试才能解决问题，这是其缺点。本节重点讨论样品采集和分析方法，着眼点为找到一种适宜的现场测试方法，既要简单、快速、成本低，又可对实验室外环境（尽可能靠近污染发生区）中的功能性污染物进行量化分析。

3.2.1　功能性实验室测试

在功能性测试中，需要将产品置于能够代表实际使用条件的环境中，或者置于能够加速达到预期的故障模式的条件下。对于消费者来说，功能性测试非常有用，因为其不仅相对简单，而且能够直接测试出被测材料对其所接触产品的影响。功能性测试的例子包括腐蚀测试、颗粒脱落测试和出气测试等。

对于功能性测试，有一些注意事项需要重点考虑。其中最常遇到的问题之一是：加速测试条件能否代表真实的使用环境？有些加速应力试验可能不符合现实情况，因此不能反映被测材料对产品造成损害的真实风险。比如，假设在150℃条件下进行出气测试。如果被测材料在实际使用中不可能处于如此高的温度条件下，且材料在该温度下会发生化学降解，则该加速测试条件过高，将会产生误导性的结果。

与污染控制有关的最早的功能性测试之一是加速腐蚀测试，即将材料置于特定空间内，并施加高于环境温度和相对湿度的条件。加速机制以及由此得出的加速因子往往是争论的主题。在建筑和汽车工业中，加速腐蚀测试的目的是提高环境应力，缩短测试周期，获取被测材料一些力学性能或美观特性的失效行为。测试条件通常包括盐雾和表面干湿交替等。在这些测试中，评估的标准是显著的材料性能的退化。

然而实际使用中，绝大多数消费产品不会接触到包括盐雾或干湿交替等条件。对于这类材料，通常设置相对温和的测试条件。相反地，高科技产品的故障模式往往发生在微观水平上，因此高科技材料耐蚀性的验收标准也相应地更为严格。可以认为，只要每种被测材料都能通过测试，能够将优异的和较差的材料区分开的加速应力测试条件（无论测试条件看似多么武断）就是可接受的，并且可以根据测试结果确定材料的选择范围。但是反过来，如果仅有一种材料通过测试，且其价格比未通过测试的材料昂贵得多，那么该测试条件有待进一步讨论。

1. 腐蚀测试加速因子

对于各种产品的腐蚀测试，有 15 个 ASTM 标准涉及模拟环境中喷雾和湿度的产生和控制。高湿度测试常用于评估材料的耐腐蚀性或残留污染物的影响。循环湿度试验用于模拟热带环境中的暴露以及典型的高温和高湿环境条件。对于建筑或汽车行业的材料而言，进行腐蚀测试时通常还需要将其暴露于盐喷雾中一段时间，最常用的耐腐蚀性标准测试是循环加速腐蚀测试和静态加速腐蚀测试，参见标准 ASTM G85 和 ASTM B117。

然而，高科技产品鲜少考虑使用状态（暴露于气象条件下）作为主要因素。在大多数高科技产品应用中，产品的清洁度决定了其耐腐蚀性。因此，大多数高科技产品加速腐蚀测试不会引入诸如酸性气体或盐喷雾等化学加速剂，而是通过简单的高温和高相对湿度来加速被测材料的腐蚀响应。

加速因子是加速腐蚀测试的重要参数。值得庆幸的是，半导体行业中，有一个大型的电化学腐蚀失效机理方面的数据库。Weick[1] 开发了根据实验室环境下的加速腐蚀测试结果预测外场环境下的腐蚀时间的模型。该模型比较了测试条件下（温度（K）和相对湿度（%RH））与外场环境条件下（温度和湿度）的腐蚀行为。具体方程为

$$腐蚀程度比_{test/field} = e^{-6444(1/T_{test} - 1/T_{field})} e^{0.0828(\%RH_{test} - \%RH_{field})}$$

举例说明如下：

（1）在测试舱内 60℃/80%RH 的条件下进行 96h 浸泡测试，腐蚀行为相当于在 25℃/40%RH 外场环境下服役 25570h；

（2）在测试舱内 80℃/80%RH 的条件下进行 24h 浸泡测试，腐蚀行为相当于在 25℃/80%RH 外场环境下服役 700h。

2. 功能性测试中存在的问题

除了测试条件设置不合理会导致产生与现实不符的故障和损坏之外，功能性测试在其他层面上也存在问题。许多产品供应商不具备进行功能性测试的设备或专业知识，而且即使他们拥有一些资源能够进行一些测试，也不太可能对结果进行合理的分析和解释。造成上述现象的原因之一是大多数供应商无法获得对腐蚀最敏感的那部分材料，因为只有他们的客户才掌握该部分材料。以磁盘驱动器行业为例，最易受到腐蚀的表面是磁盘和磁记录头，但是这些关键表面通常不会提供给诸如产品包装材料等的供应商。供应商最希望的是客户能提供材料进行测试，但是如果客户的产品尚在开发中，则可能材料提供受限，或者相关材料非常敏感，基于商业惯例不允许将其提供给供应商。因此，在许多情况下，供应商接触到其试图质控的产品的途径受到了

严格的限制。

3. 接触和近接触污染测试

洁净室中使用的许多材料有时会与产品接触，或与产品很接近但不接触。上述两种情况下材料应用下述两种类型的测试来对洁净室应用材料的功能适用性进行评估：接触污染测试和近接触污染测试。也可根据用户对材料功能性的要求进行其他类型的测试。

在接触污染测试中，需要有适合于固定测试材料和产品的设备，以消除设备对测试的影响。将被测材料制成条状，固定在产品上，而后将设备密封于薄的聚乙烯塑料袋中，以防止与来自相邻塑料袋（包含测试样本）的气体相互作用。有时还需要用铝箔甚至铜带来保护样品，从而避免来自其他样品袋的串扰。通常将保护用金属置于包含被测物的样品袋外面，防止其掩盖测试结果。

然后将样品袋置于温湿度（TRH）可调室中使其适应该环境条件。许多公司都采用这种试验方式。一般设定温度为 60~80℃，相对湿度为 70%~85%，持续 4~7 天。也有公司测试时间长达 21 天，但这种情况并不常见。测试结束时，将温湿度可调室的环境条件在不发生冷凝的情况下恢复到环境温湿度。将产品从室中取出并检查是否有污渍、变色或腐蚀迹象，可通过肉眼或放大镜来完成此步骤。磁盘驱动器行业材料的检测和鉴定常采用此类测试方法[2]。

近接触污染测试实际上与接触污染测试是一样的。主要的区别在于，近接触污染测试中被测材料与产品很接近，但并不接触。测试中要注意确保被测材料不会滴落或流挂到产品上。被测材料通常位于产品下方，二者之间的距离通常为 250~1270μm（0.01~0.05in）。

关于接触和近接触污染测试，还有一点需要注意。被测材料可能接触到水、异丙醇或其他化学溶剂，从而浸出材料中的有害物质。该种情况下，应将材料浸泡在适宜的溶剂中使物质浸出，干燥后浸出物质以残余物的形式存在于材料表面，再将材料用于功能性测试。

4. 功能性静电放电测试

功能性静电放电测试有几种不同的类型，基于以下 4 种模型：人体模型（HBM）、带电器件模型（CDM）、机器模型（MM）和传输线脉冲（TLP）模型。无论是哪种模型，都旨在估计电压或静电场对被测设备的影响。人体模型模拟的是带电人体通过指尖接触器件发生的静电放电。带电器件模型模拟的是器件自放电过程，即未接地的电子部件在制造或装配过程中意外地被外部电场充电，随后发生放电。机器模型旨在评估导电表面的电压以及可能导致的对器件不利的静电放电。传输线脉冲模型旨在评估电涌的影响。功能性静电放电测试非常有用，但通常在实验室中进行，不会用于现场检查。

3.2.2 非功能性测试：客观实验室测试

在功能性测试中通过测试的材料通常被认为可以应用于特定产品。但是许多功能性测试中需要使用供应商无法获得的产品材料，这样供应商就无法通过重现功能性测试来验证其产品是否符合要求。因此，必须通过客观的实验室测试对材料进行表征，使供应商了解材料的客观性能，从而保证产品质量的一致性。客观实验室测试的结果能够为供应商提供所需材料的性质。客观实验室测试的参数包括可提取颗粒物、阴离子、阳离子、有机污染物、非挥发性残留物和生物污染等。

静电电荷量也可作为材料的指标参数提供给供应商。相关测试试验通常用于供应商的材料鉴定。用于客观实验室测试的仪器和设备严格来说都应该是实验室的精密复杂的仪器，但也有一些是便携式的。在许多情况下，也会使用现场测试仪器来代替实验室检测仪器。

大多数大型公司或者拥有最先进的材料分析实验室，或者可以借助其他公司的实验室进行测试。这类实验室所用到的分析设备和方法往往种类多、操作复杂且价格昂贵。规模较小的生产者一般不具备使用这类仪器并对其结果进行解释所需的专业知识。因此，在制定供材料供应商使用的材料污染控制或静电放电控制性能的限值时，使用"供应商友好"的仪器和方法（成本低、便于操作且结果易于解释）非常重要。

下面是一些在客观实验室分析中常用于污染表征的技术方法。

1. 光学显微镜

光学显微镜是污染物常规分析中最简单、成本最低的方法之一。低倍光学显微镜（图3.2）通常放大倍数不超过50倍，多用于污染分析的第一步。长期以来，低倍光学显微镜在污染控制初始阶段中的应用价值得到了人们的广泛认可。通常人们首先在较低的放大倍数下（通常为7倍左右）检查样品，并逐渐增大放大倍数，直至能够初步判定污染物组分。在检查过程中，通常需要不断调整样本位置或视野光线以获得对样本特征的最佳观测效果，样本特征包括：

（1）是否反光？

（2）是否均一？

（3）形状特征如何？

（4）表面有何特征？

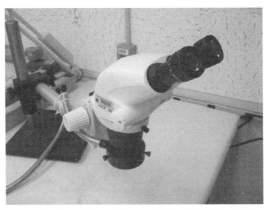

图 3.2 典型的低倍光学显微镜（通常为立体视觉显微镜，放大倍数可达40倍（物镜为20倍时，放大倍数可达80倍），工作距离（物距）长，可达5~8cm，在调准焦点的同时可进行镜下各种手动操作）

有经验的人借助低倍光学显微镜，能够根据样本的外观，合理准确地识别小至约 $50\mu m$ 的物体。低倍光学显微镜通常用于初步分析，以确定进一步的化学分析类型。图 3.3 所示为低倍光学显微镜如何实现整体污染分析方案的一个示例。此外，低倍光学显微镜也可用于污染控制和静电放电控制领域。

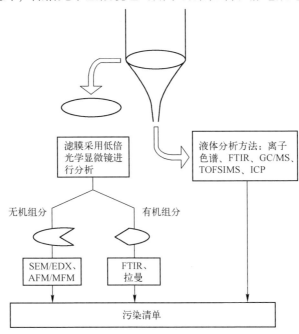

图 3.3 低倍光学显微镜在污染分析中的作用（滤膜显微镜分析能够初步判断污染物组分，为样品后续分析方法的选择提供依据和参考）

1) 分析光学显微镜

高倍光学显微镜的放大倍数通常可达 1000 倍左右，在该放大倍数下，可以识别小至 1~2μm 的物体。通过高倍光学显微镜，除了可观察到物体形状、尺寸以及颜色等常规特征之外，还能够借助其特定的照明和观察条件获取更多关于样品的信息，从而有助于污染物识别。

明视野显微镜是最通用的一种光学显微镜，整个视野都处于明亮状态，标本中各点依其光吸收的不同在明亮的背景中成像，标本与其固定部件（如滤光器、显微镜载玻片）之间的反差较低时不利于观察。使用暗视野法可以提高观察效果，其原理是给样品照明的光不直接穿过物镜，而是由样品上反射或折射的光进入物镜，在较暗的背景下，标本和背景反差增大，能够看得更清楚。偏光显微镜是利用偏振光照射标本，即利用标本不同结构成分之间的折射率和厚度的差别，把通过物体不同部分的光程差转变为振幅（光强度）的差别，可用于辅助识别和背景反差小的样品。还有一种荧光显微镜，即以紫外线为光源照射试样，激发标本中的荧光物质，使之产生荧光，在黑暗的背景下观察标本的明亮图像，具有良好的反衬效果，观察清楚，有助于识别污染。图 3.4 所示为暗视野偏光显微镜，多适用于分析显微镜观察。

图 3.4 适用于分析光学显微观察的暗视野偏光显微镜

通常，认为放大倍数超过 100 倍的光学显微镜为高倍显微镜，反之则为低倍显微镜（图 3.2）。显微镜是确定污染物大小和数量的首选仪器之一，使用时只需将粒子的大小与目镜刻度尺进行比较即可。由于光学显微镜的可信度高，当两个或多个基于非显微镜的技术方法的粒子计数结果不一致时，通常利用光学显微镜进一步分析，并认为与光学显微镜分析结果一致的粒子计数技术方法是合理的。然而，尽管待测样可以采用光学显微镜多次重复计数，粒子尺寸测定仍有其局限性。在高新技术产业中应用显微镜分析时，必须了解光学显微镜进行粒子计数的可重复性和再现性,以便理解其在污染控制中的总体作用。

在污染控制领域的现场分析中,偶尔会用到分析光学显微镜,但其使用频率要比低倍双目显微镜低。这是因为与低倍双目显微镜相比,分析光学显微镜价格昂贵、操作复杂且对人员技术水平要求高。因此,分析光学显微镜一般很少应用于静电放电控制领域。

2) 利用光学显微镜进行粒子计数

毫无疑问,利用光学显微镜进行粒子计数是最早的粒子计数方法。粒子计数本质上是测量粒子的粒径大小,从而得到其粒径分布。为了更加准确地用显微镜确定粒子粒径,有必要设定一种便于比较的尺度。最常用的方法是在显微镜目镜上加载测微尺(也称为刻度尺)。早在 50 多年前,就有设计并使用目镜测微尺进行粒子计数的完整参考资料,几十年来其可靠性已经得到了验证[3]。

图 3.5 和图 3.6 所示的是两种常见的目镜测微尺。图 3.5 所示为十字网格目镜测微尺。图 3.6 所示为 Patterson 圆形目镜测微尺。每种目镜测微尺都通过镜台测微尺(已精确测定的显微长度测量标准)进行校正。目镜测微尺校正后即可用于测量样品粒子尺寸。使用显微镜测量粒子粒径尺寸的方法有以下几种。

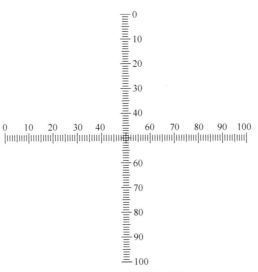

图 3.5 十字网格目镜测微尺

3) 微观颗粒粒径测定

对于理想的规则球形粒子,其粒径尺寸测量没有或几乎没有歧义。但规则的球形粒子通常只存在于粒子计数设备校正的情形,而在现实情况下鲜少存在规则的球形粒子,多为不规整形状。在测量不规整粒子的粒径时,不同的测量方法得到的结果不同。因此,为了最大程度使测定结果标准化,对粒

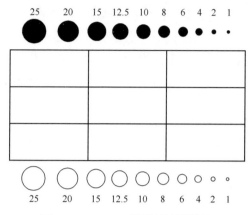

图 3.6　Patterson 圆形目镜测微尺

径尺寸的描述进行了定义（图 3.7）。

（1）最小线性直径：在测量平面上，与粒子垂直投影相切的两条平行线之间的最短距离。

（2）最大线性直径：在测量平面上，与粒子垂直投影相切的两条平行线之间的最长距离。

（3）Feret 直径：垂直投影在两条平行线之间的固定方向上，平行于固定方向，与测量平面内粒子的垂直投影的末端相切。在一定方向与粒子垂直投影两边相切的两平行线的距离。

（4）Martin 直径：把粒子在测量平面上的垂直投影分成相等的区域，平行于固定方向的线的长度。

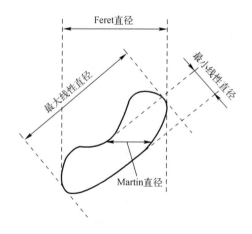

图 3.7　用显微技术对颗粒进行测量时的粒径表示方法

其中，描述不规则颗粒大小使用起来最方便的参数是 Feret 直径。实际应用中，将制备好的样品置于已校正好目镜测微尺的显微镜下进行观测。使样品在视场内沿一定的方向有序移动，对粒子无选择地逐个进行测量，以避免重复测量或漏测。这种计数方法的前提是假设被测表面的颗粒分布方向是随机的（事实上，所有计数不规则颗粒的方法都是基于这一假设），从而抵消计数方向对结果的影响，得到具有代表性的平均粒径。但是当颗粒物浓度很低时，这一假设往往不再成立。因此，有研究认为，利用显微镜法计数不规则粒子，操作可重复性和结果可再现性限制了其在粒子计数技术领域的应用[4]。

2. 红外光谱法

利用未知材料对红外光的吸收谱带可以确定其化学组成。在现代化的污染控制实验室中，最先进的应用红外光谱技术的设备是傅里叶变换红外光谱仪（Fourier transform infrared spectrometer，FTIR spectrometer）。傅里叶变换红外光谱仪是按照全波段进行数据采集的，完成一次完整的数据采集通常只需要 1/2s，采集多次数据求平均后得到光谱可增大信噪比。该项工作通常借助红外光谱显微镜（图 3.8）完成，可对粒径约 30μm 的颗粒进行常规分析。在污染控制领域，红外光谱法主要用于有机物的识别。尽管无机物也具有特异红外光谱，但在该领域鲜少通过傅里叶变换红外光谱仪对无机污染物进行分析。

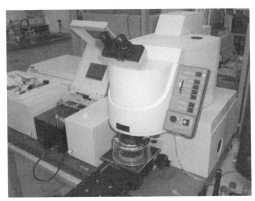

图 3.8 典型的红外光谱显微镜（该设备通常可用于识别粒径约 30μm 的有机物颗粒，特定条件下有可能识别粒径约 15μm 的颗粒，但操作困难且相当耗时）

常规红外显微镜仅能够识别一定粒径范围内的有机物颗粒，从而限制了红外光谱技术的应用范围。对于直径小于 30μm 的颗粒，分析困难且耗时，很难得到可靠的结果。

便携式红外光谱仪可应用于诸如大气污染检测或国土安全等方面，目前尚未应用于洁净室或静电放电环境中。然而，非色散红外光谱法可用于气相污染的连续监测。

1) 拉曼光谱分析

拉曼光谱分析技术可与红外光谱技术相互补充。应用拉曼光谱分析时，采用单波长照射样品，并检测其在红外区域的散射。尽管拉曼散射很弱，但是由于拉曼散射光谱检测是暗视野技术，而红外光谱吸收检测是明视野技术，因此，比起红外吸收光谱，拉曼散射光谱的检测容易。通过与激光技术结合，采用直径为 $1\mu m$ 的光源照射样品，拉曼光谱分析技术可将有机物颗粒的可分析粒径范围下限拓展至 $1\mu m$。典型的拉曼显微镜如图 3.9 所示。

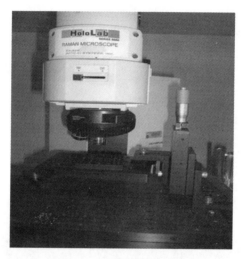

图 3.9　典型的拉曼显微镜

2) 其他辅助红外光谱技术

红外光谱技术可与多种采样技术结合进而对样品进行分析，如用于气体和薄膜分析。其中最常见的污染物分析方法之一是漫反射红外光谱（DRIFT）分析。当光线投射到材料表面时，向各个方向反射，称为漫反射。进入材料内部的光束可能会被吸收或发生反射，该部分辐射再次穿出材料表面时被检测到，即检测到的光谱是被材料吸收所衰减了的漫反射光。

3. 扫描电子显微镜法

扫描电子显微镜（SEM）能够利用聚焦的非常细的高能电子束扫描样品表面，样品被激发产生的电子发射等信息被检测器捕获并转换成电信号。产生的电子信号强弱与电子束入射角有关，也就是与样品的表面结构有关。通过调制与入射电子束同步扫描的阴极射线管（CRT，将电信号转变为光学图像的一类电子束管）亮度，得到反映样品形貌的光学图像。与普通光学显微镜相比，扫描电子显微镜所获得的图像有很大的景深，视野大，更具立体感。实际上，扫描电镜入射电子束和样品之间相互作用产生的各种效应比单一的电子散射复杂得多，如图 3.10 所示。

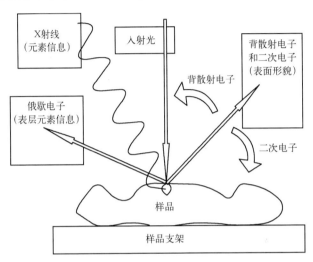

图 3.10　扫描电子显微镜利用入射电子束扫描样品表面

激发出的各种物理信息被检测器捕获并进一步被放大和成像。当入射电子束轰击扫描样品表面时，被激发的区域将产生俄歇电子、特征 X 射线和连续谱 X 射线、背散射电子、二次电子等。其中，背散射电子的产额随原子序数的增加而增加，物质原子序数越大，背散射电子成像越亮，反之亦然。二次电子产额随原子序数的变化不大，它主要取决于表面形貌。俄歇电子是由样品表面（通常是样品表面以下 2nm 以内）极有限的几个原子层中发出的，其电子信号多用于表层化学成分分析。X 射线是原子的内层电子受到激发以后在能级跃迁过程中直接释放的具有特征能量和波长的一种电磁波辐射，一般从样品的内部（深度通常可达 $1\sim5\mu m$）产生，可用于分析样品元素组成。

背散射电子的产额能够表征物质的原子序数大小。具有高原子序数的物质其散射入射电子的能力比具有低原子序数的物质强。二次电子产额随原子序数的变化不大，但对样品表面状态非常敏感，能有效地显示样品表面的微观形貌，是最常见的扫描电镜图像。入射电子束轰击样品表面时能够激发原子中的电子，当原子内层的电子被激发形成一个空位时，电子从外层跃迁到内层的空位并释放出能量，这种能量可以被转移到另一个电子，导致其从原子激发出来,这个被激发的电子称为俄歇电子,能够表征被激发元素的原子种类特征。原子的内层电子受到激发后在能级跃迁过程中也会直接释放具有特征能量和波长的一种电磁波辐射,称为特征 X 射线,其能量与激发电子的元素的原子序数成正比。(此外,还有一种激发能量称为阴极荧光,图 3.10 中未列出。阴极荧光是样品在高能电子作用下发射的可见光信号,其释放的光波波长也可用于识别某些原子)。

通过扫描电子显微镜,既能观测到样品的形貌信息(如形态、大小和结构等),又能获得物质元素组成的信息。在污染控制中心,许多领域都需要用到扫描电子显微镜。工艺设备中通常需要场发射扫描电子显微镜来加快流程本身的检查速度。而在磁盘驱动器行业,也利用自动扫描电子显微镜进行输入磁体的磁污染检测,或将其作为退磁程序的一环(详见第 11 章相关内容)。

4. 原子力显微镜法

一般的显微镜通常是利用光或电子激发产生图像,而原子力显微镜(AFM,图 3.11)不同于光学或电子光学成像系统,它利用显微探针获得样品表面形貌信息。原子力显微镜利用探针在样品表面移动(图 3.12),样品表面和探针按一定顺序精确移动。探针尖端原子与样品表面原子间的排斥力表现为微悬臂的偏转,通过测定激光束从微悬臂背面反射后的偏移,测得微悬臂对应于扫描各点的位置变化,进而获取样品表面三维图像。原子力显微镜的分辨率通常在纳米级水平,结合多种探针可执行磁力显微分析和一些化学分析。在一些半导体工厂中,应用原子力显微镜来检测工艺过程。

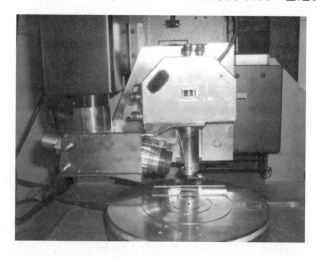

图 3.11 典型的原子力显微镜

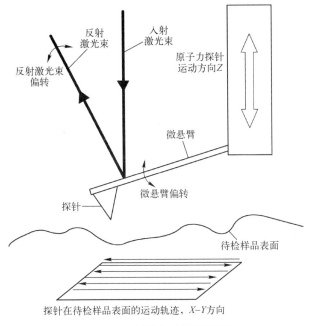

图 3.12 原子力显微镜原理

3.3 不同介质中的污染物采样方法

无论采用何种污染物分析方法,首先需要考虑的都是如何获取样品,之后才能进行后续分析和讨论。通常情况下,污染物可能存在于空气中、液体中和材料表面。下面将对上述 3 种介质中的采样技术加以探讨。

3.3.1 空气中的污染物

空气中的污染物可以以固体颗粒或液滴颗粒的形式存在,也可以空气分子污染(气态或蒸气态的离子或有机物质)的形式存在。最常见的悬浮粒子采样方法是过滤,可根据后续分析需要,选用适宜的过滤器。若后续主要是化学性质的分析,则可选择表面为纤维材质的过滤介质。相反,若后续需要进行显微镜分析,则优先选用膜过滤器。总之,悬浮粒子和分子污染物的采样方法有多种,应根据污染物的种类、采样位置等选择适宜的采样方法。

空气中的悬浮粒子可能是固体颗粒,也可能是小液滴,无论是哪种形态,都可以使用过滤器进行采样,但是二者后续的分析有所不同。采样之后,可通过双目显微镜在低倍率下观察过滤器表面样品的材质来确定后续所要采用的分析方法。若过滤器表面样品为含金属的或陶制的材料（如金属氧化物），应首选扫描电子显微镜分析。若过滤器表面样品呈现纤维状或聚合物材质，宜采用傅里叶红外光谱或拉曼光谱分析。若过滤器表面样品呈液体状，可采用傅里叶红外光谱、拉曼光谱或气相色谱/质谱联用仪（GC/MS）进行分析。

一般而言，所有过滤器收集到的样品首先应该通过光学显微镜进行观察，从而初步对污染物的性质进行识别，这对于后续进一步分析如何选择更加精密的分析方法具有重要指导意义。对于样品中的衣着材料、纸纤维等材料，训练有素经验丰富的人通过目测就能够准确识别，无须进一步的分析。利用光学显微镜对过滤器进行观察还能够初步判断样品中含金属/陶制的材料和有机组分的占比，前者（含金属/陶制的材料）最适于利用扫描电子显微镜进行分析，而后者（有机组分）理想的分析方法是傅里叶红外光谱分析、拉曼光谱分析和气相色谱/质谱联用仪（GC/MS）分析。

对于固体或液体形态的空气污染物，优先采用膜过滤器进行采样。与纤维材质表面不同的是，这类膜过滤器的滤膜通常呈平面状，其上带有许多孔径精确的膜孔。滤膜呈平面状，有利于通过光学显微镜对其进行观察分析，也有助于将颗粒物从滤膜表面剥离进行进一步分析。而对于纤维滤膜过滤器，滤膜上的颗粒物往往难以操作进行后续分析。

空气污染物还可能以蒸气态存在。气相污染大致可分为两种类型：有机蒸气污染和无机蒸气污染。有机蒸气污染包括诸如溶剂类的化合物，这类化合物通常蒸气压较高，挥发较快。另外，有机蒸气污染还包括一些挥发性较低的化合物，如常见的增塑剂邻苯二甲酸二辛酯（DOP）、硅油和有机锡化合物等。上述污染物通常先利用吸附剂（活性炭、Tenax 或分子筛等）进行采样，而后通过溶剂萃取或热脱附法将其从吸附剂中分离用于后续分析。

3.3.2　液体中的污染物

对于液体中的污染物，采样技术与空气中的污染物类似，污染物未完全溶解在液体中时，可采用过滤的方式进行采样，特别是采用膜过滤器，能够快速定位和识别污染物。但是膜过滤器也有缺点，在过滤液体中的污染物时尤其明显，即不适用于流量大的液体。液体中污染物采样还可通过蒸发/挥发法进行：液体蒸发/挥发掉，留下的即为污染物。该方法适用于污染物挥发性低于其液体基质的情形。如污染物挥发性高于其液体基质，可采用顶空分析法，而后从顶空容器中获得样品。

3.3.3 材料表面的污染物

最早应用于材料洁净度检测的方法之一是检测表面可提取颗粒物，该方法是从零部件精密组装发展而来的。但是人们很快发现，某些材料（特别是软金属和天然高分子聚合物）不适宜采用40kHz的超声波法提取表面颗粒物，该类材料对超声波非常敏感以致容易被其损坏。因此，对于那些对超声侵蚀极为敏感的材料，人们采用定轨振荡提取法和低压喷射提取法来去除其表面的颗粒物。

采用振荡法或喷射法提取材料表面颗粒物时，大量的空气会以微小气泡的形式被携入悬浮液中。通常，利用浊度计或液体颗粒计数器（LPC）测定提取到的颗粒物时，气泡也会像颗粒物一样被检测到并计入结果中，从而产生误差。因此，在检测之前必须排出悬浮液中的气泡，即进行除气。除气方法有两种：一种是超声波除气，即将装有悬浮液的烧杯浸没在超声波水箱中，连接水箱的电源脉冲快速开启和关闭，重复10~20次直至悬浮液中不再有气泡冒出；另一种方法是使悬浮液静置20min。从常规零件表面提取颗粒物后，与超声波除气相比，悬浮液静置20min通常可使粒子计数结果降低5~10倍。然而，对于那些所含颗粒物密度近似于水的悬浮液，两种除气方法所得粒子计数结果相差无几。例如，对于全新无尘手套，两种除气方法所得到的其表面颗粒物提取液中的粒子计数结果无差异[5]。

表面颗粒物提取液除气后，采用浊度计测定悬浮液中的颗粒物含量或利用液体光学颗粒计数器进行计数。目前最常用的是分辨率为 0.5μm 的粒子计数器。浊度计能够涵盖所有粒径大小的颗粒物，但响应结果和颗粒物粒子不完全呈线性。不管是浊度测定装置还是液体颗粒计数设备，价格都相对低且易于使用，因此常作为一种现场分析法。利用液体粒子计数法或比浊法确定了颗粒物浓度后，可过滤或蒸发剩余悬浮液进行后续化学分析。

在半导体和其他行业，利用验证板检测表面污染状况的历史由来已久。半导体工厂中常用裸硅晶片作为验证板，利用自动晶圆扫描机进行检测。同样地，在磁记录工厂中可用裸磁盘作为验证板，利用自动磁盘扫描仪进行检测。

案例研究：SEM/EDX 腐蚀分析

SEM/EDX（扫描电镜/X 射线能谱分析）最有用的应用之一是腐蚀问题研究。当零部件因发生腐蚀而失效时，通常使用 SEM/EDX 来分析腐蚀部位，以期确定通常与腐蚀有关的元素，尤其是氯元素和硫元素。

某磁盘驱动器生产商的磁盘驱动器发生了严重的现场故障。拆卸驱动器进行故障分析，发现可能是磁记录盘表面受到腐蚀所致。然而，SEM/EDX 分析既未检测到氯元素也未检测到硫元素。通过对用户所在地进行现场调查才揭示了腐蚀的来源：磁盘驱动器受到了氮氧化物（NO_x）的污染。在磁盘驱动器发生故障的位置的空气中检测到了过量的 NO_x（同一栋建筑物中另有一个放置电脑的无尘室具有单独的空气系统，该无尘室中磁盘驱动器未发生故障，空气中也未检测到过量的 NO_x）。该建筑物中常规区域空气中高浓度的 NO_x 其实很容易解释：其距离一涡轮发动机试验台不足 1/4 英里[①]。楼宇内工作人员也证实，试验台进行发动机测试时，在楼内能闻到发动机废气的味道。

那么，为什么 SEM/EDX 分析未能检测出 NO_x 呢？有两个根本的原因：一是氮原子发射 X 射线的能力不强，引起腐蚀的氮原子的 X 射线信号虽然存在，但很弱；二是由于氮原子普遍存在，并且在诸多 SEM 样品中都能观察到来自氮原子的痕量 X 射线，因此分析人员即使观察到小的氮原子的 X 射线信号，也往往认为其不重要从而将其忽视掉了。

3.4 有机污染物分析方法

有多种方法可用于材料表面有机残留物分析，其中一些方法适用于在线检测。接下来介绍几种有机污染分析方法。

3.4.1 水膜残迹测试

在水膜残迹测试中，清水顺着表面流下来，如果表面无水膜残迹，则认为该部位无疏水膜，即能够满足后续电镀涂层工艺对清洁度的要求。如果表面有水膜残迹，则认为该部位存在污染物。水膜残迹测试存在以下限制因素：

（1）该测试受人为主观因素影响大，因为每个人认可的表面清洁标准可能有所不同；

（2）该测试不适用于疏水性表面；

（3）难以识别非常轻小或分散的污染物；

（4）由于冲洗不充分导致表面活性剂残留会产生正干扰，促进了水膜残迹的形成。

水膜残迹测试操作简便，结果易于解释，是一种适于在线使用的工艺过程控制技术。特别是在电镀和涂装行业，在镀层或涂层之前需对整个表面的清洁度进行快速检查，水膜残迹测试发挥了很大作用。通常认为，水膜残迹

---

① 1 英里 = 1.61km。

测试是供现场使用的方法,须谨慎使用。

3.4.2 接触角法

接触角法测量相对简便,所需设备价格便宜,且可进行在线检测。接触角法与水膜残迹测试法的原理是一致的,均用于检测亲水性表面是否存在疏水性污染物。将水滴置于固体材料表面时,若表面洁净,则液滴可润湿表面并破裂或摊薄,形成小接触角。若表面被疏水性污染物污染,则液滴不能润湿表面,呈现圆珠状,形成大接触角。接触角的大小可通过测角仪进行测量[6]。

接触角法最大的不足是检测面积具有局限性,未经测试的部位可能存在局部污染。接触角法可作为一种工艺过程控制技术用于产品生产中。同样作为可供现场使用的方法,接触角法的定量结果优于水膜残迹测试法,缺点是只能观测试样的有限区域。

3.4.3 光激发电子发射法

光激发电子发射(optically stimulated electron emission,OSEE)法采用短波紫外线照射材料表面,表面物质内部的电子吸收能量后激发出电子(光电效应),这些低能量电子形成的信号回流能够表征材料表面清洁度。若表面清洁,则产生的回流较高,若表面有离子或有机污染物,则产生的回流较低。

OSEE 法的电子发射量很难与表面污染物建立定量关系,基于这个原因,最好是在已知污染物化学性质的情况下使用该方法。或者,如果 OSEE 检测结果能够与工艺过程产出(产率或其他度量指标)相关联,则可将其应用在工艺过程控制中。基于 OSEE 的特点,通常将其作为一种现场检测技术。

OSEE 法所用设备价格适中,体积小、方便携带,且检测快速,结果易于解释,故可将其作为工艺过程控制的在线检测技术[7]。

3.4.4 非挥发性残留物测试

检测材料表面非挥发性残留物(NVR)时,首先是用水或溶剂冲洗材料表面,待冲洗液中的挥发性溶剂蒸发后,称量残留物的质量,并换算为单位面积的重量。该测试通常是在实验室进行的,非常耗时,不适于作为在线检测方式。常规 NVR 测试中,选用适宜的溶剂(通常为异丙醇)清洗材料表面,清洗液收集至预先已称重的洁净称量盘中,蒸发溶剂,再次称重称量盘,增加的重量即为非挥发性残留物的重量,根据表面面积将该结果表示为 mg/ft^2(单位面积表面的非挥发性残留物质量)。NVR 测试的缺点是耗时长、操作复杂，有时还会产生严重的过失误差。从图 3.13 中可以看出，对于无尘手套，LPC 测得的单位面积的颗粒物（粒径大于等于 0.5μm）的数量与 NVR 测试结果存在直接的线性关系。NVR 和 LPC 检测结果之间的强相关性表明，NVR 测试有时可能是不必要的，至少对于无尘手套而言是这样。当发现 NVR 实验室测定结果与产量损失相关时，则应对 NVR 和其他现场测试方法（如比浊法或液体颗粒计数法）之间的相关性进行研究，从而可用液体颗粒计数或比浊法替代 NVR 测试用于现场检测。

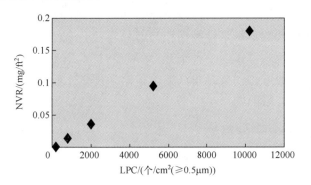

图 3.13　液体颗粒计数结果和非挥发性残留物测试结果的相关性（无尘手套表面颗粒物）

3.4.5　有机物采样方法

特定材料中的有机物质可通过有机溶剂提取获得，通常洁净室中常用的异丙醇是提取有机残留物的首选溶剂。另外一些情况下，也可能选用萃取能力更强的溶剂（如丙酮、二氯甲烷、己烷等），以期提高烃类、可溶性寡聚物、增塑剂、硅氧烷等的回收率。

溶剂将可溶性物质回收之后，可通过蒸发来进一步浓缩样品，该步骤和 NVR 测试中的蒸发一样。但浓缩之后不需要称重，而是通过傅里叶变换红外光谱分析或者气相-质谱联合分析（混合物成分极其复杂时）对浓缩物的成分进行鉴别。许多有机化合物会对产品或工艺过程产生不利影响，故设定的验收标准为"未检出"。

有的仪器设备几乎可以实时检测非挥发性残留物的量。比如，有一种仪器是将一滴液体蒸发后称量残留的非挥发性物质，该仪器体积小、响应快（只需数分钟），因此适于作为在线检测设备。另一种仪器则将液体雾化、干燥，而后采用凝结核计数器检测得到超细气溶胶粒子[8]，但该设备价格相对昂贵，其最佳应用领域是工艺流体纯度在线检测，能够实现工艺流体纯度近实时控制[9]。

3.4.6 大气中心监测系统

早在 1975 年,美国海军研究所(NRL)就开发了用于潜艇的大气中心监测系统(CAMS)。由于核潜艇长期在水下作业,这就使得对其舱室内的大气进行监测至关重要。CAMS 首次实现了潜艇船员对舱内空气的监测,该系统包括二氧化碳检测器、质谱仪等,能够实现对氢气、水、氮气、一氧化碳、氧气、二氧化碳和制冷剂气体的监测。该系统还被美国国家航空航天局(NASA)改造并应用于载人航天器中。

20 世纪 80 年代初期,IBM 将 CAMS 加以改造后用于监测湿化学加工设施。改造后的系统能够从设施多个点位采集多种气体,从而实现对多种气体的连续监测。更多相关内容详见第 7 章。

3.4.7 化学分析电子光谱法

X 射线光电子能谱(XPS),也称为化学分析电子光谱(ESCA),是 20 世纪 50 年代发展起来的。该技术的原理是用一束 X 射线辐射样品表面,使表面的原子或分子的内层电子或价电子受激发射出成为光电子,对光电子的能量和相对丰度进行分析获得光电子能谱,进而确定样品表面的化学组成。毫无疑问,对于吸附在样品表面的污染物(最常见的情形),采用 X 射线光电子能谱进行分析尤其有价值,因为 X 射线光电子能谱的样品分析深度通常为 2~10nm。该分析需要高负压环境,故只能在实验室进行,不适合用于工艺过程监测,但是特别适合用于材料分析鉴定,尤其是在故障分析方面起到了非常大的作用。

3.4.8 气相色谱/质谱分析

气相色谱/质谱分析(GC/MS)可作为傅里叶变换红外光谱分析(FTIR)的重要补充。该技术将复杂的混合物样品注入气相色谱仪,其中的吸附柱将各组分分开,而后进行质谱分析。质谱仪将大分子碎片离子化,而后进一步分析得到质谱图,从而确定其原子量,最后运用计算机处理所得信息,对化合物进行定性鉴定和定量分析。气相色谱/质谱分析(GC/MS)通常与 FTIR 及其他有机污染物分析技术结合使用。气相色谱/质谱分析只能在实验室内进行,其设备庞大且昂贵,样品制备至关重要,对所得结果的分析和解释也需要由经验丰富的专业人员来进行。

3.4.9 二次离子质谱

二次离子质谱（SIMS，包括飞行时间二次离子质谱）是一种非常灵敏的表面成分分析技术。它是用高能量的一次离子束（通常为 Ar^+、Cs^+ 或 N_2^+）轰击样品表面，使样品表面的原子吸收能量发生溅射成为带电的离子，通过收集、分析这些二次离子就可以得到样品表面成分信息，但是没有化学键结的信息。污染物以超薄膜的形式存在时，二次离子质谱分析能够提供超高分辨率深度分析。二次离子质谱也是一种非常适于在实验室进行材料表征和故障分析的技术。

3.5 离子性污染物和无机污染物分析方法

溶解性离子也是重要的污染物来源。离子色谱法是测定离子性污染物的最重要的技术。在离子色谱法中，将样品注入填充柱后，与去离子水相比，填充柱对离子流动相的阻碍程度更强。使用已知的标准溶液校准该离子被检测到的时间点，同时校正检测器的相对响应值，从而可以估算得到被测溶液中的离子含量。离子色谱既可以测带负电荷的离子（阴离子），也可以测带正电荷的离子（阳离子）。

离子性污染物提取后通常使用离子色谱仪测定阴离子含量，利用原子吸收光谱分析（AAS）测定阳离子含量。检测的阴离子通常包括 Cl^-、NO_3^- 和 SO_4^{2-}，有的还包括 PO_4^{3-} 等。检测的阳离子通常包括 Al^{3+}、Cu^{2+}、Fe^{2+}、Fe^{3+}、Mg^{2+}、Si^{2+}、Na^+、Zn^{2+}。图 3.14 所示为一个典型的离子色谱仪，图 3.15 所示为一个正在进样的典型的测定阳离子的原子吸收光谱仪。

图 3.14 离子色谱仪

图 3.15 进样中的原子吸收光谱仪

ionograph™（离子污染度检测仪）代表了另一种离子性污染控制方法。美国爱法（Alpha metals）的 ionograph™ 在通用清洗标准中被指定为离子污染测试的工业标准。该仪器可用于测定多种产品的离子性污染，尤其是焊接好的印制电路板。仪器的萃取介质为异丙醇和去离子水混合物，依次通过萃取室、电导池、去离子滤筒后进行再生。由于污染物的离子种类不同，萃取液的电导率变化统一用当量 NaCl 的离子浓度来代表。将表面带有离子性污染物的零部件置于萃取室后，再生萃取液电导率增加，但是并不能确定离子性污染物的种类，从而限制了该仪器在故障分析中的应用。但是该仪器使用十分方便，是一款非常好的可用于现场工艺过程控制的工具。

随着离子污染度检测实验的改良，异丙醇溶液逐渐被 100% 的去离子水替代，这使得检测下限提高 10 倍以上。在该灵敏度下，由于基线电导率会对空气中的二氧化碳和操作人员的呼吸做出反应，因此有必要通过氮气吹扫浓缩样品，从而减小测量误差。

3.6 静电放电分析方法

在静电放电应用中，材料的选择至关重要。洁净室用材料的静电放电性能可用许多不同的参数来表征，这些参数包括体电阻率、表面电阻率、放电时间、剩余电荷、摩擦起电性等。体积电阻率和表面电阻率是表征材料导电性能的经典方法，对于防静电工作区材料的选择和鉴定非常重要。放电时间是一个重要的参数，代表了安全电压的水平，往往决定了材料能否适用于给定条件。在层压和复合结构中，剩余电荷尤为重要，因为与结构主体相比，直接接触外部环境的连续相材料（基体）是高度绝缘的，剩余电荷不达标可能造成放电威胁。使用高压电子器件（如包含阴极射线管和电晕放电空气电离器的设备）时，其产生的静电场值得重点关注。在常规或预定使用条件下，或根据标准测试方法对材料进行处理后，应检测其是否超出验收标准的摩擦起电性能要求。

以上参数中，摩擦起电性（两种不同的物体相互摩擦后，电子由一个物体转移到另一个物体从而使两个物体带上等量的异性电荷）是迄今为止最具争议的。有研究者质疑摩擦起电测试的可重复性和适当性，认为"目前任何测试都不能准确预测某特定材料的摩擦起电性"[10]。由于材料的摩擦起电测试尚无公认的标准，因此目前来看，仅从摩擦起电的角度判断材料的静电放电特性是很困难的。

3.6.1 摩擦起电测试

鉴于研究中仍然需要了解材料的摩擦起电特性,尽管针对材料的摩擦起电性目前尚无公认的测试标准,但是市场上已经有用于摩擦起电测试的仪器,且通过细心谨慎严格操作能够大大提高摩擦起电测试的可重复性。在摩擦起电测试仪器中,聚四氟乙烯/石英圆筒从15°倾斜面板上(待测材料覆盖于倾斜面板上)滚落,投入法拉第筒。该过程试样产生的电荷量用静电电量计(毫微库仑计)测量[11]。圆筒也可由其他材料制成,如金属上覆盖涂层,则圆筒上可覆盖其他材料,以此类推可测试更多的组合。图3.16所示为一个摩擦起电测试仪的结构。通常情况下,材料摩擦起电测试须在50%和12%的相对湿度下进行。正因为摩擦起电测试对湿度有要求,故图3.16中倾斜面板位于一个温湿度可调室(TRH)内。为了便于清楚地展示内部结构,该图是在手套箱门打开时拍摄的,因此图中未显示手套箱门。

图3.16 位于温湿度可调室(TRH)内的摩擦起电测试仪器(摄于手套箱门打开时)

3.6.2 体积电阻和表面电阻测试

对于大多数材料,静电放电性能需要测试的参数包括体电阻率、表面电阻率、放电时间、剩余电荷。体积电阻率和表面电阻率测试是可信赖的,因为该测试是基于当前公认的测试方法。放电时间测试也是基于公认的测试标准,并且能够反映材料在特定应用中的预期性能。剩余电荷则主要是针对包装材料进行的一项测试。

体积电阻率和表面电阻率测试有许多标准,公认的标准包括美国国家标准协会/美国静电放电协会(ANSI/ESD)标准[12-13]、美国材料与试验协会

（ASTM）[14]标准和国际电工委员会（IEC）[15]标准。有意思的是，体积电阻率/表面电阻率与放电时间之间具有直接的相关性，然而，体积电阻率/表面电阻率与摩擦起电却无直接相关性。FED-STD-101C[16]中描述了放电时间的测试方法，IEC 61340-2-1—2002[17]中描述了剩余电荷的测试方法。

在硬盘驱动器的材料规范中，已经将放电时间列入行业标准。放电时间测试是一个人将手置于 20pF 的充电板上，向充电板和操作人员充电直至达到一定的启动电压，测定其放电至目标电压的时间。磁盘驱动器的放电时间要求通常是从 ±1000V 放电至 ±100V 以下用时不超过 5s，严苛的要求甚至达到从 ±1000V 放电至 ±10V 以下用时不超过 500ms。

图 3.17 所示为应用 Monroe 272A 表面电阻率测试仪测试静电耗散台面点对点电阻的例子。该测试是按照 ANSI/ESD S4.1[18]中描述的步骤进行的，图中使用的是一对 5 磅的砝码。图 3.18 所示为应用同一款测试仪测试备选静电耗散包装膜体积电阻，图中使用的是 ANSI/ESD STM11.12—2000[13]中规定的保护环电极。图 3.19 所示为应用该款测试仪测试备选静电耗散包装膜表面电阻率，图中使用的是 ASSI/ESD STM11.11—1993[12]中要求的探针。该测试仪坚固耐用、外形紧凑，且配备有一个带有肩带的方便携带箱，因此可以将其归为便携式仪器设备。但是该仪器加全套配件总质量可达 7.6kg（16.7 磅），加之考虑到其所含配件多，现场应用时易导致配件丢失，因此建议将其应用于实验室中，是一款非常好用的测试仪。与该款仪器相比，应用于现场测试的表面电阻率测试仪通常要小得多，后续讨论静电放电现场测试设备及配件时，将会呈现更多相关内容。市场上还有许多其他品牌的表面电阻率测试仪，这里选择 Monroe 272A 表面电阻率测试仪是为了举例说明用于材料静电放电测试的三种最常见的探头配置。

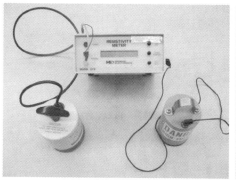 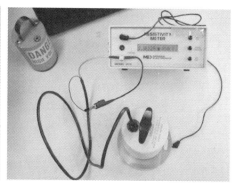

图 3.17　静电耗散台面表面电阻测试（测试使用的是一对 5 磅砝码）

图 3.18　备选静电耗散包装膜体积电阻测试（该测试使用了保护环电极）

图 3.19　备选静电耗散包装膜表面电阻率测试（该测试使用了保护环探针，但样品被置于试样支撑板的绝缘表面上）

3.6.3　空气离子发生器测试

空气离子发生器在投入使用前需要进行质量鉴定，投入使用后需要进行定期校准和定期检定。校准空气离子发生器最常用的仪器是充电板监测仪（CPM），如图 3.20 所示。校准空气离子发生器时，将充电板监测仪的充电板置于离子气流中，充电板被充电至启动电压，而后被放电至给定的终止电压，记录放电时间。启动电压通常设置为 5000V 和 1000V，终止电压通常是启动电压的 10%。大多数先进的充电板监测仪（包括图 3.20 所示的充电板监测仪）能够自动记录放电至任意手动选择的终止电压的时间。通过先使充电板保持不带电状态，可以测定由空气离子发生器对充电板引起的电压。一定时间（通常为 1min）内的最大失调电压称为浮动电位，用来衡量离子发生器产生的正负离子数量之间的平衡。

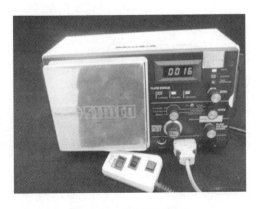

图 3.20　充电板监测仪

充电板监测仪（包括图 3.20 所示的充电板监测仪）通常是便携式的，因此可用于现场测试，其质量一般在 7~9kg（约 15~20 磅）（含手提箱、三脚架等）。但当充电板监测仪的质量和电阻率/表面电阻率测试仪的质量加在一起时，可能就不适合进行现场研究和审核检查了。

3.6.4 常见的用于静电放电测试的现场设备

除了要具备体电阻率/表面电阻率测试以及空气离子发生器现场校准能力外，进行静电放电现场调查和认证的测试套件还应包括一些其他设备，具体如下。

（1）交流电源插座接线完整性测试设备。如果设施配备有接地故障保护器，交流电源插座测试仪能够测试当电流泄漏超过 5mA 时是否跳闸。

（2）伏特欧姆计（VOM）。用于静电放电接地点和交流供电工具的故障检测，以及交流供电工具尖端的漏电测试。

（3）防静电工作区湿度监测设备。多数防静电工作区会配备温度湿度传感器，尽管其中的很多温度湿度传感器并不符合要求。通常情况下，实验室配备的是表盘式温湿度计，没有启动警报和/或记录温湿度的功能。但有时，不在工作台上放置表盘式温湿度计，而是使用小型的手持式温湿度探头对工作台的温湿度进行快速测定和核查。与实验室使用的大多数表盘式温湿度计相比，手持式温湿度探头的精度应该进行更频繁的校准[18]。

（4）手腕带和鞋类测试设备。

图 3.21 所示为用于防静电工作区检测的典型的静电测试套件，该套件质量

图 3.21 典型静电测试套件（从图右上角起，套件中的仪器分别为交流电源插座测试仪、温湿度传感器、伏特欧姆计、电位计、高电阻欧姆表、手腕带/防静电鞋测试仪、电源线和配件。上盖（图中未显示）中还包括用于鞋类、椅子和手推车接地测试的脚踏板、操作手册以及辅助接地线）

仅3.5kg（7.7磅）。图3.22所示为用于离子发生器现场校准的便携式测试套件，该类型的离子发生器校准装置需手动计时。研究表明，在正常使用条件下，该校准装置与传统充电板监测仪的一致性在±3%之内。该校准装置包含两个备用9V电池、一个金属腕带和总长6ft的螺旋电线以及便携包，总计质量仅为0.5kg（1.1磅）。

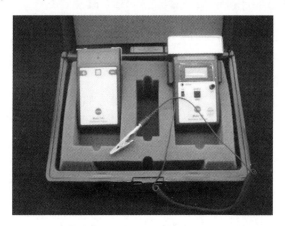

图3.22 离子发生器现场校准便携式测试套件（从左到右依次为平行板电容器（电容为15pF）充电器、电容器极板固定孔和电位计（15pF电容器极板安装在电位计上方将其改装为离子发生器校准装置）。图中还可以看到与电位计背部相连接的接地线，接地线可以配备香蕉插头，或者如图中所示使用鳄鱼夹）

3.7 数值模拟技术

计算流体力学（CFD）于1987年初在加利福尼亚圣何塞举行的IES年度技术会议上被提出，至今其在污染研究领域已成为一种被广泛接受和应用的技术。在那之前，计算流体力学技术尽管发展迅速，但其应用主要局限于拥有计算能力（超级计算机）和学术资源的政府以及大学机构。直到1987年，计算机仿真程序趋于小型化，这些软件模型的计算也不再需要使用超级计算机[19]。时至今日，我们已经可以在个人电脑上进行数值模拟。通过模型模拟能够预测气流以及气流中污染物的行为变化。

过去，由于成本高昂，模型模拟仅应用于影响航空航天工业的复杂的空气动力学或流体动力学方面，但自1987年，模型模拟开始应用于一些看起来更普通的东西，比如单向流洁净工作台的气流模拟[20]。20世纪80年代后期，随着更多模型的开发应用，人们开始关注不同模型预测结果的一致性。有研究采用洁净室标准二维剖面测试了6种不同的仿真模型。结果显示，6个模型对气流的模拟表现出极好的一致性，但颗粒物浓度的模拟结果存在一定的差异[21]。自此，洁净室、流量试验台和工艺设备接口外壳等高新技术的制造商逐渐认识到污染模拟建模工具的价值，并开始应用数值模拟解决设计中存在的问题，如扩散炉[22]、旋涂仪[23]、微环境[24]和晶圆传输系统[25]中的建模。

3.8 代数预测建模分析

与数值建模相比，代数预测建模所采用的方法更为原始。分析预测模型采用简单的代数表达式来预测输入变量和输出结果之间的关系，并可进一步用来预测特定工艺步骤所需的洁净室等级，或者用于给定条件下监控设备的筛选。关于利用代数预测建模分析预估洁净室等级的表述参考1.5.1小节。

3.9 统计分析方法

洁净区和防静电工作区的现代化管理越来越多地依赖于工作区域内的数据收集。然而，随着数据量的大幅增加，需要使用统计分析工具来对其进行分析，从而得出正确的结论，为相关政策的合理制定提供依据。鉴于每一项决策的实施都可能耗费巨大的人力、物力和财力，因此，有时数据的统计分析具有十分重要的意义。举例而言，如所得数据的精度和准确度与控制界限相距甚远，则不需对数据进行详细的统计分析。相反，如所得参数接近所采用技术的测量极限或某工艺过程的控制极限，则统计分析至关重要。

统计分析过程中采用的技术和方法包括校准、检测限的确定、量具能力分析、置信区间估计、回归分析、方差分析等，后续分析还会用到回归分析和过程控制图。

3.9.1 基本统计分析工具

实际应用中，最简单的统计分析工具之一是 t 检验，通常用于样本数量少于30的情况。t 检验能够比较一个样本平均数与一个已知的总体平均数（或两个样本平均数）的差异是否显著，以及推论差异发生的概率。

校准即确定测量结果和测量标准提供的量值之间的关系。基于校准过程中量具的重复性研究，可估计该量具的检测下限。然而，要想更精确地确定检测下限，还应考虑测试中量具是如何使用的，通常包括样本制备等（影响测定结果），并且受人员操作再现性的影响。为了解决量具重复性和过程再现性的问题，一个更好的估计检测下限的方法是对整个测量系统的量具进行能力分析。

实验设计和方差分析是工艺研究和过程控制的有力工具。然而，只有在深入了解基础物理、化学或力学的基础上设计的实验才能获得更多有用的数据。绝大多数统计学教材中都对基本的分析工具进行了深入细致的讨论，如方差分析和回归分析。本节提出了一个统计学标准教材中通常没有的分析方法，即量具能力分析。无论是合格性测试还是接受度测试，了解所用测量方法的量具能力都是极为重要的。

3.9.2 清洁度测定方法的量具能力分析

清洁度测定方法大体上可分为直接测定法和间接测定法。清洁度直接测定法是指不改变被测零部件表面污染物浓度的测定方法。不改变表面污染物浓度的污染测定方法包括：

（1）光激发电子发射（OSEE）法检测薄膜；

（2）晶圆扫描机检测硅晶片（用于各工序中硅晶片的粒子污染研究）；

（3）扫描仪检测磁记录中的磁盘或薄膜磁头；

（4）光学器件的反射率或透射率测定。

鉴于清洁度直接测定法不改变表面污染物浓度，因此常规的量具能力分析方法可用于清洁度直接测定法。量具能力分析是表征测量方法的基本统计工具。量具能力被用来分析测量的重复性（同一零部件的同一特征由同一个人进行多次测量结果之间的一致性）和复现性（同一零部件的同一特征由不同的人员按照规定的方法使用同一量具进行测量结果之间的一致性）。因此，量具能力也称为量具 R&R，通常表示为测量重复性和复现性所引起的测量公差的百分比，故常将量具能力表示为%R&R，后续讨论中将采用该表达符号。量具能力分析最初是为机械测量而开发的，如使用千分尺测量轴的直径。

量具能力分析过程通常如下：首先是同一操作员使用量具按照某一标准对待测物进行多次测量；然后，另一操作员按照相同的标准、步骤，采用同一量具对同样的待测物进行多次测量；测量通常重复两到三次；结合该量具的重复性（量具变化）和操作人员的复现性（人员变化），比较总估计误差与测量公差。如总估计误差小于所测零部件公差的30%，则认为该测量系统能够接受；如总估计误差小于所测零部件公差的10%，则认为该系统无问题。假设一根轴的直径为 0.5cm，可接受的公差极限为±0.005cm。理想情况下，重复性和复现性误差应小于测量公差的 10%。也就是说，测量系统的重复性和复现性总估计误差不得超过 0.0005cm。

显然，从量具能力分析过程可以看出，测量方法不改变所进行的测量的量值非常重要。对于大多数机械测量，可以合理地假设测量不会改变被测物体，测量方法是无损的。

对于大多数静电放电检测和部分污染检测，上述假设同样适用。比如，作为一种非接触式电压表，只要在处理表面时采取合理的措施，场电位计对表面上的电荷几乎没有影响。同样地，只要采取合理的预防措施，使用非接触式检具（如晶圆扫描机或光谱技术）进行表面污染检测也不会改变表面污染物的浓度。

然而，也有相当数量的用于表征材料静电放电敏感度或材料清洁度的方法不是无损的。例如，根据定义，使用人体放电模型、器件充电模型或机器放电模型模拟器进行的 ESD 敏感度测试具有破坏性。类似地，有相当数量的清洁度测试都需要从材料表面移除目标污染物。显然，不能期望同一操作员和不同操作员进行重复测量得到相同的结果。

对于传统量具能力检测，有一些可参考的有用的方法，比如晶圆扫描机的量具能力检测方法。这里我们不讨论传统量具能力检测方法。相反，我们专注于改进那些对被测材料有损的量具能力检测方法。其中重点关注需要从表面提取污染物的清洁度检测方法，该类方法使得不同操作员进行污染物提取难以获得相同的结果。该类清洁度检测方法通常被称为清洁度间接测定法，后续讨论中将统一使用这一术语。

清洁度间接测定法违反了传统量具能力分析的四个假设。第一个假设前面提到过，即测量不改变被测对象。为了规避这一问题，从总体的不同部分中抽取大量样本，不同部分的样本之间存在固有差异，区分采样过程中采样人员所产生的差异与测量方法所产生的差异是不现实的。基于这个限制，当 %R&R 小于 30%（而非 10%）时，认为该清洁度间接测定法的量具能力是可接受的。

第二个假设是传统量具能力的测量标准是稳定的。污染物测定的某些类型的标准（如光密度分析法中使用的胶片，校准浊度计和光学粒子计数器的标准颗粒悬浮液）足够稳定，从而能够得到可靠的量具能力分析结果。但是，从表面剥离的污染物通常不稳定。这种差异可以加以利用：在量具能力分析的第一步，可以使用稳定的校准标准物来表征量具。接下来，可使用实际样本来表征样本不均匀性对测量方法的影响。关于这一点，后文将举例说明。

第三个假设是量具公差很大程度上与测量的量值无关。我们期望的是千分尺在整个量程范围内的测量公差是相同的。大多数机械测量的公差可以表

示为

$$n \pm t$$

式中：n 为给定尺寸大小；t 为公差。

污染物测量的公差通常表示为

$$0+t \quad （上限）$$
$$0-0 \quad （下限）$$

确实，如果将污染物测量的公差也表示为 $n \pm t$，那就意味着污染总量低于 $n-t$ 时需增加污染物以使零部件在控制范围内，这太荒谬了。

由此看来，对于污染物测量，公差是零部件的给定清洁度限值。因此，我们不希望清洁度间接测定的量具能力与测量的量值无关。解决这个问题的方法之一就是，在不同的清洁度水平上测量多个样本的污染物量，并通过作图获得量具能力与测量的量值之间的关系。

第四个假设是量具能力评估采用双侧检验。很显然，清洁度测试是单侧检验，故采用单侧检验的计算因子，而不采用双侧检验的。如表 3.1 所列，量具能力分析的这一改变带来的差异虽不大，但也不可忽略[①]。

表 3.1 银-碳接地按钮多次胶带取样

试验编号	光密度/ODU	%R&R
1	0.75	21
2	0.5	19
3	0.32	21
4	0.21	23
5	0.16	28
6	0.04	93
7	0.02	170

1. 密度测定的量具能力

密度计校准采用的是均一稳定的标准胶片。如果采用该标准胶片测量密度计的量具能力，则可以得出结论：该密度计是性能优良的量具，检测精度可达 0.01ODU（光密度单位）。由于需要留有一定的余地，污染控制的给定下限设为量具能力精度的 3 倍，即 0.03ODU。然而，这并不能充分说明密度计的使用方法。实际操作中，用一条透明胶带粘住被测物表面的污染，取下

---

① 译者注：光密度偏大或大小适中时，量具能力表征%R&R 始终小于 30，处在可接受水平，光密度特别小时，如为 0.02、0.04 时，%R&R 过大，不可接受，即从单侧（光密度特别小时）对检测结果产生限制，而不是假设中"采用双侧检验"。因此表 3.1 提示，这一差异在某种情况不可忽略。

胶带，污染转移至胶带，而后操作人员须搜寻到胶带上光学密度最大的位置，并进行测量。因此，使用均一的光密度校准胶片遗漏了密度计规程的重要部分：一个或多个操作员多次准确定位胶带污染物光学密度最大位置的能力，即最大光密度定位的重复性和复现性。因此使用标准胶片测量密度计的量具能力的方法不是很合理。此外，还有一点是使用校准胶片无法证实的，即胶带取样改变了材料表面污染物的量，从而使得两个操作员不可能对该污染部位进行连续采样并获得相同的结果。

为了对前述观点加以说明，我们进行了一个简单的实验。用粘胶带法在银-碳接地按钮上取样 7 次，得到了 7 个逐渐变浅的斑点。每次取样都改变了按钮表面的污染量，从而使得斑点的光密度从平均 0.75ODU 逐渐降低到 0.02ODU（表 3.1），表明使用胶带进行多次取样影响污染测定结果。

这组数据还有一个有意思的特点，光密度在 0.75~0.21ODU[①] 范围内，测量重复性和复现性的比值保持相对稳定，而从 0.16ODU 开始，%R&R 迅速上升。这说明 %R&R 不是一成不变的，而是与测量的量值大小有关。这是清洁度间接测定方法的典型特征。根据表 3.1 中的数据，我们估计密度测定的 %R&R 约为 0.15ODU（在密度下 %R&R 是测量值的 30%）。

这一点非常重要。假设基于均一稳定的校准胶片测量的量具能力为 0.01ODU，那么基于 %R&R 应不超过测量公差的 30%，会将给定下限设为 0.03ODU，并且设置标准规定任何部件的光密度值不得大于 0.03ODU。然而，采用实际样本进行的实验表明，更准确的密度测量法的量具能力估计值约为 0.15ODU。给定下限设置过低会导致给出不合理的对被测材料的不通过判定。

密度测定能够检验污染物的可去除性，对于污染检测具有重要意义，这是光密度测定的应用价值。如果使用粘胶带的方法不能将污染物去除，则通常认为该污染为非功能性缺陷或外观缺陷。规格界限设定已成为供应商和需求方量具能力分析和谈判的主题。胶带取样后固定于显微镜载玻片上，通过显微镜检查胶带和显微镜载玻片之间的颗粒物和膜状物，从而为污染物鉴定和来源分析提供线索。显微镜检查之后，可从胶带上取下材料用于其他分析，或不做其他处理，将其作为记录介质进行长期保存。

2. 浊度测定的量具能力

浊度计常用于饮用水水质检测，20 世纪 80 年代初期，开始应用于高新制造业零部件的清洁度检测。比浊法不能直接测定零部件表面污染，须首先通

[①] 译者注：原文如此，但是译者认为，分析表 3.1 中的数据，符合下文提到的重复性和复现性比值相对稳定的区间，应该是 0.75~0.20ODU。

过某种方式将零部件表面污染去除并转移至悬浮液中，而后再测定悬浮液。因此，浊度测定法和光密度测定法一样，是一种间接的清洁度测量方法。提取表面颗粒物有3种主要的方法：超声波提取、喷射提取和振荡提取（在固定的液体池中振荡）。

浊度计的重复性可以用相对稳定的聚苯乙烯微球悬浊液进行测量。但是浊度计用于清洁度间接测定时，仅凭用相对稳定的聚苯乙烯微球悬浊液进行测量不足以描述浊度测试的重复性。浊度测定主要采用的提取方法是超声波提取，因此这里仅讨论超声波提取的情形。3种单分散聚苯乙烯微球的校准液浊度如下：0.1NTU（浊度单位）、3.9NTU和26.1NTU。校准液对应于浊度计测定零部件清洁度的量程（应用范围）。另外选取4组零部件作为对比，超声波提取后测定悬浊液，测得清洁度值在1.5~32NTU之间。

浊度测定结果如表3.2所列。由表3.2中可以看出，在浊度计量程内，其测定聚苯乙烯微球校准液浊度的重复性很好。然而，对于超声波提取的零部件表面污染悬浮液，浊度值约为1.5%时，量具能力降到了30%以下。也就是说，增加提取步骤后，随浊度降低，%R&R增大。从这些数据可以得出结论：%R&R不受浊度计的影响，而是受提取方法的影响。

表3.2　通过量具能力分析对浊度测定和超声波提取后浊度测定进行强化分析

校准液浊度测定		超声波提取后浊度测定	
清洁度值/NTU	%R&R	清洁度值/NTU	%R&R
0.10	2.5	—	—
—	—	1.5	30.4
3.9	4.1	3.9	25
—	—	8.2	8.6
26	4.5	32	10

3. 增强型浊度测定的量具能力

增强型浊度法是一种应用于塑件（塑料材质的零部件）表面可提取颗粒物测定的方法。由于塑件清洁度通常比金属零部件的高，因此需要一种可检测较低浓度粒子污染的方法来检测其表面的清洁度，基于该需要开发出了增强型浊度法。在增强型浊度法中，将零部件置于含有微量洗涤剂的水溶液中以提取其表面颗粒物，而后过滤水悬浮液，将滤膜用少量丙酮（所用丙酮体积远小于之前的水溶液体积）溶解，使颗粒物再次释放到新的丙酮悬浮液中。

为了与常规浊度测定的浊度单位NTU区分开，增强型浊度测定的浊度单位以ETU（增强型浊度单位）表示。由于水与丙酮的比例是已知的，因此可以计算出丙酮悬浮液相对于水悬浮液的浊度比例关系，从而根据丙酮悬浮液浊度计算出初始水悬浮液的浊度。表 3.3 中列举了两个清洁度水平下增强型浊度测定的量具能力，根据这两个增强型浊度值计算得到的对应的初始水悬浮液的浊度值均低于 1.5NTU（浊度测定的量具能力限值）。由于增强型浊度法采用了超声波提取（变化的主要来源），因此两个清洁度水平的%R&R 均大于 30%是不足为奇的。有研究采用增强型浊度法同时对样本和空白滤膜进行了测定，结果显示空白滤膜的增强型浊度范围为 0.65~5.6ETU，表明滤膜带来的变异对增强型浊度测定结果具有明显的不利影响。

表 3.3　塑件增强型浊度测定的量具能力分析

增强型浊度/ETU	%R&R	样品浓度比	计算得到的初始浊度/NTU
4.7	123	13×	0.37
9.0	86	10×	0.9

4. 液体颗粒计数法的量具能力

液体颗粒计数器在许多方面都与浊度计不同，二者最重要的区别是液体颗粒计数器测量的是单个粒子对光的散射或阻挡，而浊度计是同时测量大量粒子对光的散射。因此，对于因清洁度高而无法用浊度法测定的塑件，可在提取表面颗粒物后利用液体颗粒计数器进行测定。表 3.4 中的数据是一项量具能力研究的结果。该研究对一组零部件反复多次提取表面颗粒物，从而得到多组颗粒物浓度逐渐减少的提取液，并测定提取液中的粒子浓度，而后对比不同梯度浓度提取液的%R&R 和粒子浓度，确定在粒子浓度为多少时%R&R 低于量具能力限值。

表 3.4　液体颗粒计数法的量具能力分析

颗粒/mL（≥0.5μm）	%R&R
104	9.5
86	13.1
57	11.4
44	16.5
26	20.3
23	15.3
15	29.2
13	24.9
6.3	25.5
4.3	41.2
1.7	52.9
0.66	101

参考文献

[1] W. W. Weick, Acceleration factors for IC leakage current in a steam environment, *IEEE Transactions on Reliability*, 29 (2): 109-115, 1980.

[2] IDEMA Standard M6-98, *Environmental Testing for Corrosion Resistance and for Component Compatibility*.

[3] R. J. Hamilton et al. Factors in the design of a microscope eyepiece graticule for routine dust counts, *British Journal of Applied Physics*, 5: S101-S104, 1954.

[4] R. Coplen, R. Weaver, and R. W. Welker, Correlation of ASTM F312 microscope counting with liquidborne optical particle counting, *Proceedings of the 34th Annual Technical Meeting of the Institute of Environmental Sciences*, King of Prussia, PA, May 3-5, 1988, pp. 390-394.

[5] Previously unpublished laboratory observations.

[6] B. Wettermann, Contact angles measure component cleanliness, *Precision Cleaning*, Oct. 1997, pp. 21-24.

[7] M. Chawla, Measuring surface cleanliness, *Precision Cleaning*, June 1997, pp. 11-15.

[8] D. R. Blackford, K. J. Belling, and G. Sem, A new method for measuring nonvolatile residue for ultrapure solvents, *Journal of Environmental Sciences*, 30 (4): 33-47, 1987.

[9] P. D. Kinney, D. Y. H. Pui, B. Y. H. Liu, T. A. Kerrick, and D. B. Blackford, Evaluation of a nonvolatile residue monitor for measurement of residue after evaporation of IPA and acetone, *Journal of the Institute of Environmental Sciences*, Mar.-Apr. 1995, pp. 27-35.

[10] D. W. Cooper and R. Linke, ESD: another kind of lethal contaminant, *Data Storage*, Feb. 1997, pp. 45-49.

[11] This apparatus is available from Electro-tech Systems, Inc. of Glenside, PA. It conforms with ESD Association Advisory ADV11.2—1995, Appendix C.

[12] ANSI/ESD STM11.11—1993, *EOS/ESD Association Standard for the Protection of Electrostatic Discharge Susceptible Items: Surface Resistance Measurement of Static Dissipative Planar Materials*.

[13] ANSI/ESD STM11.12—2000, *EOS/ESD Association Standard for the Protection of Electrostatic Discharge Susceptible Items: Volume Resistance Measurement of Static Dissipative Planar Materials*.

[14] ASTM Standard D257, *Standard Method for DC Resistance of Conductance of Insulating Materials*, 1993 Annual Book of ASTM Standards, Vol. 10.01, pp. 103-119.

[15] IEC-93-60093, *Methods of Test for Volume Resistivity and Surface Resistivity of Solid Electrical Insulating Materials*.

[16] FED-STD-101C, Method 4046.

[17] IEC 61340-2-1—2002, *International Standard*: *Electrostatics*, Part 2-1, Measurement methods: ability of materials and products to dissipate static electric charge.

[18] ANSI/ESDS4.1—1997, *Work Surfaces*: *Resistance Measurements*.

[19] A. Busnaina, Modeling of clean rooms on the IBM personal computer, *Proceedings of the 33rd Annual Technical Meeting of the Institute of Environmental Sciences*, San Jose, CA, May 5-7, 1987, pp. 292-297.

[20] I. Shanmugavelu, T. H. Kuehn, and Y. H. Liu, Numerical simulation of flow fields in cleanrooms, *Proceedings of the Institute of Environmental Sciences*, San Jose, CA (May 57, 1987), pp. 298-303.

[21] T. H. Kuehn, D. Y. H. Pui, and J. P. Gratzek, Results of the IES cleanroom flow modeling exercise, *Journal of Environmental Sciences*, 35 (2): 37-48, 1992.

[22] R. Alchalabi, F. Tapp, N. Verma and F. Meng, In-situ gas analysis with contamination modeling for diffusion furnaces, *Proceedings of the 44th Annual Technical Meeting of the Institute of Environmental Sciences*, Phoenix, AZ, Apr. 26-May 1, 1998, pp. 531-539.

[23] R. J. Bunkofske, Optimizing airflow, elimination backside contamination in a photoresist spincoater, *MiCRO*, Oct. 1995, pp. 35-44.

[24] A. G. Tannous, Optimization of a minienvironment design using computational fluid dynamics, *Journal of the Institute of Environmental Sciences*, Jan.-Feb. 1997, pp. 29-34.

[25] H. Schneider, P. Fabian, R. Sczepan, S. Hollermann, and A. Honold, Air flow modeling and testing of 300mm minienvironment/load port systems, *Proceedings of the 44th Annual Technical Meeting of the Institute of Environmental Sciences*, Phoenix, AZ, Apr. 26-May 1, 1998, pp. 411-418.

其他读物

1. ASTM G31, *Standard Practice for Laboratory Immersion Corrosion Testing of Metals*.
2. Benninghoven, A., F. G. Rüdenauer, and H. W. Werner, *Secondary Ion Mass Spectrometry*: *Basic Concepts*, *Instrumental Aspects*, *Applications*, *and Trends*, Wiley, New York, 1987.
3. Guthrie, J., B. Battat, and C. Grethlein, Accelerated corrosion testing, AMPTIAC Quarterly, 6 (3), Fall 2002.
4. Kellner, R., J.-M., M. Otto, M. Valcarcel, and M. Widmer, *Analytical Chemistry*: *A Modern Approach to Analytical Science*, Wiley, New York, 2004.
5. Roberge, P. R., *Handbook of Corrosion Engineering*, McGraw-Hill, New York, 1999.
6. Which accelerated test is best? Problem Solving Forum, *JPCL*, Aug. 2000, pp. 17-28 (comments by various experts). Journal of Protective Coatings and Linings.

第 4 章

污染和防静电工作区设计

4.1 引　　言

  本章将对某些相对局限但非常基本的设施设计概念进行介绍，使读者能够了解房间布局对洁净室内气流流向的重要影响。合理的设计和布局可以形成适当的气流环境，达到令人满意的污染控制和静电放电控制效果。洁净室内工具的位置和布局与其对室内气流的影响之间存在很强的相互作用关系。而在现实工作环境中，洁净室内工作台定置定位比较随机，不会考虑位置方向对气流的影响。如果能够充分考虑气流及工作台位置方向的影响，正确安装和合理定置定位，既可以使洁净室效益最大化，也能够为空气离子发生器的选用和定置定位提供指导。

  洁净室设计应遵循两条基本原则：一是应能够提供足够的清洁空气，使其达到所需的洁净度水平；二是应能以最佳方式输送气流，使其洁净效果最大化。洁净室内气流可能会对室内空气洁净度等级产生决定性影响。洁净室内工具设计和布局会对其周围的气流及污染源位置和强度产生深远影响，本章节对其进行了阐述和说明。有关工具设计的更多细节知识请参阅第 6 章内容。室内气流系统性能对于特定房间（无论是否是洁净室）内空气离子发生器的选择有着深远的影响。对于特定洁净环境内离子发生器的选择和定置定位，本章也给出了具体建议。

  起初，洁净室通常采用传统式或混流式设计方法，该类洁净室称为非单向流洁净室。在非单向流洁净室内，HEPA 过滤器占据的天花板空间相对较小，由此产生的室内气流效果无法预测。该类洁净室主要采用稀释方法消除和控制空气污染。在该类洁净室内，HEPA 过滤器的放置空间较为狭小，由此产生的对洁净室内气流的影响也较为有限。随着对洁净环境等级的要求的持续提升，混合流洁净室已不能满足相应要求，单向流洁净室逐渐成为主流。在单向流洁净室内，HEPA过滤器能够充分利用天花板，空间利用率可达100%。采用现代化的泪珠灯具，取代传统的1ft×4ft或2ft×4ft的灯具，可以充分利用天花板内空间，如图4.1所示。

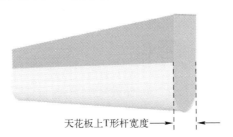

图4.1　现代泪珠灯具的T形吊顶支撑系统

除单向流洁净室，还可以在洁净流工作台、微环境等其他隔离装置内进行工艺过程处置。应根据工作环境固有的气流特性，对上述替代方式进行讨论。

4.2　洁净室设计基础

4.2.1　洁净室定义

洁净室建筑结构多样。如前所述，洁净室是一个封闭的区域，用于控制尘埃微粒及其他不同形式的污染物，可以对气流、相对湿度、相对温度和压力等相关参数按要求受控。该定义较好，未设定空间和面积范围要求。事实上，将洁净室称为污染控制区域可能会更好，因为"房间"这个词的意指可以站起来行走的地方。

洁净室面积可大可小。当前航天工业使用的洁净室面积最大，用于卫星和运载火箭的装配、测试和发射准备。该类洁净室通常被称为"高隔间"。图4.2所示为ISO 14644 7级（FED-STD-209，万级）高隔间洁净室的示例。

通常在标准天花板高度为10~25ft的大型开放式洁净室内制造CD、DVD、磁盘驱动器及半导体器件，该类洁净室有时被称为大开间式洁净室。随着洁净室面积小型化发展，洁净室更为狭长，通常设置数量较多的隔间及过道，该类洁净室通常被称为隧道式洁净室。在半导体行业中较为常用，房间根据核心业务类型进行分隔，可以使用加工工具进行隔板安装。将洁净室面积继续减小，形成模块化洁净室，可以像壁橱一样小。比如人体体积箱，如衣柜一般大，用于测量人微粒排放总量，评估洁净室服装的有效性。模块化洁净室的形状和面积多样，有些可用脚轮固定、四面配有可拆卸的窗帘，该类洁净室通常称为便携式洁净室，如图4.3所示。

图4.2 验收测试前的典型高隔间洁净室

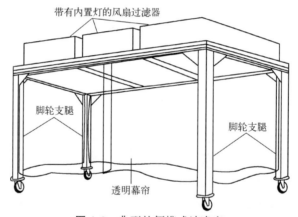

图4.3 典型的便携式洁净室

微环境属于模块化洁净室，在洁净室内合理使用流量控制面板将产品和工艺与一般室内环境隔离而成，除颗粒物外，还可控制其他形式的污染物，例如，为光刻工艺提供非常严格的温度、相对湿度和空气分子污染控制。除控制气流外，通常还用于充分隔离产品和工艺过程，也会强化其他控制措施。比如，如果微环境中的光致抗蚀剂对无机和有机胺蒸气敏感，用于深紫外光刻时，通常配备空气分子污染过滤器。

洁净工作台被认为是洁净室原始的存在形式，其采用隔离/微环境方法设计和建造。洁净工作台有两种基本形式：水平流工作台（图4.4（a））和垂直流工作台（图4.4（b））。

(a) (b)

图 4.4 洁净工作台的形式

(a) HEPA 过滤器前带有层流式离子发生器的典型水平流工作台；(b) 典型的垂直流工作台安装在常规实验室工作台上和机柜上（图片源于 Terra Universal）。

最后，我们来讨论采用隔离技术的手套箱，如图 4.5 所示。它既能够保护内置产品免受周围环境的污染，也能够保护周围环境免受箱内污染。用于医疗/制药行业时，该类装置称为隔离器或生物安全柜。在航天工业中，手套式操作箱可用于处理从太空带回的样品。今天，生物安全柜种类不一，样式多种多样，选用时，应充分考虑工作需要以及人员、产品或环境等污染风险，参考文献 [1-2] 对此进行了较为详细的阐述。

图 4.5 典型的手套操作箱（3 个手套端口配备了手臂长度的手套，第 4 个端口用透明的盖子密封，安全柜右侧是双门通道。HEPA 过滤器置于箱体上部，通过右上方的鼓风机输入空气。箱内气体经过滤后排回实验室环境内（图片源于 Terra Universal））

4.2.2 洁净室运行过程

洁净室建设时应综合考虑以下几个要素：首先应考虑洁净室过滤效果，过滤器类型（HEPA、ULPA、AMC）、数量和位置选择等由污染控制要求和洁净度等级决定。建筑结构材料必须同产品生产和工艺处置过程要求兼容，比如应不易脱落、不透气或少透气以及一定的表面粗糙度要求等。材料应不受可能使用的化学品的影响。最后，必须考虑全面运行时产生的气流因素。本章对过滤性能、房间布局及其对气流的影响等进行了讨论。关于材料的选用和分析方法请参阅本书第3章和第6章。

4.2.3 过滤器工作原理

过滤器可以分为颗粒物过滤器和空气分子污染过滤器两大类。

1. 颗粒物过滤器

粒子过滤器分为 HEPA 过滤器和 ULPA 过滤器。HEPA 过滤器和 ULPA 过滤器可通过筛分作用、惯性效应、拦截效应、静电吸引及扩散效应等 5 种方式吸收粒子。综合分析考虑上述 5 种方式，得到了整体过滤效率曲线，如图 4.6 所示。多数 HEPA 过滤器和 ULPA 过滤器由采用聚合物黏合剂黏合在一起的玻璃纤维层组成，将该介质打褶并装入过滤器外壳中。当前，主流的过滤器外壳几乎都是金属的，而多数老旧过滤器的外壳则是木制的。打褶材料包括金属和过滤介质，采用灌封胶为黏合剂。通常，纤维的直径为几微米，纤维之间的间隙为 $10 \sim 100 \mu m$。过滤的玻璃纤维层非常厚，所以没有可通过的直线路径。通常采用弹性体或泡沫垫圈或 U 形槽中的凝胶状物质将 HEPA 过滤器和 ULPA 过滤器密封到天花板支架上。

1）筛分作用

有些颗粒太大，不能穿过过滤纤维，通过筛分将其截留在过滤介质表面。积聚在过滤器表面上的颗粒大多是衣服或纸棉绒纤维。颗粒物积聚在过滤介质表面上时会使其厚度增加，但它们不会渗透过滤介质，不会对过滤器的压降增加产生影响。相反，如果通过筛分收集的主要污染物成分为纤维，则会起到额外的过滤介质作用，在不显著增加压降作用的同时起到提高过滤器的效率的效果。

随着颗粒物尺寸的减小，惯性效应和拦截效应成为主要的粒子收集方式。

（1）惯性效应：碰撞时，颗粒的惯性过大，不会随纤维周围的空气运动。颗粒穿过气流撞击纤维介质表面，与纤维表面接触后，被范德瓦耳斯力捕获，如图 4.7 所示。粒子 a 惯性过大，穿过气流与纤维表面接触后被收集。

（2）拦截效应：撞击时，粒子随气流流动。如果流线接近纤维颗粒半径，

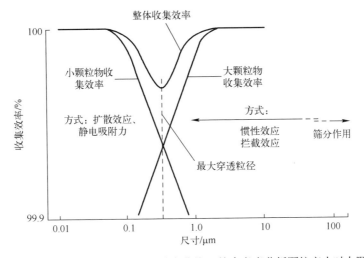

图 4.6 HEPA 过滤器典型过滤效率曲线（综合考虑分析颗粒变小时大颗粒收集效率降低与颗粒变大时小颗粒收集效率降低等两类机制，产生了总体过滤器效率曲线，当颗粒物尺寸为最大穿透粒径时，收集效率最小。在最大穿透粒径条件下，分别对 HEPA 和 ULPA 过滤器进行测试和评级）

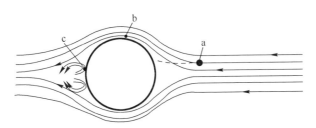

图 4.7 颗粒通过惯性效应和拦截效应被过滤纤维收集示意图

颗粒接触纤维后会被范德瓦耳斯力捕获，如图 4.7 所示粒子 b。卷入纤维介质之后的湍流场中的颗粒，多数也通过拦截被收集起来，如图 4.7 中置于纤维尾部的旋转流场中的粒子 c。

惯性效应和拦截效应对于收集大颗粒非常有效，颗粒尺寸减小后，这两种方式的收集效率也会降低。对于尺寸非常小的微小颗粒，可通过扩散效应和静电吸引方式收集。

2) 扩散效应

扩散效应主要作用的颗粒物非常小，不会均匀地受到空气分子的碰撞。空气分子的冲击效果不会因反方向碰撞而抵消，会在携带粒子的空气中叠加，使粒子在决定平均路径的主流线里随机运动。这种随机运动方式也称为布朗运动。颗粒越小，偏离中心线流动或扩散的趋势越大，当粒子接触纤维表面时易被范德瓦耳斯力捕获。如图4.8所示。

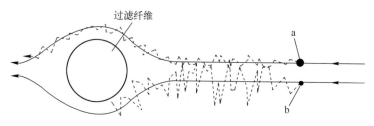

图4.8　过滤纤维通过扩散效应收集粒子示意图

3）静电吸引

几乎所有的自然产生的粒子都会带正电或负电及剩余电荷[3]。带电粒子会被吸引到过滤器纤维表面上。纤维是极好的空气离子收集器，会带有电荷。空气离子的直径非常小，可高效利用HEPA过滤器和ULPA过滤器收集。过滤纤维表面上的电荷会吸引带相反极性的电荷颗粒。对于小颗粒，静电吸附作用比较明显，随着颗粒尺寸的增加，静电吸附力会逐渐减小。

对于直径小于约0.01μm的微小颗粒，可通过静电吸附和扩散进行过滤，过滤效果可达100%，随着颗粒尺寸的增加，其过滤效果会减小。惯性效应和拦截效应能有效收集直径大于10μm的大颗粒，效果也可达100%，但随着颗粒尺寸的减小，其效果也在减小。因此，综合考虑上述4种方法，形成总体过滤效率曲线，通过观察发现，过滤效率最小值在0.1~1.0μm之间。当为最大穿透粒径时，收集效率最小。同时，也是基于最大穿透粒径，对HEPA过滤器和ULPA过滤器进行评价。

2. 空气分子污染过滤器

HEPA过滤器和ULPA过滤器可以有效过滤去除污染颗粒，但在保留气态或气相污染物方面，能力有限，几乎不能够滤除气态或气相污染物。该类污染物通常称为气相分子污染物（AMC），它们会被暂时吸附，但不会被永久保留。气相分子污染过滤器需通过物理吸附（也称物理吸着）和化学反应去除空气中的化学物质。物理吸附是将分子机械地锁定在其他固体材料中的过程，最常见的是活性炭。活性炭是一种非常有效的有机分子吸附剂，但对无机酸性或碱性气体不是很有效。为吸收无机酸性和碱性污染物（如HCl、硫酸以及氨等碱性化合物），需采用不同类型的吸收剂。不同的吸收剂与酸或与碱发生化学反应，使其在AMC过滤器内除去。其中最常使用的化学品是一种碳酸钠和碳酸氢钠混合物，也称为缓冲液。缓冲液是一种化学混合物，通常用来保持恒定pH值。用这种碳酸盐化合物混合物处理AMC过滤器，可以在吸收酸性或碱性气体的同时，使 pH 值恒定不变。

3. 过滤器使用寿命

洁净室内新上任的操作人员通常会询问过滤器的使用寿命问题，但该问题并无固定答案，过滤器并不会在运行一定时间后进行更换，而通常会出于其他原因被更换。如果 HEPA 过滤器或 ULPA 过滤器受到物理损伤或变湿，则可能需要更换。如果过滤器上的压降值两倍于初始值，虽能够正常工作且未遭受物理损伤，也需要更换。过滤器通常不会因为过滤性能因素被替换，而会因气体流动因素被替换。

AMC 过滤器通常由多层被气隙隔开的吸收剂构成，可移动吸收袋可置于倒数第二层和最后一层吸收剂之间的气隙中。需要对其定期分析，确定 AMC 是否已穿透倒数第二层吸收剂，如已穿透，则表明已超过容量限值。如在吸收袋上检测到 AMC，则应更换。

4.3 洁 净 室

工作项目一旦确认后，洁净室性能要求也会随之确认。然后根据要求进行材料结构设计、布局和材料选用。气流对污染物及离子运动的影响是研究工装和工作台设计和布局时的重要考虑因素。为合理有效地对洁净室内工作台进行设计和定置定位，应了解洁净室内气流形式。

无论是洁净室设计、施工阶段，还是工装的安装及洁净室运行阶段，都必须关注室内气流效果。应重点关注：

（1）物料处理系统；

（2）零件存储位置；

（3）室内工作台位置和方向；

（4）工作台上工艺装置上的产品位置；

（5）操作人员移动。

气流会对多个洁净室性能参数产生影响。首先，气流可以稀释室内产生的污染物。气流可以帮助控制室内温度和相对湿度，也会对舒适性和安全性产生影响。保持适当的压力差是控制气流流向的必要举措，能够使其与洁净室环境隔离，使洁净室与外部"工厂"环境隔离，方便提取和排放废物及有害物质。气流往往也是确保充分发挥空气电离系统作用的关键因素。气流过量与气流不稳定都会使操作人员，尤其是干性皮肤人员感到不适，洁净室内气流过量会刺激人眼，会使防静电工作区内人员手部温度降低。最后，有些工艺处置过程对气流干扰异常敏感，需要采取特定的污染控制方法。比如，利用润滑剂使其缓慢沿平滑界面流动，润滑硬磁盘记录介质的过程。

后面章节将对洁净室设计进行阐述，其中，首先重点讨论混流洁净室或湍流洁净室，其次是单向流洁净室，然后是洁净工作台中的气流，最后是隔离罩、手套操作箱、生物安全柜和微环境等隔离装置。微环境是一种特定的洁净环境（一种洁净室形式），具有良好的应用前景，其作用越来越重要，在未来会得到越来越多的应用。

4.3.1 非单向流动（传统或混合流）洁净室

目前，洁净室通常分为单向流动洁净室和非单向流动洁净室。过去也称层流洁净室和湍流洁净室，有时也用混流代替湍流。后来，人们认识到洁净室内的气流既不是层流的，也不是流体力学的湍流形式，层流和湍流有着明确的含义，因而采用了当前的叫法。

雷诺数和洁净室气流

流体力学以无量纲单位（雷诺数）来定义气流。平行板之间的雷诺数被定义为 Re_L，且有

$$Re_L = \frac{Lu_b\rho}{\mu}$$

式中：L 为长度（ft）；u_b 为流体速度（ft/s）；ρ 为密度（lb/ft^3）；μ 为黏度（lb/(ft·h)）。

在常规洁净室环境条件下，即 70°F（21℃）、1 个大气压和流体速度为 90ft/min（1.5ft/s）的情况下，这个公式变为

$$Re_L = 2.58L$$

假设垂直单向流洁净室的天花板高度为 10ft，则雷诺数为 25.8。很明显，这时的雷诺数远不及 2200，则表示出现湍流。2100 以下的雷诺数通常与流体机械层流有关。我们的雷诺数 25.6 小于 2100，但并不意味着我们的层流洁净室是流体-机械层流洁净室。蠕动流的雷诺数通常在 1 左右，因此，用流体力学术语来说，蠕动流比层流更准确。

在混流洁净室中，气流的特点是流线不相互平行，而是在宏观上纠缠或混合。污染物移动方式不可预知，滞留再循环区域往往会长期存留污染物。产品表面累积的污染物数量与污染物产生的时间成正比。

图 4.9 所示为一个常规洁净室的示例说明，该洁净室建在地坪地板之上，天花板上安置了部分过滤器。图中，回风管置于围墙上，回风口安装在地板附近。如果过滤器以 90ft/min 的额定风速运行，则图示房间每小时将会产生约 120 次空气交换次数，能够满足千级洁净室性能要求。图中，6 个 HEPA 过

滤器分成两排安装在房间天花板中间附近，分别被实心天花板隔开，同时，也通过实心天花板与外墙隔开。

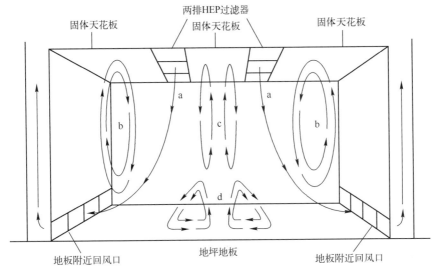

图 4.9 典型混流洁净室气流示意图

图 4.9 中所示的过滤器布置方式和回流方式特别具有启发性。HEPA 过滤器输出的高速气流（图 4.9a 气流）垂直进入室内，但很快就会失去动力，改变方向，使得位于墙壁上地板附近的回风口通过吸收作用将空气从室内排出。注意，该现象表明了气流流动的一个重要规则，气流流向类似于定位一根绳子，如果想控制气流流向，必须将其从室内抽出，就像是抽出一根绳子一样。您无法通过推力作用将绳子放在您想要的位置。

HEPA 过滤器产生的气流会导致其附近区域产生气流。首先，注意过滤器左侧和左侧墙体之间的气流，如 b 气流。HEPA 过滤器输出的气流与邻近的实心天花板下方的滞留空气摩擦，该区域内空气产生流动。从 HEPA 过滤器输出的气体与其相邻的实心天花板下方的空气产生旋转流动，旋转流动会使污染物再循环流动，而非将其从洁净室内即刻排出，因此，往往会增加室内污染物存留时间。如果污染物产生在滞留再循环区域，则会长时间存留在房间里。该流动模式的镜像出现在对面墙体附近的天花板下方区域处。

两排 HEPA 过滤器之间实心天花板下方房间中央存在一种气流模式，该气流出现的原因与之前所述的一样，HEPA 过滤器输出的空气与位于固体天花板下方的初始滞留空气摩擦，导致气流流动，但该气体流动模式比 HEPA 过滤器和墙壁之间的气体流动模式更复杂。HEPA 过滤器输出的气流与相邻天花板区域之间的气流摩擦，导致产生旋转气流。在这种情况下，空气沿周边向下流动，然后汇集在中心位置处，向上流动，如图4.9中c气流所示。

最后，位于HEPA过滤器之间且靠近地板附近位置存在一种气流模式，源自两排HEPA过滤器的气流，通过靠近地面的墙壁上的回风口格栅从室内排出。该分散气流在房间中央位置地板上方形成一个滞留再循环区域，如图4.9中d气流所示。注意，该再循环区域中心的气流从中心地面位置处向上流动。应特别注意该滞留再循环区域，它会使地板上的污染物重新悬浮，使其在室内循环流动，再循环区域向上气流d与再循环区域向上气流c混合的可能性很高。常规气流洁净室中的滞留再循环区域可使颗粒从地面流动到天花板位置，其他滞留再循环区域可使它们长时间悬浮在空气中。

鉴于滞留再循环区域的存在与气体流动方式，非单向流洁净室通常也称为混流洁净室。在非单向流动洁净室中，污染物因这种空气流向而长期存在，除非采取了特别的预防措施，其洁净度等级通常要比FED-STD-209千级（ISO 14644 6级）低。

4.3.2 非单向流洁净室的空气电离

安装在HEPA过滤器附近天花板上的室内空气离子发生器可对大部分室内区域空气产生中和作用。同理，湍流既可长时间存留室内空气污染物，也可将离子发生器产生的空气离子流动至室内更多区域。湍流会使室内空气离子流动，安装在天花板上的离子发生器可以电离室内大部分区域。受离子发生器安装距离影响，放电时间往往会很长，也会因其所处房间位置的变化而变化。除该类吊顶式室内空气离子发生器外，通常还会配置离子发生器，满足特定应用环境要求。比如，在混流式洁净室内，通常会配置离子风机，配合吊顶式离子发生器使用，以满足所需的放电时间或浮动电位要求。

4.3.3 单向流动洁净室：100%过滤器覆盖率

1. 垂直单向流动洁净室

可以在天花板内装满过滤器，使其以相同的速度运行，使天花板附近避免产生滞留再循环回流区域。HEPA过滤器间没有速度差，不会产生滞留再循环区域。天花板上布满过滤器且铺设无栅格活动地板的洁净室室内预期的气流示意图如图4.10所示。

室内天花板上过滤器间的气流平衡是避免天花板附近滞留再循环区域产生的关键因素。事实上，这也是洁净室检测和认证过程中所面临的一项令人困惑的问题。即使天花板上100%布满过滤器，也需要技巧和时间来消除湍流和水平气流。某种程度上，现代风机过滤器单元已经简化了这种平衡行为。

配置风机过滤单元后，每个过滤器的排风速度均可以独立于其他过滤器进行调节。相比之下，如使用中央风机，则需要为供应支路和每个过滤器配备流量控制挡板才能实现风量控制。对单个过滤器上的气流调节器进行调节会改变供应管道内压力，会影响其他过滤器的输送速率。

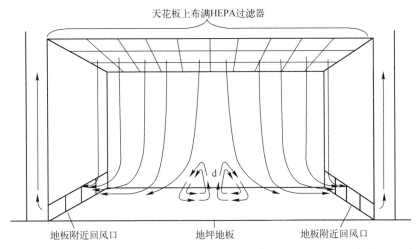

图 4.10　无栅格活动地板的洁净室室内预期的气流示意图（天花板上过滤器100%布满）

HEPA过滤器布满天花板后，天花板附近就不会形成滞留再循环区域，室内地板上方也不会形成滞留再循环区域。但是，即使HEPA过滤器布满天花板，位于回风口之间和房间中间位置地板附近的滞留再循环区域也可能会产生，如图4.10中d气流所示。该滞留再循环区域会使污染物流动至天花板附近。但是，与图4.9所示的传统洁净室不同，从天花板向下延伸的区域没有滞留再循环区域。因此，在图4.10所示的单向流洁净室中，HEPA过滤器布满天花板后，污染物会存留在地板附近。

2. 工作台面高度和洁净室认证

针对铺设地坪地板的洁净室（非穿孔活动地板）内地面附近的滞留再循环区域，有一种洁净室认证方式和使用规则，其也适用于铺设穿孔地板的洁净室。通过工作台面上的颗粒计数方式对其进行认证。

如在垂直单向流动洁净室内对HEPA过滤器正下方的颗粒进行计数，除非过滤器损坏或密封件发生泄漏，否则，数值应几乎为零。通过颗粒数计数，可以评估HEPA过滤效果。需要认识到，这只是在第一阶段认证过程中可能会产生污染的部分污染源，是对天花板和过滤器整体性能的评估。第一阶段认证还包括对工作台面的测量，此处受测的样品会受天花板和工作台面间颗粒数量的影响。

你也许会问，为什么要在靠近天花板的地方进行粒子计数？第一个原因是需要过滤器进行完整性测试。ISO 14644-3 中附录 B6 对过滤器泄漏测试采样方法进行了说明。这可以消除房间内的所有其他可能的污染因素，确保所记录的任何污染颗粒都源于过滤器及安装过程，已安装过滤器的泄漏测试的时间间隔建议为 24 个月。在靠近天花板位置处进行采样更为有用，采样测试也要比过滤器泄漏测试更频繁，这是第二个原因。在生产操作过程中，应首先测量局部过滤器对工作台面上污染物计数的影响。因此，在调查工作台面上检测到的颗粒计数问题前，应对已安装过滤器的完整性情况进行验证。

洁净室认证的关注位置应放在工作台面高度，即产品所在的位置高度。由于地板附近存在滞留再循环区域，对从靠近地板位置取得的样品进行测试时，测试样品浓度通常比从工作台面取得样品的浓度高得多。因此限制了洁净室内产品的存放位置。即使产品已被外包装包裹，也不应存放在工作台高度以下位置，这是洁净室审核时其中一个最为普遍的不符合项。

3. 100%天花板过滤器覆盖率

如果图 4.10 所示的滞留再循环区域 d 的顶部高度高于房间中心附近位置工作台面的高度，污染物将从地面流动到工作台表面，污染产品和工艺处置过程。有关气流的研究表明，再循环区域的高度是两个回风壁之间距离的函数。通过仿真研究，我们发现，当回风口墙壁之间的距离大约为 24ft 时，以房间为中心的滞留再循环区域的顶部高度超过常规工作台（在地板以上28~29in）高度。此外，室内工作人员和房间中的移动物体产生的湍流会增强这种效应。

顶部全部覆盖天花板，且铺设非穿孔地板的狭窄洁净室有时称为单向流隧道洁净室。单向流隧道洁净室通常适用于单排或两排工艺处置程序过程。一般情况下，单向流隧道洁净室由一个主廊道和多个称为工艺走廊的隔间构成，如图 4.11 所示，其三维图如图 4.12 所示。

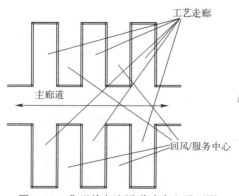

图 4.11 典型单向流隧道洁净室平面图

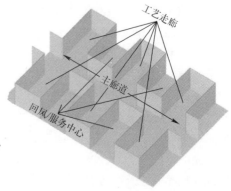

图 4.12 典型单向流隧道洁净室三维图

该类型洁净室常见于半导体、光掩模、磁记录头和硬盘制造行业。在该类洁净室内，通常采用两种方法进行工具安装。可以将工具排放在房间中部，如图4.13所示。将工作台置于室内中心线位置上，可以充分利用室内固有气流。气流从天花板位置处输出，经过分流排出房间。附在室内工作人员上的污染颗粒将随气流流出工作台和产品处理位置，穿过工作人员所处空间，流出房间。但是，该类工具安装方式也有不足，比如，需要面对工装问题。当地面为地坪地板时，通常需要使用公用设施连接槽，也需要借助泵将废液从公用设施连接槽中的废液管道输出。所有维护和保养都必须在洁净室内完成。对于部分工具，硬件附件与工具部分之间的距离有限，需要在室内处置，这就占据了本就不大的洁净室空间。

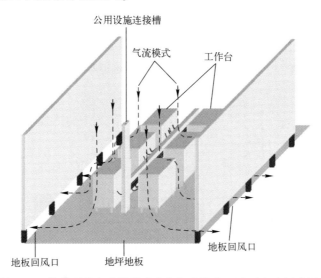

图4.13 某典型单向流隧道洁净室气流模式（地面为地坪地板，工具排列在中心线位置。为清楚起见，移除了端壁）

工作台也可沿着回风口墙壁放置，充分利用隔板安装，其优点如下。

（1）对于不需要洁净环境的工具，可将其置于回风口墙壁后面、洁净室外部，但位置不应过远，方便与在洁净室内工作端部的工具互连。在某些极端情况下，唯一留在洁净室内的是加载/卸载室门。

（2）方便电离、通信、流体供应和废物清除等设备设施布置。

（3）多数维护和保养工作都可在隔板后面的服务中心内完成。

图4.14给出了地面为地坪地板的隧道式垂直单向流洁净室内工作台隔板的安装示例。粗虚线表示从天花板输出到地面回风口不受工作台阻碍影响的气流，细虚线表示通过隔板安装工作台流出房间的气流。流过工作台a的气

流情况如图 4.15 所示。

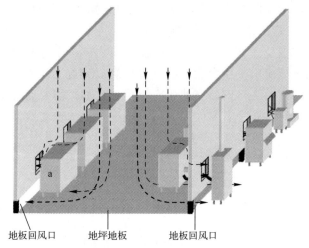

图 4.14　隧道式垂直单向流洁净室的三维视图（地面为地坪地板）

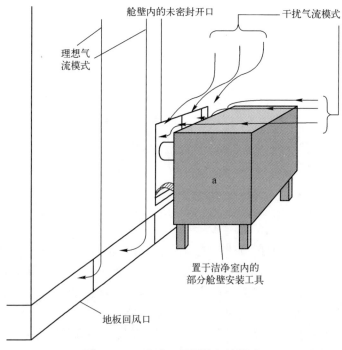

图 4.15　工作台 a 周围的气流模式

然而，工具若沿回风口墙壁放置，洁净室内中心位置产生的污染物将被气流带到工具上。为了尽量减少污染，必须小心控制气流流向。为防止污染物从室内中心位置流向关键污染敏感区域,对工艺产生不利影响,需详细说明工具的安装要求,比如,应密封工作台上方的工具和隔板之间的所有开口。

多数工具的表面不是水平的表面,会使气流在从关键产品位置下面的地板上安装的回风口流出之前,将气流引向隧道中心。某些情况下需要添加水平表面,控制气流,可利用流动仿真技术设计气流控制屏障。

4.3.4 单向流洁净室内的空气电离

非单向流动的洁净室内的混合气流会分散空气离子。相反,在单向流动的洁净室中,气流会趋向于保持空气离子分层。因此,对于人体模型静电放电灵敏度低于200V且放电时间远远低于45s的产品,吊顶式离子发生器的作用有限。在单向流洁净室中,最好利用分层气流将杆式离子发生器直接放置在空气路径中,将离子流送到工作台关键位置处。单向流洁净室的气流流速相对较快(通常为70~110ft/min(0.35~0.45m/s))。因此,多数情况下可以使用杆式离子发生器,避免因配置风扇驱动型空气电离器带来的费用、噪声和混流等额外负担。

4.3.5 增加穿孔的活动地板

洁净室回风墙之间的距离应大于24ft。多数情况下,可以通过设计改进解决该问题。如图4.16所示,该室内地板完全采用穿孔地板。气流可通过穿孔流出房间,而不仅仅是从房间的回风口墙壁流出,这极大方便了控制气流。穿孔活动地板也有不足,相比于常规地板,常用的穿孔活动地板每平方英尺的价格会增加25~35美元,这大大增加了建设成本。

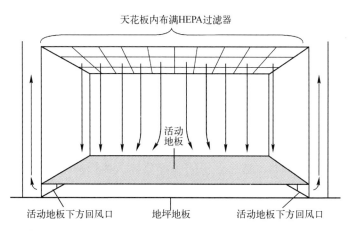

图4.16 铺设活动地板和天花板内布满HEPA过滤器的洁净室

虽然对活动穿孔地板控制气流方法进行了改进，但仍有局限性。洁净室与底层地板之间的压力差是地板位置与回风口墙壁之间距离的函数。越靠近回风口墙壁，洁净室和底层地板之间的压差越大，回风口墙壁附近的气流流速越大。相反，对于比较宽敞的房间，房间中部远离回风口墙壁，其压力差很小，房间中间位置流出的气流会远远低于回风口墙壁附近流出的气流，这可能会导致洁净室中气流的水平分量过高。

4.3.6 利用穿孔活动地板平衡房间气流

可利用带有流量控制挡板的洁净室地板解决洁净室内活动地板上的压差问题。图 4.17 所示为一种洁净室内气流平衡方法，其中回风口间的距离为 48ft。该方法综合利用实心地板、带可调流量控制挡板的多孔地板和无流量控制挡板的多孔地板。将两排实心地板铺设在紧靠回风口的墙壁位置处。该区域压力差最大，空气优先从靠近回风口墙壁的房间排出。两排铺设有流量控制挡板的多孔地板，可以完全关闭流量控制挡板，使穿孔作用失效。

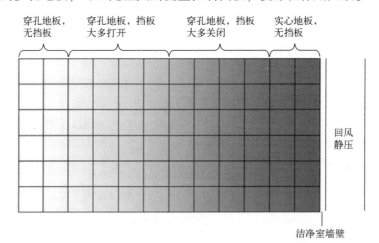

图 4.17　一种基于控制活动地板流量的洁净室气流平衡方法（灰度表示流量限制程度，颜色越深，气流越受限制。每个方块为一个 2ft×2ft 的地板（该图只是一半房间，另一半与此图一样））

接下来的八排地板带有流量控制挡板。在靠近实心地板的一排中，流量控制挡板几乎是封闭的，越靠近房间中部位置，挡板的开放程度越高。在房间中部位置铺设了几排没有流量控制挡板的多孔地板。房间中部地板上的压力差最小，采取额外的流量限制措施（如使用挡板）会适得其反。

使用混合地板可最大限度地降低地板成本。各类地板成本多少对比如下：

固体<穿孔、无挡板<穿孔、有挡板

在底层地板与活动地板间深度较浅的房间内，活动地板上气流不均匀的问题最为突出。许多现代化的洁净室，特别是半导体行业大洁净室，底层地板区域深度非常深，可容纳用于生产处置所需的大量设备设施。深底层地板区域倾向于产生均匀的底层地板压降，从而使活动地板上的气流均匀性得到优化。

4.3.7 工具安装后的气流平衡

洁净室内地板安装好后，应利用地板平衡气流。此外，工具安装之后，可能需要重新平衡地板。通常需要切割地板容纳工具支撑基座。公用设施和通信线路通常布置在活动地板下面，同样需要穿透地板。地板上的切口会改变工具附近的气流流向。一般来说，应额外配置坚固的地板，需要时对地板进行切割，满足工具和设施的安装要求。穿孔地板，特别是带有挡板的地板，价格昂贵，切割麻烦。工具安装后，地板可能会离开初始安装位置，进一步增加了工具安装之后重新平衡房间气流的需求，可以通过选择地板类型或调节流量控制挡板来平衡气流。

工作台添加到具有平衡活动地板的垂直单向流洁净室后，会改变洁净室的垂直气流流向。图4.18所示为垂直单向流洁净室中安置的两个工作台图例。一个工作台安置在回风口墙壁处一个工作台安置在远离回风口墙壁的地方，靠近房间中间位置。

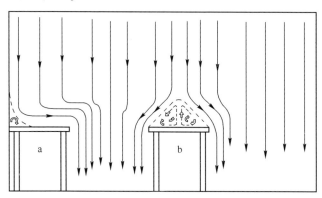

图4.18 安装在垂直单向流洁净室中的工作台周围的气流模式（工作台a在由竖直壁和水平工作台表面形成的拐角处存在滞留再循环区域。处于房间中间位置的工作台b的上方存在金字塔形滞留再循环区域）

安置在墙体附近的工作台对清洁空气的垂直单向流动会形成水平阻碍。当垂直流遇到水平障碍物时，气流从垂直流向向远离墙壁的水平方向改变。墙是水平气流的障碍物，可以称为流量控制屏障，可利用它控制气流水平流动。

假定产品位于工作台中心位置。现在，水平气流在产品位置上朝向房间中心的桌子边缘移动。走过桌子边的工作人员可能是一个重要的污染源。那么水平气流可以将污染物推回给工作人员，保护桌子上的产品免受工作人员产生的污染。为了使这种保护最大化，逻辑上应使产品到工作人员的水平气流最大。减少流向污染源的水平气流增加了污染物进入产品的可能性。

需要注意工作台水平表面与洁净室墙壁之间角落处的气流，此处的气流处在滞留再循环区域，该区域产生的污染物将长期留在工作台上方。在一个 90ft/min（0.4m/s）的垂直流动洁净室中，滞留再循环区域占据了工作台宽度的 1/3。可以对工作台表面进行标记，画出不应放置产品的位置区域。图 4.19 所示为一种标记示例。利用流动仿真技术，可在工作台表面上标记出警示带，告知不要在警示带后放置任何东西。警示带可标有箭头、警告标志，也可以贴满整个不使用的区域。

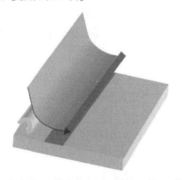

图 4.19 一种工作台表面警告标记方（禁止使用滞留再循环区域）

也可以将角落的空气溢出桌子的后部边缘来减小滞留再循环区域。将工作台稍微移动，使其与墙体间留有一定缝隙，将产生图 4.20 所示的气流。该方法可以缩减工作台表面后部边缘处滞留的再循环区域面积。滞留再循环区域的位置及其大小取决于工作台与墙壁的距离。

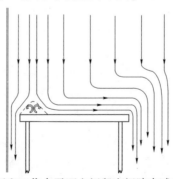

图 4.20 通过流量控制面板和工作台平面之间留出间隙来减少滞留再循环区域的示意图

接下来,我们将着重关注远离回风口墙壁的位于房间中央位置的工作台上方的气流。横截面如图 4.21 所示,工作台水平障碍物上方的气流看起来与没有活动地板的房间地板中心的气流非常相似(图 4.9)。假设一个操作员站在工作台的一侧,而操作员的身体就像一个小墙壁,强迫气流从工作台的反方向、无障碍的一侧溢出,如图 4.22 所示。假设产品位于桌子中间,那么由障碍物(人)引起的气流将从人流向桌子上的产品,该方法显然不可取。

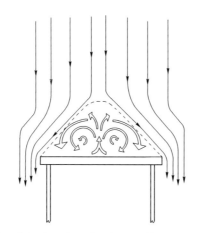

图 4.21 位于房间中央水平障碍物上的滞留再循环区域示意图

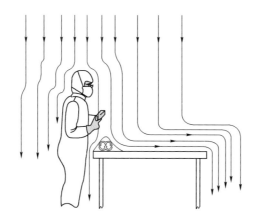

图 4.22 操作员和工作台之间相互作用而产生的气流示意图
(注意从工作台背面溢出的气流)

可以在与人员位置相对的一侧放置流量控制屏障,纠正上述错误做法,如图 4.23 所示。这种情况下,垂直单向流动被迫向水平方向移动,流向从产品位置向操作员移动。如果工作台和流量控制屏障的水平表面形成了一个没有气流溢出的立体角落，角落处也会形成一个大的滞留再循环区域。

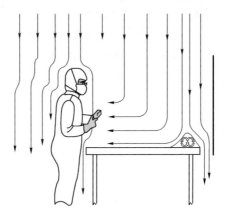

图 4.23 添加流量控制屏障来校正操作员和工作台之间的气流交互示意图
（气流不能完全从工作台背面溢出，被迫从产品流向操作员）

控制气流时应特别注意：需要尽可能地保持水平气流以较高流速从产品流向工作人员。比如，如果不需要从工作台的两侧进行操作，则应该在两侧添加流量控制面板，迫使所有的水平气流流向操作员。工作台及其流量控制屏障的任何变化都会影响气流速度，弱化保护作用。因此，应小心谨慎地进行气流流向设计。对此，调整地板可能会有所帮助。可以关闭工作台面正下方的地板流量控制挡板，也可以用实心地板代替。可以打开操作员位置下方的地板挡板，更有利于气流水平流向操作员。

4.3.8 实心工作台面与穿孔工作台面

在 20 世纪 80 年代初期，人们普遍认为工具设计应遵循不干扰洁净室垂直单向流动的原则。因此，许多洁净室配备了表面穿孔的工具和工作台，以及开放式钢丝网搁板（用于储存），以助于保持气流垂直流动。然而，该方法降低了流向操作员的水平气流速度。综合考虑水平流动知识以及流量控制屏障设置措施，结合实验和流体动力学模型，人们发现实心表面要比穿孔工作台表面造成的产品污染低得多。此外，表面放满工具、夹具、托盘、零件等，多数穿孔会被阻塞。从气流的角度来看，也几乎等同于实心工作表面了。

4.3.9 零部件存储位置

如果多层推车和存储位置采用穿孔或开放式货架结构，会产生另外一个不利影响。由于多个货架垂直堆放,上层货架移动零部件时产生的污染物可能会落在下层货架上的零部件上。以下是存储工具设计和存储建议:

(1) 优先推荐使用倾斜面向操作人员的单层存储容器。

(2) 倾斜设计可使取回单个零部件的同时不触及其他零部件。

(3) 托盘应有防滑动功能。即使在水平面上,也应有防滑功能,工作人员应避免将托盘滑进/滑出架子。

(4) 气流干扰最小化。

对于多层存储装置,实心货架优于穿孔或开放式货架。图4.24所示为垂直单向流洁净室零部件存储装置概念设计图。

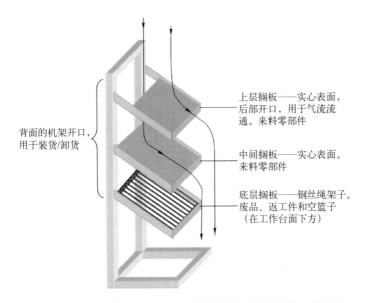

图4.24 垂直单向流洁净室中多层零部件存储装置概念设计图

4.3.10 水平单向流洁净室

水平单向流洁净室不像垂直单向流洁净室那样普遍存在,但仍然存在,在某些情况下的应用效果很好。如果将现有房间改造为洁净室,但天花板高度受限,没有足够的空间装置过滤器、净化器、管道系统、风扇等,可以将其改造为水平单向流洁净室。图4.25所示为一个新建成的水平流动洁净室的气流模式。空气从HEPA过滤器输入,向室内移动,但不会宏观混合。图中所示的回风口采用了带有挡板的回风口格栅设计,可以确保空气以统一的流向从房间中抽出(如果没有挡板,将首先排出天花板附近的空气,因为回风墙上的压降在天花板处最大)。

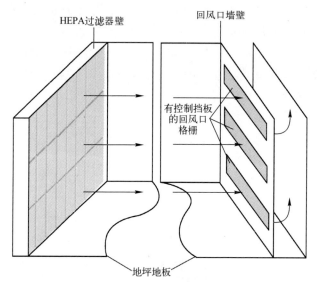

图 4.25 典型的水平单向流动洁净室剖面图（有过滤器壁、回风口壁和气流模式）

水平流动洁净室在航天工业中比较常见，它们的天花板高度很高。水平流动洁净室的一个重要特征是，过滤器壁附近产生的污染会随风向流动，增加下风方向的污染。因此，随着逐渐远离过滤器墙体，洁净室的等级也在发生改变。对于污染最为敏感的产品或工艺操作过程，应放置在靠近HEPA过滤器的位置，不太敏感的产品或工艺过程可以放置在远离过滤器墙壁的位置，但该策略不太可能实现。

将该类型水平流洁净室改造成现有结构的最常见的应用是在医疗行业。在洁净室手术室中进行手术益处很多，特别是对于髋关节、膝关节置换手术等感染控制类手术尤其重要。

4.4 洁净室建造和运行成本

洁净室每平方英尺造价1000~2000美元并不罕见，但该数字有一定的误导性，因为超洁净气体管道、排水沟、酸性和有机化学废气的处置设施等公用设施的安装成本往往会加在建造成本中，在洁净室规划设计和建造施工时通常需要统筹考虑上述设备实施，因此也将上述费用纳入成本之中。工艺供应设施、排气管道以及工艺过程有关的其他公用设施成本应与洁净室建造成本分开核算。例如，最先进的半导体处置工艺需要配备的工艺供应设施、排气设施远远要比简单的机电装配工艺更复杂和广泛。

洁净室建造成本应包括：
（1）HEPA 过滤器/ULPA 过滤器；
（2）空气分子污染过滤器（可选）；
（3）天花板结构；
（4）如果不适用风机过滤器，则使用再循环风机；
（5）高于工厂要求的烟雾、火灾探测器和喷头；
（6）特殊的洁净室地板或活动地板和地砖；
（7）墙壁、窗户、门和通道；
（8）灯；
（9）洁净室运行的监测和测量仪器；
（10）空调设备，包括冷水机组、加湿器和除湿机；
（11）使洁净室平稳运行的公用设施和维护保养设施。

有关方面研究了制药、生物制药和半导体行业洁净室的平均建造成本，研究范围为 FED-STD-209 1级~10万级（ISO 14644 3级~8级）不等。将8间配有粉尘过滤装置的洁净室分割为12间管道式洁净室。在管道式洁净室中，平均设备成本约为每平方英尺360美元。在装有风机过滤装置的洁净室里，平均成本约为每平方英尺200美元。每种情况的供应管道和排气系统的成本大约是设施成本的一半。减去公用设施成本，最终估算得到洁净室建造成本。管道式洁净室为每平方英尺177美元，而带有风机过滤装置的洁净室每平方英尺平均75美元，这不包括输气和排气管道成本。上述成本均包括了循环风扇或风扇过滤装置、空调装置（冷却、再加热、加湿）、灯光和控制装置成本，以及为室内补充空气，对房间加压处理的成本。

八管道洁净室的运行成本约为每年每平方英尺26美元。据估计，12个配有风扇过滤装置的洁净室年运行成本约为每平方英尺18美元。该成本包括运行循环风扇或风扇过滤器单元、空调单元（冷却、再加热和加湿、灯光和控制系统）相关的成本，以及根据周围工厂环境补充空气，对房间加压处理的成本。因此，洁净室的运营成本将在3~7年内达到或超过洁净室的建造成本。考虑到洁净室的平均使用寿命为15~20年，同设计和建造成本一样，运行成本也是重要的考虑因素。

洁净室中能源消耗最大的是过滤器风扇。使空气流过滤器所需的能量与线速度的立方成正比。因此，多数过滤器的运行速度小于等于额定速度。也可以采用其他方法调整风扇转速，最大限度地降低能耗。替代方法都要求将过滤器的面积最小化。我们应对其进行探索研究。

4.5 现代节能方法

4.5.1 单向流清洁工作台

可以将产品或工艺处置过程限制在 100 级（ISO 5 级）或 10 级（ISO 4 级）单向流洁净工作台上，以最大化降低过滤器的数量，这些工作台安装在 10000 级（ISO 7 级）或 100000 级（ISO 8 级）洁净室中。如果该方式消耗的能量低于采取洁净室整体方式所消耗的能量，则有意义。

常用的单向流工作台仅由一个或两个工作台构成。在工厂环境中，输入室内的气流是未经过滤的。需要着重考虑工厂加热、通风和空调（HVAC）天花板扩散器的气流方向。可能有必要规划单向流工作台的位置，避免来自工厂 HVAC 空气扩散器未经过滤的气流流入。也可以安装流量控制屏障，偏转未过滤的气流流向，防止流入洁净工作台前部位置。还可以为每个 HVAC 扩散器安装风扇过滤器单元。

有些单向流洁净工作台的洁净性能还不如一般工作台，原因并非过滤器选择不当或风机选择不当，而是由于空气回流系统的设计不合理产生的。单向流清洁工作台主要有两种类型：水平流动清洁工作台和垂直流动清洁工作台。图 4.26 所示为典型的水平单向流动洁净工作台及其气流流向示意图。水平单向流动清洁工作台通常配有一个垂直安装、与工作台表面长度相当的过滤器。顶灯、侧面板和工作台表面能够限制空气流动，使其以单向流线形式流过工作台表面。洁净工作台的回风口位于工作台下方，所以空气必须以最理想的方式垂直向下回流到风扇。

将图 4.26 所示的水平单向流工作台的气流与图 4.27 所示的设计不当的垂直单向流洁净工作台进行对比。在垂直单向流洁净工作台中，过滤器水平安装，由此输出的气流向下流动并流过工作台表面。该气流有两个问题，第一个问题是位于垂直墙体旁边的工作台背面有一个滞留再循环区域，就像图 4.18 所示的安装在墙上的工作台面一样。可以将工作台面从机罩的后壁移开部分解决该问题，使气流像之前一样从工作台面上流出。第二个问题是因回风口位置而产生，比较严重。多数垂直单向流动洁净工作台上的空气回流器位于操作员头部上方的机柜前部或顶部，靠近前端的气流会取捷径回到回风口，使其不能流过工作台表面，极大地降低了污染控制的有效性。有人提出可以安装一个垂直的窗扇，迫使空气向下流向工作台表面，以解决该问题。

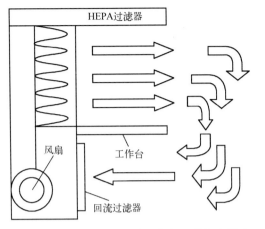

图 4.26 水平单向流洁净工作台及其气流模式

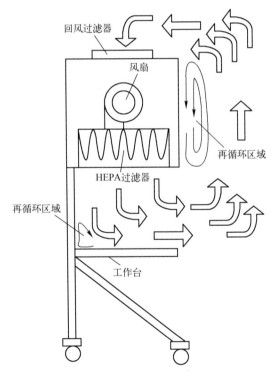

图 4.27 垂直单向流洁净工作台及其气流模式

然而,安装窗扇并非没有问题,窗扇会干扰气流进入洁净工作台内部。进行精密装配或检测时,禁止通过窗扇观察。在垂直流动工作台的前部增加一个窗扇也不能解决第二个问题,即不理想的工作台外部空气流动形式。空气返回至回流风扇时，其在房间里是上升型气流，这会在机罩前部形成一个大的滞留再循环区域，使污染物悬浮在机罩前方。此外，上升的气流也要抵抗重力作用。如果室内主要气流形式是向下流动，则来自风扇罩的回流会与室内空气流向抵触。人员进入防护罩时，污染会被带入防护罩内部；人员在防护罩前面走过时产生的湍流也可能将污染物带入防护罩内。

图 4.28 所示为解决图 4.27 所示气流流向问题的一个可能方案。该方案使空气处理模块顶部的回风口被新的管道覆盖。在背面设置一个新的回风口。为确保流入新回流口的空气来自工作台表面之下，新安装了一个管道，连接工作台表面以下的空间气流。

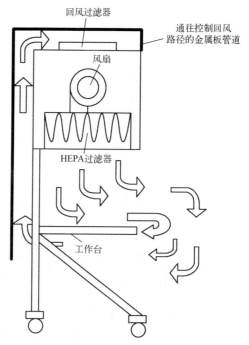

图 4.28 改进后垂直单向流工作台及其气流模式

4.5.2 隔离器和微环境

隔离器和微环境体现了污染控制的最新研究成果。虽然研究不以节能为目的，但它们具有能源成本优势。有些人认为，应将其重新归类为加工工具，以便享受更好的税收政策（设施通常作为房地产缴税，折旧周期比资本设备长）。事实上，多数人都认为应将洁净室视为资本设备。由于隔离器和微环境固有气流特性，也应将其视为资本设备。

隔离器用于将产品或工艺与周围环境隔离,也用于隔离周围环境与隔离器内部物体。各行各业如制药、化学和食品制备以及军事领域等都在使用隔离器。在医疗行业,可利用隔离器治疗烧伤患者。著名电影 *The Boy in The Plastic Bubble*(《塑料泡泡里的男孩》)[4]是其在医疗行业的应用示例。图 4.29 所示为典型的三级生物安全柜,是很好的隔离器原理模型。

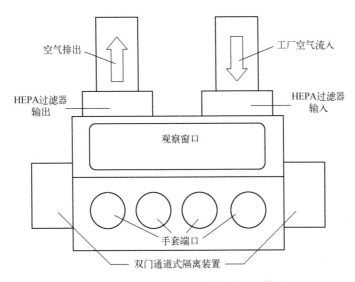

图 4.29 三级生物安全柜隔离器原理模型

在普通洁净室应用中,空气压差用于排除受保护区的污染物。受保护区域相对于周围环境是正压,气流可以泄漏到周围环境中。对于三级生物和医药/制药隔离器,可能存在压差,但不允许泄漏。通常,生物/医药/制药隔离器中的气流不应是单向流,隔离器应至少配有一个便于材料进出的双门通道,并且通道通常配有过滤吹洗空气系统。

4.5.3 特定点位洁净区

可以采用特定点位洁净区(也称为洁净隔离工作区)方法最大限度降低过滤器能耗。将过滤器集中布置在关键产品和工艺位置处。利用流量控制屏障措施,使过滤器气流直接流向关键产品和工艺位置,这些屏障在关键产品或工艺位置周围创建了一个相对于周围环境略微正压的区域。更重要的是,流量控制屏障可防止污染物流向关键产品或工艺位置。在特定点位洁净区设计中,天花板经设计后都能够容纳过滤器,但过滤器仅安装在关键工艺位置上方。再利用流量控制屏障,将过滤器的气流引向关键产品或工艺位置。

进入隔离工作台的方式有多种。隔离屏障最小化时，进入限制最小，比如沙拉吧台的防喷嚏护罩，这里经常需要手动操作。其他经常需要手动操作时，可以参考上述要求。也可以使用滑动门或平开门，只有打开门后才能操作。此外，还可以使用双门通道，该方法较为复杂，成本也较高，但能达到更好的污染隔离效果。截至目前，SMIF方法成本最高，但污染隔离效果最好。表4.1中列出了以不同方式进入FED-STD-209 10级、1000级和10000级（ISO 3级①、6级、7级）洁净室产生的污染数据。

表 4.1　不同进入方式的隔离室效果对比（晶片上存在的粒径不小于 0.3μm 的平均颗粒数）　　　　　　　　（单位：个）

类别/级	SMIF	直通式	摆动门	防打喷嚏面罩
10	0.5	0.5	0.5	3.6
1000	0.0	0.0	7.0	7.5
10000	1.3	1.5	40	52

来源：参考文献 [5]。

4.5.4　现有的大开间式洁净室隧道化改造

接下来，本节将介绍一个现有的10000级（ISO 7级）洁净室的升级改造过程。通过在过程通道上重置HEPA过滤器，在房间中心创建了一个虚拟隧道。在传送带和工作台下方的房间中部位置铺设了实心地板，并且安装了过程输送机和工具。最后，内置了流量控制面板，创建了虚拟隧道。图4.30所示为天花板的改造示例。过滤器重新集中布置在房间中央，覆盖了80%的天花板面积。

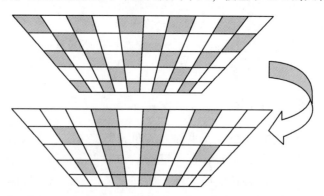

图 4.30　大开间式洁净室隧道化改造天花板改造设计示意图

---

① 译者注：原文如此，但经译者查阅洁净室相关书籍确认，与FED-STD-209 10级对应的洁净度等级为ISO 4级。

然后，将工具布置在主过程通道中的 HEPA 过滤器下方位置。围绕工具架设流量控制屏障。在操作员进出工作台和输送机的位置场所，流量控制屏障应保持打开。将输送机和工作台下方瓷砖上的流量控制挡板关闭，使气流沿产品到操作员方向水平流动。图 4.31 所示为洁净室隧道化改造的部分概念设计图。

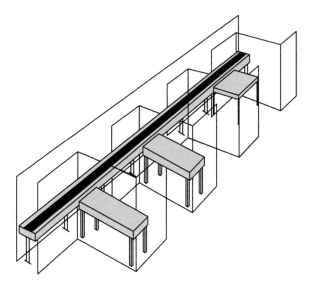

图 4.31 大开间式洁净室隧道化改造工具和工作台安置设计示例

流量控制屏障设计是该过程的又一创新点。流量控制屏障应保持在天花板下方 18in 处。这样做是为了防止形成新的消防控制空间，避免新安装喷头。将 26000ft² 的 ISO 7 级洁净室改成 ISO 5 级洁净室，需要安装新的风机中心和配电中心、运行额外的风管，估计需花费 900 万美元。只需要 90 万美元，对房间进行隧道化改造后，即可达到 FED-STD-209 10 级（ISO 4 级）洁净室性能，该费用包括了静电耗散聚碳酸酯流量控制面板及其框架的成本。

4.5.5 微环境

安全罩通常可以作为流量控制罩使用。未配置 HEPA 过滤器、空气离子发生器或鼓风机的隔离装置应重点关注：

(1) 内部清洁度受洁净室空气供应、空气电离等因素影响；

(2) 天花板、墙壁或地板上必须设有开口，方便洁净室内空气流通。

微环境是一种隔离装置，其配有 HEPA 过滤器、鼓风机、空气电离设备等附件。微环境可完全密封，可利用介入器具操作其内部产品。微环境设计考虑因素应包括：

（1）高速空气射流会导致内部空气流动，可能会导致产生滞留再循环区域和诱导湍流，可能会增加污染物的停留时间，如图 4.32 所示。

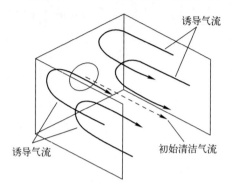

图 4.32 高速自由空气射流在微环境中的气流效应

（2）高速空气会产生局部负静压，导致空气因文丘里效应泄漏到隔离装置内。

对于微环境，既可以手动操作，也可以完全自动化操作。一般将产品封装在密封盒内，实现微环境全自动操作，也称为 SMIF（标准机械接口）吊舱。SMIF 是微环境中的机械接口，只允许使用一种标准的 SMIF 吊舱进行整个工艺流程的操作。SMIF 进一步明确了工作台隔离的概念。在使用 SMIF 隔离设计的工厂中，不仅工作台被隔离，产品也被隔离在称为吊舱的密封产品装置内，对洁净室内产品起到了保护作用。加工工具加载吊舱后，会被解锁，使其可以在吊舱内处置产品[6]。可以用干燥的氮气或其他惰性气体来净化吊舱。

4.6 其他设计注意事项

4.6.1 门和风淋室

应重点关注门。如果洁净室面积较小、人员/产品等流量较小，可选择使用推拉门。面积、流量较大的洁净室，手推车进出频繁，门的表面很快就会损坏，推拉门并不适用。此外，推拉门常常会被支撑着，使之敞开，避免阻挡流通。如果门隔开的两侧区域压力不同，可能会产生气流控制问题。

对于大型洁净室，推荐使用自动滑动门。起初，自动滑动门的成本可能会很高,但实际运行后,可能会比摆动门的成本低,摆动门会经常因为磨损和撕裂问题而更换。此外,自动滑动门会自动打开,可以避免为了使之敞开而长期支撑造成的问题。

从更衣室到洁净室的通道中通常会配备风淋室。风淋室可用于隔离不同洁净度等级的洁净室区域,也可用来隔离不同压力环境的洁净室。风淋室通常包括相互关联的入口和出口,其内部装有高速空气过滤喷射装置,通常也配有空气电离器。其目的是消除进入洁净室人员的洁净室服装外部的松散污染物。有时,风淋室也可以是一条长长的隧道,而不是在出入口处设置门。

关于风淋室消除污染物的效果一直备受争议。有关研究表明,风淋室在去除颗粒物方面作用有限。除此之外,其他方面的研究很少,也没有结论。也许,风淋室的最大好处在于它产生的心理影响。进入洁净室前,先经过风淋,会起到心里暗示作用。本节通过展示两项研究成果说明风淋室的有效性问题。在第一项实验中,操作人员在过滤器和离子发生器关闭的情况下穿过风淋室,然后在洁净室内路过一系列验证板(裸硅晶片),而后走出洁净室。操作人员在过滤器和离子发生器运行条件下穿过风淋室,然后重复上述动作。每个实验都有 5 名操作员,他们都路过了 10 个验证板。实验后,用 0.5μm 分辨率的 Hamamatsu C1515 晶圆扫描系统对产品进行分析。两组实验收集到的污染物颗粒数量不存在统计学差异[7]。

光盘制造行业出现了一次严重的纤维污染问题。该企业更衣室内未配备风淋装置,人员更衣后,需要采取其他措施净化衣物。洁净室内维护人员身着深蓝色的洁净工作服,可利用黑光检测(对于穿着白色洁净室工作服的其他人而言黑光检查并不可行,白色衣服的聚酯会发出强烈荧光,导致看不到松散纤维)。检测后发现,工作服外表面已被松散纤维污染。该企业配置了去除日常服装棉绒的自黏性黏辊,黑光检查验证了黏性黏辊在消除松散污染方面是有效的。在另一个有风淋室的洁净室内重复了上述实验。研究发现,风淋室不会起到去除荧光污染(黏性黏辊去除服装污染时发现的污染物)的作用,相反,黏性黏辊的作用则比较明显。

4.6.2 通道

通道常常作为风淋室使用,风淋室通常很小,即便携带的物品很小也很难进入,通道通常是前后门设置,可以使零部件进出洁净室。通常,两个门相互关联,不可能同时打开。

与零部件打包-开箱工作台结合使用时,通道的作用明显,图 4.33 所示为配有双门通道的开箱工作台平面图。放置在通道中的零部件通常由双袋包装。外包装袋由于暴露在洁净室外部环境中，表面很脏。为了确保进入洁净室的零部件是干净无污染的，需要建立严格的包装拆除流程。当将洁净室内的开箱工作台用于通道使用时，应制定拆箱程序。

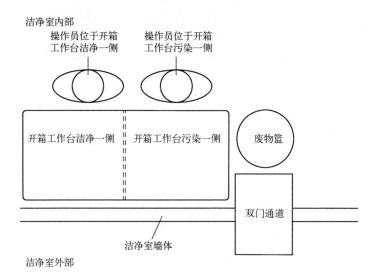

图 4.33　配有双门通道的开箱工作台平面图

开箱步骤如下：位于污染一侧的操作员将双袋去除，外包装已受污染，不应该被随意在洁净室周围移动。应将其放在开箱工作台上，由于外包装袋已打开，位于洁净一侧的操作员可在不接触外包装的情况下去除内包装。内包装的外表面始终保持清洁，可将零部件移动到开箱工作台的清洁一侧，然后再移动到洁净室内其他位置处。当作为包装工作台使用时，整个工作台表面都可以使用。产品经过彻底清污后才能放置在洁净室室内工作台上。

4.6.3　设备直通通道

通常需要编制特定程序，方便大件设备进入洁净室，最好的方式是设置设备中转区域。大件设备外部包装材料通常会暴露在洁净室外部环境中，应在移入洁净室之前去除外部包装，最好在设备通道中执行该操作。第 10 章对设备通道进行了举例说明。

4.6.4　服务区

多数洁净室都有大量需要维护保养的设备，为方便保养，最有效的方法是在更衣室附近设置维护保养区，具体示例请参考第 10 章。

参考文献

[1] *Primary Containment for Biohazards: Selection, Installation and Use of Biological Safety Cabinets*, 2nd ed., U. S. Department of Health and Human Services, Public Health Service, Centers for Disease Control and Prevention, and National Institutes of Health, Washington, DC, Sept. 2000.

[2] HHS Publication (CDC) 93-8395, *Biosafety in Microbiological and Biomedical Laboratories*, U. S. Department of Health and Human Services, Public Health Service, Centers for Disease Control and Prevention, and National Institutes of Health, Washington, DC, 1993.

[3] B. Y. H. Liu, D. Y. H. Pui, W. O. Kinstley, and W. G. Fisher, Aerosol charging and neutralization and electrostatic discharge in clean rooms, *Journal of the Institute of Environmental Sciences*, Mar.-Apr. 1987, pp. 42-46.

[4] The movie is about a boy born with a complete lack of a functioning immune system. He lived his childhood inside a plastic tent, completely isolated from sources of infection.

[5] K. Mitchell and D. Briner, A comparison of manual and automated access to microenvironments, *Journal of the Institute of Environmental Sciences*, July-Aug. 1992, pp. 55-60.

[6] S. Gunawardena, R. Hoven, U. Kaempf, M. Parikh, B. Tulis, and J. Vieter, The challenge to control contamination: a novel technique for the IC process, *Journal of Environmental Sciences*, 27 (3): 23-32, 1984.

[7] R. W. Welker, previously unpublished observations.

第 5 章

如何获得清洁的零部件：零部件清洗作业

5.1 引 言

据估计，洁净室中最重要的污染源就是零部件本身及其所用的包装材料。从某种意义上来说，确实如此。我们的目标是保护产品免受污染，而任何进入洁净室的产品及其包装材料上所带的污染物都有可能接近产品并造成污染。相较而言，洁净室中的工作台和工作人员的衣服反倒不太可能与产品接触。此外，洁净室本身的污染物进入产品的可能性也很小。

那么，有哪些人关心零部件的清洁度呢？毫无疑问，零件的清洁度是设计师、制造工程师、清洗工艺工程师、采购工程师、质量保证人员及其管理层共同关注的问题。事实上，鉴于零部件污染识别、清除和保持清洁极其重要，几乎涉及所有学科，因此需要化学家、化学工程师、机械工程师、设备工程师等共同努力，从多学科的角度提出解决方案。

受到污染不利影响的产品类型因行业和产量不同而有很大的差异。半导体、磁盘驱动器、平板显示器以及 CD-ROM 或 DVD 等大批量产品肯定受污染的影响。小批量产品的制造商，如设备制造商或航空航天工业的制造商，也同样关注污染对产品的影响，尽管他们可能采用不同的（如批次导向的）方法来处理污染问题。本章中介绍了一些零部件污染控制技术，以及这些技术在不同情况下的应用方法。

5.2 历史回顾

在高新技术产品制造业兴起的初期，很少有人会关注零部件的表面清洁度。时至今日,一些高新技术产品制造商仍使用相对原始的方法来表征和控制零部件的污染,这样的例子比比皆是。

在 20 世纪 70~80 年代,许多制造商认为其内部清洗设备能够去除零部件表面污染物,从而使工艺过程免受污染物的影响,这一观点是零部件定量检测手段不足导致的。可以认为清洗工艺效率相对固定,清洗过程能够去除零部件中的一部分污染物。图 5.1 所示为简化的固定效率清洗过程。

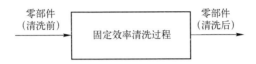

图 5.1　简化的固定效率清洗过程

这并不是说,所有清洗工艺的清洁效率不变。恰恰相反,污染去除比例和进入清洗过程的零部件的污染水平呈现一定的函数关系。如果进入清洗过程的零部件非常脏,则很大一部分污染物将被清除。相反,如果将相对清洁的部件投入到清洁过程中,则清除的污染物百分比下降。这可通过简化的清洁效率曲线来说明,如图 5.2 所示。

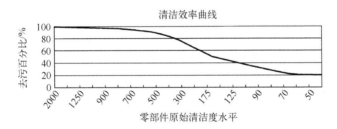

图 5.2　清洁效率曲线(零部件原始清洁度水平和污染物去除百分比之间的关系)

具有较高原始污染水平的零部件相对较脏。从图 5.2 中可以明显看出,带有较多污染物的零部件通过清洗过程后,能够达到非常高的清洁效率。这可能会产生一种误导,即认为污染严重的零部件上的大部分污染物可能更容易清除。具有较低原始污染水平的零部件相对干净,其表面上的污染物可能很难去除,导致清洁效率明显下降。

由此我们可以做出一个有意思的推断:非常干净的零部件经过清洗过程可能会变脏(清洁效率为负)。在实际生产中不乏此类现象发生,比如同一清洗设备清洗完一筐脏螺丝钉后再清洗硬盘驱动器组件的塑件,塑件的清洗效率可能为负。过去,人们不测量零部件的清洁度,仅根据目测判定零部件干净与否,通常称为粗略清洁度测量。目视检验通常在环境光照条件下进行,也不放大待检样品,无法分析其量具能力。

但是,目视检验仍然不失为一项有用的保障措施。人的眼睛确实是一个对污染物敏感的"仪器",就像鼻子可以闻到万亿分之一数量级的物质。无论后续采用何种方法定量测量清洁度,对于存在肉眼可见的明显污染的零部件都应该判定其不合格,而这个通过目测法被判定为不合格的零部件,其污染可能仅局限于零部件的一个很小的区域中,导致该部件往往能够通过常规的定量检验。事实上,有大型电脑制造商允许仅基于视觉标准判定零部件不合格,哪怕这些零部件同时通过了严格的客观清洁度测量技术检验。如果零部件上存在污点或其他污染迹象,则应对该零部件的清洁度提出质疑,并对可疑区域进行胶带提起测试。若污渍不能被胶带粘掉,则判定为外观缺陷,零部件可以继续使用。如果能够明显看到污渍被转移至胶带上,则判定该零部件不合格,该零部件不能继续用于制造中,并且需要对其进行更详细的分析以确定污染的材质以及分析污染是如何生产的。零部件表面的小坑洞有时会被误认为是颗粒污染。小坑洞不会转移到胶带上,该种零部件通常会被继续使用。

依靠零部件的目测检查来支持清洁度的定量测量还有一个原因,那就是经常处理零部件的人员通常对于零部件外观与标准相比的微小不同非常敏感。这一点如果加以利用可以发挥出巨大的优势,因为这样一来就不再是少数几个清洁度检查员检查零部件,而是每个处理零部件的人都是清洁度检查员。当然,采用这种方法也有一些缺点。一方面,多人专注于检查零部件可能导致产率有一定程度的下降;另一方面,更大的风险在于可能需要花费宝贵的工程资源来应对错误的警报。当然在大多数情况下,人们能够迅速识别并消除发生误报的原因,从而最大限度地减少追查误报引起的资源浪费。

在放大条件下零部件进行目测检验必须非常谨慎。增大放大倍数可能有利于确定污染,但同时,放大倍数越高,视野就越小,就越有可能导致污染被遗漏。放大倍数超过10000倍的扫描电子显微镜可以用于样品纳米级尺寸的检查,比如读/写磁头滑块气浮台轴承承载面边缘。在这种极端情况下,判定标准必须基于统计分析,而不能绝对地判定为合格或不合格。

仅基于目测检验的清洁度控制适用于非常光滑且无孔的材料。比如硬盘、半导体基板、平板显示器介质以及诸如此类的表面确实能够采用直接的目测检验法。但是绝大多数表面并不适合采用直接目测法来检验其清洁度。

5.3　粗略清洁度和精确清洁度检验规则

对于表面不光滑、不平整或有孔的零部件，目测法检验其清洁度通常称为粗略清洁度检验。一般而言，不规则表面不适合采用直接目测法来检验其清洁度，因此粗略清洁度检验的结果可能具有较大的变异性。对于这些不适合采用直接目测法检验清洁度的零部件，可以采用间接测定法来检验其清洁度（关于清洁度间接测定法的更多详细的介绍见本书第 3 章）。清洁度间接测定是采用标准化的仪器设备通过标准化的程序步骤进行的，所得到的是定量的结果，称为精确清洁度检验。精确清洁度检验数据的有效性可通过正规的量具能力分析来表征，量具能力分析合格的测定方法可用于建立产品清洁度的统计过程控制。

过去，美国军用标准 MIL-STD-1246 是检测表面污染水平最常用的规范之一。时至今日，该标准已经成为公认的行业标准[1]。MIL-STD-1246 标准中定义了粒径分布，然而对于大多数应用情境而言，粒径分布随情境变化而呈现出不同的特征。粒径分布的变化也反映出一个事实，即测量出的粒径分布很少能完全符合标准粒径分布。然而，该标准中的粒径分布模型描述的是颗粒物浓度的对数与粒径大小的对数的平方的函数关系，在所得到的二维线图中，粒径大小呈线性分布。测量颗粒物粒径分布后，若使用该模型作图，大多数粒径分布也呈线性。

概括来看，粗略清洁度检验与精确清洁度检验对比如下。

1）粗略清洁度

(1) 通过目测进行检验（未明确视力要求）。

(2) 在环境光照条件下进行（未明确照明标准）。

(3) 不放大待检物。

(4) 检测方法未进行量具能力分析。

(5) 清洁度检验结果变异性较大。

(6) 易将"疑似"污染零部件判定为合格。

(7) 污染标准把关不严。

2）精确清洁度

(1) 采用客观的清洁度测定方法。

(2) 具有定量结果。

(3) 使用已知精度和准确度的标准化的仪器设备。

(4) 量具能力分析合格。

(5) 适用于统计过程控制。
(6) 零部件洁净度检验结果的变异性位于一定范围内。

通过上述比较可以看出，精确清洁检验具有绝对的优势。但是，这并不是说目测检验法没有存在的价值。相反地，有必要保留目测检验，即使零部件已经通过了精确清洁度检验。事实上，许多质量检验制度中都保留有目测检验的条款，以便将看起来"异常"的零部件挑出。作为"安全网"，目测检验使得操作员、工程师等能够及时发现具有明显瑕疵的零部件，并对其质量提出质疑。而后，采用客观的清洁度测量技术对质量存疑的零部件进行检测，并根据检测结果判断其合格与否。

5.3.1 清洁度确定方法

可采取下述任意一种方法确定零部件的清洁度：
(1) 材料本身的清洁度通用值；
(2) 使用类似的竞争性零部件进行基准分析；
(3) 零部件的可清洗性（通过对零部件进行多次提取测定或其他测试方法确定）；
(4) 批次认证的进货检验数据；
(5) 供应商的过程能力（源头检验）。

1. 通用值法

能否利用通用值法确定零部件的清洁度取决于是否存在可用的由相似材料制成的零部件的清洁度数据库。这些数据可以来自外部参考资料，也可以来自供应商数据库，或者是相似零部件清洁度测定的内部经验数据。例如，假设考虑采用 A300 铝合金材质的铸件零部件进行批量生产，该零部件一半为机加工铝材，另一半表面涂有电泳漆。如果裸露的机加工 A300 铝材的平均清洁度水平已知（通过检测其他 A300 铝合金材质的零部件得到），则可以计算得到单位面积 A300 铝合金的清洁度水平。同样地，如果单位面积的电泳漆的平均清洁度也已知，那么根据已知的 A300 铝合金和电泳漆清洁度数据以及图纸上的新的零部件尺寸，就可以预测该零部件的清洁度水平。

显然，可用的数据库越大，对于新设计零部件清洁度的预测就越准确。这种方法的局限性在于预测是基于旧数据，工艺流程的更新可能使得旧数据库不再适用。举例来说，假如已有的清洁度数据都是基于使用油基切削液加工的零部件，并且仅通过溶剂浸泡进行了清洗；而新的机械加工车间都打算使用水溶性切削液加工零部件，并通过热水喷射对零部件进行清洗；那么在这种情况下，旧的数据可能无法准确预测新的零部件的清洁度水平。

2. 基准分析法

通过竞品的基准检测获取数据是一种可靠的确立验收标准的方法，该方法也可用于污染验收标准的确立。基准分析技术的主要局限性如下：

（1）竞品可能无法将目标参数控制在保持相应可靠性程度所需的水平。举例来说，如果竞品对离子污染的敏感程度低于自有产品，则竞品能够承受的污染程度高于自有产品。

（2）在收到竞品之后可能会对其进行额外的处理导致其清洁度状态发生改变。可能会由于加工碎屑累积导致竞品变脏，或者如果对竞品进行了内部大清洗，则可能变得更干净。

3. 多次提取法

多次提取法是对一些具有代表性的零部件样品（能够代表零部件成品的设计和工艺过程）进行重复提取，并对提取物进行分析。测试所用的提取方法与供货商验收检验和源头检验/过程控制的方法相同。许多提取方法的污染物浓度和提取次数的函数关系曲线接近渐近线。也有一些提取方法的污染物浓度随提取次数增加呈现出线性下降趋势，并逐渐达到测定方法的量具能力极限。清洁度控制限可基于零部件清洁度渐近极限值或测定方法的量具能力极限值的合理倍数来确定，如图5.3和图5.4所示。

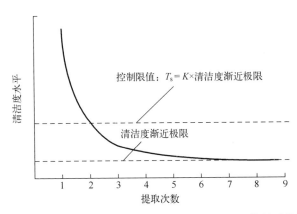

图5.3 典型的多次超声波提取中提取次数和清洁度水平的函数关系曲线（基于多次超声波提取测定的清洁度控制限值为零部件清洁度渐近极限值的 K 倍，K 通常为 2~4）

4. 检验数据法

对于多数材料，批量检验认证是进货检验的程序之一。特别是当供应商无法进行必要的检测时，必须进行批量检验认证。批量验收检验的频率可通过通用质量保证原则确定。如对材料进行进货检验，则可以避免关联不同地点的实验室检验结果，这是其一大优点。但该法也有局限和不足，具体如下：

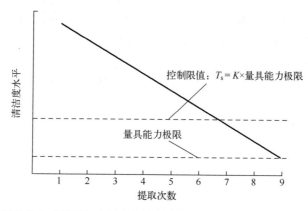

图 5.4 典型的多次喷射提取中提取次数和清洁度水平的函数关系曲线（基于多次喷射提取测定的清洁度控制限值通常为喷射提取法极限值的 K 倍，K 通常为 2~3）

（1）向供应商反馈批次问题意味着延期。

（2）供应商不具备检测能力，使得其无法根据零部件清洁度数据实施统计过程控制（供应商能够实施过程控制以保持工艺流程稳定，但未必是保证清洁度水平的最佳条件）。

（3）在即时生产环境中进行验收检验，可能会导致维持清洁度水平和保持生产运行两方面产生矛盾。

5. 源头检验法

确立清洁度控制限的各种技术方法中，采用基于源头检验的方法是最佳方法。实行源头检验的必要条件之一是供应商必须具备能够进行清洁度测定的仪器，并将其用于清洁度影响因素的研究。由于测量能力取决于供应商，能够即时反馈检测结果，对于不合格批次产品禁止出货，将其控制在源头进行返工。源头检验程序的主要缺点是需要将多点位的清洁度测量相关联，但相较于源头检验程序的其他优点，这一缺点是微不足道的。这种技术的局限性在于：

（1）基于为数不多的零部件设定限值，可能导致对零部件实际清洁度水平估计不足。相较于六西格玛（$6-\sigma$）规范法的均值，零部件清洁度变异估值的变化可能会产生更大的影响。

（2）有些零部件不适合采用多次超声波提取。图 5.5 中列举了一个多次超声波提取导致的难以确定清洁度控制限的例子。曲线 a 是正常的多次提取曲线，基于该曲线确定清洁度限值参数是可靠的，呈现出类似的多次超声波提取曲线的零部件包括不锈钢、T6 铝、钛和化学镀镍板。曲线 b 所示的是对超声波腐蚀敏感的零部件。基于多次提取法确定清洁度限值的前提是假定所有零部件都只能清洗到其清洁度下限。因返工而必须清洗的零部件其清洁度可能会降低。相反地，设定一个更宽泛的清洁度限值意味着所有零部件都会变得更脏。呈现出类似的多次超声波提取曲线的材料包括铸铝、聚碳酸酯和其他相对较软的材料。曲线 c 所示的是对超声波腐蚀极其敏感的零部件，其清洁度在提取开始时就迅速降低，这表明超声波清洗和超声波提取确定清洁度不适用于该类零部件，呈现出类似曲线的材料包括碳纤维填充聚合物和高压清洗铝铸件。

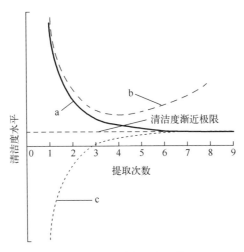

图 5.5　不同类型渐近线

5.4　可制造性和可清洗性设计

20 世纪 70 年代和 80 年代，可制造性设计是设计领域一个非常热门的话题，原因之一是人们对自动化装配过程越来越感兴趣。20 世纪 90 年代，人们开始制定可清洗性设计的准则。有意思的是，许多可制造性设计准则也增加或改进了可清洗性。促使可清洗性设计兴起的原因是多重的。20 世纪 90 年代，许多行业都在积极主动地取消那些使用含氯氟烃（CFC）以及其他破坏臭氧层或导致全球变暖的溶剂的清洗工艺。由于清洗工艺的改革势在必行，许多公司借此机会同步探索开发一些先进的清洗技术来提高整体产品的产量和可靠性。在多数情况下，产品设计中可制造性和可清洗性的改变能大大改善供应商的生产力、成本和质量。

5.4.1 可制造性设计指南

在进行可制造性设计时应遵循下述准则：

（1）单轴装配，所有零部件都在同一侧堆放。设计中要设定最小的零部件方向变化，以保证装配过程中自动化操作相对简单。

（2）尽可能减少零部件数量和零部件编号。需要组装的零部件越少，自动化装配任务就越容易。在机械装配中，使用较少的（两三个）紧固件能够简化自动化作业。因为紧固件越少，需要的进料漏斗和零部件夹具就越少。

（3）使用标准零部件。要在一条给定生产线上生产多种产品必须考虑这一点。通过充分利用多种产品的零部件的通用性，使一条生产线在多个产品间的转换，减少切换时间。此外，许多制造商致力于最大限度地利用产品所包含的商业内容，而不是使用定制组件。特别是对于印制电路板（PCB）装配的可制造性设计，这一点尤其重要。

（4）尽可能避免使用螺纹紧固件、弹簧和模制密封件。如有可能，推荐使用具有自对准功能的组合式紧固件和膜式自粘密封件。

（5）进行鲁棒性设计。比如，在设计操作步骤时，极易损坏的零部件组装尽可能放在最后，以减少组装期间的损坏量。

（6）取消调整步骤。再次强调，自对准功能是非常必要的。

（7）易于定位。对于产品的清洗和干燥而言，这一点通常是设计需要考虑的非常关键的因素，目的是最大限度地减少清洗和干燥时间。易于定位的设计有利于将零部件放置在装配工具上。

通常而言，可制造性准则中的各种设计都是在衡量生产力参数的基础上进行的，比如单位时间产品的产量、每件产品的平均生产成本以及产品的利润率。由于设计往往会影响制造过程和工装的成本和难易程度，因此在可制造性设计时必须充分考虑初始投资和生产运行成本[2]。

5.4.2 可清洗性设计指南

我们首先列出可清洗性设计应遵循的基本准则，后续将逐一进行详细的讨论。可以看出，许多可清洗性设计的准则与可制造性设计的准则并不矛盾，二者是互相兼容的。

（1）使用易清洗的材料。

（2）通过表面处理来增强可清洗性。

（3）尽可能提高零部件与水清洗的兼容性。
（4）消除盲孔，减少通孔。
（5）使用的材料和黏合剂无出气效应，且不释放腐蚀性蒸气。
（6）产品密封良好，避免受到外部污染。
（7）易于干燥。
（8）便于包装。
（9）设计初期就让供应商参与进来。
（10）设计初期就让采购方参与进来。
（11）一旦发现清洁问题，及时反馈给零部件设计人员。
（12）需要清洁工程师书面"签核"同意。
（13）设计、开发、质量控制和污染控制各个机能模块密切合作。

5.4.3 清洁度间接测定法的可清洗性指标

要认识材料或零部件的可清洗性，首先应了解其清洁度曲线是如何变化的。清洁度间接测定是使用标准的提取方法对零部件重复进行相同的污染提取过程，而后测定提取的污染物浓度。比如，每次对零部件采用超声波法提取 1min，或者使用符合标准的喷雾压力、流速和提取方式对零部件进行喷射提取。图 5.6 所示为一个常规的多次超声波提取曲线。一种将多个提取曲线归一化的方法是将各个清洁度值除以初始清洁度值。超声波多次提取法通过超声波提取零部件表面污染物并进行测定，从而明确零部件的清洁度和可清洗性。多数情况下，渐近线的趋近值意味着能够达到的清洁度限值，也代表了表面清洁度测量能力的极限。若采用超声波提取，渐近线通常还是零部件的腐蚀极限。

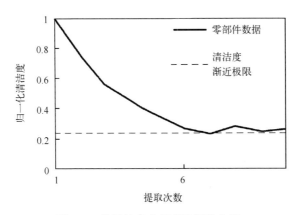

图 5.6 常规的多次超声波提取曲线

清洁度参数

图 5.7 所示为不同材料和零部件的多次超声波提取曲线。清洁度比值是第 i 次提取的污染浓度 C_i 与初始清洁度（污染浓度）C_0 的比值。一般来说，材料越硬，初始的污染清除曲线越陡，清洁度渐近极限越小。因此，硬铝和合金钢表面污染的去除速度往往比大多数其他材料更快，清洁度渐近极限也更低。对于表面易变形从而易黏附颗粒物的弹性体，自然其表面污染的去除速度也较为缓慢。此外，弹性体被超声波腐蚀的可能性较低，因此其清洁度渐近极限也较低，清洁度曲线表现为以极其平缓的趋势逐渐下降至渐近极限。不锈钢螺钉的污染清除曲线下降幅度也相对平缓，这是由于不锈钢螺钉几何形状复杂，而且通常是大批量成堆同时清洗。

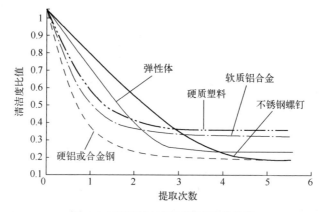

图 5.7 不同材料的理想清洁度曲线

清洁度曲线的这两个方面可以用两个不同的基本清洁因子来描述，即表面可清洗性 SC 和最大可清洗潜力 MCP。表面可清洗性 SC 适用于衡量材料在清洗初期阶段的清洁度：

$$SC = \frac{C_0 - C_1}{C_0 - C_a}$$

式中：C_0 为初始清洁度；C_1 为第一次提取后的清洁度；C_a 为清洁度渐近极限。

最大可清洗潜力 MCP 更能代表材料最终的清洁度：

$$MCP = 1 - \frac{C_a}{C_0}$$

SC 和 MCP 都可用百分比表示。

图 5.8 所示为当采用超声波提取测量时，不同材料的 SC 百分比和 MCP 百分比与表面能之间的关系。多次超声波提取清洁度曲线可用于估计表面所能达到的洁净程度，以及确定超声波清洗对特定表面的适用性。要想更好地

理解可清洁性设计指南中的图表和数字,首先要明确可清洗性的定义。可清洗性的两个重要的参数是最大可清洗潜力(MCP)和表面可清洗性(SC),其定义如下:

$$最大清洁潜力(MCP) = 1 - \frac{渐近极限 T 或 LPC}{初始 T 或 LPC}$$

$$表面可清洁性(SC) = \frac{初始 T 或 LPC - 第一次提取后 T 或 LPC}{初始 T 或 LPC - 渐近极限 T 或 LPC}$$

式中:T 为浊度(NTU)(多用于金属材质的零部件);LPC 为单位体积的累积 LPC 粒子计数(多用于聚合物材质的零部件)。

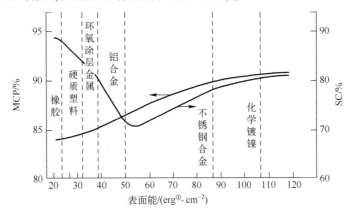

图 5.8 超声波提取不同材料表面的 MCP 百分比、SC 百分比和表面能之间的关系

材料之间的黏附力可以用范德瓦耳斯力来解释。除了静电引力之外,几乎所有的黏附力(包括毛细管力)都可以基于范德瓦耳斯力解释。黏附力可以用 Hamaker 常数 A_{132} 来表征,该常数描述了颗粒物、颗粒物附着的表面介质之间的作用力。此外,有必要考虑上述三者中的一个或多个的非弹性变形。表面变形是弹性体比刚性聚合物更难清洁的原因,通常后者变形程度相对较小。而材料逐渐变形也解释了颗粒与表面的黏附力随时间发生变化[3],以及压敏黏合剂黏合强度的老化效应。黏附力可以表示为

$$F_{\text{adhesion}} \propto \frac{(A_{132})^2}{H}$$

通过对多种材料的 MCP 和 SC 特性进行研究,发现这两个参数和黏附力之间存在相关性,如图 5.9 所示。

---

① 1erg(尔格) = 10^{-7} J。

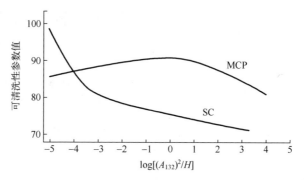

图 5.9 可清洗性参数与黏附力的关系

5.4.4 可清洗性设计规划方面应考虑的因素

1. 材料的易清洗性

应考虑颗粒物与表面的黏附特性。软材料（如刚性聚合物或弹性体）表面颗粒物通常难以清洗，硬材料（如不锈钢或硬铝合金）表面颗粒物则较易去除，软合金（如铸铝等）的可清洗性通常介于软材料和硬材料之间。

2. 表面处理

如果材料本身的可清洗性较差，则可能需要通过对其进行表面处理来提高其可清洗性。表面处理包括机械去毛刺和抛光，可增加表面光滑度，从而尽可能减少藏污部位。然而，机械去毛刺和抛光处理一般不会改变基础材料的成分，因此通常还需要进行化学处理。化学处理能够改善表面清洁度或可清洗性，对表面的腐蚀敏感性、耐磨性以及电磁性能也有影响。化学处理包括化学转化、涂敷油漆或保形涂料、电镀、电解抛光、增效涂层、溅射蚀刻和溅射镀膜、化学气相沉积涂层和表面钝化（表面钝化有助于提高表面的耐腐蚀性）。

机械去毛刺和抛光可通过多种方法实现。干式喷砂的磨料包括玻璃珠、钢丸、核桃砂、树脂砂以及水溶性磨料（如碳酸氢钠喷砂磨料）。干冰喷射也被认为是干式的去毛刺方法。而湿式去毛刺方法则是用水或其他液体替代气体。采用未经过滤的高压水喷射也是一种有效的去毛刺和抛光工艺。最常用的方法是利用金属砂或陶瓷珠对零部件进行去毛刺和抛光处理。绝大多数情况下，机械去毛刺和抛光过程不会改变被处理表面的化学成分。但是也有例外，比如钢丸可能破碎并嵌入较软的合金中，进而引发严重的电解腐蚀。钢丸的破碎过程可能导致钢丸碎片磁化，从而导致表面被嵌入的磁性污染物污染。玻璃珠或陶瓷珠等坚硬易碎的磨料也可能破碎并嵌入较软的表面。因此，为了避免电解腐蚀的发生，通常使用聚合物或坚果壳材质的磨料进行去毛刺处理。

利用喷砂清理表面还可以起到其他作用。由于表面可能受到污染，在进一步处理之前需要除去其上的污染物，比如铁锈和海洋污染物（如藤壶和氧化膜）等，是典型的需要除去的污染物。打磨是使表面平整的方法之一，然而大多数表面的平整度并不适合采用打磨这种表面处理工艺。在这种情况下，通常以压缩空气为动力将磨料或磨料浆高速喷射到待处理工件表面，使其得以被清理。市场上的磨料的莫氏硬度范围较为宽泛，从9级（天然和合成氧化铝）到3级（碳酸氢钠）[4]均有出售。

除了前述的极少数的表面化学成分发生变化的情况之外，机械去毛刺和抛光一般很少会改变被处理表面的化学成分。因此，后续通常需要进行进一步的化学处理，赋予诸如耐腐蚀性和黏附力等所需的表面性能。对于特定的表面处理，相关的标准有很多，包括美国材料与试验协会（ASTM）标准、日本标准、欧洲标准、军事标准以及工业标准（包括来自材料供应商和表面处理设备的标准）。多数情况下，需要对这些标准进行选择和本土化，从而保证在实际应用中获得最佳的表面处理效果。

铝的阳极氧化处理有多种方法。以铬酸溶液为电解液的阳极氧化通常形成深浅各异的灰色涂层（涂层颜色及深浅与进行阳极氧化处理的合金种类有关），涂层厚度可达 0.5~10μm。然而，对于铜含量大于5%或硅含量大于7%或总合金元素含量大于7%的铝合金，不建议使用铬酸溶液进行阳极化处理。通常而言，铬酸阳极氧化处理的氧化膜耐磨性相对较差，一般不作为最终表面处理。涂层表面电阻率范围介于静电耗散（薄涂层）和绝缘体（厚涂层）之间。铝的阳极氧化也可以在硫酸溶液中进行。以硫酸溶液为电解液形成的涂层往往比铬酸盐镀层厚，厚度可达25μm，且涂层颜色多样。硫酸阳极氧化处理的氧化膜坚硬、耐磨、耐腐蚀，适于作为最终表面处理。涂层厚度小于10μm时通常是静电耗散的，而较厚的涂层往往是绝缘的。阳极氧化涂层由两层组成，外层称为多孔层（较厚、疏松多孔、电阻低），内层称为阻挡层（较薄、致密、电阻高）。

化学转化膜技术（如阿洛丁表面处理或铬酸盐钝化）用于铝或镁，可赋予表面耐腐蚀性，以及作为后续镀层的底层。一般来说，化学转化膜具有低电阻，适用于电接触。大多数金属可通过铬电镀来装饰表面或提高表面的硬度和耐磨性能。装饰性镀铬层一般镀在镍或铜的底层涂层上，其厚度范围为0.25~1μm（不包括底层涂层），镀铬层具有导电性。硬铬镀层一般较厚，直接镀在基体金属上，具有硬铬镀层的部件通常通过研磨和抛光处理来达到所需尺寸。

大多数金属的表面可以电镀铜或化学镀铜。尽管铜的耐腐蚀性较差，但由于主要是用作其他金属表面处理的底层涂层，因此也较少引起污染问题。铜也可以用作装饰性涂层。装饰性镀铜时通常会涂装透明的聚合物涂层来赋予其更强的耐腐蚀性。在客户指定铜涂层为最终表面时，有些电镀车间会认为客户遗漏了聚合物涂层，默认在铜涂层之后再涂装一层聚合物涂层。因此，如果仅需要铜涂层，有必要清楚地说明不需要聚合物涂层。

案例研究：表面处理

有的磁盘驱动器制造商会在磁盘驱动器中应用自粘铜箔作为酸性气体吸气剂。有一家磁盘驱动器制造商将一条生产线转移到了经验不甚丰富的海外子公司，该子公司在当地采购相关零部件，而当地的背胶铜箔吸气剂供应商认为制造商忘记了铜带上涂敷聚合物涂层这一要求（这听起来很不可思议，但的的确确发生了），并且擅自增加了该步骤。制造商子公司没有对这些零部件进行检查，也没有对它们进行必要的近接触污染试验（由于铜带都涂敷压敏胶——一种能够导致磁盘驱动器腐蚀的材料，因此在任何情况下都应对零部件进行近接触污染试验）。结果可想而知，大批量的磁盘驱动器开始出现故障，直到发现"涂敷了聚合物涂层的铜带未能起到保护驱动器的作用"这一事实，但是在此之前已经浪费了很多人力物力进行了大量不必要的故障分析。

镁是一种极易腐蚀的材料，因此在应用时必须进行表面处理和镀涂层。最常见的一种镁表面处理方法是重铬酸盐法（Dow 7），这种方法形成的涂层是镁的所有化学涂层中最具耐腐蚀性的，为后续进一步的喷漆等提供了良好的底层基础。另一种镁表面处理方法是阳极氧化法（Dow 17），该方法获得的涂层是良好的底层涂层，耐腐蚀性强。涂层厚度约40%为外层多孔层，约60%为内层阻挡层，因此零部件的最终尺寸应适当留有一定的余量。镁一般用于无孔的铸件，因为孔的内部难以镀覆，存在一定的腐蚀和污染问题。

化学镀镍几乎适用于所有类型的表面，且在外表面和内表面均能得到厚度和成分100%均匀的镀层。化学镀镍耐腐蚀性强，耐磨性好，是污染控制应用领域的理想涂层，并且具有导电性。然而，化学镀镍应用于较软的基体（如铝）时，容易在部件连接和固定处形成裂纹，当暴露在潮湿环境中时，这些细小的裂纹可能导致电偶腐蚀，也可能发生镀层颗粒状脱落。一种尽可能减少部件连接处裂纹的方法是增大连接处承载表面积，使得压强不超过基体金属的抗压强度。化学镀镍几乎可以应用于所有金属表面，化学镀镍层的耐腐蚀性与涂层厚度成正比，镀层通常厚约 5~50μm，具有导电性和轻微磁性。

钝化是一种用于提高钢（有时也用于不锈钢）的耐腐蚀性和表面清洁度的工艺，可在硝酸溶液或柠檬酸溶液中完成，冲洗过程必须小心谨慎，尤其是柠檬酸配方钝化。钝化可作用于能够发生氧化反应的金属，包括基材铁，使得金属表面形成的一层富含氧化镍和/或氧化铬的膜，提高表面的耐腐蚀性和耐磨性。对于 400 以上系列不锈钢，钝化会降低表面的硬度，因此可能导致耐磨性变差。

镀金或镀金-钯通常用于铜基电触头，能够赋予其优良的耐腐蚀性。该电镀通常在滚镀桶中进行，而非冲压模具，因此能够保证表面镀覆完全。表面的耐腐蚀性与涂层厚度成正比。

涂装或保形涂层可用作装饰面层和耐腐蚀涂层，涂料类型包括醇酸树脂、丙烯酸树脂、环氧树脂、聚氨酯磁漆和硅基涂料。保形涂层适用于易被腐蚀的电子组件，如印制电路板。其主要缺点是，如果需更换个别的电子元件，重新涂敷难度很大，需要对电接触表面加以保护以避免其被涂料污染，从而使得成本大幅增加。出于这个原因，保形涂层在消费电子应用中很少见，最常见于军事和航空航天领域。

化学转化和电镀工艺是在待处理表面增加一层镀层。电抛光与之相反，是从待处理表面去除一层，该过程又称电解抛光，是以金属工件为阳极，在适宜的电解液中进行电解，有选择地除去其粗糙面，降低表面粗糙度，是通过化学和电的组合作用来实现的。电抛光技术中，溶解速度在凸起处最快，在凹陷处最慢。因此，制件表面毛刺和凸起部分溶解得快，从而形成平滑的表面。电抛光过程会释放出许多异物，如抛光碎屑和机械加工碎屑等，使得制件表面成分更加均一，并最终得到光滑、无毛刺且相对耐腐蚀的表面。通过控制电解液的化学成分和电流密度，可控制抛光厚度，最小可达几分之一微米。

电抛光适用于包括铝、铍、黄铜、钼、镍、钢和不锈钢等在内的多种金属的抛光。对于小的零部件（比如螺纹紧固件），使用单个零部件精密夹具进行固定成本高，也不可行，可采用"散装"或"桶装"电抛光，或者用化学抛光作为替代。与许多其他工艺一样，为了控制污染，进行电抛光时需要采取一些特殊的预防措施。常规工业标准中，一般不要求测定零部件电抛光和清洗后的离子残留量。然而，由于冲洗不充分而残留在零部件内部的电抛光碎屑会导致严重的污染问题，如电抛光残留在不锈钢零部件上的碎屑会形成易碎的结晶污染沉积物。此外，不锈钢电抛光过程中产生的一些污染物是溶解性的,暴露在变化的相对湿度环境下会形成溶解态沉积物,润湿零部件表面并污染零部件其他部位。因此,冲洗不充分的零部件一旦暴露在环境中,将导致电抛光残留物迁移至零部件表面,甚至导致表面易碎污染物在洁净室中被扰动发生扩散。因此,有必要制定相关规范以满足精密清洁零部件的需求。类似的问题在化学抛光中也应考虑。

1) 增效涂层

增效涂层是采用一种以上材料进行表面处理,通过材料的选择和组合,利用各材料优势互补,获得单一表面处理无法实现的表面性能。增效涂层最初是为航空航天工业开发的,并且早期就应用在了航天器中。这是因为航天器运行在高真空、激发态氧原子、极端辐射和温度暴露的特殊环境中,该环境中无法使用传统的润滑剂,只能通过表面处理获得更优的性能。目前,零部件和工装零件常用的所有金属合金(包括钢、铝、铜和镁等)中都开发出了增效涂层。表面涂层增效处理赋予金属更好的耐磨性和化学惰性,这是其他可与之相比的方法所无法实现的。

2) 溅射刻蚀和溅射镀膜

溅射刻蚀和溅射镀膜也已成为改善材料表面性能的重要手段。溅射刻蚀可以作为一种表面预处理技术,为后续化学表面处理做准备,通常在同一个腔室内或同一模块化组合装置内的不同腔室内进行。溅射镀膜可用于包括金属和陶瓷在内的几乎所有类型材料的表面镀膜。

3) 化学气相沉积涂层

一种有趣的化学气相涂敷工艺是离子气相沉积。该工艺过程是在高真空条件下使金属或非金属蒸发并部分电离成带电离子,使待涂敷的零件带上极性相反的电荷,进而电离的蒸气被吸引到带相反电荷的零件表面。该工艺过程对待涂敷表面的清洁度要求较高,通常先用化学方法清洗表面,然后置于工艺处理腔室中采用等离子体清洗后进行涂敷。气相沉积涂层均匀、绕镀性好、导电且无出气效应。

实际上,表面处理规范的编制与修订也存在潜在的隐患。例如,一家大型磁盘驱动器制造商有一套铸铝件电泳涂装规范,由于涂料配方中需要去掉有机锡化合物,因此对电泳涂料规范进行了修订。在修订过程中,无意将旧版规范中关于针孔和划痕的拒收和返工条款遗漏了。因为无法修补划痕和针孔,电泳涂料供应商别无选择,只能使用热硫酸将零件上的电泳涂料剥离,从而导致了极大的硫酸盐污染问题。

3. 材料可水洗性

随着全世界对臭氧层空洞的日益重视,卤代烃清洗剂被淘汰已是大势所趋。此外,人们对全球变暖的关注引发了对有机溶剂广泛使用的担忧。幸运的是,研究表明,绝大多数材料可以使用水基(水)清洗工艺进行有效清洗,但在某些情况下,可能需要对材料进行一定的处理以使其适合水清洗。例如,镁制零部件过去用有机溶剂清洗时无须表面涂敷,但是用水清洗时则需要对表面进行处理以防止其与水发生反应。对于镁制零部件,铬酸盐法镀层和表面涂敷是两种很好的表面处理方法。

伴随着水溶助焊剂的开发和取得的进展,助焊剂目前有 3 种选择:免清洗助焊剂、水溶性助焊剂以及使用可接受的氟氯烃(CFC)替代品清洗的助焊剂。中低残留助焊剂的开发使得在可靠性要求不高的情况下可以选择免清洗助焊剂,该步骤的削减大大简化了印制电路板的处理过程。在可靠性要求较高的情况下,通常不能采用免清洗助焊剂,在这种情况下,可采用水和可溶性清洗剂组合清洗。水基清洗通常采用半水化学试剂,如水和萜烯的混合物或水和柠檬烯的混合物。此外,目前已开发出了环保型溶剂,包括含氢碳氟化物(HFC)、全氟化碳(PFC)和氢氟醚(HFE),该类产品的缺点是材料成本高[5]。

4. 消除盲孔/通孔

设计有孔零件时,应考虑多种因素。孔有盲孔和通孔两类。盲孔的优点在于可以在装紧固件时捕捉装配碎片。然而,需要返工时,部件需要移除紧固件,该优点就会不复存在。盲孔还可以阻止污染转移到组件中。清理盲孔可能会很困难。受孔方向影响,其可能会截留空气,阻止清洗液到达污染物贮存处。反过来,盲孔可能会充满清洁液,但不会排出,干燥后,被清除的部分污染物可能会留在孔中,降低清洁效果。浸入式清洁器中清洁盲孔问题如图 5.10 所示。

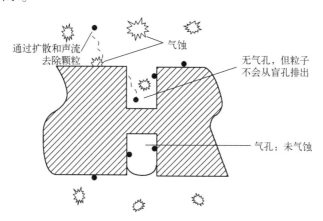

图 5.10 浸入式清洁器中清洁盲孔问题

通孔更容易清洁和干燥。但是，通孔不会捕捉组装过程中产生的组装碎片。另外，通孔可作为泄漏路径。可通过使用螺纹锁定剂或用密封胶密封通孔解决泄露问题，这两种方法都比较有效。但是，它们都会引入更多的化学污染，实施时也会增加装配步骤，返工时也会面临黏合剂去除问题。

显然，由于优势和劣势并存，需要综合考虑零件清洁和装配需求问题。比如，螺纹孔比无螺纹孔更难清理。无螺纹孔可能需要使用压入式、卡入式或铆接式组装工艺。螺丝可能难以清洁，所以取消螺丝可以简化整个清洁过程。反过来，可能需要使用增滑剂以便于组装。低分子量醇已在多个组装过程中使用，是有效的增滑剂，且能够快速蒸发，可以使污染问题最小化。其他如使用清洁剂，或者使用全氟化聚醚等惰性润滑剂润滑孔或紧固件也比较有效。

5. 无出气效应/无腐蚀性蒸气

如上所述，需要使用螺纹密封剂和压敏胶粘带解决组件的密封需求。选择时必须谨慎，应避免化学污染物进入成品。在20世纪70年代和80年代初期，颗粒物是主要的污染问题。从80年代到现在，出气效应污染已成为主要的污染因素。排出的化学物质可能会对产品和过程产生不利影响。化学物质可通过酸性蒸气或碱性蒸气等形式排出。蒸气可促进腐蚀反应。有机蒸气也会造成其他问题。薄膜吸附有机蒸气后会干扰附着的表面涂层，防止化学键合。有机蒸气可以聚合。比如，航天器机械部件上吸附的有机蒸气，可能会汽化后凝结在光学窗口的冷表面上。在外太空强烈的紫外线辐射下会聚合，使光学系统变暗。

6. 免于外部污染的有效密封

设计过程必须考虑产品的密封性问题。密封程度由产品要求决定。多数电子设备都采取密封或涂敷保形涂层方式，有效避免受到环境污染。有些产品（如磁盘驱动器）不能密封，而且必须要求透气。为使其透气，将过滤器安装在包含颗粒和化学过滤器的呼吸孔上。化学过滤器通常含有活性炭（吸收有机蒸气）和缓冲液（如碳酸钠和碳酸氢的混合物，可吸收无机蒸气）。如果驱动器内的空气过于干燥，某些产品（如磁盘驱动器）会无法正常工作。产品设计时，通常要求带有保湿剂，保持磁盘驱动器内的相对湿度，防止因高温而变得干燥。

7. 易于干燥性

卤化溶剂沸点和蒸发热较低，将其作为主要的清洁介质使用时，干燥不是需要关注的问题。由于水在较高的温度下才能沸腾，并且蒸发时需要更多的能量，所以用水代替卤化溶剂会使干燥过程复杂化。包装之前未能清除干燥半导体中的水分是造成可靠性降低的重要原因[6]。

设计师可遵循如下建议来干燥零件：

（1）设计时应消除或尽量减少盲孔的使用；

（2）设计时应防止液体积聚在表面上；

（3）应针对清洗/烘干篮的方向对零件进行优化设计；

（4）设计师应与工艺工程师密切合作。

应考虑采取旋转干燥方法来干燥旋转对称部件。即使是非圆形零件，通常也可以使用旋转冲洗干燥技术对其清洁，可对旋转转子进行特殊设计，解决不平衡问题。旋转冲洗干燥方法尤其有用，通常不需要采取加热方法干燥部件。高速旋转产生的离心力能以机械清除方式从部件上清除清洗液。某些情况下，可将过滤后干燥氮气或空气引入烘干室中增强干燥效果。

过滤后的干燥氮气或空气引入干燥室后可能会引起静电问题，过滤器在去除离子方面非常有效，而部件在清洁和冲洗过程中可能已被充电。解决上述问题的方法有几种。在 20 世纪 80 年代，通常将二氧化碳加入到氮气中，增加气体导电性能。但二氧化碳可能会增强干燥室中发生的化学反应。在选择氮气还是空气进行干燥时，干燥流体的化学惰性也是一个考虑因素：对于某些材料来说，氧气（空气中含有的）并不适用。也可通过使用放射性或电晕放电空气电离器直接电离空气。关于空气电离器的选择和使用请参考第 2 章。

8. 易于包装

包装有很多用途。选择包装时必须考虑要包装的部件以及部件在客户收到之后要经历的过程，具体如下：

（1）客户不会清洁直接供应的零件。实现最终部件清洁的责任在于供应商。包装必须能保持最终的清洁。

（2）可能需要对有待清洁的零件进行包装，防止在运输和搬运过程中受到污染和损坏。

（3）生产相关的过程包装在重复使用之间的清洁能力成为新的关注点。

（4）不需要内部清洁的部件与需要内部清洁的部件采用完全不同的包装策略。不需要内部清洁的零件有时被称为直接供应零件。这些通常进行双袋包装用于洁净室应用。直接供应零件引入加工区域的过程也可能很复杂。

（5）内部清洁的部件一般不需要使用特殊的洁净室包装（如双层包装）运输，但包装的设计应能保护运输过程中的零件免受损坏，以便在到达供应商时保持清洁。部件的设计必须考虑包装的需求。比如，定制模制容器可以用相对便宜的一次性材料真空成形。

易于包装的设计也是工艺中的一个重要考虑因素。产品从一个工艺步骤流动到另一个工艺步骤时，需要进行中间包装，方便工艺流程之间产品的流动。有时，过程包装可以是衬垫式清洁用篮筐，使设计更加复杂。过程中包装设计时建议考虑包装的复用性。在项目周期中可以重复使用的包装会大大节省项目成本。半导体和磁盘制造应用中使用晶舟是一个很好的例子，这是一个非常普遍的做法。这些包装已经被完全整合到他们的制造过程中，从头到尾经历整个过程。因此，我们可以简化这个讨论。一些包装使用一次后将被丢弃。这里唯一的考虑是包装满足最初的清洁要求，不会过度地污染正在运输的产品。这是需要内部清洗部件最常见的考虑因素。

某些情况下，供应商距离客户不远，使用可重复使用运输容器运输更为合理。除了最初的清洁度问题之外，在项目的周期内，运输材料恢复清洁的能力也是一个考虑因素。包装要求最苛刻的可能是要按原样使用而不需要客户进行任何内部清洁的零件。典型的这些部件，如电机或其他含有易被清洗损坏的润滑部件的组件。良好的例子包括用于数据存储应用的润滑磁盘或用于航空航天应用的涂层透镜或反射器。这些部件必须包装完好后进入污染控制或 ESD 受控工作区域。

通常情况下，污染控制应用中，直接供应零件必须采用双层包装，以便直接进入污染控制的工作场所。在双袋装操作的装箱部分，污染敏感的零部件装在满足所有清洁要求的内部容器内。包装可采用胶带密封盒、真空成形容器或热封袋。包装后，仍然在洁净室包装站进行第二层包装，可以单独或与其他几个内装部件的密封带一起装入外包装，之后将外包装密封。

这个过程的拆包部分相当简单，大多数用户在正确实施时没有什么困难。直接供应零件拆包过程的接收端，是用户经常遇到困难的地方。图 5.11 所示为直接供应零件的拆包区域。要了解如何使用这个工作区，重要的是了解包装中各种表面的清洁状况。外袋的外表面很脏，因为它已经接触过洁净空间之外的环境了。外袋的内表面仍然清洁，因为它是在清洁的环境里面进行密封的。内袋（可以是盒子）的外表面和内表面是干净的，因为内袋只在清洁的环境中被处理过。目的是如何去除外袋，而不污染包裹在其中的洁净物品。

图 5.11 所示的工作区提供了一种完成这个任务的方法。在这里我们以一个在洁净室旁边的双门通道工作区为例。双层包装的部件可以放在通道中，松散的污染物可以使用电离的过滤压缩空气吹掉。通道的外门是关闭的，经过简单的净化循环，清除吹掉的污染物后，通道的内门可以打开。

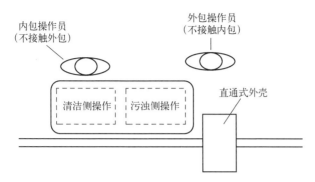

图 5.11 用于双袋部件的拆包区

请记住，外袋的外表面仍然不干净：吹除只能去除如纸屑等显而易见的污染物。因此，在这一点上必须小心，以防止外袋外表面的污染物污染其他表面。解决这个问题的一个方法是将工作区分成两个部分，一半为干净工作区，另一半为脏污工作区。仍在脏污外袋中的部件被放置在拆包工作区的脏污侧。此时，有些人会擦拭脏外袋的外表。通常使用手术刀或手术剪将外袋切开。这时袋子敞开而不接触其内容物。

接下来要做的是从脏污袋中取出干净的内袋，取出方式有多种。如果单个操作员执行拆包操作，他或她应该清洗、擦拭或更换手套。然后操作员可以伸入外袋的开口，取出干净的内袋，将清洁的部件移动到拆包站的干净一侧。或者，如果一对操作员一起工作，则第二个从未碰过外袋的脏污外表面操作员，把手伸进外袋并取出干净的内袋。同样地，清洁的内袋只能放置在拆包站的清洁侧。

9. 早期供应商/采购参与

现代制造方法引入了一些考虑因素，这些因素也影响设计。许多制造商已经开始把重点放在有限的供应商基础上了。这带来了一个好处，就是与供应商的长期关系使技术转让成为可能，让客户和供应商都受益。相反，供应商和客户可能太适应于这些长期的关系，可能导致供应商变得反应迟钝，客户变得没有太多要求。污染和静电放电问题尤其受到这种情况的影响。污染和静电放电控制要求是动态的。规范往往会越来越苛刻。过于适应相互之间关系的供应商和客户可能很快落后于现有技术水平。

当然，这种专业知识的分享是双向的。许多供应商试图保持技术的领先地位。因此，客户倾听他们的供应商的意见就变得很重要，特别是当供应商可能与他们的二级供应商之一建立技术联盟的情况下，客户可能完全不了解这些二级供应商。在某些情况下，供应商可能在他们的领域非常有经验和特长，甚至拥有并使用客户不了解的专有流程。当然，如果没有足够的文件资料，依靠专有的程序是有危险的。但是，让供应商进退两难的是，他们可能有真实和正当的保密需要。而客户需要对这些专有流程有所了解才能信赖所生产产品的质量。在解决该问题的方面，系统化的污染和ESD控制方法特别有利。客户没有必要知道零件生产的过程。另一方面，客户期望了解描述重要性能统计数据的客观资料这一合理要求可以得到满足，对于如离子污染程度、颗粒污染程度和产品的非挥发性残留物的数据，都是可以用公认的分析方法进行测量的。

5.4.5 可清洁性设计管理注意事项

所设计的清洁策略在什么样的管理下实施，是影响成功的关键因素。管理人员必须丢掉专业领域的限制。合作不会削弱设计的成功。信任、共享往往被视为削弱威望。但是管理层必须乐于接受清洁工艺工程师、材料工程师和包装工程师提供的、有助于成功完成项目的宝贵意见。以下是在污染或ESD控制方面取得成功的重要项目要素。

（1）管理层必须愿意接受清洁问题，并反馈给零件/组装部件的设计者。

（2）管理人员必须对污染或ESD相关产量，以及可靠性故障率与DFC执行程度的相关性保持敏感度。

（3）设计和CC/ESD控制工程功能之间必须有密切的相互作用。一种成功的方法是，将设计职能范围内的责任分配给污染控制人员或ESD控制协调员。

（4）在发布之前，CC和ESD控制功能必须获得监管部门正式批准。

（5）在设计和开发工程界必须树立一个心态，即清洁是一个重要的设计目标。

5.5 工艺设计指南

工艺的设计与材料的设计同样重要。事实上，选择材料和生产过程是密切相关的。其中需要考虑的要点如下：

（1）使用水溶性切削液；

（2）尽量减少过程进行中的工作并实施连续流动生产；

（3）在连续的加工步骤之间实施冲洗，以减少表面切削液的浓度；

（4）安装合适的水性清洁机和干燥系统；

（5）仔细考虑最终清洁后的零件处理；

（6）使用适当的清洁或 ESD 安全包装；

（7）使用水溶性焊膏和助焊剂。

5.5.1 使用水溶性切削液

切削液是必不可少的。但是，传统的碳氢油基切削液会带来清洁问题。首先，它们不易被水基清洁工艺去除。一般来说，去除它们的唯一经济有效的方法是使用有机溶剂。但是，清洁过程会使工作人员接触到有害健康的化学物质。有机溶剂清洁器通常具有复杂的装置，比如多个冷凝器盘管、高侧壁（称为干舷）或加载-卸载室，从而尽量减少工人接触清洁化学品。

水溶性切削液是一种越来越有吸引力的烃基切削液替代品。水溶性切削液通常是一种表面活性剂稳定的水包油乳液，并使用其他化学品如抗氧化剂来强化效果。这个配方具有几个功能优势。通常可以优化切削液的表面润湿性。这可以提高过程的润滑和切割速度。另外，配方中水的热容和汽化热较高，与纯粹烃切削液相比，具有切削速率快的优势。

当然，这种切削液也可能有缺点。与基于烃的切削液相比，乳液的润滑性可能是有限的。即使在使用添加剂（如抗氧化剂）的情况下，配方中所含的水也会导致不利的化学反应。水相的高挥发性可能导致显著的蒸发损失，改变冷却剂的性质并降低其使用寿命。

尽管存在这些潜在的问题，在建立新工艺时，还是应该考虑用水溶性切削液作为代替。具体来说，选择水基切削液选择的好处包括：

（1）在潮湿状态下容易清洗。即使在干燥状态下，它们通常也不会形成难以除去的残余物（例如，由干燥的烃基切削液形成的清漆）。

（2）洗涤剂通常主要根据成本进行选择，在冲洗步骤中易于除去，易于处理。事实上，在许多水溶性切削液中，稳定乳化剂在随后的清洗和冲洗过程中起到清洁剂的作用。

（3）改用水溶性切削液后，不需要溶剂浸渍。在多步加工过程中如果需要在多个加工步骤之间使用浸入式冲洗槽来防止零件干燥时，这可能是一个重要的考虑因素。

实施水基切削液和水基清洗的两大挑战是如何处理活性金属以及如何实现重油（如矿物油）的润滑性。

5.5.2 通过实施连续流动生产来最大限度地减少过程中加工

优化零件清洁度的关键因素之一就是尽量减少零件与切削液、脱模剂和其他污染物接触的时间。实现这一目标的一个策略是实施"拉"与"推"系统。

许多考虑因素支持连续流动的制造方法，以减少正在进行的工作。污染物和零件表面之间的黏附力随着时间呈指数增长。因此，使部件表面与污染物接触时间最小化的过程，会使清洁更简便并改善部件清洁度。使用最小化工作进程的制造过程的另一个优点是，过程中部件不混杂在一起，则更容易定位各种等级的部件。如果供应商有显著的流程改进，这就成为一个考虑因素。如果它们仍然在原包装中，那么没有这些工艺改进的老式零件更容易识别。较旧的部件可能是供应商返工的候选对象。

5.5.3 加工后冲洗

减少零件表面污染时间的一种方法是在加工过程的每一步之后实施冲洗。有两种类型的冲洗过程：静态冲洗和喷淋冲洗。在大多数加工操作中，仍然在机器上时，零件通过使用切削液的喷雾而被冲洗干净。然后将零件从机床上取下，放置在喷雾清洗罐或浸没清洗罐中，以保证机加工步骤之间保持湿润，以使干燥最小化。监测冲洗液体的液体质量，并在合理的基础上定期进行更换是非常重要的。在静态浸没式水箱中，监测冲洗液的质量可以像检查水箱中液体的颜色一样简单。罐中冲洗液的颜色越接近切削液的颜色，则罐中切削液的浓度越高。这可能会对最终清洁过程结束时部件的清洁度产生不利影响。如果使用水溶性冷却剂，中间清洗剂也可以是水基的。

5.5.4 最终清洁后的零件处理

在最后的清洁之后，应考虑几个因素来保持最终清洁的清洁度。需要采取的防范措施必须反映客户如何使用这些部件。比如，如果使用直接进料，则部件应在与客户洁净室分类相同的洁净室中进行处理。另外，处理部件的人员使用的手套、洁净室服装等的质量应与客户相同。相反，如果客户要清洁零件，则可能不需要同等的洁净室，但仍需要注意保持零件清洁的预防措施包括：

（1）用手套处理部件，切勿用裸手；
（2）监视和控制环境，使其不会比清洁器中的最终干燥室脏；
（3）储存和运输时要盖上零件；
（4）包装材料应符合清洁要求，在处理包装材料时要小心，保持其清洁。

5.5.5 焊接和焊剂去除

焊接后是否需要清洁取决于使用的焊料和助焊剂的类型以及待生产电路的可靠性。免清洗助焊剂中会引起腐蚀的污染物的量相对较少。如果这些产品用于可靠性要求不高的产品,则可以在焊接之后不清洁。相反,对于高可靠性电子设备来说,腐蚀问题可能过于严重,因此焊接后需要进行清洁[7]。

传统上,使用有机溶剂的主要原因是焊接后需要清洁去除助焊剂残留物。对氟氯化碳的禁令加快了无残留助焊剂、免清洗助焊剂或水清洗助焊剂的发展。助焊剂系统的选择和随后的清洁过程取决于零件上可以容忍的助焊剂残留量。对于某些客户(如军方或 NASA),焊接规范可能会限制助焊剂系统的选择或焊接后的清洁方式。

印制电路板通常通过浸入含有 75% 去离子水和 25% 异丙醇的混合液中进行清洁。这对于去除与焊料残留物相关的离子污染物是有效的。随着无铅焊料的逐步采用,未来的问题可能会变得更为复杂。

5.5.6 先清洁后组装与先组装后清洁的对比

通常情况下,工艺流程是按照先清理所有的部件然后在洁净室中组装的顺序进行的。由于组装碎片、处理碎片和一般的过程中污染的积累,有可能使已组装产品大量出现再次污染。另外,在使用先清洁后组装策略时,还必须考虑其他因素,包括以下内容:

(1) 洁净室设施在工厂工作场所的资本成本溢价;
(2) 洁净室在工厂工作场所的运营成本溢价;
(3) 洁净室变更和特殊清洁程序对工人的生产力造成的损失;
(4) 与多个部件组装后作为一个整体再清洗相比,单独清洗每个部件所需的部件篮子和清洗插入件的数量增加;
(5) 增加污染监测,以维持认证。

最后列出的一个观点,关于在普通的工厂环境中监测和认证洁净室的成本增加是值得进一步考虑的。洁净室监测的参数多种多样,包括空气流速、温度和方向、尘埃颗粒浓度、空气分子污染、验证板监测、审核、白手套检查和胶带测试等。另外,进入洁净室的单个零件清洁度通常要经过一定程度的检验和控制。然而,这些测量都没有解决主要问题:成品组件的清洁度。因此,对进入洁净室的一个或多个组件,执行先组装后清洁政策具有一定的可行性和潜在的优点。

可以用几种方法来评估这两种方法的清洁效果。显然,如果现有的部件清洁度测量方法可用于单个部件,则也可以应用于成品部件。另外,由于加热、振动、气流或其他在正常使用中可能遇到的因素而导致的对成品组件产生的污染的评估,也可以用作一种评估方法。在每种情况下,越类似于实际的使用条件,结果越有意义。

5.6 清洁过程

开发和实施有效清洁过程的关键是能够定量评估清洁过程产生的清洁度。清洁过程的验收标准可以基于许多标准，在指定清洁度水平的方法和要控制的各种污染物类别之间进行选择。清洁度可以根据以下任何一种方法来指定：

(1) 材料相关的通用值；
(2) 使用可比较的竞争性部件进行基准测试；
(3) 通过多次提取测量确定零件的可清洁特性；
(4) 批次认证的进货检验数据；
(5) 供应商加工能力（来源检查）。

在许多情况下，这些方法中有几个是连续使用的。在开发计划早期，没有可用的零件，因为它们只以图纸的形式存在。理想的情况是，最终的生产部件必须符合一个定量的清洁度要求，这样候选供应商才能制造原型部件。因此，图纸的第一次迭代可以包括基于表面材料的知识、表面积以及在某种程度上的制造方法的清洁度标注。在对特定材料类型没有相关经验的情况下，还可以基于对竞争性部件的分析来估计期望的清洁度水平，该过程通常被称为基准测试。在收到最初的原型部件之后，可以通过多次提取来研究它们的可清洁特性。此时，清洁度水平标注的分析基础可用于零件图纸的下一次迭代。在生产早期，可以在收到样品后进行采样，以扩大统计过程控制数据库。同时，可以在供应商处采集源头检测数据。然后，这两个数据集可以用来建立基于过程能力的清洁度验收标准。

清洁度规范也可以基于以下一项或多项：

(1) 粒子；
(2) 离子污染；
(3) 有机污染；
(4) 生物污染；
(5) 磁性污染。

在这些污染类别中，可以选择几种测量方法。这些方法不同于任何供应商可轻易利用的相对简单技术（比如密度测定法、离子污染测试仪），也不同于最先进的供应商内部才有的复杂方法（如电子显微镜、TOF-SIMS）。有关分析方法选择的更完整讨论可在第3章中找到。

5.6.1 液体浴中的颗粒

在液体浴,包括清洗浴中,颗粒可以从表面去除或沉积在表面上。除了受颗粒传输机理的影响外,流体体系中颗粒黏附的机理还受体系中颗粒-表面-液体化学性质的影响。也就是说,液体流动可能将颗粒引向表面,但颗粒对表面的黏附取决于系统的化学性质。具体地说,液体中的颗粒的材料性质,能够决定颗粒带有的电荷的性质,从而判断颗粒和表面的吸附关系。比如,来自破碎氧化硅涂层晶片的颗粒将带负电荷。这将防止颗粒沉积在带有类似负电荷的表面上,比如完整的氧化硅涂敷的晶片。相比之下,来自氮化硅涂敷的晶片颗粒将在去离子水中带正电荷。这些颗粒将被带负电的氧化硅晶片吸引[8]。

这种颗粒在液体溶液中带电的现象是可以测量的。测得的电荷被称为ζ电位。当粒子浸入液体时(如富含正离子和负离子的水),粒子表面上的原子倾向于将正电荷或负电荷吸引到其表面上。与此同时,这个电荷团在其周围的液体上,对应产生另一与其极性相反的电荷团。由此产生的电荷团通常称为电荷双层。颗粒周围的正电荷或负电荷的ζ电势,可以通过将颗粒放置在外部电场中并且记录它们迁移的方向和速度来测量。由此产生的双层电荷有一些不寻常的效应。带有同性电荷的材料将相互排斥。因此,由于相互排斥,氧化物涂敷的硅晶片在液体浴中不会被氧化物涂层的颗粒污染[9]。

5.6.2 边界层

清洁过程的限制之一是存在流体边界层。边界层是指附着在待清洁表面不流动的流体薄膜。在表面处,边界层内的流体流速基本为零,并且在自由流边缘增加至与自由流相同的速度。随着自由流的接近,边界层内的流体流速逐渐增加。隐藏在边界层中的污染物难以被清洁过程清除。浸没式清洁器中边界层的厚度随着流体搅拌的程度或超声波清洁器情况的振动频率而变化。流体在表面移动的越快,边界层越薄。在超声波清洗中,频率越高,边界层越薄[10]。边界层厚度在喷雾清洁中也很重要。喷雾中的流体速度越高,边界层越薄。

5.6.3 超声波清洗

超声波清洗是最流行的清洗工艺之一,也是非常有效的,但是超声波清洗的一些性能特征需要考虑。超声波能量有损坏零件的趋势,是清洗罐频率和功率密度选择的一个考虑因素,会影响设备和工艺设计。

低频超声波清洗（小于200kHz）是相对单向的。随着频率增加到200kHz以上，超声波清洗器就会更有方向性。非常低频率的超声波清洗（小于30kHz）可以产生被工作人员听到的分谐波，并且可能成为激励的来源。超低频超声波清洗机可能会导致严重的表面损伤。频率范围为30~70kHz的超声波清洗机对部件的机械损伤较小，并且运行时通常比低频超声波清洗机更安静。

材料对超声波损伤的敏感性是复杂的。比如，高表面硬度的非多孔金属（如铝的T6硬度）在200kHz以下的超声波清洗中通常不会损坏。相反，多孔铸铝容易被68kHz和更低的频率损坏。对精密结构的机械损伤也是有据可查的。良好的例子包括引线断裂、黏合剂脱落以及细金属部件形状的变化。

目前已经有一些策略得到了实施，以尽量减少超声波清洗工艺的损害。这些策略背后依据的理论是，损坏是由于超声波槽中的驻波造成的，相对于被清洗的部件，这些驻波总保持在固定的位置。一种方法是改变超声波能量的发射频率。与谐振中心相比，频率变化不能太大，或者超声槽的功率水平不能显著下降。比如，在谐振频率为47kHz的超声能量中，扫频应小于±2kHz。

另一种方法是"波动"法，在清洁过程中，零件在罐中缓慢移动。波动通常与扫频一起使用以减少损害。

最后一个考虑因素是，当零件经过流体-空气界面时发生的损坏。界面处的能量密度高于清洗液体内的能量密度。超声波能量运行时，拖动损伤敏感部件穿过流体-空气界面会导致严重的部件损坏。因此，在部件穿过界面时，许多工艺设计会关闭超声波能量，通常称为"工艺中保持界面安静"。

超声波清洗机的清洗效率

超声波清洗机的工作原理主要有气蚀和声流两种。气蚀是声能的相长干涉导致在清洗液中形成稀疏气泡的过程。当这些微小气泡内爆（由于稀疏能量的通过，运动的声波）时，它们产生液体的微小射流，撞击待清洁零件的表面。这些高速射流将颗粒从表面去除，并将清洁化学品传送到表面上的有机和无机化学污染物。声流指大量的流体发生运动，由声流带走的表面上的污染物，并阻止其重新附着在表面上。

在所有形式的超声波清洗中，气蚀和声流共同发挥作用，但是它们的相对贡献是频率的函数。在超声波频率较低的情况下，气蚀非常强烈，主导着清洁过程。在超声波频率较高的情况下，气蚀气泡非常小，但声流速度可能非常高。因此，高频率时，声流主导清洁过程，气蚀的清洁作用有限。

了解气蚀和声流相结合清理的方式是很重要的。我们首先考虑气蚀。当声波有构造性地结合在一起时，所产生的压力降低会产生局部气泡。在经过适当脱气的溶液中，这种气泡几乎全部由溶剂蒸气组成。当超声波压力波分离时，气泡的局部压力下降，气泡破裂。当发生这种情况时，会形成微观的液体射流，从气泡壁喷射到气泡体积中。这种高速射流会冲刷接触到的部件表面，将松散的物质从表面撞击出来。这种气蚀作用优先发生在表面上的不连续性区域。不连续区域可能是划痕、油漆中的针孔以及先前存在的坑等。由于这个原因，70kHz 以下常见的超声波侵蚀几乎总是与这些类型的表面特征相关联。

超声波清洗中去除污染物的第二种机制是声流，声流不能穿超声波槽中所有表面周围的静止流体边界层。通过气蚀作用从表面脱落的颗粒不会从表面冲走，并重新附着。在高频（大于 200kHz）时，声流是高度定向的，所以待清洁零件的方向变得至关重要。在低超声频率下，声流是随机的，而不是高度定向的。部件周围的边界层厚度是槽内超声波频率的函数。超声波频率越高，边界层越薄。如图 5.12 所示，边界层厚度是频率的函数。

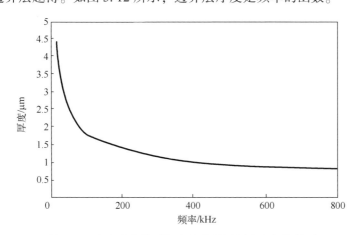

图 5.12 室温水条件下频率和边界层厚度之间的关系

超声清洗产生的气蚀气泡的大小和数量是许多参数的函数。频率是最重要的。随着频率增加，气蚀气泡的数量增加，但气蚀气泡的尺寸变小。影响气蚀作用程度的其他因素包括液体的蒸气压力、液体的温度、液体中溶解的气体量、液体的表面张力以及液体中污染物的存在。在任何固定频率和功率水平下，产生的气泡数量越多，气泡越小，反之亦然。

随着液体的表面张力降低，气泡形成的容易度增加。这导致气泡数量的增加，但气泡尺寸变小。类似地，随着液体的温度接近液体的沸点，气泡形成的容易度增加。因此，在较高的液体温度下，气蚀气泡的数量增加并且气蚀气泡的尺寸变小。

溶解的气体对清洁有不利的影响，因为超声波能量被消耗在产生气泡和移动气泡上。类似地，液体中的颗粒也会降低清洁效率，因为在移动颗粒时能量会损失。以下是对这些要点的强调及其对清洁性能的影响。

（1）与低蒸气压的液体相比，高蒸气压的液体容易产生更多的小气蚀气泡。这会降低清洁强度，也减少了损坏的程度。

（2）随着液体温度的升高，气泡的形成变得更加容易，液体会产生更多的小气泡。

（3）液体中的溶解气体在超声作用下会聚结成气泡，消耗能量并降低清洁作用。出于这个原因，许多超声波清洗过程包括在开始清洗零件之前的初始排气步骤。

（4）液体表面张力越高，产生的气泡数量越少。但是，产生的少量大气泡可能会导致部件损坏。

（5）如果液体受到污染，特别是如果存在颗粒物，部分能量会被消耗以移除颗粒物，因此不能有助于清洁。

图 5.13 所示为 40kHz 超声波清洗与 400kHz 兆声波清洗的比较。所清洗材料是一个裸露的 A300 铸件和加工零件——软质铝合金。使用 40kHz 超声波提取测量部件，然后测量液体携带的颗粒数量。兆声波清洗在去除小颗粒（小于 $25\mu m$）方面效率不高。超声波清洗往往会造成更多的侵蚀损伤，这可以通过相对较多的大颗粒（大于 $25\mu m$）的产生所证明。

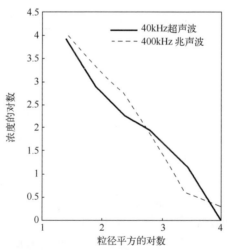

图 5.13　软质铝合金 40kHz 超声波清洗与 400kHz 兆声波清洗的比较
（40kHz 超声波提取之后进行液体颗粒计数）

其他几个因素也会影响清洁效率。超声能量能被许多聚合物吸收。由于这个原因，塑料容器在超声波清洗过程中不能用作清洗容器。当清洁插件与被清洁部件之间的金属对金属接触引起或可能造成物理损坏时，可使用塑料涂层、衬垫或垫片。

过度的机械搅拌会导致超声气蚀完全失效。这带来了一个问题，为了去除流体中的污染物，流体必须通过过滤器再循环，然后重新引入超声波清洗罐。如果再循环率太低，只有一部分流体会被清理，则清理时间将会延长，并且随着每次需要清洗的负荷的增加，罐体将继续累积污染。再循环率对清理时间的影响如图 5.14 所示。相反，再循环率太高会导致气蚀效应完全失效。大多数超声波清洗罐制造商建议，每分钟最大循环速率不超过罐体积的 25%~40%。

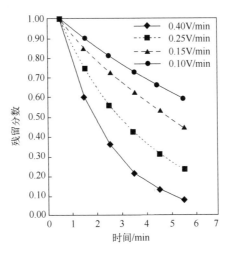

图 5.14 通过理论上 100% 有效的过滤器，容器净化率与体积分数再循环率的函数关系

控制液体重新进入罐体的方式同样重要。例如，如果流体以喷射的方式返回到罐中，则会造成大量的搅拌，从而导致超声气蚀效应失效，即使在循环率低至每分钟罐体积 5% 的情况下也是如此。最好使用散射屏来降低返回流体的速度，以防止这种失效的发生。

5.6.4 喷雾清洗

喷雾清洗和冲洗均是常用的清洗方式。在喷雾清洁中，颗粒去除完全由剪切应力决定，去除力与粒径的平方成正比。因此，越细的颗粒越难以通过喷雾除去（请记住，范德瓦耳斯力体系中的颗粒附着力通常随着粒径而变化；因此，对于大多数常规的清洁过程和清洁效率，例如颗粒去除与颗粒黏附力的比率，会随颗粒的增大而降低）。根据被喷射液体的性质，还可以提供不同程度的有机和无机污染物去除。然而，在喷雾中使用表面活性剂会影响清洁效率。这被认为是由于在被清洁部件的表面上形成泡沫所致。表面上的泡沫会起缓冲作用，分散一部分流体速度，降低清洁效果。

由于喷雾清洁效应几乎完全由剪切应力引起，所以表面上的流体速度最大化可以提高清洁效率。对于给定体积的流体，实心射流比扇形射流更有效率。另外，在撞击表面之前，液体流不应该分裂成离散的液滴。在与表面接触之前喷雾破裂会降低清洁效率。撞击在表面上的实心的液体射流比雾化的液滴更有效。

图 5.15 和图 5.16 中说明了其中的一些要点。图 5.15 中显示了经过 8 种不同的高压喷射清洗工艺后，铸件和部分机加工 A300 铝制零件的清洁度。通过比较接收时的清洁度与清洁后的清洁度，将结果一起显示，说明了喷雾清洗与高压水清洁的显著效果。清洗后的数据与图 5.16 中接收时的数据分开显示，以说明所尝试的各种工艺之间的差异。这些数据的分析结果如表 5.1 所列。这些数据显示 2000psig 比 1500psig 更有效，实心射流比扇形射流更有效，并且不使用表面活性剂优于低发泡表面活性剂，而低发泡表面活性剂又优于高发泡表面活性剂，这是通过清洁后留在零件上的颗粒浓度来测量的。

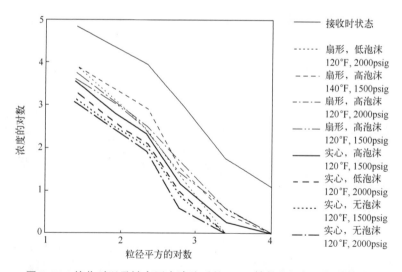

图 5.15　接收时以及被高压水清洗后的 A300 铸件和机加工铝零件对比

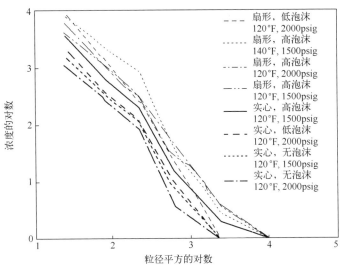

图 5.16 用高压水清洗零件

表 5.1 用高压水比较各种参数的喷雾清洁性能 （单位：个/m³）

变量	水平	粒径				
		5μm	9μm	15μm	25μm	50μm
压力/psig	2000	4462	806	187	21	1.2
	1500	4350	1118	338	21	2.5
射流	实心	20871	412	126	9	0.7
	扇形	6725	1512	400	33	3.0
表面活性剂泡沫	无表面活性剂	1325	300	92	6	0.5
	低	5350	900	185	17	0.5
	高	5475	1325	387	30	3.2

在同一过程中，喷雾清洗和冲洗通常与超声波冲洗和干燥联合使用。超声波能量和高频兆声波技术（频率在 1MHz 范围内）具有独特的优势，能够以几乎 100% 的效率去除污染物，包括喷射清洁去除效果也不佳的亚微米颗粒。然而，80kHz 以下的超声波清洗具有强烈的产生侵蚀磨损碎片的趋势，这些碎片往往由大颗粒组成。因此，当组合使用时，通常先进行超声波浸泡清洗，然后进行喷雾清洗，去除由低频超声波侵蚀产生的大颗粒。

在 20 世纪 70 年代后期和 80 年代，使用溶剂进行喷雾清洗非常普遍[11]。不易燃的高挥发性溶剂（特别是 CFC）在溶剂喷雾应用中最为常用。今天，由于禁止使用氟氯烃，主要用水取代有机溶剂。通常，流体速度与喷射压力成正比。许多低压喷涂工艺中使用的压力为 90psig 或更小。旋转冲洗干燥机经常使用较高的喷雾压力。用于清洁和干燥整盒部件的旋转冲洗干燥器通常在低于 400psig 压力下运行；用于单晶片或磁盘的旋转冲洗干燥器通常可以在高达 3000psig 压力下操作。用于金属部件精密清洗的高压喷雾清洗一般可达到约 10000psig 压力[12]。图 5.17 所示为高压喷雾的特征 S 形清洁效率曲线。请注意在 1500psig 左右时曲线的转变。这通常代表了低压和高压清洗效率体系之间的分界点。

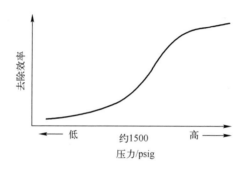

图 5.17 喷雾清洁的特征 S 形清洁效率曲线

高压喷雾清洗在去除表面污染方面非常有效，因此必须仔细考虑颗粒污染清洁度测量的方式。许多软金属合金和复合聚合物在高压喷雾清洗之后非常干净，以致随后的超声波浸泡将所有能量都消耗在工作表面和产生腐蚀碎片。超声提取容易使清洁度测量结果产生偏差。因此，许多高压喷雾清洗的部件必须使用喷雾提取而不是超声波提取进行测量。

综上所述，喷雾清洗的特点如下：

（1）3000~10000psig 之间的压力表现出最高的清洁效率。

（2）体积流量与喷雾压力同等重要。

（3）通过剪切应力去除颗粒和薄膜。

（4）去除力与颗粒大小的平方成正比。

（5）喷洒液体中使用表面活性剂会降低清洁效率；如果需要洗涤剂，建议在洗涤剂溶液中预浸泡。

（6）清洁效率曲线是 S 形的。

（7）通常必须为每个部件定制设计清洁歧管。

（8）实心喷射射流表现最好。

（9）流体温度不是一个重要的因素。

（10）由于侵蚀造成的表面损伤远远低于超声波浸泡清洗的。

5.6.5 旋转冲洗干燥机清洁

旋转冲洗干燥机对于旋转对称部件是一种有效的清洗方法。在表面相对平滑的地方，扇形喷嘴比喷针更有效率。在表面不平的地方，喷针比扇形喷嘴更有效。在旋转冲洗干燥器中，由于部件的高速旋转，部件表面上的流体速度增加，所以喷雾的剪切应力清洁作用得到增强。高压已被证明可显著改善部件清洁。不完全旋转对称的零件，可以在设计有平衡砝码以保持平衡的转子上清洁。旋转冲洗干燥机既可在一次一个部件也可在批量模式下运行。旋转冲洗干燥机是最节能的干燥过程之一。干燥通过被清洁基材的高速旋转来完成。经常使用经过加热和过滤的干燥氮气作为干燥气体。

部件干燥过程中的高速旋转将会导致表面的静电充电。这种静电荷的来源还没有得到分析证明。最可能的解释是，当液体被机械地从表面上剥离时发生部分充电。空气和部件之间的摩擦是否会对这种直接充电产生显著影响是值得怀疑的。在由部件高速旋转引起的高速气流中的再循环雾化液滴与旋转部件之间碰撞，更有可能导致充电。在干燥期间，对通过腔室泵送的经电离的加热过滤空气，有助于降低干燥部件上的电荷水平。

图 5.18 所示为旋转冲洗干燥与其他清洗工艺对完全电涂铝部件的清洁效果的比较。将部件清洁、干燥后，使用 40kHz 超声波提取，随后进行液体颗粒计数来测量提取颗粒。40kHz 的氟利昂超声波清洗对于去除直径大于 5μm 的颗粒是有效的，但是当颗粒小于等于 5μm 时效果不太好。高压喷雾对所有 5μm 以上的颗粒都是有效的。旋转冲洗干燥等同于高压喷雾清洗。高压喷雾和超声波浸泡清洗相结合，再单独使用高压喷雾或超声波清洗时，提高了小

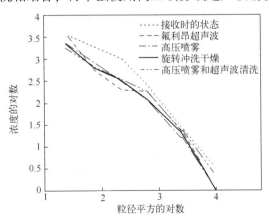

图 5.18 不同工艺对完全电涂铝部件的清洁效果的比较
（40kHz 超声波提取后进行液体颗粒计数）

尺寸颗粒（小于 25μm）下的清洁度，但是代价是由于高压喷雾清洗部件的超声波侵蚀，增加了大颗粒数量。

5.6.6 蒸气脱脂

尽管目前 CFC 已无法使用，但是蒸气脱脂仍然是一个重要的清洗过程，而 CFC 曾是蒸气脱脂的主要化学品之一。如今，其他几个化学系统已经成为合适的替代品。在蒸气脱脂中，将冷的部件浸入沸腾液体的热蒸气中。溶剂冷凝在冷的部件上并滴落。蒸气脱脂在去除有机污染物方面非常有效，并且可以有效地冲走大颗粒，但不能有效去除小颗粒。根据所选的溶剂，蒸气脱脂也可以有效去除与焊料残留物相关的离子污染物。水-醇共沸物的醇蒸气脱脂剂可有效去除助焊剂残留物。

目前，氢氟烃（HFC）、醇类、丙酮甚至水都被用作蒸气脱脂剂，并取得了巨大的成功。不幸的是，随着时间流逝及环保要求的限制，能使用氢氟烃的时间已经不多了。许多地方管理部门也越来越多地限制挥发性有机化合物的使用，这些化合物会在当地造成光化学烟雾并在全球造成全球变暖。

5.6.7 化学清洗

电抛光和光亮浸渍是特别有效的化学清洁方法，但是经常被认为是表面处理方法。电抛光通常被认为是不锈钢的表面处理方式，但也可用于铝、黄铜和其他合金。在电抛光中，表面粗糙度降低。这消除了颗粒和化学物质的隐藏位置，使后续清洗过程更有效率。但是，关于电抛光和光亮浸渍有一个注意事项，即必须仔细彻底清洗，以消除电抛光化学品和基材残留物。尺寸容差也是一个重要的考虑因素。

碱性蚀刻也被成功地用作化学清洗工艺。在后续的电镀工艺之前，碱性蚀刻通常能有效地去除残留的肥皂和有机污染物。同样地，注意谨慎操作是有必要的。碱性蚀刻可以在活性金属（如铝）上产生重氧化膜。如果没有适当的密封或去除，这种氧化膜可能不会紧密黏附并可能导致随后的颗粒脱落问题。

5.6.8 溶剂清洗

精密清洗中使用最广泛的溶剂是水。纯水具有很高的表面张力，约 70dyn·cm[①]，因此对疏水性表面来说是一种不好的润湿剂。由于许多使用水

---

① 1dyn·cm=10^{-4}N·cm。

清洗的污染物是疏水性的，所以需要使用改性化学品来使水适合润湿疏水性表面。可用的化学品包括简单的表面活性剂、配方清洁剂、溶剂（如醇、乳液基碳氢化合物）或其他有机化学品。根据系统的化学性质，这些化学品的添加量不同，可以将混合物的表面张力降低至 35dyn·cm 或更低。与其他替代品相比，水是一种低成本的溶剂。然而，添加化学物质以改善润湿性能会增加直接成本并使废物处理复杂化。

使用水作为溶剂的最大优点之一是它被广泛接受，作为 CFC 替代物，用于精确清洁。据估计，90%~95%的精密清洗都可以用水来完成。因此，水基清洁的设备种类比任何其他溶剂都广泛。水的最大缺点之一在于干燥过程。由于水的沸点和蒸发热相对较高，其干燥过程的成本相对较高。高昂的干燥成本导致了几种热风干燥替代方法的发展。

清洁过程工业中常用的化学品之一是普通的甲基吡咯烷酮（NMP）。当在高温（约170°F）下使用时，NMP 显示出对聚碳酸酯、聚丙烯酸酯和聚氨酯等非凡的溶解聚合物的能力。但是，它不能溶解聚烯烃。这种化学品的可选择性可以面向产品和工艺设计。主要缺点包括加热化学品的成本，一些关于飞溅烧伤的安全问题以及相当强烈的气味。虽然毒性很低，但很多人觉得这种气味令人厌恶，不能忍受长时间在其周围工作。

一些关键的（战略性）应用已经获得臭氧消耗化学品国际协议免责条款的批准。这些化学品包括氯化烃，如 1,1,1-三氯乙烷和氯氟烃（CFC）。对于那些没有被授予这种批准的应用，则需要使用替代溶剂。幸运的是，CFC 有几种替代品，比如氢氟烃（HFC）。HFC 具有较广泛的吸引力，因为它们毒性相对较低，化学性质稳定，不易燃烧。它们黏度低，表面张力低，沸点低，这些都是清洗复杂零件的理想性能。氢氟碳化合物也是少数几种能够有效溶解全氟化润滑剂的溶剂，广泛用于磁盘驱动器和航空航天工业。HFC 溶剂的一个缺点是成本高；其次是具有导致全球变暖的高度可能性，释放到大气中的氢氟烃将在那里停留数百年至数千年。

某些源于天然植物产品的溶剂广泛应用于生态友好型工艺过程。例如，源自松树的萜烯和源于柑橘类水果的苧烯，它们零臭氧消耗，不会造成全球变暖，同时具备低毒性和完全水溶性特点。其主要缺点是有特殊气味，浓度较低时或暴露时间较短时令人愉快，但暴露时间过长时会变得令人讨厌。

5.6.9 机械搅拌清洗

机械搅拌清洗过程（振荡和喷射）是浸泡式清洗过程，不采用超声波搅拌。通常，将部件浸入浴中，并且波动、旋转或喷射。在喷射过程中，部件通常在液体中保持静止，并从下面喷出含有气泡的液体。所有的机械搅拌清洗过程都具有相对较低的颗粒去除效率，但根据浴液的化学性质，可以适当地有效去除有机或无机污染物。优点包括相对较低的设备成本、较低的维护成本以及减少被清洁部件损坏的可能性。

5.6.10 手动清洁

擦洗和擦拭是非常有效的清洁过程。据估计，擦拭的颗粒去除效率相当于每平方英寸几千磅的高压喷雾。因此，当待清洁的表面几何形状不太复杂时，擦拭可能是一个很好的选择。事实上，几乎每一个高科技制造商都依靠擦洗和擦拭来进行工具和工作区加工使用前的准备工作。

在航空航天工业中，许多要清洁的结构体积非常大，以至于手动擦拭通常是唯一划算的选择。已经评估了几种清洁技术达到 MIL-STD-1246 清洁度的能力。真空刷除不能达到 300 级的清洁度。对于大型表面，不能采用溶剂冲洗，因为可能涉及使用大量溶剂的使用成本和造成的环境影响。因此，对于大型且复杂表面，清洁方法的选择仅限于用溶剂擦洗和擦拭。多种溶剂擦拭通常能够达到 100 级清洁度。

为执行擦拭操作的人员选择工具是一个首要的考虑因素。除了使用正确的擦拭布之外，可能还需要各种棉签才能进入难以触及的空间。对于大型复杂结构，溶剂的选择必须考虑组装中使用的各种材料。在日本或新加坡等劳动成本高的国家，手工擦拭也会导致成本过高。因此，人工擦拭作业经常被转包给中国等劳动成本较低的国家。

5.6.11 特殊清洁

等离子体通常被视为物质的第四种状态。气体（如氧气）在低压室中受到高能射频辐射会导致氧分子离解成离子，由于它们带电荷，离子可以加速向表面运动。当这些离子撞击污染物时，污染物会发生化学反应。许多反应产物是无害的气体，通过腔室真空系统泵出。等离子清洗对于去除薄的、低分子量有机污染物是最有效的。在去除颗粒或无机污染物方面是无效的。并且等离子体清洗设备相对昂贵，需要大量的维护。另外，它是一个批量处理过程。

紫外（UV）光，无论是单独使用还是与臭氧结合，都是清除有机污染物的有效清洁工艺。在紫外线清洁中，高能（短波长）光照射表面上的有机分子。紫外线能量被有机污染物吸收，吸收的能量破坏化学键并产生挥发性反应产物。因为反应产物是挥发性的，所以表面上没有残留物。可以通过使用高功率 UV 进行激光照射来增强该过程。UV 和激光或 UV 清洁在去除颗粒或离子污染物方面无效。两者都属于在被照射范围内的清洁工艺，即只清洁被照射的区域，而阴影区域完全不会得到清理。

在 UV 臭氧清洗中，使用紫外线将氧气转化为臭氧。臭氧在零件周围扩散，能促进有机污染物产生挥发性反应产物，类似于紫外线照射清洁。如同 UV 清洁一样，UV 臭氧清洁对去除颗粒或离子污染物是无效的。然而，臭氧在清洗槽中是自由扩散的，所以 UV 臭氧清洁不是视距范围内的清洁工艺。

图 5.19 所示为一个典型的相图，显示了超临界流体的产生条件。当压力大于临界压力且温度大于临界温度时，形成超临界流体。表 5.2 所列为超临界流体的典型物理性质，密度、扩散系数和动态黏度与相同材料的气相或液相的对比。

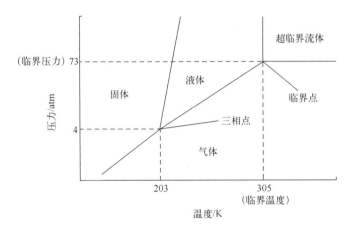

图 5.19 二氧化碳简化相图（在超过临界压力和临界温度的任何温度和压力共同作用下，二氧化碳具有超临界流体的性质）

表 5.2 超临界流体的物理性质

特 性	符 号	单 位	气 相	液 相	超临界液相
密度	δ	g/cm^3	0.001	0.8~1	0.2~0.9
扩散系数	D	cm^2/s	0.00005~0.00035	5×10^{-6}	10^{-3}
动态黏度	μ	$g/(cm \cdot s)$	10^{-4}	10^{-2}	10^{-4}

超临界（SC）流体清洁方法非常有趣。SC流体性质特殊，既具有液体的密度特点，又有气体的黏度特征。最适合用于去除有机污染物。通过调整SC流体的温度和压力，可以选择去除何种有机物。在用于精确清洁的SC流体中，最常见的溶剂是二氧化碳（CO_2）。$SC-CO_2$不会消耗臭氧，导致全球变暖，因为所使用的二氧化碳来自于大气。使用$SC-CO_2$与使用其他溶剂相比具有优势，清洁后零件上不残留溶剂残留物，因此不需要额外的干燥步骤。$SC-CO_2$清洁的缺点是操作条件要求较高的压力，所以设备可能非常笨重而昂贵。另外，$SC-CO_2$清洗是一个批量处理过程，而且颗粒和无机污染物的去除效率低。

干冰是另一种广泛应用的清洁方法。在干冰清洁过程中，液态二氧化碳通过专门设计的喷嘴进行喷洒，膨胀热使干冰的微小固体颗粒冻结。膨胀的气体加速这些颗粒，使它们可以像喷雾一样使用。干冰在除去颗粒和低分子量油方面相对有效。去除无机污染物和较高分子量的油和油脂的效果较差。

早期设计的干冰清洁剂存在一些问题。其中之一是易于冰冻被清洁的零件。导致的主要问题是，冰冻的部件会使大气中的水分凝结。在少数情况下，差异膨胀会引起机械问题，特别是刚性环氧键。另外，高速雪粒与被清洁表面之间的摩擦导致部件的静电充电。其中一些问题已经被更先进的设计所克服。例如，在先进的二氧化碳清洁剂中，加入辅助加热的空气供应，以降低二氧化碳雪的冷却效果。在这种辅助加热空气供给装置中增加在线空气离子发生器，大大降低了产生静电荷的趋势。另外，干冰清洁器的一个固有缺点是它们的操作面积相对较小。基本上，它们形成一层薄薄的二氧化碳雪层。这种清洁方式也是一种视距清洁过程。如果要清洗的部件区域是重复的，则可以设计固定装置，在一定程度上可以使清洁过程自动化。

另一个精确清洁过程，类似于二氧化碳雪，是氩氮雪清洁过程[13]。这种方法特别有吸引力，因为清洁介质像二氧化碳雪清洁一样是非挥发性的，另外，这种清洁品具有很强的化学惰性。

5.7 干燥过程

如果没有讨论干燥过程，清洁过程的讨论是不完整的。考虑到水基清洁工艺的普遍存在，以及干燥水残留相关困难，这一点尤其正确。如果执行不正确，则基于水的清洁会导致水渍，可见污渍和其他缺陷，如油漆附着力差。

5.7.1 旋转冲洗干燥

旋转冲洗干燥机是目前最节能的干燥工艺之一。在旋转冲洗干燥过程中，冲洗水被关闭，部件高速旋转。旋转的部件诱导其表面产生高速气流，增加了清洁流体的蒸发速率，而不需要供应热量。在干燥过程中，通常给干燥室供应压缩的干燥空气或干燥的氮气。

5.7.2 强制风干

强制风干是在水基清洁时代最常用的一种方式。强制风干通过液体的物理去除和蒸发相结合的方式来进行的。物理去除和蒸发的相对贡献取决于清洁剂的类型以及部件为了便于水从部件上排走而设计的朝向。

有几种类型的强制风干机可供选择。气刀在许多工业应用中很受欢迎。气刀通常是由管道中的连续槽形成的片状空气组成。空气由鼓风机或压缩机供应。需要相对多的空气量，因此通常不提供 HEPA 过滤。另外，很少会加热压缩空气。所以如果需要加热来辅助空气干燥，则必须加入加热器。这些类型的气刀干燥机经常出现在电镀和涂装生产线，那里洁净室不是主要问题。

精密清洗设备的干燥室中，通常内置空气干燥歧管。歧管通常配有空气喷嘴，在干燥室中产生高速空气，而无须使用大量的、来自清洁空气系统 HEPA 的过滤空气。

对流烘箱也是强制风干的一种形式。在对流烘箱中，可以将另外的空气引入对流用于帮助干燥，保持相对于环境的正压，并提供清洁的空气。

强制风干的一种有趣的方法是针对医疗行业中发明的。可清洁的实验室设备、病人护理用品和实验室设备经常在工业洗碗机中清洗。许多要清洗的物品的形状像深的瓶子。为确保清洁，将它们固定在中空管清洁篮子中。管子的底部可以有一个喇叭口，像漏斗一样捕获水分进行前期的水洗，然后在干燥的过程中捕获空气，并将其引入正在清洗的物品中，进行风干。执行这项工作的关键是要确保中空管的入口直接导入清洁剂流体或空气射流。

5.7.3 真空干燥

真空干燥是强制风干常用的最终干燥步骤[14]。通常情况下，部件的结构不能仅靠强制空气干燥；小直径空心管就是一个很好的例子。真空干燥有几个考虑因素。这是一个相对缓慢的过程，也是一个按批次生产的过程。

因此，可能有必要考虑在清洁过程中使用多个真空干燥器，以支持恒定的生产量。

压力控制也是一个重要的考虑因素。如果液体的蒸发速率太高，由于蒸发冷却，部件的温度将下降。在水被干燥的地方，蒸发率太高实际上会导致冰的形成。这可能导致部件损坏，因为冰的密度小于水的密度，或者可能导致不完全干燥。从静电释放的角度来看，压力控制也很重要。如果真空干燥器内的压力降到帕邢（Paschen）极限以下，空气将变成导电的。此时，真空干燥器中的任何带电结构都会相对距离其最近的适合位置发生静电放电。除非采取预防措施，否则产品和真空室都可能被损坏。最常见的预防措施是将腔室内的压力限制在超过帕邢限值约3mmHg以上。第二个预防措施是，在接近Paschen极限时关闭真空室内部的加热器和其他电子元件的所有电源，当室内的压力变得非常稀薄，空气又是一个很好的绝缘体时再打开电源。

5.7.4 吸附干燥

吸收剂不会造成污染的情况下，吸附干燥（包括擦干）也可以有效地运行。常见的吸收剂包括活性炭、黏土和硅胶。在这个过程中，零件被放置在吸收剂中，直到零件的所有水分都被吸收。然后将零件移除，把零件上的灰尘吹掉。吸收剂可以再生并重新使用。

5.7.5 化学干燥

化学干燥利用各种化学品来溶解或置换部件中的清洗液。目前最常见的化学干燥器使用醇类作为水的吸收剂。醇通过吸附床循环利用，或通过蒸馏除去水并回收醇。然后，由于部件上的残留醇的沸点和蒸发热较低，所以可以更有效率地风干部件。许多其他类别的化学品可以用来代替醇类。这些化学干燥剂具有毒性，且易燃，会消耗臭氧，导致全球变暖。

5.8 清洁成本

不考虑成本就对清洁过程及设备进行讨论是没有意义的。投资成本包括清洁设备费用以及用于配套清洁设备的公用设施和设施改造的成本。在需要辅助净化设备的地方，如去离子水处理设施或溶剂回收设施，这些都必须计入投资成本。持续的成本包括加工和维护劳动的成本。许多设备制造商会推荐一份预防性维护部件列表，应将其视为持续成本。运营成本还必须考虑水电费，日常运营维护中使用的消耗品等。分析中应包括废物处理和溶剂更换成本。

清洁不是一项增值活动。它不能增加产品的功能。清洁确实影响质量和可靠性，但不应依赖于清洁来实现这些目标。清洁只是去除那些本来应该远离表面的污染物。因此，重点应放在产品设计和制造过程中的污染控制，而只在必要时进行最少量的清洁。

5.9 供应商过程污染检查表

供应商过程污染检查表是进行资格调查的有用工具[15]。对于调查以前合格的供应商所发现的问题，这也可以证明是有用的。该清单的主要目的是获得简单的是/否/不适用的答案。在一些问题中，会提示附加细节，这些细节是通过后续问题获得的。

关注供应商流程有很多好处。首先，供应商倾向于生产一些他们专门研究的高度专业化的部件。由于这个原因，其过程中和最终的清洗过程也趋向于高度专业化，并且经常针对他们清洁的部件的材料和几何形状进行优化。由于这些清洁过程是专用和优化的，所以供应商进行零部件的最终清洁通常比客户更容易而且成本更低。

许多组件不能进行浸泡清洗，在组装之后，排除了这种最有效、成本最低的清洗方法。这意味着优化部件和部件清洁的责任几乎完全取决于供应商。组装之后不能被清洁的部件的例子包括轴承组件、变速箱和其他润滑的子组件、过滤器和吸收袋、电机、气压缸以及光学组件或包含光学组件的子组件，比如光学编码器。

一般来说，客户无法负担执行特殊清洁所需的各种清洁工艺，以实现所有部件的最终清洁度。在大多数情况下，我们希望客户能够完成的是去除运输和处理碎片。供应商过程污染检查表集中在8个一般主题类别：

（1）在供应商处接收/检查；
（2）制造；
（3）脱脂/清洗/干燥；
（4）最后检查；
（5）存储；
（6）运输；
（7）员工；
（8）管理。

供应商的验收检验过程是调查的合适的起始点。从验收检验开始，可以通过供应商的流程，系统地跟踪原材料、零件和组件。制造过程可以包括清洁收到的原材料、零件和子组件。它也可以包括中间清洁和最终清洁。制造步骤包括机械加工、电镀和涂装以及装配操作。

蒸气脱脂剂在某些章节中有详细说明。这是因为卤化烃溶剂仍然在一些行业中使用。随着全球变暖和臭氧消耗趋势降低的溶剂的快速发展，市场上经常出现新的替代溶剂。应定期复查这些替代化学品对蒸气脱脂剂的影响。

最终检查应考虑到成品上可能存在的污染物的种类和数量。另外，工艺能力将决定最终检验所需的类型和频率。储存期间，保护产品免于再次污染的程序是重要的。这必须包括对包装材料的仔细选择和持续的验证。

除了这些特定存在于过程的问题之外，还有一些与操作员培训和管理态度有关的问题。其中包括对操作人员和管理人员的培训，如何制定和实施纠正措施计划，以及如何在供应商的内部和客户之间沟通问题。

1. 供应商处接收/检查

（1）所有进货材料都是原（库存）材料吗？

是　　否

（2）二级供应商供应的一些零件将在主供应商装配吗？

是　　否

（3）库存材料是否至少经过粗略地目视检查污染物？

是　　否

（4）如何控制来料库存的质量？

（5）如果有些收到的零件是用于装配的，零件上是否有客户清洁规范？

是　　否　　不适用

（6）如果是这样的，他们是否经过二级供应商的最终检查？

是　　否　　不适用

（7）如果是这样的，他们的清洁度是否经过初级供应商检查？

是　　否　　不适用

（8）主要或二级供应商在此过程中是否有"暗箱"操作？

是　　否　　不适用

（9）库存管理是否正确（先进先出（批次完整性））？

是　　否

2. 制造

（1）是否有完整制造过程的记录交与客户？

是　　否

（2）简要概述/用草图描述制造过程中的步骤。

（3）每天生产多少个零件？

（4）是否实行连续流制造？

是　　否

（5）平均而言，连续作业之间等待的时间多长？

分钟　　小时　　天

（6）其他客户的产品是否在同一地区生产？

是　　否

（7）如果是这样，是否有交叉污染的机会？

是　　否　　不适用

（8）加工碎屑是否有效地（覆盖所有尺寸范围）被移除？

是　　否　　不适用

如果是这样，说明如何移除。

（9）中间清洁器是浸泡/冲洗罐还是喷淋装置？

静态储罐　　喷雾清洗机　　不适用

（10）如果是浸渍类型，更换清洗液的频率如何？

一天一次　　两天一次　　其他（请说明）

（11）切削工具的性质（硬质/软质，尖锐/钝的）是否与加工碎屑/粉末产生量相关联？

是　　否　　不适用

（12）刀具位的改变被看作是减少加工碎片产生的一种手段吗？

是　　否　　不适用

（13）在加工过程中，零件是喷雾冷却还是水冷却？

喷雾冷却　　水冷却　　不适用

（14）所有冷却液是否与下游清洗过程兼容？例如，如果清洁剂是水基的，所有的冷却剂和其他工艺流体是否都是水溶性的？

是　　否　　不适用

（15）如果使用油基冷却剂或润滑剂，供应商是否探索使用水溶性替代品？

是　　否　　不适用

（16）制造过程中使用的所有化学品的制造商安全数据表（MSDS）是否

记录在客户手中？

是　　否

如果没有，请提供用于制造的所有化学品的 MSDS。

（17）如果工艺流体在零件表面干燥，它们是否通过聚合反应形成漆膜？

是　　否　　不适用

（18）尘埃粒子计数器（APC）是否用于监测制造环境的质量？

是　　否

（19）如果是这样，按照什么时间间隔进行监测？

每日一次　　每周一次　　每月一次　　不适用

解释如何使用 APC 数据。

（20）是否进行了去毛刺？

是　　否

如果是这样，解释如何去毛刺。

（21）是否有去飞边？

是　　否

（22）是否用手擦拭任何表面？

是　　否

（23）是否添加了任何油（在螺栓螺纹等位置）？

是　　否

如果是这样，请解释它是如何被移除的。

（24）在涉及磁体的情况下，是否采取措施防止磁性污染/交叉污染？

是　　否

请说明具体措施。

（25）供应商是否有任何"暗箱"操作？

是　　否

（26）如果部件经过钝化、抛光或环氧树脂涂层等表面处理，这些工艺是否会被出售给二级供应商？

全部　　一部分　　无

（27）主要供应商的电镀/涂层工艺是否由客户认证并且合格？

是　　否　　不适用

（28）如果采用了表面电镀/涂层，检查程序是否适用于孔隙率、附着力等？

是　　否　　不适用

如果是的话，依照什么规范？

(29) 如果涉及焊接，是否使用了水溶性助焊剂？

　　是　　否　　不适用

(30) 如果使用了焊接，是否使用了水溶性焊膏？

　　是　　否　　不适用

(31) 如果使用了焊接，是否使用无残留或低残留的焊剂？

　　是　　否　　不适用

以下问题特别针对有机污染。

(32) 是否使用经过 DOP（邻苯二甲酸二辛酯）测试的空气过滤器？

　　是　　否　　不适用

(33) 是否使用任何增塑剂（如邻苯二甲酸酯、癸二酸酯、己二酸酯、氯化邻苯二甲酸酯）？

　　是　　否

(34) 过程中是否使用了任何抗氧化剂（如胺类、芳香族酚类）？

　　是　　否

(35) 是否使用普通的环氧硬化剂（如胺）？

　　是　　否

(36) 过程中是否使用了阻燃剂（如氯化磷酸酯、卤代芳香族化合物）？

　　是　　否

(37) 长链烃油是否被溶剂清除？

　　是　　否　　不适用

(38) 如果使用润滑剂，是否用溶剂除去该碳氢化合物？

　　是　　否　　不适用

(39) 如果产品含有橡胶，是硫化橡胶（硫黄硫化）吗？

　　是　　否　　不适用

(40) 如果零件用导电聚合物进行电泳涂装，涂料中是否添加有机锡化合物？

　　是　　否　　不适用

(41) 是否使用了任何聚合物添加剂？

　　是　　否　　不适用

(42) 是否使用脱模剂？

　　是　　否

(43) 是否使用低分子量有机硅？

　　是　　否

(44) 是否使用了开孔泡沫？

是　　否

(45) 是否使用出气达总重量 0.5% 的任何有机材料？

是　　否

3. 脱脂/清洗/干燥

(1) 客户是否有清洁过程的记录？

是　　否

简要概述清洁、冲洗和干燥过程。

(2) 清洗液或冲洗液是否回收？

是　　否

如果是这样，请描述过滤装置。

(3) 是否在线监测流体清洁度？

是　　否

(4) 清洁和/或干燥中是否使用了含氯氟烃或其他氯化溶剂？

是　　否

(5) 如果是这样，那么每年的清洁（和/或干燥）介质的估计消耗量是多少（以加仑计）？

(6) 如果是这样，清洁（和/或干燥）介质的估计回收/再循环量是多少（以消耗量的百分比计）？

(7) 热空气是否用于干燥零件？

是　　否

(8) 如果是，空气是否被过滤？

是　　否　　不适用

如果是，请描述空气过滤装置。

(9) 空气是否去除了油性成分？

是　　否　　不适用

(10) 清洗器是否有可能超负荷？比如，严重污染的部件是否在完成最终清洁的相同系统中经过预清洗？

是　　否

(11) 是否有单独的预清洗单元来清除严重污染物？

是　　否

(12) 是否已经优化了清洁器的操作参数（如温度、压力、流量）？

是　　否

（13）清洁系统是否是水基的？

是　　否

（14）如果是，是使用去离子水（DI）吗？

是　　否　　不适用

（15）如果是，是否连续监测去离子水的质量？

是　　否　　不适用

（16）如果正在使用氟利昂或其他氯化溶剂进行清洁或干燥，是否考虑以水基溶剂体系作为替代品？

是　　否

说明为什么水溶液清洗不可行。

（17）如果无法进行水溶液清洗，是否已经研究了其他溶剂？

是　　否　　不适用

（18）淘汰溶剂的目标日期是什么？

描述如何监测和维护清洁效率。

（19）清洁过程的一致性如何？是否存在显著的部件间或批次间差异？

是　　否

（20）是否保留了清洁度的统计过程控制（SPC）数据？

是　　否

（21）如果是，记录可以追溯到什么时间？

一星期　　一个月　　一年　　不适用

（22）简要说明如何使用 SPC 数据。

（23）客户是否记录了清洁过程中使用的所有化学品的 MSDS 信息？

是　　否

如果没有，请提供在清洁阶段使用的所有化学品的 MSDS。

（24）清洁阶段使用的表面活性剂是否与制造阶段使用的工艺流体相容？比如，它们是相互可溶的吗？

是　　否

（25）如果在加工过程中使用的工艺流体倾向于在零件表面形成漆面，是否选择了清洁剂以便能够溶解漆面？

是　　否　　不适用

（26）如果清洁剂含有脂肪酸，系统设计是否可以清洗掉脂肪酸？

是　　否　　不适用

（27）洗浴液是否含有足够高浓度的表面活性剂导致留下润滑残留物？

是　　否

（28）是否使用了有毒溶剂？

是　　否

（29）如果是，它们是否留下部分残留物？

是　　否　　不适用

（30）漂洗过程中，所有使用的洗涤剂/表面活性剂是否能完全去除？

是　　否

（31）描述如何监测使用清洁剂前后的清洁度。

（32）描述如何监测洗涤器/冲洗出口液流的颗粒/离子/有机物浓度水平。

（33）液体多久更换一次，并根据什么标准？

（34）清洁系统是否完全自动化？

是　　否

（35）清洁系统的灵活性如何？如果对部件进行了主要的设计更改，该部件是否仍然可以使用，而无须做出重大修改？

是　　否

（36）如果采用超声波清洗，请简要描述超声处理程序。

（37）如果目前使用超声波清洗，是否有任何证据表明因过度使用而导致部件磨损？

是　　否　　不适用

（38）最终是否需要通过人工的方式清洁任何剩余的可见污染物？

是　　否

如果是这样，请描述清洁过程。

4. 最后检查

（1）供应商是否有客户的清洁/干燥规范文件？

是　　否

如果是，请说明工程变更或修订水平。

（2）供应商是否具有指定部件的清洁度（或干燥度）水平？

是　　否

如果是这样，请说明清洁（和/或干燥）规范。

（3）供应商是否有人负责污染/质量控制？

是　　否

（4）对部件进行了哪些分析（颗粒/化学/排气/非挥发性残留物）以确保符合客户的清洁规范？

（5）测试的零件的百分比是多少？

如果低于100%，请解释理由。

(6) 最终检验数据是否向客户报告？
是　　否
如果是，请说明以何种形式，以何种频率。
(7) 供应商的污染监测设备是否与客户的内部测试仪器正确关联？
是　　否
(8) 客户是否派人安装供应商设备并指导操作员使用？
是　　否
(9) 是否定期进行校准和/或设备维修？
是　　否
(10) 如果是这样，依照什么频率？
一年一次　　两年一次　　其他（请说明）
(11) 同一批次的供应商和客户的接收/检查读数有很大差别吗？
是　　否
(12) 如果是这样，运输导致的碎片能完全解释这种差异吗？
是　　否　　不适用
(13) 最终检查过程中是否有拆卸/重新组装零件？
是　　否
(14) 在处理最终清洁的零件时，是否在检查过程中戴上了无脱落物的手套？
是　　否
(15) 检查区域的环境质量是否受到监测？
是　　否
如果受到监测，则环境质量如何？
(16) 可追溯性有多好？比如，如果一个批次中的一个零件出现问题，那么供应商是否可以回过头来找到原因？
是　　否

5. 存储

(1) 在运输之前最终检验后，零件要保存多久？
数小时　　数天　　数周　　数月
(2) 监测存储区域的空气质量吗？
是　　否
(3) 如果监测，以什么频率执行？
每天一次　　每周一次　　每月一次　　其他（请说明）

（4）在储存期间，成品部件是否采用无脱落物的板材覆盖？

是　　否

（5）在最终清洁后，储存期间的成品零件是否接触过车间条件？

是　　否

（6）是否有任何部件由于其他原因而整夜干燥或整夜未被遮盖？

6. 装运

（1）供应商是否有客户的包装规范文件？

是　　否

如果有包装规范文件，说明 EC 水平。

（2）供应商是否知道客户批准谁提供包装材料？

是　　否

（3）客户是否为特定部件推荐特定的包装袋类型？

是　　否　　不适用

（4）包装是否在干净的环境中进行？

是　　否

（5）如果是，请说明洁净室的 FED-STD-209（ISO 14644）等级。

（6）描述包装密封程序。

（7）部件是从他们制造的同一工厂运出的吗？

是　　否

（8）如果使用静电耗散或静电屏蔽包装材料，是否符合客户的清洁度和 ESD 标准？

是　　否　　不适用

（9）如果使用硬包装，是否符合客户清洁度标准？

是　　否　　不适用

（10）每个包装中的零件数量是否与顾客的建议一致？

是　　否

（11）包装内是否保持了所需的湿度？

是　　否　　不适用

（12）干燥剂是否用于此目的？

是　　否　　不适用

7. 员工

（1）操作员是否已了解进行（颗粒物和有机污染物）污染控制的必要性（例如通过视频演示）？

是　　否

（2）操作员是否熟悉污染控制环境中的工作要求（比如更衣程序、良好生产秩序以及违禁物质）？

是　　否

（3）他们是否知道简单、快速的污染监测程序，如胶带测试？

是　　否

（4）是否鼓励员工提出提高产品质量的建议？

是　　否

（5）员工是否要对他们生产的部件承担责任，是否拥有来进行他们认为必要改进的余地（取决于管理层的批准）？

是　　否

（6）如果过程涉及洁净室工作，操作员是否经过适当的培训？

是　　否　　不适用

（7）工作人员是否佩戴适合他们工作区的合适手套和其他服装？

是　　否

8. 管理

（1）管理人员是否对客户的清洁度要求做出响应？

是　　否

（2）他们是否愿意在必要时与客户合作提高零件清洁度？

是　　否

（3）他们是否关心产品质量？

是　　否

（4）他们是否响应客户的建议和意见？

是　　否

（5）供应商与客户有多少年的交往？合作关系

（6）供应商是否愿意让客户代表检查产品制造业务？

是　　否

（7）供应商是否愿意让客户代表检查产品清洁设施？

是　　否

（8）供应商是否愿意让客户代表检查产品包装程序？

是　　否

（9）客户和供应商之间是否有有效的双向沟通？

是　　否

5.10 案例研究：清洁设备和清洁工艺设计

案例研究1：多级清洗机中的腐蚀

在20世纪80年代早期，一家大型硬盘驱动器制造商意识到，供应商对部件缺乏定量的清洁控制，因此使用氟利昂113作为清洁剂，进行简单的超声波蒸气脱脂剂清洁程序不能接受。对进料零件污染负荷的初步分析表明，零件被颗粒、切削液和脱模剂形式的有机物、操作和包装材料的离子污染物等污染。人们决定，最直接的解决办法是利用清洁剂，以消除所有形式的污染。

根据这个决定制造的清洁机器有10个处理罐。第1个罐子装有氟利昂蒸气脱脂剂。第2个罐子是含水溶性洗涤剂的超声波浸渍清洗剂。第3和第4个罐子是去离子水浸泡冲洗罐。第5个罐子是一个酒精浸泡冲洗罐。第6个罐子是氟利昂113超声波浸泡清洗罐。第7个罐子含氟利昂113蒸气脱脂剂。第8、第9和第10个罐子是热空气干燥器。这种清洁体系能非常有效地实现了目标：去除进料中的颗粒、离子和有机污染物，尽管来料的污染成分是未知的，并且预期的污染物会随部件的不同而变化。该清洁机器是通过组合使用各种清洁剂而实现目标的：氟利昂113，是去除有机物的理想选择；水洗涤剂，是去除离子污染的理想选择；而超声波振动，是去除颗粒的理想措施。

不幸的是，这个过程存在材料兼容性的基本问题。被清洗的部件中，有些是由铝制成的，或者是镀锌的，两者都是活性金属。活性金属与氟利昂（如氟利昂113）接触时，由于存在质子供体（比如从前一个罐子中携带的水或酒精），将会发生化学反应。化学反应导致形成盐酸和氢氟酸，然后侵蚀零件、清洁篮子和清洁罐本身。因此，氟利昂罐子会周期性产生酸性物质。其中含有的氢氟酸和盐酸，将会腐蚀敏感的部件。

案例研究2：洗涤剂排出

图5.20所示为第二种有设计问题的清洗器。这种清洗器在其前端有两个超声浸泡清洗罐。第一个罐中，去离子水溶液中含有占总体积2%的洗涤剂。第二个罐中，去离子水中含有占总体积1%的相同洗涤剂。思路是，洗涤剂浓度必须适应24h生产期间的整个污渍负荷，并且，每隔24h，罐子将会清空并重新加注洗涤剂。从第二个清洗罐中取出后，部件移至冲洗罐。在第一和第二冲洗罐中，用整罐的去离子水对这些部件用进行整体喷淋冲洗。因此，零件从洗涤罐里拖出的洗涤剂被部分冲走，但是相当大比例被拖出的洗涤剂，

需要在接下来的超声波浸渍冲洗罐中去除，即后续步骤时，将部件浸入冲洗罐中，用超声清洗。最后对部件进行强制风干和真空干燥。

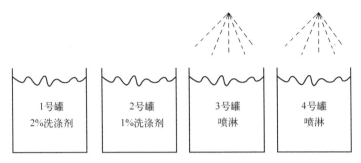

图5.20 设计有问题的清洁器

清洗罐中的高洗涤剂浓度以及罐内喷淋相结合，使得在干燥过程开始时，该清洁系统就容易产生仍然残留洗涤剂污染的部件。干燥过程中部件会被干的洗涤剂残留物污染。对这些清洁系统的目视检查显示，在真空干燥器入口处的干燥箱热表面上会存在洗涤剂残留物。

案例研究3：通用性不够优化

下面是一个整合到上游和下游制造过程中的清洁过程示例。在上游过程中，要加工的部件被固定在真空夹具上。机械加工后，用盖板夹具来固定零件。然后将带有盖子的真空夹具转移到清洁过程，即单室清洁和干燥过程。在清洁过程之后，检查过程中使用同一个的真空夹具，因此这个过程是完全集成的。

将真空夹具放置在清洁器中，其盖子固定就位。在清洗室中，一个流体供应软管连接到真空夹具上。然后用去污剂-去离子水溶液填充处理室，并且去污剂-去离子水通过流体供应软管将真空夹具内的残留空气通过夹具的顶部吹出。这会产生大量的泡沫。泡沫总是被加工过程中残留的污染物污染，这些残留物是在加工过程中被吸入夹具中的。

零件用超声波清洗。在这个过程中的下一步是快速倾倒，以移除洗涤剂水溶液。罐内液体表面覆有一层厚厚的泡沫，所以第一次快速倾倒时，泡沫将覆盖在罐子里的部件上。这将会重新沉积加工残留物。下一步是冲洗。该罐被重新注满水，并且部件被超声波清洗。在此步骤中，处理室连续地加过量水清洗，之后将水排空。最后，部件被烘干。最初的干燥方式是强制风干。最后的干燥是在单独的对流烘箱中离线完成的。

清洁之后的步骤包括在同一个真空夹具上对部件上的关键表面进行显微

检查。通过目测发现大量的零件被污染。污染物被鉴定为加工残留物。在这种情况下，工艺设备尽管只有一个处理室，但具有非常大的灵活性，并且是完全可设计的。通过使用移液管手动将样品从罐中取出，并用浊度计进行测量来研究在该过程期间罐中的污染物浓度。然后绘制一个相当精确的图像，来说明原始清洁过程中发生了什么。这些数据随后被用来设计一个新的清洁程序。

主要问题是初次清洗后清洗液表面的泡沫。当超声波清洗结束后快速倾倒时，颗粒状泡沫将沉积在部件上。这种载有颗粒的泡沫将给冲洗过程带来额外的负担。可以在清洁过程中进行简单的更改。最有效的方法是在清洗步骤开始时，继续向清洗罐内泵入清洁剂水溶液，以便在清洗罐充满时将含有颗粒的泡沫从罐顶部撇去。第二个改变是优化冲洗时间；基于浊度计测量来优化清洗时间。这些简单地改变非常有效，在随后的检查中，由于污染被判定为不合格的部件数量几乎降到零。

案例研究 4：喷雾去离子水和 ESD

在另一个清洁应用中，在两个特定工艺步骤之间，用雾化清洁器对过程中的工作进行清洁。这台雾化器清洁器已经安装完成后，能消除劳动密集的手工清洗过程（这不是一个合适的清洗过程）。图 5.21 所示为清洁器头端的情况。一股高速气流将注射器针头上的去离子水喷出，形成一种以很高速度移动的精细喷雾。经证明，这是一种非常有效的手段，能够去除亚微米磨粒和研磨零件表面的残留物。

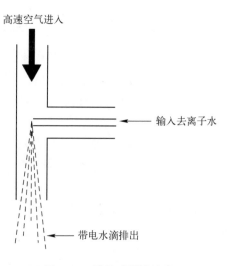

图 5.21　雾化喷雾清洁头

当这个过程最初成功实施时，被清洁的产品没有很高的静电放电敏感度。后来经过该处理线路的产品发生变化。经过该处理线路的新产品是对静电放电非常敏感的产品。当使用这种清洁工艺清洁新产品时，许多部件由于静电放电而失效。该过程中存在的问题是，过滤后的去离子水上方过滤空气对液体高速运动导致的剥离效应产生带电的液滴。当被清洁产品的 ESD 敏感度相对较低时，带电液滴不是问题。但是，当具有显著 ESD 敏感度的新产品被清洁时，液滴上的电荷会导致严重的问题。几乎所有使用这种喷雾清洁剂清洁的 ESD 敏感部件，都因 ESD 而遭到破坏。最终随着公司已经开始全面生产 ESD 敏感产品，这种特殊的清洁过程不得不被放弃。

案例研究 5：真空干燥

清洁过程中的 ESD 问题还可以通过其他几种方式体现出来。在这个例子中的清洁器中，强制风干室包含装备有多个不锈钢喷嘴的 PVDF 管。这些喷嘴的空气经过过滤并加热。为了从部件上吹除水分并充分加热，部件到喷嘴的距离被精确地控制，并且间距非常接近（小于 1cm）。被干燥的部件具有许多结构，仅靠强制风干是无法干燥的。因此，这种清洁设备配备了一个在线真空干燥室，可以同时接受一篮的部件。

这种清洁器有严重的 ESD 损坏问题。经仔细的 ESD 调查显示，PVDF 歧管的表面会充电到数千伏特。这将进而诱导不锈钢吹气喷嘴带电。使用 SEM 对损伤部件进行显微镜检查，结果发现部件都是被带电的设备的机制损坏。因此需要做一些修改。进入清洁器的零件使用短路夹短路。这确保了所有的输入和输出连接器短接在一起。用不锈钢歧管所取代 PVDF 歧管。在强制通风干燥室的空气供应系统中装配在线空气离子发生器。这些措施能减少 ESD 的故障，但并不能完全消除 ESD 故障。

进一步的调查揭示了措施部分有效的原因。被处理的产品含有一个无法接地的结构，所以短路夹只是部分有效的。即使干燥室中的电荷水平从几千伏降低到几百伏，产品的未接地部分也会在干燥室中充电。然后带电部件将进入真空干燥器。在真空干燥器中，存在抽真空度调节不当的问题。正常情况应该控制真空度，使其不会降低到使空气导电的程度。不幸的是，所提供的控制真空度的电磁阀存在缺陷。使充电的部件暴露在导电环境中，导致它们被静电放电损坏。修复电磁阀解决了真空度问题，彻底消除了 ESD 损坏问题。

这种清洁器也说明了选择真空干燥时的设计问题。该清洁器中的真空干燥器是在线的。真空干燥循环需要 24min，不包括篮子移动时间。相比之下，强制风干步骤只需要 8min。当部件在真空干燥器中时，清洁器的其余部分静止。没有考虑对这个过程的时间进行平衡。清洁器的能力没有得到优化。另外，又热又潮的部件暴露在空气中，导致部件氧化。被洗涤剂溶液浸湿的零件在清洗后往往会被发现有污渍。这些污渍是由部件表面新形成的氧化物涂层吸收洗涤剂引起的，并且这些部件表面在干燥过程中会变色。

这家公司预计未来的产量将增加10倍。一方面需要额外的清洁器来支持这种增产计划。如果还使用原来的清洁器，加上它的真空干燥器，则需要3台额外的清洁器。另一方面，如果采用新清洁器的平衡设计，一个带有3个真空干燥器的单一清洁器就足够了。每个成本为60万美元，很明显，平衡的设计将节省资金成本，减少占地面积的要求，减少供水和废水管道，而不会牺牲产品质量。

案例研究6：优化的清洁器

这个例子由图5.22所示的清洁器来说明。这个清洁器有几个有趣的设计实例，它是专门设计用于洁净室的。其建设材料和设计原理允许这种类型的安装。

图5.22 典型在线清洁器

清洗过程的第一步是洗涤剂-水超声波清洗罐，如图5.23所示。清洁器的设计不仅要支持特定的过程，还要优化清洁器本身的性能。第一个清洗罐装有超声波传感器，这些超声波传感器通过导管安装在罐子的侧面（传感器没有焊接到清洗罐的底面），放置在槽罐底板的上方。罐子的地面不是水平的，而是朝两个方向倾斜的，便于液体流向角落的排水沟。罐子的底部配备了喷射喷嘴，可以在倾倒和重新加注时冲洗罐子的底板。传感器的表面是倾斜的，以防止颗粒沉积在表面上，并尽量降低颗粒侵蚀传感器表面的趋势。罐子的墙壁没有完全垂直。最后两个功能是为了尽量减少罐子驻波的形成，从而尽量减少侵蚀零件的倾向。

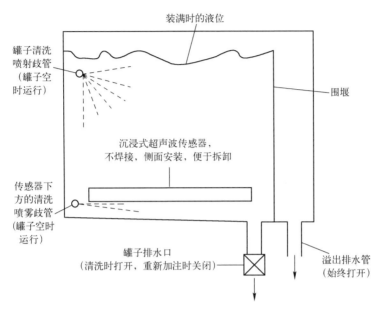

图 5.23 洗涤剂-水超声波清洗罐（第一阶段，在优化的清洗过程中）

罐子的一边有一个围堰。罐子总是用洗涤剂-水溶液填充到围堰的顶部边缘。水中的洗涤剂浓度为 500ppm（体积比）。每次将一篮子零件放入水箱中时，水箱中的一些水将溢出围堰并流向下水道。每次从罐子中取出一篮子零件时，罐内的水位将下降，并用全新的 500ppm 去污剂-水溶液将罐子重新加注到围堰的边缘。

当洗涤剂浓度足够高时，可以使去离子水的表面张力最小化，从而优化待清洁表面的润湿性。然而，以前的研究表明，必须避免洗涤剂的拖出，以尽量减少污染。因此，洗涤剂浓度保持尽可能低以减少拖出带来的影响。反过来，这又将使清洗罐子的污染保持能力最小化。这种情况下，对于每一篮子零件，有必要用少量的新鲜洗涤剂溶液补充进罐子。该罐子还配备了一个循环系统，用于过滤罐子的内容物。这个循环以每分钟循环 20% 罐子体积的速率持续运转。来自再循环系统的回流位于扩散器之后，以便使罐子内超声场的塌陷最小化。

在这个罐子中清洗的一些零件比其他零件更敏感，投入罐子中的每一个部件都有专用的清洁篮子。将容易损害的敏感部件放置在带有信号旗的清洁篮子中。当清洁器加载站上的光学传感器看到这个标志时，会自动将功率降低 50%，以减少部件损坏。

最后，清洁器会自行按照程序进行倾倒和补给。可以对清洁器进行编程，在处理预定篮子数之后或在处理预定时间之后倾倒，清洁器还在顶部安装了喷雾歧管。倾倒后，顶部和底部的喷雾歧管会自动冲洗水箱内部。然后，水箱会自动填充热的洗涤剂-去离子水溶液。从清洁器中取出的部件，在两级喷雾清洗器中冲洗。喷溅物将流入下水道，所以洗涤剂残留物不会积聚在任何冲洗池中。在这种清洁器中，第二次喷洒冲洗中的清洗水不含去垢剂，为了节约用水，将其保存在贮槽中，并用作第一室的冲洗水源。

干燥过程完全是强制风冷，使用了 3 个隔室。前两个隔室使用 90℃ 的增压空气，空气过滤后，再用双极电晕放电空气离子发生器重新电离。使用两个干燥室的原因是，冲洗过程有两个冲洗室，这样可以平衡清洁器的吞吐量。而第三个干燥室是一个冷却室。清洁是一个真正的即时过程，零件从清洁器中出来后，制造商希望能够立即对其进行处理，这是通过使用第三干燥室实现的，该干燥室使用过滤的室温电离空气来冷却部件。

5.11 先清洁后组装与先组装后清洁对比的详细信息

通常情况下，工艺流程是按照清洗所有部件然后在洁净室中组装的顺序进行的。由于组装碎片的积累、处理碎片和一般的过程中仍存在污染物，这有可能使已组装产品出现大量再次污染。另外，在使用先清洁后组装策略时，还必须考虑其他因素。

（1）洁净室设施相对于工厂工作场所的资本成本溢价。
（2）洁净室相对于工厂工作场所的运营成本溢价。
（3）洁净室变更和特殊清洁程序对生产力的损失。
（4）组装后将多个部件作为一个单元进行清洁相对于每个部件单独清洁，需要增加部件篮子和清洁插件的数量。
（5）维持认证需要增加的污染监测。

最后，关于在普通的工厂环境中监测和认证洁净室的成本增加，是值得进一步考虑的问题。洁净室会进行各种参数的监测，包括空气流速、温度和方向、尘埃颗粒浓度、空气分子污染、验证板监测、审核、白手套检查和胶带测试等。另外，进入洁净室的单个零件清洁度通常要经过一定程度的检查和控制。然而，这些测量都没有解决主要问题：成品组件的清洁度。因此，对进入洁净室的一个或多个组件执行先组装后清洁策略的可行性和可能的优点是值得考虑的。

有几种方法可以用来评估这两种可选策略的清洁效果。显然，如果现有的部件清洁度测量方法可用于单个部件，则也可以应用于成品部件。另外，对于由于加热、振动、气流或其他在正常使用中可能遇到的因素，导致的对成品组件的污染的评估，也可以用作一种评估方法。在每种情况下，越类似于实际的使用条件，结果越有意义。

在制定实现零件和装配件清洁度的策略时，必须考虑许多因素。其中包括与清洁度的定量测量相关的指标，包括颗粒污染、离子污染、挥发性有机污染和生物污染。幸运的是，污染的定量测量和规范是一个相当成熟的应用技术领域。许多定量方法可以用来估计零件的清洁度，其中最成熟的是国际磁盘驱动设备和材料协会（IDEMA）的颗粒标准程序[16]，这种测量颗粒清洁度的方法的有效性已被反复证明[17-19]。类似地，对于可提取阴离子[20]和阳离子[21]的定量也有公认的 IDEMA 方法，是广泛使用的 ASTM[22] 和 EPA 方法[23-24]的适应性方法。在磁盘驱动器行业中，使用 IDEMA 技术[25]测量非挥发性残留物，基于广为接受和广泛使用的 ASTM 标准[26-28]。总的来说，磁盘驱动器行业中使用的方法和控制的选择是基于经受住了时间考验的军用标准[29]，对活微生物的大多数测试是根据公认的 ASTM 测试方法进行建模的[30]。

另一个必须考虑的因素是，部件在内部清洗后再污染的总体风险。一般来说，在运输和组装过程中被离子或有机污染物再污染的风险是相当低的。这是由于几个因素造成的，其中最重要的是用于制造产品的材料（如涂料、黏合剂[31-32]）以及这些部件在装配过程中接触的材料（如手套[33]）的细致的认证过程。此外，由于大多数污染物在水中具有相对高的相对溶解度（离子污染），许多行业转而采用水基清洗，为材料提供了大量的防腐蚀保护。水性清洗剂的使用促使了切削液和其他材料的退出，这些材料以前需要使用溶剂进行清洗[34-35]。其结果是，不易溶于水的有机残留物在洗涤剂清洗中基本消除。这已经减少了非挥发性残留物的量。绝大多数精密部件必须采用没有细菌污染的设计（如航天器、医疗设备），因此产品应在组装之后使用经过验证的工艺进行消毒[36-37]。

5.11.1 清洁策略

可以考虑先清洁后组装和先组装后清洁两种不同的策略。图 5.24 说明了先清洁后组装策略。在这个策略中，实现零件最终清洁的责任在于供应商。采用这一策略时，认为供应商生产的零件数量相对较少，而客户会收到所有部件。供应商比客户能够更好地为个别零件提供定制的工艺。零件由供应商运输并由客户接收。部件可以分为两类：可以在内部清洁的部件和必须按"原样"使用的部件。在运输和接收过程中，所有这些部件都可能由于包装和处理而积累新的污染物。对于可以在内部清洁的零件，可以去除包装和处理碎片。对于必须"原样"使用的部件，这种在新包装和处理过程累积的污染物会传递到洁净室。经内部清洁器处理后的零件也被送到洁净室。而这个运输过程中经过任何额外的包装和处理产生的碎片，都会传递到装配过程。最后，零件将会被组装，组装时就可能会产生附加污染。

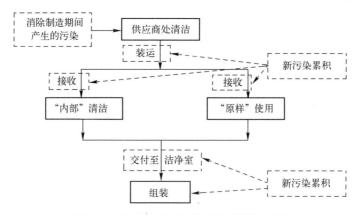

图 5.24 先清洁后组装策略及其污染后果

从这个例子可以看出，新的污染物存在 3 种积累途径，这种先清洁后组装的策略并没有减轻污染。

（1）在运输和搬运过程中，由"原样"使用的部件所累积的污染。

（2）由需要内部清洁的部件以及"原样"使用的部件在洁净室内的后续装卸和搬运期间所累积的污染。

（3）由于装配过程导致部件积累的污染。

这个策略中，很明显，一些零件（如含有润滑剂的电动机和轴承）不能用传统的内部清洁工艺来清洗，这些工艺通常需要浸入液体浴中。但是，有些部件可以首先在洁净室外组装；然后在交付洁净室进行进一步组装之前进行清洁，这一过程就采用的先组装后清洁的策略。图 5.25 中说明了先组装后清洁策略的一个可能应用。

先清洁后组装（ATC）策略对整个装配过程的影响程度，取决于要在内部清洁的部件与必须原样使用部件的相对比例，以及在清洁度方面取得的相对改善。在所有零件都必须按原样使用的过程中，由于不能实现，所以没有任何好处。相反，如果收到任何零件都不必要按"原样"使用，则可以得到最大的收益，其中是否需要"原样"使用取决于对流程进行资格认证的能力。在大多数实际情况下，部分零件可能采用先组装后清洁策略。在先组装后清洁策略中，对过程进行分析，以识别可在洁净室外组装并随后清洁的子组件，从而消除以前在洁净室内部清洁之后执行的步骤所产生的处理和组装污染。

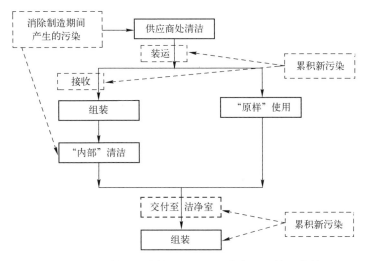

图 5.25 先组装后清洁策略的一个可能应用及其污染情况

鉴定方法

在研究过程中，采用了几种不同的鉴定方法。除了清洁或干燥降解退化问题之外，组件的清洁会导致新故障模式。在每种情况下都要进行报告，仔细考虑清洗过程中可能引入的各种故障模式。

（1）测量所有机械紧固件的启动扭矩。

（2）测量所有使用中黏合剂的抗剪强度。

（3）测量所有组件的关键尺寸位置。

（4）通过去离子水萃取和离子色谱测定离子污染水平。

（5）使用验证板以及 FTIR 光谱仪和 GC/MS 结合测量挥发性有机污染物。

（6）颗粒清洁度使用两种液相颗粒提取方法之一来测量：超声波浸渍提取和去污剂去离子水溶液或用纯去离子水进行针头喷雾提取。

所有机械紧固件的启动扭矩都可以使用能够测量扭矩的仪器测量，这种仪器的测量能力已被证明能够达到图纸上规定的程度。使用 Instron 机械测试仪测量所有黏合剂的拉伸强度和剪切强度，同样地，量具也能够满足要求。关键尺寸特性使用验收检查的坐标测量机器来测量，使用标准萃取和测量技术测量离子污染水平。通过使用合适的溶剂对部件进行提取，或者将部件放置在包含吸附盒的隔室中，并随后使用 FTIR 光谱仪或 GC/MS 测量挥发性组分，所有这些测量均使用材料鉴定或零件验收和检查的仪器进行。

这些研究中最重要的是零件组装后零件的颗粒含量测量，可以在含 200ppm Triton X-100 的去离子水溶液中进行超声波浸渍提取，提取时间为 1min，提取频率为 40kHz（Branson DHA 1000 罐），耦合流体深度为 1in。也可以通过纯去离子水（不含清洁剂）喷雾提取来测量颗粒，压力为 (50±5)psig（1psig=6.89kPa），针状喷嘴直径约 0.7mm。在超声波脉冲排气后测量喷雾提取物中的颗粒浓度，所有这些都使用具有 5μm 或 2μm 检测下限的消光颗粒计数仪或具有 0.5μm 检测下限的光散射光学粒子计数器进行测量。

先清洁后组装与先组装后清洁案例的研究仅供参考用途。本章节探索了 4 个案例研究：顶盖组件、梳齿密封组件、音圈电机永磁组件和磁头组执行组件。这种顺序是按部件复杂性和清洁挑战难度增加排列的。在参考案例每一项评价中，离子污染和有机污染都在规定的范围内。

5.11.2 案例研究：CTA 和 ATC

案例研究 1：顶盖组件

顶盖组件如图 5.26 所示。顶盖组件是一个非常大的铸件，具有相对较少机械特征。

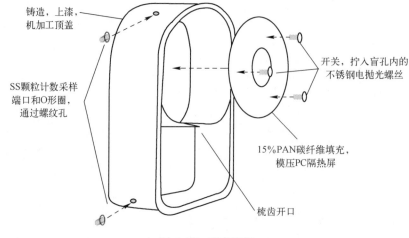

图 5.26 顶盖组件

但是，在装配过程中，涉及了机器的每一个特征。两个不锈钢颗粒计数采样口被打入顶盖组件的铝质通孔。使用 3 个不锈钢电抛光螺丝将防热罩固定在顶盖组件的内部。隔热屏由一种高度易碎的材料制成：15%聚丙烯腈碳纤维填充聚碳酸酯。

隔热屏是这项鉴定的一个非常重要的考虑因素：选择最佳清洗工艺的实验测试已经表明，超声波浸泡清洗导致大量的颗粒产生，因此不是合适的清洁技术。有人建议顶盖组件的内部清洁器将使用超声波浸没清洁。但是有人担心，对含有隔热屏的组件执行内部清洁会导致部件更脏。接下来的挑战是确定组装后的超声波浸泡清洗是否会对以下方面产生不利影响。

（1）将顶部隔热屏或颗粒计数样品端口连接到盖上所需的螺旋扭矩。

（2）通过颗粒计数采样口密封件产生的空气泄漏。

（3）在任何紧固孔中保留水分（干燥通过强制热风干燥实现）。

（4）对有屏障的配件进行彻底冲洗时，由于屏障会防止冲洗水直接喷洒在一部分部件上，从而增加了洗涤剂的拖出量。

（5）在碳填充隔热屏上的颗粒物的侵蚀。

顶盖组件组装结果如下：

（1）顶盖组件隔热屏和颗粒计数采样口的螺旋扭矩不受影响；

（2）可以测出颗粒计数样品端口周围的空气泄漏没有增加；

（3）对放在原装清洁器篮子中的顶盖部件，使用现有强制热风干燥机干燥顶盖组件是可接受的；

（4）使用现有的顶盖组件清洁器篮子时，洗涤剂拖出量没有增加；

（5）相比先清洁后组装策略，通过先组装后清洁策略，颗粒清洁度（用去离子水进行 50psig 喷针喷射提取，然后进行液体颗粒计数）显著改善（表 5.3）。

表 5.3 喷涂提取顶盖组件后，使用两种清洁策略的液体颗粒计数

（单位：个/ft^3）

粒径/μm	先清洁后组装	先组装后清洁
≥5	8497	2775
≥9	5214	1620
≥15	2402	956
≥25	961	238
≥50	117	25

案例研究 2：梳齿密封组件

第二个案例研究是一个梳齿组件，可以装入顶盖组件的开口中。所有的部件之前都被证明可以用于超声波浸泡清洗。另外，成品部件的污染颗粒也可以通过超声波浸泡来提取。图 5.27 所示为一个由局部机械加工电泳铝铸件组成的梳齿组件，用 9 个电解抛光的不锈钢螺钉将电涂层的铝部件固定在弹性体密封件上。由于零件的厚度，螺丝孔不是盲孔。将孔中的螺钉装配到梳齿而产生的装配碎片可能成为重要的污染物。

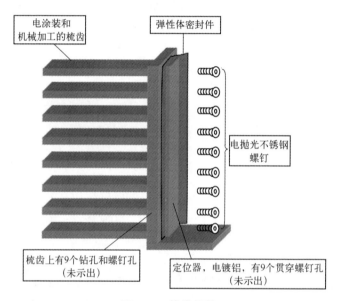

图 5.27　梳齿组件

梳齿组件的关注重点如下。

（1）螺钉很多。每个螺钉的扭矩必须单独测量，因为每个螺钉在组件上的位置可能会使其容易受到超声波能量的影响，从而降低其位置所需的紧固强度。

（2）弹性密封件（大于 1cm×20cm）的大部分未受支撑，容易发生变形。

（3）组件在两层电泳涂漆部件之间有一层弹性体密封的位置的干燥程度非常重要。

（4）清洁剂的拖出液很关键，因为清洁后 1h 内，这个部件将最终组装到最终的磁盘驱动器中。

（5）颗粒清洁度至关重要。

梳齿组件组装结果如下：
(1) 螺旋扭矩不受影响；
(2) 弹性密封件没有扭曲；
(3) 强制热风干燥是有效的，放在现有的清洁器篮子中是可以接受的。
(4) 颗粒清洁度（40kHz，超声波浸入200ppm去离子水中，然后进行液体颗粒计数）得到改善（表5.4）。

表 5.4 梳齿组件的液体颗粒计数   （单位：个/ft³）

粒径/μm	先清洁后组装	先组装后清洁
≥5	2541	1192
≥9	980	624
≥15	402	285
≥25	61	38
≥50	7	5

案例研究3：音圈电机永磁组件

使用先组装后清洁策略的一个更具挑战性组件是音圈电机永磁组件。该部件大量使用黏合剂或压合配件组装，但没有螺纹紧固件。黏合剂中的空隙可能形成锁住水分或洗涤剂的孔洞。音圈电机永磁组件包含磁性材料、黏合剂、弹性体材料、化学镀镍涂层部件、必须保持张力的弹簧以及必须保持定位的模制塑料部件，磁铁必须保持磁力（强制热风干燥后）。类似于所有其他部件，该组件必须使用现有清洁工艺进行清洁，以最大限度地降低设备成本。图5.28~图5.31所示说明了音圈电机永磁组件的复杂性。

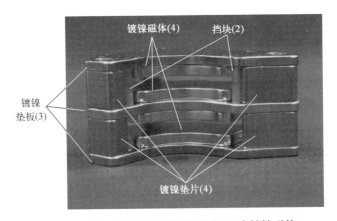

图 5.28 音圈电机永磁组件前视图（4个镀镍磁体、4个镀镍垫片、3个镀镍垫板和2个模制聚酰亚胺挡块）

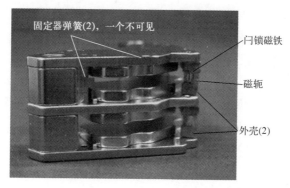

图 5.29 音圈电机永磁组件局部后视图（2 个镀镍弹簧、1 个闩锁磁铁和磁轭以及 2 个模制聚酰亚胺外壳）

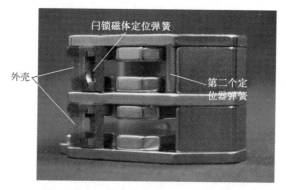

图 5.30 音圈电机永磁的局部后视图（第二个定位器弹簧和裸钢闩锁磁体定位器弹簧，2 个外壳如图 5.29 所示）

图 5.31 音圈电机磁体的正视图（12 个黏合剂黏合垫片、磁体和垫板的位置，其他组件都是压装组件）

VCMA 结果如下：
(1) 黏合剂的黏合力不受影响；

(2)压装组件的位置不受影响;
(3)强制热风干燥有效,放在现有的清洁器篮子中是可以接受的;
(4)颗粒清洁度(40kHz,在200ppm去污剂-去离子水中进行超声波浸泡提取,然后进行液体颗粒计数)得到了改善(表5.5)。

表5.5 音圈电机永磁组件的液体颗粒计数 (单位:个/ft³)

粒径/μm	先清洁后组装		先组装后清洁	
	平均值	平均值+4.5σ	平均值	平均值+4.5σ
≥2	39827	101354	12345	25478
≥5	24506	67819	8223	16454
≥10	12344	43000	4530	12003
≥15	4845	12704	1121	2311
≥25	1230	3425	345	569
≥50	355	1067	92	245

案例研究4:磁头组执行组件

磁头组执行组件是本研究中测试的最复杂的部件。测试的动机是确定返工(这是一个先组装后清洁的过程)后的清洁效果。为了进行这次比较,将已返工但未清洁的组件与已返工随后清洁的组件进行了对比。

图5.32和图5.33中显示了磁头组执行组件的复杂性。在这些图中,重点放在返工操作,而非材料的详细列表。

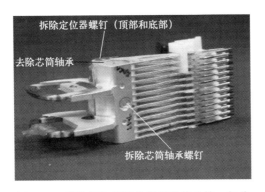

图5.32 磁头组执行组件返修操作的第一部分

图5.34中显示了超声粒子提取测量烧杯中的磁头组执行组件的布置。众所周知,40kHz的超声波清洗可能会损坏精密的柔性组件、磁头连接黏合剂和磁记录头的接线。但是,在返工期间,磁头悬挂部分没有被触及。因此,

烧杯中的液位被调整到浸入至包括模压孔以及在返工期间接触到的执行器的所有其他部分。

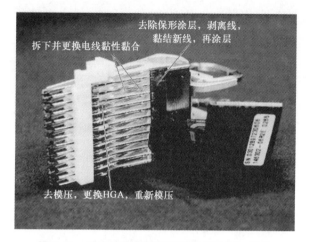

图 5.33 磁头组执行组件返工操作的第二部分

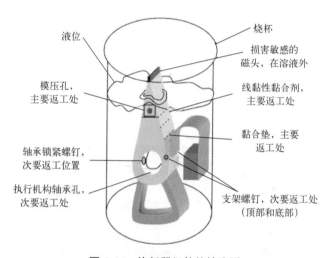

图 5.34 执行器组件的抽取图

磁头组执行组件组装结果如下：

（1）螺旋扭矩不受影响；

（2）黏合剂和涂层不受影响；

（3）强制热空气/真空干燥是有效的，放在现有的清洁器篮子中是可以接受的；

（4）颗粒清洁度（在 40kHz，200mg/L 清洁剂-去离子水中超声波浸泡提取，然后进行液体颗粒计数）显著改善（表 5.6）。

表 5.6 执行器组件的液体颗粒计数　　　　　　　　（单位：个/ft³）

粒径/μm	平均值	平均值+4.5σ	粒径/μm	平均值	平均值+4.5σ
≥0.5	116900	489500	≥0.5	23040	54600
≥2	35630	122400	≥0.2	11020	23400
≥5	21120	89230	≥5	8056	19120
≥10	10220	34450	≥10	3045	7776
≥15	3455	11209	≥15	1122	2307
≥25	823	1650	≥25	433	745

5.11.3 案例研究结果和讨论

这里描述的所有 4 个案例研究,都展示了先组装后清洁策略的可行性。在顶盖组件和梳齿组件的情况下,只显示了资格试验的平均值。磁盘驱动器和其他精密机械和机电部件的可靠性是一个统计现象。就清洁度影响可靠性的程度而言,了解部件清洁度的可变性可能更为重要。由于这个原因,音圈电机永磁组件和执行器组件清洁度的平均值约为 4.5σ 以上。

先组装后清洁策略在每个尺寸上的累积浓度除以先清洁后组装策略得到的相应结果,可以估算两种方法的对总体清洁度改善的贡献程度,结果如表 5.7 所列。表中的数据显示,在所有 4 种类型的组件中,所有粒径范围的平均颗粒清洁度均有显著改善。对于 VCMA 和执行器组件,统计清洁度在所有尺寸范围内都有了更大的提高,这是基于平均值+4.5σ 的改善率与平均值改善率相比之间有更高的改善比率得到的结论。

表 5.7 先组装后清洁对比先清洁后组装所得到的颗粒清洁度改进因子

粒径/μm	盖子 平均值	梳齿 平均值	VCMA		执行器	
			平均值	平均值+4.5σ	平均值	平均值+4.5σ
≥0.5	—	—	—	—	5.1	9.0
≥2	—	—	3.2	4.0	3.2	5.2
≥5	3.1	2.1	3.0	4.4	2.6	4.7
≥9	3.2	1.6	—	—	—	—
≥10	—	—	2.7	3.6	3.4	4.4
≥15	2.5	1.4	4.3	5.5	3.1	4.9
≥25	4.0	1.6	3.6	6.0	1.9	2.2
≥50	4.7	1.4	3.9	4.4	—	—

这种策略对制造过程的影响是显著的,其好处包括减少洁净室的面积。在大多数精密装配洁净室中,每平方英尺的成本比普通工厂楼面成本高300~500美元。对于FED-STD-209第100级净化空间(ISO 14644 5级),洁净室每年的运行成本为30~50美元/ft^2。对于每个独立组件,其与处理和清洁相关的成本都节约下来。

1. 顶盖组件

清洁单个组件时,每个顶盖需要一个篮子,还需要一个用于粒子计数端口的小篮子,一个用于密封件的小篮子,一个用于隔热屏的大篮子以及一个用于螺钉的小篮子。而使用组建整体清洗方法时,取消了较小的部件的清洁器篮子,从而导致经过清洁篮子数量减少。这确实减少了材料装卸,从而节省了大量的劳动力。由于顶盖组件可以使用现有的顶盖清洁篮子和清洁机器来有效地清洁和干燥,因此可以取消清洁篮子。

2. 梳齿组件

清洁单个组件时,需要一个梳齿用的篮子,一个用于密封件的小篮子,一个用于固定器的小篮子和一个用于螺钉的小篮子。组件清洁过程将经过清洁器的篮子数量减少了1/2,并且消除了劳动力成本和装卸损失。现有的梳齿清洁篮子可以有效地用于清洁梳齿组件。

3. 音圈电机永磁组件

由于必须为VCMA组件设计新的清洁篮子,因此成本增加。但是,由于经过清洁器的单个零件数量减少,抵消了成本。对于每个装有VCMA组件的篮子,之前需要使用大约3倍数量的篮子来清洁20个零件。因此,主要的节省是劳动成本和装卸操作量。

4. 执行器组件

执行清洁器返工并没有节省多少钱,改进后的执行器的粒子清洁度的改善,可视为优点,推动有关过程的决策,组装后的清洁可以使用传统的去离子水清洁器来完成。在大多数情况下,不需要设计新的清洁篮子,处理的单个部件更少,并且清洁过程需要的清洁篮子数量更少。这增加了清洗器的容量使用效率。使用现有的工艺设备,按现有规定时间进行干燥处理,其结果是可接受的。

组建整体清洁时,部件的尺寸和位置不受影响,螺旋扭矩和黏合剂黏合不受影响,洁净室空间和运营成本降低。从颗粒的角度来看,成品组件比先清洁后组装方式更清洁。

5.12 颗粒粒径分布

目前，尽管已有洁净性能超过 100 级的洁净室，但颗粒污染仍是产量降低和现场故障产生的重要原因。导致颗粒污染产生的因素很多，如消耗品和包装材料、直接和间接进入洁净室的材料、不正确的清洁和干燥过程以及者工具、工艺设备、材料处理和装配等。洁净室无法完全消除上述污染来源，也无法通过尘埃粒子计数器判断。MIL-STD-1246 规定了一种基于粒径分布的表面颗粒量化方法，多数情况下，失效机理取决于颗粒大小。因此，了解和控制粒径大小以及影响粒径分布的材料、表面处理和工艺等至关重要。

5.12.1 MIL-STD-1246

MIL-STD-1246 规定了一种指定表面携带颗粒污染物的测量方法，对几何粒径分布进行了定义，绘制了累积颗粒计数的对数（颗粒计数单位为个/ft²）与尺寸对数的平方（尺寸单位为 μm）的关系图。该关系方程式为

$$\log N(x) = 0.926(\log^2 x_i - \log^2 x)$$

式中：$N(x)$ 为等于或大于 x 的单位表面积的颗粒数目；x_i 为类别；x 为粒子大小（μm）。

可以通过直接或间接测量方法进行测量。可对镜面反射表面进行直接测量，如硅晶片、磁记录头的空气轴承表面以及平板显示器的玻璃表面或电解抛光的不锈钢。通常使用显微镜对该类物体表面进行目测检查。但是，多数情况下，不适合采用直接测量方法测量物体表面，必须采用间接测量方法，首先从表面去除颗粒，然后进行颗粒计数。过去，通常将颗粒吸附在滤光片上，使用显微镜进行测量。

20 世纪 80 年代，IBM 公司开发了几种间接检测表面颗粒污染的方法，如通过胶带提取、显微镜检查或光密度测量，以及波动、超声波或喷雾提取后，使用浊度计或液体颗粒计数器（LPC）进行计数，实现了对多数物体表面的间接检测。该研究（从塑料部件中检查超声提取颗粒）是将间接污染测量与 MIL-STD-1246[38] 相关联的早期尝试，并找到了合理的相关性关系。

我们发现，通过产生大的磨损颗粒[39]、侵蚀敏感塑料和金属合金的空化侵蚀显著地影响实际粒度分布与 MIL-STD-1246 模型之间的相关性。其结果是，从腐蚀部件中提取的颗粒更接近 MIL-STD-1246 的分布，但代价是与接收到的对应零件相比，部件上的大颗粒分布增加。进一步的研究表明，高压

喷雾（大于 3000psig）水清洗不会导致磨损引起的大颗粒增加[12]。这导致了粒径分布与 MIL-STD-1246 有显著偏差，因为大颗粒比预测的要少得多。显然，在描述和指定可接受的颗粒清洁度时，零件经历过的清洁过程会影响 MIL-STD-1246 颗粒尺寸分布的准确性。

最后，报告了一项研究，其目的是直接比较从部件中提取颗粒的粒径分布，并使用 LPC 进行测量[18]。这项研究支持了以前的观察结论，并且更进一步。不仅部件的先前经历的清洁过程对粒径分布有影响，而且从表面去除颗粒的方法也会影响粒径分布。

5.12.2 分析方法

根据规定程序对材料进行提取。使用 3 台 HIAC-ROYCO 8000 型颗粒计数器分析水悬浮液中的颗粒，通过 ASAP 采样器进行样品采样，并使用 HRLD-150 型传感器计数。ASAP 采样器使用方便，可以快速分析样品。HRLD-150 型传感器是一种基于消光的传感器，可以分辨 $2\sim150\mu m$ 的粒径。对于 3 个颗粒计数器，每种材料的 3 个样品都至少采样两次，报告的数据是用 3 个颗粒计数器计数的 3 个样品的平均值。

如先前的一些文献，规范中的计算数据，应该同时考虑性能的平均值和可变性[40]。然而，在这里的研究中，检查的部分不充分，不能获得变异性的真实估计。因此，只报告平均值。将 MIL-STD-1246 粒径分布与任何测量分布进行比较的一种方法是对数据进行归一化，这个过程消除了非常纯净的样品（如过滤去离子水）与非常脏的部件（如在接收条件下提取的）颗粒之间的数量级差异。归一化是首先通过将每个尺寸的颗粒浓度除以最小颗粒尺寸的浓度来完成的，这些数据中采用的最小颗粒尺寸是 $2\mu m$；然后可以将数据绘制在一个图表上，用于比较一组部件，以确定材料变化对所得粒径分布的影响。另一种比较的方法是查看图表中粒径分布的斜率，当标准化的起始值为 1.0 时，斜率为负。MIL-STD-1246 分布的斜率是 -0.926。实际测量中，归一化斜率大于 -0.926 的部件，实测的较大颗粒数比 MIL-STD-1246 预测的更少。归一化斜率小于 -0.926 的部件，实测的较大颗粒数比 MIL-STD-1246 预测的更多。数据转换后，通过回归分析检查线性。

5.12.3 提取方法测试

对几种不同的材料、不同表面处理方式和经历不同前期的清洁手段的零件进行了测试，以确定它们对 LPC 测量的粒径分布和 MIL-STD-1246 粒径分布之间一致性的影响。在许多情况下，被测材料已经有行业认可的提取方法，如 IEST 推荐的做法。如果没有行业认可的提取方法，则使用相关材料的提取方法。提取方法分为波动提取法、超声波提取法和低压喷雾提取法。

在波动提取法中：首先将零件浸入含有 0.02% 表面活性剂的过滤 DI 水浴中；然后将它们在定轨摇床上以 120r/min 速率波动 10min；最后将这些部件从清洗槽中取出，并将多余的液体排回到清洗槽中。打开超声功率脉冲给悬浮液排气，直到悬浮液停止发泡时关闭脉冲，并且用 LPC 分析悬浮液。

在超声波提取法中：首先将部件置于烧杯中，烧杯中含有 $5\sim10mL/cm^2$ 的去离子水和 0.02% 表面活性剂；然后将烧杯置于约 150W 的 40kHz 的超声波罐中，并超声波搅拌 1min，移除部件并且通过 LPC 分析悬浮液。

在喷雾提取法中：$0.45\mu m$ 过滤的纯净去离子水首先加压至 $45\sim55psi$；然后经过 $750\mu m$ 孔口喷射在部件上，这将产生一个速度移动大于 10m/s 的高度准直的水流。对每个部件的喷雾模式都做出精确规定，以尽量减少操作员对测试结果的影响。提取后，将悬浮液超声波排气并使用 LPC 计数。

不同的材料和前处理应该根据他们的提取方法进行分组，因为提取方法对得到的粒径分布有着非常深刻的影响。消耗品一般采用波动提取法，符合 IEST RP5 等公认的行业标准。喷雾提取法通常用于超大型部件，因为部件过大时，超声波浸泡时会发生过度稀释。对超声空化侵蚀严重的零件也采用喷雾提取法。关于空化的影响已有文献报道，大部分零件可以都使用超声波浸泡法来提取。

5.12.4 结果

在下面的章节中描述了相关结果。在每个测试中，回归分析中的相关系数 R^2 至少为 0.94。这表明，在 MIL-STD-1246 模型中，浓度的对数与粒度平方的对数成线性比例的假设是合理的，结果作为提取方法的函数进行讨论。

1. 振荡提取

波动法已成为大量消耗品提取的优选方法，包括手套、包装薄膜袋和棉签。还可以用波动法来评估擦拭布，以提供另一测试点。对于使用波动提取的材料而言，材料种类、处理条件和转换后的斜率对粒径分布的描述情况如表 5.8 所列。由表可知，一般情况下（涤纶针织擦拭布除外），波动法样品的斜率与 MIL-STD-1246 一致，表明该模型可能是确定粒子数限制的可接受模型。

表 5.8 进行 LPC 分析之后，使用波动提取材料的转化粒度分布斜率

材　料	条　件	斜　率
MIL-STD-1246	规范	-0.926
尼龙薄膜袋	接收时的状态	-0.888
聚乙烯薄膜袋	接收时的状态	-0.953
金属化防静电包装袋	接收时的状态	-0.837
涤纶针织擦拭布	接收时的状态	-1.431
涤纶针织棉签	接收时的状态	-0.877
天然橡胶乳胶手套	接收时的状态	-1.064

这一情况与图 5.35 一致，涤纶针织擦拭布比标准预测的大颗粒少得多。在这种情况下，用基于过程能力建立的验收标准原则来指定比依据 MIL-STD-1246 确定的擦拭布上的允许大颗粒数更少的大颗粒，可能更合适。可以为小颗粒和大颗粒选择不同的 MIL-STD-1246 水平。值得注意的是，所有这些材料都是聚合物。

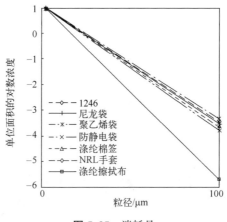

图 5.35　消耗品

2. 喷雾提取

使用喷雾提取评估 3 个不同的部件，这些部件对超声波空化的侵蚀表现出极高的敏感性，或者体积较大以至于浸泡在足够容纳它们的超声浴中会导致颗粒过度稀释。A 部件是由相对较软的合金制成的非常复杂铝铸件。该部件首先覆盖有环氧涂层；然后经过机械加工，露出裸铝。B 部件也是一个非常大的铸铝部件，采用与 A 部件相同的合金制成。然而，B 部件在施加环氧树脂涂层之后不需要机械加工，因此不露出裸露的铝。C 部件是一个近似于磁

记录盘形状的完全环氧涂层的铝部件。由于其旋转对称性，可以使用旋转冲洗干燥机进行清洁。表5.9中列出了材料、前处理条件和使用MIL-STD-1246方法的转化曲线的斜率。

表5.9 使用喷雾提取的材料的转化粒径分布的斜率，随后进行LPC分析

材　　料	条　件	斜　率
铸造软铝合金，环氧涂层和部分机加工（A部件）	超声波清洁	-1.182
A部件	超声波清洁两次	-1.040
A部件	高压喷雾清洁	-1.541
铸铝，环氧涂层（B部件）	低压喷雾清洁	-1.310
B部件	超声波清洁	-1.238
B部件	高压喷雾清洁	-1.455
15%碳纤维填充聚碳酸酯（C部件）	旋转冲洗干燥	-1.886
C部件	超声波清洁	-0.994

A部件的单次超声波清洗得到的斜率比MIL-STD-1246略低。但是，对零件进行两次超声波清洗会产生额外的大颗粒，从而提高了粒径分布的斜率，如图5.36所示。B部件的低压喷射清洗得到的斜率低于MIL-STD-1246，超声波清洗会提高斜率，但不会超出A部件的范围，如图5.37所示。完全环氧涂敷的B部件比部分暴露铝材的A部件更能抵抗超声波空化侵蚀。C部件表现出强烈的超声波侵蚀敏感性，如图5.38所示。

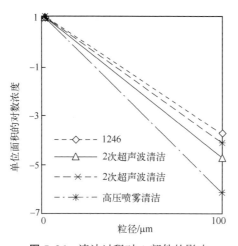

图5.36 清洁过程对A部件的影响

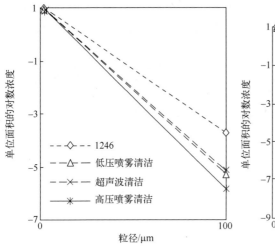
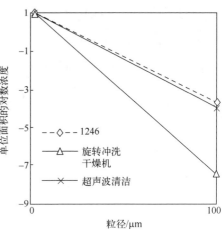

图 5.37　清洁过程对 B 部件的影响　　图 5.38　清洁过程对 C 部件的影响

3. 超声波提取

从材料的角度来看，由于超声波提取数据库的大小，超声波提取可能是最令人感兴趣的提取方法，它分为几个不同的组来说明表面处理和前处理条件的变化如何影响颗粒污染水平。表 5.10 列出了 T4 硬度的挤压加工铝部件。对该部件经受的几个条件都进行了检测，包括作为未涂敷部件、在强碱性溶液中采用磷化镍（化学镀镍）蚀刻的涂敷部件以及作为保函 15% 碳化硅纤维的未涂敷合金。测试前，所有这些部件都使用传统的超声波清洗机进行清洗。所有环境条件下，该部件的斜率都大于 MIL-STD-1246 规定的限值要求。NiP 涂层、碱性蚀刻和 SiC 金属基体处理都能增加表面硬度，使部件对侵蚀敏感性降低，如图 5.39 所示。

表 5.10　使用超声波浸入法提取材料随后进行 LPC 分析的转化粒度分布的斜率

材　料	条　件	斜　率
裸露的 T4 硬度的铝部件挤压和机械加工（D 部件）	裸露	-1.347
D 部件	NiP 的涂层	-1.540
D 部件	碱性蚀刻	-1.698
具有 15% SiC 的 D 部件	裸露	-1.822

下面使用的部件是挤压加工的 T5 硬度铝合金。测试了 3 个不同的条件，包括经过电解抛光、涂敷 Tuffram 或者涂敷 Nedox，两个涂层都是通用 Magnaplate 公司的专有涂层。超声提取材料后进行 LPC 分析，表 5.11 中总结了转化粒径分布的斜率。

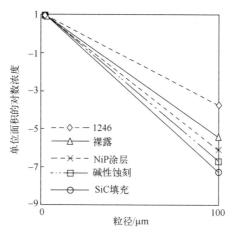

图 5.39　表面处理对 D 部件的影响

表 5.11　以超声提取材料后进行 LPC 分析得到的转化粒度分布的斜率

材　料	条　件	斜　率
T4 硬度，挤压和机加工铝合金（E 部件）	电抛光	-1.432
E 部件	Tuffram 涂层	-1.680
E 部件	Nedox 涂层	-1.840

所有被测部件的斜率均高于 MIL-STD-1246。Tuffram 比裸铝更硬，Nedox 比 Tuffram 更硬。随着涂层硬度的增加，侵蚀敏感度下降，导致侵蚀产生的大颗粒数量减少，如图 5.40 所示。

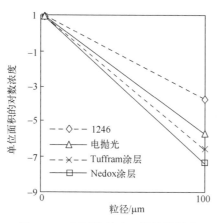

图 5.40　表面处理对 E 部件的影响

4. 过程影响

这种技术也可以用来评估各种过程。例如，它可以用来确定备选组装流程的效果；可以选择清洁所有单个零件，然后组装；另一种方法是先组装然后清洁。后者可能是一个理想的选择，因为如果装配操作可以在洁净室外进行，则洁净室宝贵空间可留给其他操作。另一个例子是在一个特定的操作之前和之后测量零件，本例中是采用振动碗送料操作。

表 5.12 中总结了分析方法如何揭示过程怎样导致不希望产生的大颗粒。如图 5.41 所示，F 部件在振动碗给料器暴露 8h 后，小颗粒数量明显增加。G 部件在表面活性剂处理后大颗粒数量明显增加，以减少磨损（图 5.42）。H 部件显示了在聚乙烯真空成形托盘中装运后大颗粒的增加，如图 5.43 所示。每个例子都说明了如何使用 MIL-STD-1246 的方法转换粒子数据来检测粒径依赖的失效机制。

表 5.12　使用超声波浸没法提取材料的转化粒度分布的斜率，随后进行 LPC 分析

材　料	条　件	斜　率
电抛光不锈钢（F 部件）	清洁后	-2.306
F 部件	振动碗进料器后	-2.450
302 不锈钢机械加工部件（G 部件）	清洁后	-1.238
G 部件	表面活性剂处理后	-1.111
子组件（H 部件）	清洁后	-1.117
H 部件	装运后	-0.976

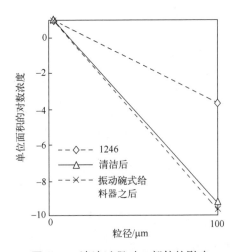

图 5.41　清洁过程对 F 部件的影响

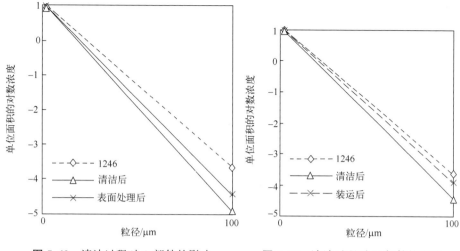

图 5.42 清洁过程对 G 部件的影响　　图 5.43 清洁过程对 H 部件的影响

MIL-STD-1246 提供了一种分析零件表面提取颗粒粒径分布的方法。首先将粒径分布数据转换成单位面积的浓度对数与颗粒尺寸平方的对数，得到了接近线性的图形；然后利用回归分析可以显示大颗粒与小颗粒的相对比例，这在确定尺寸依赖的失效机制中应该是关键的步骤。

5.13　工具零件清洁

对需要定期清洁的工具部件的清洁度进行规范是工具维护中常常忽视的一个方面，护罩和挡板、托盘和基板支架以及处理室内的其他部件等通常需要定期清洁。工具设计者和清洁处理工程师之间缺乏沟通与交流，这成为阻碍定量表面清洁度规范应用的一个因素。由于缺乏交流，工具设计者并未对适宜的清洁度测量技术进行了解。另外，多数公司试图尝试自己来对工具部件进行清洁，但没有提供足够的资源用于清洁工艺开发，如未提供客观的清洁度测量方法。现在，多数公司都将过程工具组件外包出去进行清洁[41]。

在工具清洁过程中被去除的污染物通常在工艺过程中产生，它们主要由沉积的金属或有机残留物（如光致抗蚀剂）组成。这些污染物物理参数较多，去除过程涉及多个工艺技术，如磨料浆喷砂、干式喷砂和干冰清洁技术。移除多数污染物后再采取相应的化学清洁工艺，如使用 piranha（H_2SO_4：H_2O_2）、稀酸和稀碱以及有机溶剂（如丙酮、常规甲基吡咯烷酮（NMP）等）进行清洗。清洗后，用水冲洗残留物，然后再进行干燥工艺处置[42]。

参考文献

[1] IEST-STD-CC1246d, *Product Cleanliness Levels and Contamination Control Program*.

[2] R. Nagarajan, Guidelines for design of machining processes to eliminate solvent cleaning, *Proceedings of the 2nd Annual CFC Elimination Conference*, Summers, NY, 1990, pp. 510-517.

[3] A. D. Zimon, *Adhesion of Dust and Powder*, 2nd ed., translated by R. K. Johnston, Consultants Bureau, Plenum Press, New York, 1982.

[4] A. Robinson and N. Johnson, Ship shape, *CleanTech*, July-Aug. 2002, pp. 20-23.

[5] M. Tate, Cleaning printed circuit boards, *Advancing Applications in Contamination Control*, 1999, pp. 15-17.

[6] G. Schultz, Water: the deadly intruder in microelectronic packaging, *Journal of Microcontamination Detection and Control*, 1998, pp. 17-20.

[7] K. Rayl, Extraction cleaning: the new approach to circuit board processing, *Precision Cleaning*, 1997, pp. 21-25.

[8] D. J. Riley and R. G. Carbonell, Investigating liquid-based particle deposition and the effects of double-layer interactions using hydrophobic silicon wafer, *Microcontamination*, Dec. 1990, pp. 19-25, 60-61.

[9] I. Ali and S. Raghavan, Measuring electrokinetic characteristics of positive photoresist particles, *Microcontamination*, 8 (3): 35-37, 58, 1990.

[10] D. H. McQueen, Frequency dependence of ultrasonic cleaning, *Ultrasonics*, 24: 273-280, 1986.

[11] R. P. Musselman and T. W. Yarbrough, Sheer stress cleaning for surface departiculation, *Journal of Environmental Sciences*, 1987, pp. 51-56.

[12] R. Nagarajan and R. W. Welker, Precision cleaning in a production environment with high-pressure water, *Journal of the Institute of Environmental Sciences*, July-Aug. 1992, pp. 34-44.

[13] J. W. Butterbaugh, S. Loper, and G. Thomas, Enhancing yield through argon/nitrogen cryokinetic aerosol cleaning after via processing, 17 (6): 33-43, 1999.

[14] R. Nagarajan, Aqueous cleaning and vacuum drying of hard to dry parts: a process alternative to the use of solvents, *Microcontamination Conference Proceedings*, San Jose, CA, Sept. 21-23, 1993, pp. 473-480.

[15] R. Nagarajan, Vendor process contamination checklist: a diagnostic and troubleshooting tool, *Journal of the Institute of Environmental Sciences*, 1991, pp. 45-49.

[16] IDEMA Standard M9-98, *Particulate Contamination Test Methods for Hard Disk Drive Components*.

[17] R. Nagarajan and R. W. Welker, Size distributions of particles extracted from disk drive parts: comparison with the MIL-STD-1246 distribution, *Journal of the Institute of Environmental Sciences*, Jan.-Feb. 1993, pp. 43-48.

[18] R. W. Welker, Size distributions of particles extracted from different materials compared with the MIL-STD-1246 particle size distribution, *Journal of the Institute of Environmental Sciences and Technology*, 43 (4): 25-31 (2000).

[19] R. W. Welker, Gage capabilities: the first step in achieving capable manufacturing processes, *ISMSS'92*, San Francisco, CA, June 15-17, 1992.

[20] IDEMA Standard M13-99, *Measurement of Extractable/Leachable Anion Contamination Levels on Drive Components by Ion Chromatography (IC)*.

[21] IDEMA Standard M12-99, *Measurement of Extractable/Leachable Cation Contamination Levels on Drive Components by Ion Chromatography*.

[22] ASTM D4327-91, *Standard Test Method for Anions in Water by Chemically Suppressed Ion Chromatography*, Vol. 11.01.

[23] USEPA Method 300.1, *Determination of Inorganic Anions in Drinking Water by Ion Chromatography*.

[24] USEPA Method 300.7, *Determination of Inorganic Cations in Drinking Water by Ion Chromatography*.

[25] IDEMA Standard M7-98, *Organic Contamination as Nonvolatile Residue (NVR)*.

[26] ASTM E595, *Standard Test Method for Total Mass Loss and Collected Volatile Condensable Materials from Outgassing in a Vacuum Environment*.

[27] ASTM E1235-88, *Standard Test Method for Gravimetric Determination of Nonvolatile Residue (NVR) in Environmentally Controlled Areas for Spacecraft*.

[28] ASTM D4526-85 (1991), *Standard Practice for Determination of Volatiles in Polymers by Headspace GC*.

[29] MIL-STD-1246C, *Product Cleanliness Levels and Contamination Control Programs*.

[30] ASTM F488-95, *Standard Test Method for On-site Screening of Heterotrophic Bacteria in Water*.

[31] IDEMA Standard M2-98, *Materials Used in Hard Disk Drives*.

[32] IDEMA Standard M6-98, *Environmental Testing for Corrosion Resistance and for Component Compatibility*.

[33] R. W. Welker and P. G. Lehman, Using contamination and ESD tests to qualify and certify cleanroom gloves (first in a series), *Micro*, May 1999, pp. 47-51.

[34] R. Nagarajan, R. W. Welker, and R. L. Weaver, Evaluation of aqueous cleaning techniques for disk drive parts, *Microcontamination Conference Proceedings*, San Jose, CA, Oct. 16-18, 1991, pp. 312-326.

[35] R. Nagarajan, Design for cleanability, in *Supercritical Fluid Cleaning: Fundamentals, Tech-*

nology and Applications, J. McHardy and S. P. Sawan, eds., Noyes Publications, Park Ridge, NJ, 1998, pp. 38-69.

[36] J. Barengoltz, *Mars Global Surveyor: Planetary Protection Plan*, JPL D-12742, Jet Propulsion Laboratory, Pasadena, CA, 1995.

[37] ISO 11137, *Sterilization of Healthcare Products: Requirements for Validation and Routine Control-Radiation Sterilization*.

[38] R. Coplen, R. L. Weaver, and R. W. Welker, Correlation of ASTM F312 particle counting with liquidborne optical particle counting, *Proceedings of the 34th Annual Technical Meeting of the Institute of Environmental Sciences*, King of Prussia, PA, May 3-5, 1998, pp. 390-394.

[39] R. Nagarajan, Cavitation erosion of substrates in disk drive component cleaning: an exploratory study, *Wear*, 1992, pp. 75-89.

[40] R. W. Welker and R. Nagarajan, Getting clean parts and getting parts clean, tutorial first presented at Microcontamination'91, San Jose, CA, Oct. 1991.

[41] R. Bruns, D. Zuck, and W. Warner, Measuring tool part cleanliness and its effect on process performance, *Micro*, May 2002, pp. 21-38.

[42] D. Zuck and K. Macura, Environmentally compatible advances in semiconductor tool part cleaning, *Advances* A2C2, 2001, pp. 9-13.

第 6 章

工具设计和认证

6.1 引　言

  40 年来，高科技产品（如磁盘驱动器、平板显示器和半导体等）的设计、开发和制造对污染和静电放电的要求已经发生了巨大变化，这些变化的产生是因为高科技产品的性能、设计和材料发生了巨大变化。例如，磁盘驱动器通常以每平方英寸 1GB 以上的速度进行读/写、平板显示器正在不断变大，以至于大于 17in 的面板变得非常常见。目前，最先进的半导体设计尺寸可低于 $0.25\mu m$，这些都需要用到对气相化学污染敏感的特殊光致抗蚀剂。随着这一演变的发生，高科技产品对污染物数量和种类的耐受性已经下降。制造商致力于寻求更高的产量以确保竞争力，因此污染和静电放电的关注度也在增加。

  高科技产品的耐受性和对大批量生产设备的需求，使得将越来越多的自动化纳入到制造和装配过程中变得非常有必要性。类似于硅晶片或刚性记录介质的生产过程，大批量生产低成本组件的需求，对自动化设备的使用提出了更高的要求。高科技产品对污染和静电放电的耐受性降低、制造业自动化程度的提高以及产量最大化的需求，需要一种正规的方法对工具进行设计和认证，也就是本章所探讨的主题。

  洁净室是指可将污染水平控制在一定限度的空间环境，洁净室条件和污染限度的选择由洁净室中的产品或工艺的要求决定。具体要求如下：

(1) 尘埃粒子浓度；

(2) 风速、方向、温度和相对湿度（RH）；

(3) 有机污染物、离子污染物和磁性污染物；

（4）静电放电保护；

（5）表面清洁度，包括生物活性；

（6）工艺流体清洁度。

洁净室所使用工具的设计目标是，使用不违反洁净室使用要求的工具。本章的主要内容是帮助工程师、设计师和工具制造者设计洁净室工具的，分为以下几个方面：

（1）确定工具可能需要达到的极限条件；

（2）指导材料、表面处理和饰面的选择；

（3）指导组件的选择；

（4）指导工作区布局；

（5）展示如何证明符合要求（产品的认证和验证）。

6.1.1 工具设计过程

建议遵循下列 7 个步骤，设计满足所有污染和静电放电要求的工具。该步骤可以应用于材料、表面处理、组件、装配件和完整的工具设计。

步骤 1：确定需求并明确要求。这是开始时最重要的一步，因为如果缺乏要求或要求不明确、重新设计、项目进度延误而必然会导致不可避免的项目延期，或者最坏的情况是整个项目失败。

步骤 2：确定替代方案。这是概念设计阶段的开始。在这个阶段，设计师和工程师通常会与制造或复制工具的机加工车间商讨，提出替代方案来解决工具设计的问题。替代方案必须从多个角度评估，包括可行性、成本、使用未经证实技术的风险等。

步骤 3：调查预期用途。一项调查审查了这些工具的备选方案。设计时需要考虑的一个因素是，工具在生命周期内不受生产、维护和工程技术人员操作干预的程度。以下是亟待解决的问题，因为这些问题都是设计过程中的影响因素。

（1）工具是完全自动化的，还是会涉及一些操作员参与其中？

（2）物料处理系统是自动还是手动的？

（3）是否有人员维护这个工具？

（4）工具的哪些部分可以远离洁净室，以方便维护？

（5）工具的哪些部分将保持在工程控制之下？

（6）该工具的操作和维护需要哪些程序？

（7）如果当前的需求可能会演变成更严格的控制限值，或者可能会施加新的要求时，该工具是否会在未来的应用中继续使用？

考虑到将来程序可能使用的工具，可以在工具初始实施阶段按新的需求开展设计。例如，可以为一系列磁盘驱动器产品规划生产线。系列中的早期模型可能会使用对污染和静电放电敏感度要求宽松的组件。后续的模型可能会计划使用具有对污染和静电放电更敏感的组件。预测产品系列中的这种变化过程或许可以设计出未来需求的工具。

步骤4：识别可能的滥用行为并识别产品或过程的风险。这个过程通常被称为失效模式和影响分析（FMEA），但往往没有被足够的重视。其中的一个例子是维护检修盖的错误设计，这对工装的污染性能至关重要。设计不合理的维修检修面板可能含有过多的难以使用的紧固件。这种情况下，维护人员可能会忽视重新安装所有紧固件。如果发生了不能正确固定面板的情况，可能会对工具的污染性能产生不利影响。基于FMEA，这种情况将被考虑在内。

步骤5：设计测试方法。通常，材料性能、表面粗糙度或装置不能通过基于已知的信息预测。在这种情况下，必须设计测试方法来评估项目对于预期应用的适用性。可以设计两种类型的测试：功能性测试和非功能性测试（通常称为客观实验室测试）。

步骤6：测试替代方案。对于确定的应用，通常有多个替代方案可用。每个替代方案都应该经过一套相同的功能和客观测试。这里，重要的是要知道选择的测试是公正的。不公平地倾向于某个替代方案可能是不太理想的选择，可能会导致失败的测试结果。

步骤7：选择最佳替代方案。最后，无偏差的测试结果会找到最佳替代方案。

在材料、组件、部件和成品组装方面重复执行上述7个步骤，逐步构建满足所有污染和静电放电目标的工具。

6.1.2 工具设计的应用和限制

本节适用于工具设计的各个阶段：设计、认证、安装、鉴定维护。在这种情况下，工具几乎包括放置在洁净室中的一切机械装置，包括固定装置、工作区、存储架、物料搬运设备、硬自动化、软自动化（机器人）。这些准则可能适用于制造半导体设备或清洁工艺设备过程中使用的设备设计。由于本书不是半导体设备设计的综合指南，也不是清洁设备或工艺的选择和开发的指南，而半导体加工设备在设计上是高度专业化的。一般来说，通过与他们的客户合作，设备的设计者能够确定污染要求。应该综述一套完整的国际半导体材料设备产业协会（SEMI）工具标准以保持完整性[1]。清洁工艺的发展和支持清洁工艺的设备需作为一个单独的主题来论述，不属于本章的范围（见第 5 章）。

一般情况下，该指南可用于以下几个方面。

1）改造现有的工具

（1）旧产品的工具必须适合新产品的使用。

（2）一般来说，不适用于洁净室的商业设备，可以进行改造使其符合洁净室的要求。

改造现有的工具有一些优点，如成本低、速度快。此外，现有工具的使用经验可以为升级提供准确的信息。拟引入的商业设备也可以以兼容洁净室的形式提供。或者现有设备的供应商能够快速修改现有设计，因为生产商已经拥有设计图纸、物料清单等。例如，通过改变材料标注的方式，使用现有的图纸可以容易地利用未上漆的不锈钢板制造涂漆的金属面板等方式。

2）设计全新的工具

与现有工具的改造相比，该方法具有以下优点：

（1）可以随意重置固有脏污的部件；

（2）选择清洁的材料和组件；

（3）自由设计流线型清洁外壳。

6.2 污染和 ESD 控制要求

工具设计和认证中最重要的步骤是确定控制污染和静电放电的要求。控制对象以及施加极限的选择不是任意的，而是由产品和工艺的需求决定的。工具工程师几乎都依赖于产品设计和生产工程功能来定义这些要求。加工设备的制造商也可以定义要求。要安装工具的洁净室设计也可能会限制设计思路，一些必须明确的较重要的因素在 1.5 节中已有描述。

静电放电控制要求通常由产品或工具支持的工艺决定。但是，在工具设计中，工具本身会表现出静电放电敏感性，如控制工具的微处理器、检测工具内部状况的传感器以及通信设备。所有这些都可能受到设施现有条件的影响，必须在工具设计阶段进行规划。静电放电要求的相关内容在第 2 章已有详细介绍。

6.3 维护要求

工装污染控制中最常见的问题之一是，缺乏适当的维护程序文件和实施记录。在概念设计阶段必须考虑维护需求，包括以下 4 点：

(1) 由生产操作员进行清洁（制造过程的一部分）；

(2) 由维护人员进行清洁（维护过程的一部分）；

(3) 对封闭组件的维护（设计人员需要考虑）；

(4) 由工程师进行清洁（工程过程的一部分）。

由亲自设计或指导承包商设计工具的工程师负责制定清洁程序。在工具经过工程变更后，工程部门也负责实施清洁程序。用于清洁的化学品可能对工具或工作区材料的选择产生限制。例如，如果使用异丙醇（IPA）清洁工具或工作区，会导致油漆变白或导致防静电垫失效，则该油漆或防静电垫材料可能无法用于工具或工作区。类似地，擦拭布的选择也可能限制工具或其某个部件的表面粗糙度。如果被清洁的表面致使擦拭布脱落或撕裂，则说明在应用中该表面粗糙度太粗糙。因此，有必要改为更光滑的表面来消除这个问题。

此外，通常通过增加真空罩的方式来使工具兼容洁净室的要求。这些通常应用于一些产生不可接受的磨损污染或需要周期调整的机械装置或气动装置。因此，由操作员、工程师或维护人员进行清洁操作的维修通道是必需的。这个问题非常重要，需要特别强调。在完成所有其他工作之后，工装维护是最关键的因素。由于过去常常忽略维护，所以特别强调这个问题。

6.3.1 清洁程序（基础知识）

实际上，常规的清洁说明是不够的。例如，"用异丙醇湿润过的洁净室擦拭布擦拭工具"的一般说明是不适当的。清洁工艺必须特别指出：要清洁的关键区、如何清洁、使用什么材料清洁以及如何判断清洁是否完成。清洁工艺不应该在一般的洁净室程序文件中，而应在每一个工作区或操作程序文件中。

工具使用上的重要区域是指与产品表面、操作员的手或洁净室服装接触或靠近的区域。接近是一个相对概念。在垂直单向流动中，与产品上风向 60cm 处的物体比与产品下风向 10cm 处的物体相对更近。同样地，操作员就座的操作工位的下面区域是至关重要的，因为如果操作员把手放在腿上，该位置靠近操作员的洁净室服，很可能也靠近操作员的手套。

关于清洁流程的详细说明如下。

(1) 只能使用洁净室认可的擦拭布、棉签和清洁用化学品。优先顺序如下：去离子（DI）水、去离子水洗涤剂、异丙醇、异丙醇-去离子水以及其他溶剂。需要进一步咨询现场的污染控制相关人员，确定哪些材料可以使用。

(2) 擦拭布应折叠平整，而不应该卷成一团使用。

(3) 应从上到下进行清洁。

(4) 应从后往前进行清洁。

(5) 擦拭布必须彻底湿润（但不能淋湿），否则会发生脱落、掉毛和撕裂。润湿剂提供润滑以防止擦拭布撕裂，可以提供一些额外的化学萃取能力（这有助于清除有机污染物），并提供表面张力（这有助于去除颗粒）。

(6) 经常检查擦拭布。当擦拭布明显变脏时：首先将其折叠以露出新的表面；然后润湿；最后擦拭脏污的表面。继续擦拭，直到没有污渍残留。

(7) 经常更换擦拭布，使擦拭布表面始终可用。

(8) 通/盲孔、裂缝/槽可能需要用棉签清洁。

(9) 要特别注意工作台的区域以及与产品接触的工具（磨损和接触传递）。

(10) 抽真空，然后擦拭，最后再抽真空以获得最佳效果。

当表面没有可见的残留物且无残留物可以通过擦拭去除时，可以认为工具表面是清洁的。这通常称为明显清洁，这可以认为是一种"白手套"式的检查。关于这个验收标准一直存在争议。人们常常担心可见的清洁度标准可能不够充分，因为人们知道许多颗粒比眼睛能看到的小。但是，我们能看到更小粒子的唯一途径是通过使用某种放大形式，这就限制了我们的视场和景深，所以有些地方可能会被忽略。另外，这需要使用仪器，导致检查效率低下，工作区始终保持明显清洁的要求易于检查、执行。同时，擦拭可以有效去除肉眼看不到的污染物。肉眼可见的污染表明这个区域没有被擦拭过。

很少要求用放大来验证表面是否明显清洁。相反，可能需要特殊照明。特殊照明可以包括强光照明、斜光照明或紫外灯照明。紫外灯照明尤其有效，因为许多材料可发出荧光（也就是从其他来源，例如不可见的紫外线辐射，吸收能量后发出可见光）。并不是所有的材料都有荧光，但是有足够数量的材料起到标记作用，表明表面没有被充分清洁。

6.3.2 维护清洁

工具和工作区需要定期和不定期的维护。维护活动通常需要接触不常暴露于洁净室的工具部件。维护人员可能会使用一些在常规清洁过程中不易被清除的材料。也就是说，维护可能需要引入润滑剂和其他材料，这些材料需要特殊化学品、擦拭布和清洁工艺来清除。在工装全面安装中，需要对这些进行评估和指定。另外，维护人员可接触到生产操作员通常无法接触到但是很重要的工具部件。因此，维护时必须执行特殊的清洁程序。

需要密封或使用真空罩的工具部件通常是被盖住的，因为它们是污染源之一。一些设计上的考虑是必要的。盖板背后的零件往往需要调整或更换，设计者必须考虑维护的便利性。例如，密封材料如室温硫化硅密封胶不宜用于需要经常访问的地方，因为它们难以移除和更换。外壳应该使用最少数量的易用紧固件进行密封。

6.3.3 工程变更

在工具的生命周期中，不可避免地会发生工程变更。在发生变化时，工程也会有相应的变化，包括以下内容：

（1）工程师必须根据工具的工程变更来修改清洁指南；

（2）工程师必须根据工具变更的需要来修改维护保养指南；

（3）工程变更必须符合颗粒计数和其他污染控制要求。

例如，许多化学物质对紫外线（光）敏感。普通的荧光灯能产生足够的紫外光，因此它们不适用于半导体、平板显示器和磁记录头制造等光刻工艺中。在工具需要照明的地方，确定是否有不能接收的波长是很重要的。

同样，对于某些类型的工具，振动影响是一个关键问题。有一个很好的例子是光刻曝光工具。步进电动机和其他对振动敏感的工具制造商，非常了解并详细地规定相关工具的振动要求。这些要求可能会限制附近工具的设计，所以询问任何振动要求都是明智的。当产品升级时，其振动容限可能会缩小。因此，工程师可能需要对基本工具设计中振动要求的演变进行规划。

6.3.4 需求总结

（1）产品中的空气颗粒物浓度不得超过第二阶段的限制（在外壳允许的情况下为第三阶段限制）。

（2）空气流动必须符合一定的方向和速度。

（3）材料不能释放有害蒸气。

（4）必须控制离子污染。

（5）必须通过设计将表面磨损和零部件损坏降至最低。

（6）材料和表面处理必须与清洁液和擦拭布材质兼容。

（7）气流障碍必须减到最小。

（8）洁净空气应该首先流经产品所在的位置。

（9）清洁流程必须有完整的指南文件。

（10）机箱外壳的风扇必须排风到安全的地方。

（11）必须理解对静电荷的要求，并将其纳入设计考虑中。

6.4 常用备选方案

有3种主要的备选方案可用于设计洁净室使用的工具：①消除产生污染的部件；②转移产生污染的部件；③封闭产生污染的部件并和排出其中的污染。

6.4.1 消除产生污染的部件

材料、表面处理和部件必须选择固有清洁的，并且与清洁化学品和工艺相兼容的。建议采用以下指导原则：

(1) 表面必须是不脱落的；
(2) 表面必须是无孔的；
(3) 表面必须受到保护（表面处理）；
(4) 表面必须光滑；
(5) 圆角和外半径必须大小适中（图6.1）；
(6) 应避免表面有纹理。

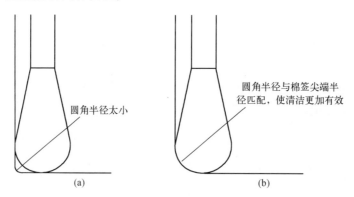

图6.1 圆角半径不足使得用棉签去除污染变得困难
(a) 圆角半径太小，不能用棉签清洁；(b) 了解可用棉签的大小，选择可以有效清洗的圆角半径。

电动机、传动装置、气动装置、线性制动器和其他装置通常是污染源。传统的使用电刷的电动机会磨损产生污染。变速器、丝杠和变速箱都需要润滑。这些装置的旋转动作会使润滑剂雾化，造成污染。传统的气缸泄漏压缩空气时，会直接排放到工作场所中造成污染。另外，轴密封件必须进行润滑，此处会发生润滑剂雾化，液压装置很难密封。下面的准则适用于以下几种情况。

（1）无刷电动机本身比带电刷的电动机更清洁。

（2）密封传动装置和变速箱比开放式传动装置和变速箱更可取。

（3）液压装置可能是油雾和蒸气的来源，应该避免。

（4）应该选择特别为洁净室应用而制造的气缸。这些通常配备轴排气系统，并可远程通风。双动气缸通常不会排放到工作场所。

事先预测所有组件的污染性能是不可能的。如果没有以前的经验，则必须测试新的组件，可以遵循几个测试协议。首先应审查组件的设计和材料清单，以验证其适用性；然后使用预期的擦拭布和清洁用化学品来初步清洁组件，以确认其适用性；最后应进行初步的功能性测试，以确认建造材料对产品无害。如果这3个步骤的结果看起来可行，可以开始更正式的实验室测试。其中，粒子计数性能是最难实现的性能之一，但也是最容易建立和运行的性能之一。

6.4.2 转移产生污染的部件

不能淘汰的污染发生器应该从产品位置转移到工作区下方顺风位置，需要注意确保顺风位置的污染不能通过湍流或接触传递转移到产品位置。图6.2所示为一些转移过程。另外，要确保在再循环气流中的整个洁净室内不会携带化学污染物。

转移产生污染的部件的一个可选方法是将其从洁净室完全移除。机器人的电源和控制中心是可以完全移除的辅助设备，这是一个很好的例子。另外，在洁净室建筑允许的地方，考虑将工具安装在隔板上。图6.3所示为典型的工具隔板安装。

将产生污染的部件转移到洁净室外面有几个明显的优势：

（1）工具的被转移部分没有污染控制要求；

（2）可以减少洁净室所需的建筑面积；

（3）维护过程可以在洁净室外进行。

在图6.3中，真空加工工具已经安装在隔板上。如果所有的设备都位于洁净室内，污染控制要求将适用于所有设备。如图6.3所示，应用污染控制要求的工具的唯一部分是装卸区。相关要求涵盖表面处理和面饰、材料选择和颗粒污染的要求。然而，由于迁移的部件在回风室，排气可能仍然是一个问题，被转移部件排放的任何蒸气都可以再循环进入洁净室。好处是，维护要求也可以放宽。但是，如果洁净室内人员进入回风区域处理位于那里的部分工具，然后再返回洁净室，那么就会产生污染风险，需要小心谨慎对待。

图 6.2 组件转移的各个方式

(a) 碳叶片真空泵产生大量污染物,粒子计数操作员对他在 OPC 上读取的粒子浓度非常不满意;(b) 将碳叶片真空泵重新定位在工作台下方,但不能消除过多的粒子数量,操作员周围和桌子下面的湍流使污染物进入工作表面,在没有活动地板的洁净室中,这种效果更为明显;(c) 将真空泵重新定位在活动地板下面或回风室外,可消除泵产生的污染。

注意:图中 $1\text{ppcf} = 1\text{lb}/\text{ft}^3 = 16.02\text{kg}/\text{m}^3$。

6.4.3 封闭产生污染的部件并和排空出其中的污染

污染发生器无法淘汰或转移时,必须将其封闭。设计污染发生器外壳时必须解决几个常见的设计问题。

(1) 由于污染发生器易受磨损,维修人员或工程人员需要经常维修或调整,因此只能在少数情况下使用密封外壳。另外,污染产生的部件通常具有活动零件,使用完全密封的外壳是不切实际的。

(2) 通常可以使用紧密配合但不密封的排气系统来抽空外壳。这些设备通常具有允许可活动零件自由移动的开口。避免使用波纹管。

(3) 必须将足够的空气吸入外壳,以便将测试烟雾吸入外壳的任何开口部分。一般来说,为了使泄漏降至最低,垂直单向流量 $(90\pm20)\text{ft}/\text{min}$

((0.40±0.05)m/s)的开口应该进行真空抽空,使进入开口的空气是当前自由流速的4倍。活动零件的外壳是一个例外。进入外壳的空气速度应为自由流速的4倍,或者是活动零件最大速度的2倍,以较大者为准。

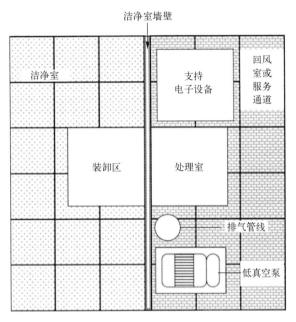

图6.3 安装在隔板上的工具平面图

(4)外壳应尽可能流线型。横截面形状对湍流的相对影响如图6.4所示。

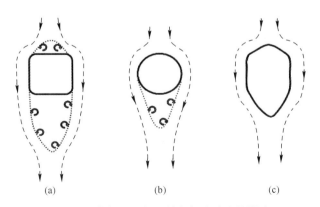

图6.4 横截面形状对单向气流湍流的影响

(a)圆角方形梁,具有前缘和后缘湍流场。后缘湍流场通常以70~110ft/min(0.35~0.45m/s)的自由流速从障碍物的下游延伸到两到4个障碍物宽度。(b)等宽圆梁。前缘湍流大部分被消除,后缘湍流通常是在相同速度下的方形横截面障碍下所观察到的1/2。(c)后缘锥形,能消除流动分离和几乎所有的下游湍流。

(5) 应将紧固件保持在最小量，并尽可能将其固定。如图 6.5 所示，通过使用自粘金属或塑料薄膜"胶点"来实现表面平齐，可以使嵌入式紧固件更容易清洁。流线型的外壳更容易遵循保洁原则。此类型看起来像可以保持清洁，并且由于其简单的几何形状，易于清洁。

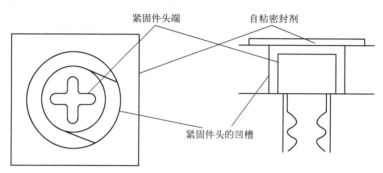

图 6.5　使用胶点覆盖凹槽并为擦拭提供平齐表面

排气策略作为替代方案是可行的。通常可以将活动地板下方的污染物排放到回风室或通过高效空气过滤器。但是，这些策略可能会使分子污染物被释放到洁净室或工具中。如果考虑到分子污染问题，最具成本效益和最安全的策略就是使用室内用真空吸尘器排气。与设备工程师联系以确定室内用真空吸尘器的可用性和容量。在某些情况下，工具可以配备自给式排气系统，通过化学过滤来处理分子污染。

在大多数设施中使用两种类型的真空系统：室内用真空和流程真空（这些不能与专用于高真空处理设备的超低真空系统相混淆）。室内用真空系统通常是低真空（通常小于 $2inH_2O$）的高容量（通常为 $50\sim500ft^3/min$）的系统设计，以非常高的速度去除大量受污染的空气。工艺真空通常是中压（$15\sim27inHg$）和低容量（小于 $10ft^3/min$）的系统设计，用于操作低压真空设备。

遏制活动零件污染的常用解决方案之一是提供波纹管，这通常由聚氨酯或聚乙烯制成。这些可能不是理想的解决方案。波纹管会磨损，需要更换，需要安装适配器和排气管。图 6.6 所示为一个应用在气缸轴周围的波纹管例子。

这种方式增加了维护要求，并引入了机械复杂性。此外，由于波纹管安装硬件，致使气缸行程的一部分不能使用。更好的方案可能是在运动构件周围提供贴合、密封但非接触的外壳。图 6.7 所示为一个气缸轴的例子。这种解决方案消除了波纹管和移动波纹管安装组件，但仍在轴周围增加了非接触式密封件，牺牲了一些行程长度。此外，密封口必须持续不断地排空，以确保在气缸到轴密封处产生的任何污染物都被排除在洁净室之外。

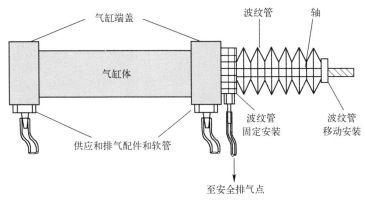

图 6.6 用于气缸轴周围污染物泄露的波纹管封闭和排出解决方案。在缸体、轴以及排气装置上的波纹管需要安装硬件

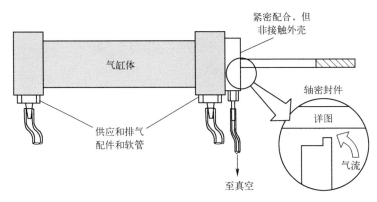

图 6.7 紧密配合但不接触的气缸轴的污染控制解决方案

图 6.8（a）所示为一个更复杂的设计实例。这是一个全功能的机器人，沿着一个很长的直线性路径行进。机器人由底部下方的轮子支撑；轮子位于活动地板下方，因此不可能对洁净室造成污染。该机器人位于活动地板上方的其他特征可能会导致洁净室中产生污染，应该对其进行详细检查。图 6.8（b）所示为该讨论中的机器人的重要特征。

最简单的外壳之一是图 6.9 中的上导轨触轮，上导轨小车有钢轮子在钢制 X 轴上部导轨滚动。由于这种结构位于垂直单向流动洁净室的天花板附近，所以必须保持清洁，不得润滑。上导轨小车外壳的作用是捕捉由钢制车轮旋转产生的污染物，并消除钢轮与上部导轨之间磨损或微动腐蚀产生的污染（图 6.10）。

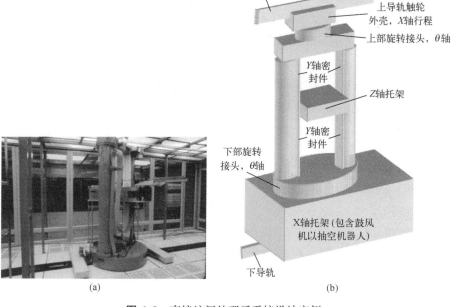

图6.8 直接访问处理子系统设计实例
(a) 一种非常复杂的洁净室机器人；(b) 机器人的污染控制特性。

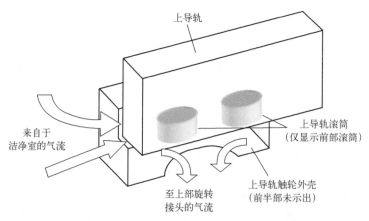

图6.9 上导轨触轮外壳污染控制系统（外壳与上导轨间隔约1mm。空气通过位于 X 轴托架上的鼓风机吸入外壳，托架安装在活动地板下）

一个污染控制特性是上部旋转接头。上部旋转接头有一个紧密配合但非接触的圆形槽。空气经过曲折路径被吸入上部旋转接头外壳，这有时被描述为迷宫式密封。另外一个采用的解决方案是沿 Z 轴托架移动在 Y-Z 支柱中的固定带。皮带通过安装在 Y-Z 轴托架两侧的滚轮系统进出 Y-Z 轴托架，如图 6.11 所示。

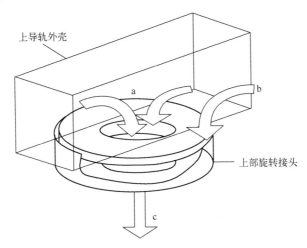

图 6.10　上部旋转接头污染控制系统（空气在点 a 处从上导轨外壳进入上部旋转接头外壳。空气也通过圆形槽 b 从洁净室进入上部旋转接头。气流从上部旋转接头流向上臂 c。注意，圆形槽中没有密封材料）

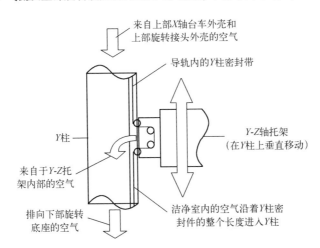

图 6.11　Y 柱污染控制密封件（密封带固定在顶部和底部，形成一个贴合但非接触的密封。空气流入密封皮带和密封导轨之间的 Y 柱。通过 Z 形托架上的滚轮将密封带提起并更换到导向装置中）

Y 柱密封是一个特别有趣的设计。由于密封材料两端固定，不需要弹簧卷曲装置。Y-Z 轴托架由丝杠升降。丝杠被大量润滑以防止磨损，丝杠的循环旋转雾化了润滑剂。因此，面向丝杠的密封件表面被旋转丝杠所喷射的润滑剂污染。但是，由于污染的内部不会接触到外表面，这种润滑剂不会迁移到密封件的外表面。但是，如果密封材料像窗帘一样卷起来则会产生污染。此外，由于与密封件污染侧接触而受到污染的滚筒完全包含在 Y-Z 轴托架外壳内。

图 6.12 所示为 Y-Z 托架的密封结构。密封件固定在 Z 轴驱动器上，并绕 Z 轴驱动器运行。密封件的内表面被来自 Z 轴丝杠的润滑剂喷射所污染。然而，密封件的污染的内表面不会接触密封件的外表面，防止润滑剂迁移到暴露于洁净室的位置。空气从洁净室进入 Z 形托架，通过 Y 柱排出。下旋转底座在设计上与上旋转接头相似，X 轴托架在活动地板下方运行。由于 X 轴托架位于活动地板下方，因此不需要污染控制功能。但是，X 轴托架包含鼓风机，用于疏散活动地板上面的一部分自动设备。

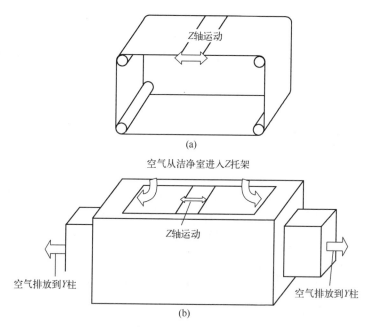

图 6.12　Y-Z 托架的密封结构
（a）Z 轴密封件和导辊；（b）Z 托架的气流。

洁净室内有许多电子设备附件。这些附件通常配有排风扇用于冷却内部的电子元件。这些冷却风扇在非清洁应用中的正常布局是放在使风扇利用电子设备外壳内热空气的自然浮力的位置，从而使得这些风扇向上排气。这在垂直、单向流动洁净室中是隐患很大的（尽管这个问题显而易见，但却经常被忽视）。图 6.13 所示为电子机箱控制气流的通用解决方案。

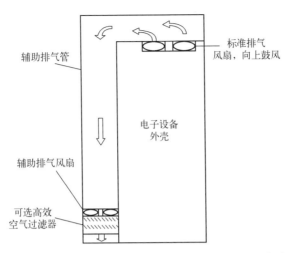

图 6.13 电子设备外壳气流的通用解决方案（如果辅助管道系统不能被安置在多孔活动地板下面，则使用可选的高效空气过滤器）

6.5 材　料

在方案设计阶段必须做出的最重要的决定之一就是选择材料，必须选择与工作场所使用的化学品相容的材料。另外，必须仔细考虑材料单独使用时的磨损性能以及与其他材料一起使用时的磨损性能。材料选择的要素按材料类型进行，具体如下：

（1）材料的一般准则；

（2）磨损的一般准则；

（3）金属和合金；

（4）润滑剂；

（5）塑料的一般准则；

（6）塑料复合材料；

（7）抗静电聚合物。

6.5.1 材料准则

必须根据具体情况，采用钝化、电镀、涂层等适当方法保护表面免受退化影响。工作场所使用的清洁化学品，工艺化学品和其他材料与表面接触时不得使表面变质。在正常使用条件下，表面不能脱落。因此，木材和木制品本质上是不可接受的。即使是覆盖有塑料层压材料的涂层木制品也是不可接受的，因为塑料层压制品本身不具有耐磨性。金属层压木制品也是不可接受的，因为金属层压板的损坏通常会导致木制品暴露在洁净室中。不同的是，金属层压木制品在防静电工作区是可以接受的，只要这些保护区域不是同时用作洁净室。含有已知或可疑毒害性化学物质的涂料，密封剂和材料也是不可以接受的。例如，硅酮、有机锡化合物和有机胺。

表面必须光滑并具有可接受的表面粗糙度，可接受的表面粗糙度由将表面清洁到可接受清洁度水平的能力来决定。通常，这排除了开孔泡沫的使用。

一般而言，使用两种类型的测试来验证用于洁净室应用的材料。污染鉴定测试分为两大类：功能性测试和非功能性测试。污染功能性测试包括接触污染和接近污染，污染非功能性测试包括可提取颗粒、阴离子、阳离子、活菌和有机污染物。在某些应用中，静电放电特性的功能性和非功能性测试可能也很重要。

1. 污染功能性测试：接触污染和近接触污染

用于洁净室工具的许多材料有时会与产品接触，或与产品接近但不接触。在这两种情况下，用两种类型的测试来评估洁净室工具应用中材料的功能适用性：接触污染和接近污染。其他测试可能会根据用户的功能要求来指定。在接触污染测试中，准备适合于容纳测试材料和产品的设备，以使设备对测试的贡献可以忽略不计。

被测试材料的几个条状物首先贴在被测产品上；然后将该设备密封在聚乙烯塑料袋内，以防止来自包含测试样品的相邻袋子的气体相互作用（通常在恒温箱内同时对多种材料进行评估）；最后将袋子置于温湿度箱中进行调节。许多不同的公司都使用这个测试，典型的条件是 70~80℃ 温度和 70%~85% 的相对湿度，持续 4~7 天。在测试结束时，温湿度箱在非冷凝条件下返回到环境温度和湿度。将产品从温湿度箱中取出并检查是否有污渍、变色或腐蚀迹象。材料也可能受到污染或腐蚀。这可以通过肉眼检查或放大检查来完成。如果材料或产品出现污染或腐蚀迹象，则应认为不合格。

近接触污染测试实际上与接触污染测试相同，主要区别在于被评估材料靠近产品而非与产品接触。注意，确保被测材料不会滴落或下垂到产品上。被测材料通常位于产品下方，以防止下垂或滴落与产品接触。被测材料与产品之间的间距通常为 250~1270μm（0.01~0.05in）。图 6.14 所示为近接触污染装置中材料的典型排列。

接触和近接触污染测试还有另一个考虑因素。合格的材料可能会接触到水、异丙醇或其他化学品，这些成分会从材料中带出有害物质。这种情况下，在功能性测试中，通过将材料浸泡在适当的溶剂中获得的提取物，用作待测材料（通常以干燥残余物的形式呈现）。

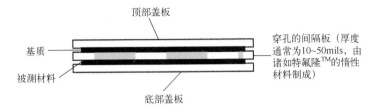

图 6.14　接近污染测试的典型设备
（1mil＝0.001in＝0.0025cm＝2.5μm）

其他功能性测试包括测试材料与清洁化学品、工艺化学品以及在工艺过程中可能暴露于其中的任何其他材料或能量的相容性。例如，使用化学品进行清洁时，可降解的油漆是不可接受的。

2. 非功能性测试：客观实验室测试

下面，首先对功能性测试合格的材料进行客观的实验室测试表征，以确定材料特性；然后使用这些测试结果向供应商指定所需的性能。测试将量化为可提取颗粒、阴离子、阳离子、有机污染物和生物污染。对于某些应用来说，静电荷可以被认为是一种污染物。与功能性测试中的性能不同，非功能性测试通常成为指定所需材料的基础。材料供应商很少有机会获得产品并且执行接触污染测试或近接触污染测试，因此常使用客观的实验室测试而不是功能性污染测试来指定材料性能。当产品需要保护以不受有害物质影响并且必须保密时，非功能性测试尤为重要。

1）可提取颗粒

提取颗粒测试最初用于表征制造行业中使用的零件，是最早应用于材料测试的方法之一。有几种提取方法可用，包括超声波、喷雾和波动。在超声波提取中：首先将材料置于已知颗粒浓度的洗涤剂水溶液中；然后通过控制温度、超声波频率、声功率级和时间来提取颗粒。提取的悬浮在溶液中的额外颗粒被用作部件清洁度的量度。在喷雾提取中：首先用受控程序将纯净的过滤水（无清洁剂）喷洒在材料上，使颗粒溶解到溶液中；然后对溶液中的颗粒进行计数并用作材料颗粒清洁度的量度。在波动提取中，将部件放入已知颗粒浓度的洗涤剂水溶液中，用部件搅拌溶液，或者搅拌含有部件的容器。控制搅拌的时间、温度、大小和频率以产生可重复的提取。同样地，溶液中增加的颗粒被用作材料颗粒清洁度的量度。在一些情况下，使用溶剂代替水溶液作为提取介质。

测量表面颗粒清洁度水平的最常用标准之一是 MIL-STD-1246，它规定了每平方英尺表面积允许的颗粒数量（个/ft²）。与 ISO 14644（FED-STD-209）一样，允许的颗粒浓度以颗粒粒径分布的形式表示。但是，ISO 14644（FED-STD-209）规定了每单位体积空气的颗粒数，MIL-STD-1246 规定了每单位表面积的颗粒数。这两个标准是不可互换的[2]。

表 6.1 所列是几种 MIL-STD-1246 表面颗粒清洁度等级的允许颗粒浓度的缩略表，该表格显示每平方英尺表面积大于或等于规定尺寸的颗粒累积数量。如果单元格包含条目"n.a."，则不应指定控制限值。颗粒的面积面密度非常小，从统计学上来说很难验证合规性。对表格进行快速检查可以看出现有的各种清洁度范围。生产开始时，在初始清洁后，用于薄膜显示器裸露的硅晶片和玻璃面板的最干净表面通常比 1 级更清洁。在加工或其他工艺之后，表面颗粒清洁度在 500 级到 1000 级范围内也是很平常的。

表 6.1 一些 MIL-STD-1246 粒度分布 （单位：个/ft²）

级别	粒径尺寸①						
	1μm	5μm	10μm	15μm	25μm	50μm	100μm
5	3	1	n.a.	n.a.	n.a.	n.a.	n.a.
25	65	23	8	3	1	n.a.	n.a.
50	471	166	56	25	7	1	n.a.
75	1802	636	214	94	28	4	n.a.
100	5058	1785	600	265	78	11	1
150	24264	8561	2877	1271	376	52	5
200	79970	28218	9483	4189	1240	170	16
250	211158	74508	25038	11060	3273	448	42
300	480901	169688	57024	25190	7455	1021	95
500	5564044	1963292	659767	291445	86252	11817	1100
750	45112298	15918028	5349275	2362982	699314	95807	8919
1000	215774441	76136745	25585859	11302264	3344854	458249	42658

① n.a. 指不适用（不应指定控制限制）。

2）可提取的离子含量

离子污染物通常在不含去污剂的去离子水中提取。可在室温条件下进行离子萃取，也可在 80℃去离子水中浸泡 1h 或更长的时间后进行离子萃取。材料与水接触的时间越长，温度越高，水从样品中提取离子的倾向越大。相比低温提取测试，许多客户更喜欢高温浸泡测试，因为高温浸泡加速了缓慢的化学反应，最大程度地提高了它们对提取离子的贡献。

提取之后，通常使用阴离子色谱法和阳离子原子吸收光谱法（AAS）分析样品。常用的阴离子通常是氯化物、硝酸盐和硫酸盐，一些最终用户通常指定磷酸盐。常用的阳离子包括铝、铜、铁、镁、硅、钠和锌。而其他分析方法也有采用。

3) 其他污染测试

其他一些方法也可以用于污染测试。其中包括非挥发性残留物（NVR）、有机提取物和活菌测试。在 NVR 测试中：首先用合适的溶剂（通常是异丙醇）洗涤；然后在预先称重的称量皿中蒸发掉溶剂。通常用异丙醇作为提取溶剂，因为它是经常用于清洁工装的化学品。称量溶剂蒸发后剩余的残余物，增加的质量以毫克/单位表面积来表示。NVR 测试的缺点是耗时，程序难度大，偶尔会导致严重错误。但是，对于基于 MIL-STD-1246 的要求来说，该测试是必不可少的。

有机残留物可以通过各种有机溶剂从某些类型的材料中提取。同样，提取有机残留物时，作为常用于洁净室的异丙醇，可能是比较好的初始试剂。在其他情况下，可能需要用到溶解性更好的溶剂（如丙酮、二氯甲烷或己烷）进行提取，以提高对烃类、可溶低聚物、增塑剂、硅氧烷或其他杂质分子的提取效果。

在提取可溶性材料之后，可以通过蒸发来浓缩样品，与在 NVR 程序中相同。然而，与称量浓缩物不同的是，其中一些通过傅里叶变换红外（FTIR）光谱、气相色谱-质谱（GC/MS）和飞行时间-二次离子质谱（TOF/SIMS）检测来分析。许多有机化合物对产品或工艺是不利的，因此验收标准是"未检测到"。活菌污染物首先用材料接触培养基表面，或吸取材料清洗液到培养基上来检测；然后将培养基表面的活菌孵育成菌落，用于鉴定和计数。

4) ESD 注意事项

第 2 章中详细介绍的静电放电应用材料的选择至关重要。主要考虑因素之一：首先是表面电阻率；其次是表面电阻率的耐久性。由于磨损、污染积累或者在用水或其他溶剂清洁之后导电材料的损耗，表面的电阻率可能随时间而变化。

3. 初始授权与持续认证需求

在最初的授权测试中，很少有足够的资源可用来确定供应商通过受控过程达到所需污染性能的能力。通常情况下，仅在一批或两批材料上定量完成最初的功能性测试和基准测量，以此来确定材料上的污染物水平。理想情况下，应持续检查这些初始批次代表整个总体的程度。对于材料的颗粒含量尤其如此。材料容易老化和磨损，老化可能涉及化学转化，导致离子或有机污染物的释放，老化和磨损导致颗粒的产生。因此，在应用中定期重新认证工具的材质可能是一个有益的方案。

6.5.2 磨损指南

磨损和摩擦密切相关。虽然磨损和摩擦的普遍规律不存在，但摩擦可以通过许多因素来减少，可以通过以下方式减少磨损和摩擦。

（1）选择材料。

（2）消除滑动接触。

（3）优化表面粗糙度。

（4）使用特殊的表面处理（两种最常见和最有用的特殊表面处理是特殊润滑剂和协同涂层）。

磨损没有确定的规律。

（1）磨损随着时间和负载而增加。

（2）如果两种不同的材料接触，较软的材料将磨损更多，但将这种归纳应用于合金或复合材料时要谨慎考虑。

在低应力下的磨损是一个常见的问题。可以采取几种方法使低应力下的磨损最小化。

（1）对于填充聚合物引起的磨损，请清除磨料。避免使用玻璃增强材料，特别是当这些玻璃填充聚合物与软金属合金或其他复合聚合物接触时。

（2）确定无法避免的磨料的硬度值，确保与磨料接触的表面更坚硬。

（3）实际应用中的高硬度表面材料有等离子沉积陶瓷、碳化物含量高的钢、阳极氧化铝、化学镀镍以及电镀镍和镀铬。

（4）减少接触压力。将控制连接表面之间的配合压力，并且在不超过摩擦要求的情况下使接触面积最大化。

为了减少金属对金属的磨损应做好以下工作。

（1）根据制造商的指示进行润滑。

（2）不要过度润滑，因为多余的润滑剂会滴落、流失或喷洒。

（3）需要润滑的部件，在没有润滑时不要运转。

（4）如果润滑剂被禁止使用或与产品或工艺不兼容，应考虑以下选项：

① 替换成已知与产品或工艺兼容的润滑剂（例如，在磁盘驱动器行业中，使用类似于磁盘上使用的润滑剂）；

② 如果必须更换润滑剂，请咨询设备供应商，如果可能对设备的可靠性造成影响，请安排测试；

③ 使用涂层修改部件，使其可以无润滑运行；

④ 使用自润滑塑料。

（5）谨慎选择润滑剂。禁止在洁净室使用固体润滑剂，如特氟隆粉、石墨或二硫化钼。

（6）转动的表面应保持清洁。

（7）硬-软金属连接会比硬-硬连接产生更多的磨损。

（8）硬度大于60HRC的金属是最好的。

（9）避免软-软金属组合：

① 避免高铜合金，但铍铜合金是例外；

② 避免没有硬涂层的铝合金；

③ 除了镍和铬之外，避免使用纯金属。

在遇到高压缩载荷时，表面疲劳可能是一个问题。这些可能导致钢的腐蚀和表面处理的剥落。

（1）使用高表面硬度和高抗压强度的材料。

（2）避免薄的硬化表面，因为它们会剥落。

对于非金属滑动磨损的情况，应遵守以下注意事项。

（1）避免滑动接触。

（2）在可行的情况下使用自润滑塑料，仔细检查材料兼容性。

（3）避免自结合塑料，多数自结合塑料在互相摩擦时会发生聚合。在本节中，自结合塑料磨损是指两个磨损构件（含相同的聚合物）每次接触时发生聚合磨损的现象。

（4）保持塑料在其压力-速度和温度范围内。

（5）避免陶瓷的自结合（如阳极氧化铝对）。

1. 金属和合金

工具中最常见的金属是钢和铝合金，材料的选择取决于预期的应用。建议使用以下指导原则。

（1）对于不易磨损和擦伤的物品（如工具底板），请使用经过表面处理的铝或钢。这里，可用石材（如花岗岩）代替金属，特别是在需要振动控制的时候。

（2）对于存储柜和外壳，涂漆钢或阳极氧化铝一般是可行的。

（3）导电表面需要进行静电防护时，只有不锈钢可能符合要求。在某些情况下，通过添加切割成适合各个架子的接地垫，可以继续使用不是由耗散材料制成的机柜。另一种选择是只有产品在防静电屏蔽容器中时才放在不安全的绝缘表面上。

（4）不锈钢这个词具有误导性。不锈钢合金会腐蚀，只是比非不锈钢合金的腐蚀速度要低得多。

(5) 易于磨损或擦伤的部件必须是不锈钢或工具钢制成。避免在铝上使用硬阳极氧化，因为阳极氧化涂层很脆。另一种选择是使用青铜或铍铜合金，虽然这些铜合金往往更昂贵。

(6) 检查活性金属的耐化学性。活性金属包括锌、铝、镁、铜及其合金。涂层有时可以保护活性金属。然而，涂层可能不连续，留下针孔，或可能不会到达盲孔的底部。与水处理液接触的活性金属应该避免化学镀镍。

(7) 针孔、由于紧固而产生的裂纹以及后续加工中产生的孔洞都会导致电化学腐蚀。当在铝或钢上进行化学镀镍时，最常见的腐蚀的例子就是这种情况。

表6.2 所列为一些合金的磨损特性数据。表6.3 所列为模具应用钢的选择提供了一些指导方向。不锈钢是铁与铬和镍（300系列合金）或仅镍（400系列合金）的合金。大多数工具表面将由300系列钢制成。在某些应用中，400系列不锈钢是首选。表6.4 中列出了一些常见不锈钢的相对成形性、可焊性、可加工性、淬透性和加工成本。

表6.2 金属本身的磨损率[1]

合 金	条 件	洛氏硬度	质量损失/(mg/1000次循环)
镀铬板	0.002in以上不锈钢	39HRC	1.66
301	退火	B 90HRB	5.47
316	退火	B 91HRB	12.5
304	退火	B 99HRB	12.77
303	冷拉	B 98HRB	386.1

[1] 测试条件：Taber Met 耐磨性测定仪，12.7mm交叉圆柱体，90°，71N（16lb）载荷，105r/min，120目磨粒表面处理，10000次循环。

表6.3 所选工具钢及其性能级别[1]

工具钢	合金	硬化深度	耐热软化	耐磨损性	韧性	金属对金属的耐磨性	成本因素	推荐硬度/HRC	备 注
冷加工	O1	5	3	4	5	7	3	58~60	良好的机械加工性
	A2	8	7	4	2	3	4	60~62	
	D2	9	8	8	1	6	5	60~62	低变形
硬质合金		10	10	10	1	10	10	>10	用于极端环境
热加工	H13	9	9	3	8	6	4	48~50	良好的抗冲击性
抗冲击性	4140	7	4	2	9	1	1	30~32	优良的韧性，轻型部分
	4340	9	4	2	10	1	1	30~32	优良的韧性，重型部分
	S1	5	5	1	10	7	3	44~47	

续表

工具钢	合金	硬化深度	耐热软化	耐磨损性	韧性	金属对金属的耐磨性	成本因素	推荐硬度/HRC	备注
高速不锈钢	M2	9	9	9	1	8	7	62~64	
	420	8	6	3	3	4	6	50~52	
	440	9	3	8	1	4	6	58~60	用于耐腐蚀磨损零件

① 第10等级是最好的；从成本角度来说，第10等级较高。

资料来源：K. Budinski，工程材料，2版，Reston Publishing：Reston，VA，1983，p.243。

表6.4 应用于工具的不锈钢的相对性能级别[①]

合金	成形性	可焊性	机械加工性	淬透性	加工成本
303	4	1	8	n.r.[②]	8
304	8	8	4	n.r.	6
410	6	2	6	10	6
416	1	1	8	10	8
430	6	6	6	n.r.	8
440C	n.r.	n.r.	4	10	6

① 第10级是最好的。
② n.r. 表示不推荐。

铝合金通常具有较差的耐磨性和耐腐蚀性，主要用于轻质结构部件。因此，铝合金通常与一些表面处理方法配合使用，如电泳涂层、化学镀镍或阳极氧化表面处理。铝材经过电解抛光或光亮浸渍，再进行轻度氧化后，已经用于一些轻载的滑动磨损应用中，并取得了一些成功，表6.5中列出了铝合金在工具应用中的一些相对特性：抗应力、机械加工性、钎焊能力、冷加工性、强度、可焊性和典型的表面处理性能。

表6.5 应用于工具的铝合金的相对性能级别[①]

合金硬度	抗应力	冷加工性	机械加工性	钎焊能力	可焊性			强度
					气焊	弧焊	电焊	
1100, H4	10	10	4	10	10	10	10	4
2024, T4	6	6	8	4	6	8	8	10
6061, 0	10	10	4	10	10	10	10	2
6061, T4	8	8	4	10	10	10	10	6
6061, T6	10	6	6	10	10	10	10	8

① 第10级是最好的。

2. 润滑剂

在选择润滑剂时必须特别小心。通常使用润滑剂来防止工具部件的毁坏性磨损。建议参考以下原则。

（1）切勿使用干粉润滑剂。

（2）避免使用石墨、二硫化钼和含有这些物质的润滑剂。

（3）如果要对设备进行润滑，切勿尝试在干燥条件下运行设备，这将有助于避免加速磨损。

① 遵循制造商的建议进行润滑。

② 检查润滑剂是否与产品和工艺兼容。

（4）如果建议的润滑剂不可接受，请尝试替换为该产品或工艺中使用的其他润滑剂（如磁盘润滑剂）或已知的兼容润滑剂。

注意：全氟聚醚或其他全氟化润滑脂与润滑剂在化学上没有区别，在分析摩擦失效时会出现问题。

（5）需要润滑的机械装置通常需要用排气部件来排出雾化的润滑剂或从润滑剂中溢出的蒸气。

6.5.3 塑料指南

塑料（也称聚合物）用途广泛，种类众多。塑料的多功能性使塑料对许多工具应用都具有吸引力。但是，塑料种类不仅众多，而且可能会用不同的名称来描述，包括商品名称、化学名称、缩写和通用名称，这会导致相当多的名称混淆。例如，有机玻璃、聚（甲基丙烯酸甲酯）、丙烯酸塑料等名称，都是透明塑料的名称。除了由一种单体（如PMMA）制成的相对纯的聚合物之外，几种不同的单体可以结合在一起。聚合物可以混合在一起，并且添加不同的填料和添加剂时，可以产生全新的物理性能。

在各种塑料中进行选择时，重要的是要考虑每种塑料所呈现的广泛特性：

（1）物理特性（如透明度、耐火性）；

（2）力学性能（如强度、抗蠕变性）；

（3）化学性质（如溶剂兼容性）；

（4）电磁特性（如电导率或电磁干扰屏蔽）；

（5）加工性（如易于加工、成形）。

一个通用类别中所有命名塑料的一般属性不是完全相同的。这是事实，因为等级的不同，以及在制造、配方等方面的差异，同一个类别的塑料表现出广泛的性能。在某些特定性能是关键性能的情况下，认为塑料加工方式的不同不改变其性能是不明智的。例如，成形加工错误会降低塑料的分子量，导致塑料过度出气，加工过程中的错误；使用电离辐射使氟聚合物容易磨碎，会导致产生离子污染。

从污染的角度来看，选择塑料有一些基本的指导原则。应用中要达到预期目的，塑料应具有良好的化学稳定性。塑料不应被清洁用化学品（如酒精或洗涤剂）腐蚀，并且不应形成裂纹或形成白色薄片（称为粉化）。为确保不会发生这种情况，应将塑料样品暴露在工作场所的化学品中以确定其稳定性。

塑料不应该脱落或具有不良的磨损特性。通常可以通过适当的材料选择和初始清洁来控制从起始物料发生的脱落。多孔、发泡和高度纹理的表面会捕集污垢，难以清洁，这些表面不得用于工具的暴露表面。在使用中，磨损可能成为一个问题。为了控制磨损，必须考虑几个因素。在磨损应用中使用塑料时，必须将其保持在压力×速度限制的范围内，应避免自结合磨损配对（自结合是指两个由相同材料制成的表面的磨损配对）。

应考虑塑料的排气特性。柔性聚氯乙烯（PVC）通过加入增塑剂如邻苯二甲酸二辛酯制成。许多作为静电耗散剂销售的聚合物是通过掺入抗静电剂（如有机胺）制成的，一些聚合物如硅橡胶，是排气材料，对许多产品和工艺是不利的。

表 6.6 中列出了一些常见的塑料的缩写、常见应用、优缺点，以及一些常见的商品名称和供应商。

表 6.6 塑料及其应用、优点和缺点以及通用商品名称

中文名称	常见应用	优点和缺点	商品名称和供应商
乙缩醛	精密成形零件 机加工零件	良好的工程性能	迭尔林, Du Pont
丙烯酸酯（PMMA）	透明保护屏	良好的工程性能 一般到中等的耐化学性 耐磨性差 耐冲击性差	丙烯酸树脂（常用名称）， Plexiglas, Rohm & Haas Lucite Du Pont
丙烯腈-丁二烯-苯乙烯（ABS）		良好的工程性能 一般到中等的耐化学性 耐磨性差	Cycolac, Borg-Wamer Lustran
环氧树脂	真空成形或注塑成形零件 黏合剂涂料 模制产品 层压产品	出色的抗冲击性 优异的黏合性能 可变的耐化学性 优秀的电气性能	—
氟塑料	涂层 晶圆和磁盘容器 过滤介质 管螺纹胶带管件 电绝缘层	最高的耐化学性 抗蠕变性差 一般耐磨性差 强度低	特氟龙, Du Pont Halon, Allied

续表

中文名称	常见应用	优点和缺点	商品名称和供应商
聚酰胺	纤维 模制和机加工零件	吸湿性高 良好至优异的耐磨性 可变的耐化学性 良好至优异的工程性能	尼龙（常用名）， Capron, Allied Zytel, Du Pont Vydyne, Monsanto
聚酰胺-酰亚胺	高温部件	良好的工程性能 中等至良好的耐化学性 一般到中等的耐磨性 优良的热性能	Torlon, Amoco
聚碳酸酯	过滤器外壳 抗冲击屏 模制零件	透明 一般到中等的耐化学性 一般的耐磨性 良好的抗冲击性 优秀的机械加工性	莱克桑，通用电气， Merlon, Mobay
高密度聚乙烯 （HDPE）	管件 真空成形托盘 注塑件	优秀的机械加工性，但强度低难以注塑成形 优异的耐化学性 优异的耐磨性	Bapolene, Bamberger, 许多其他供应商
高密度， 超高分子量聚乙烯 （UHMWPE）	易于受到极端磨损的零件 物料搬运设备	优异的耐化学性 优异的耐磨性 可机械加工 极难注塑成形	American Hoechst Hercules
低密度和中等密度聚乙烯 （LDPE 和 MDPE）	管件 包装膜 涂层	薄膜的透明度 可热黏合 良好至优异的耐化学性 中等到良好的耐磨性	Bapolene, Bamberger Tenite, Eastman Chemical 等其他品牌
聚对苯二甲酸乙二醇酯（PET）和乙二醇酸改性聚酯（PETG）	真空成形 透明托盘和盖板	透明度好 一般至中等耐化学性 一般耐磨性	Kodar, Eastman Chemical
聚酰亚胺	薄膜和涂层 柔性带状连接器 高温磨损应用	优良的热性能 良好的电气性能 中等至良好的耐化学性	—
聚苯醚（PPO）	家具部件 电器外壳 注塑件	可变的耐化学性 一般的耐磨性 优异的耐冲击性	Polyfort, Schulman
聚苯硫醚（PPS）	家具部件 潜水泵 电器外壳 涂层	优异的耐化学性 良好的工程性能 一般至中等耐磨性	飞利浦
聚苯乙烯（PS）	包装材料 薄膜 模制零件	耐磨性差 较差至一般的耐化学性 成本低	多供应商

续表

中文名称	常见应用	优点和缺点	商品名称和供应商
聚氨酯（PU）	涂层 管件 保护性波纹管	优异的耐化学性 可变耐化学性 半透明 静电耗散	多供应商
聚氯乙烯（PVC)	管件	透明	乙烯基（常用名称）
柔性	电线绝缘层 装饰盖 装饰层压板	高排气性，不得使用	Geon, B. F. Goodrich Polyvin, Schulman
刚性	管道 储罐 耐化学性的工作台	良好的成形性 良好的机械加工性 耐冲击性 耐溶剂性差 透明	乙烯基（常用名称）， Geon, B. F. Goodrich
有机硅	管件 密封和填缝剂	优异的热性能 良好至优异的化学性能 高排气性；彻底测试	通用电气， Dow

1. 塑料复合材料

塑料的物理性能可以通过添加多种类型的填料来改变。当母体聚合物中添加了特别的填料而性质改变时，通常称为复合聚合物。一些填料是为了提高强度而添加的，另一些是为了提高耐久性，还有一些是为了提高加工性。

塑料的填料包括玻璃、金属、碳粉末和纤维、遮光剂和增白剂，以及其他塑料，如硅酮和含氟聚合物。可以改变的属性如下：

（1）力学性能（强度、韧性、耐冲击性）；

（2）电磁性能（电导率、EMI）；

（3）美学（颜色、纹理）；

（4）稳定性（成形收缩率、紫外线稳定性）。

添加剂会影响所得复合塑料的污染性能，其中最易受影响的重要特性之一是耐化学性。复合塑料的性能通常与未填充的母体聚合物一样好或比其更好，因为在化学特性上填料可以比母体聚合物更惰性。应联系复合塑料配方设计师确定复合材料的耐化学性。化学兼容性测试相对容易执行，应该用来验证复合材料的化学适用性。

复合材料对钢表面的磨损因素可能与母体聚合物的磨损因素有很大的不同。事实上，添加填料的主要原因之一是改善塑料的磨损特性。表6.7中列出了添加聚四氟乙烯（PTFE，通常称为特氟隆）、硅油、玻璃纤维、碳纤维对母体聚合物的磨损率影响的几个例子。

表 6.7 典型的未填充塑料和复合塑料的成分和磨损因子

母体聚合物	PTFE/%	硅油/%	玻璃纤维/%	碳纤维/%	磨损因子[①]
ABS	0	0	0	0	3500
ABS	15	0	0	0	300
ABS	0	2	0	0	80
ABS	15	0	30	0	75
缩醛	0	0	0	0	65
缩醛	15	0	0	0	20
缩醛	18	2	0	0	8
缩醛	0	0	30	0	245
尼龙 6/12	0	0	0	0	190
尼龙 6/12	0	2	0	0	48
尼龙 6/12	18	2	0	0	85
尼龙 6/12	0	0	30	0	85
聚碳酸酯	0	0	0	0	2500
聚碳酸酯	15	0	0	0	75
聚碳酸酯	13	2	0	0	40
聚碳酸酯	0	0	0	30	85
聚醚酰亚胺	0	0	0	0	4000
聚醚酰亚胺	0	0	30	0	130
聚醚酰亚胺	15	0	30	0	35
聚苯乙烯	0	0	0	0	3000
聚苯乙烯	15	0	0	0	175

① 使用止推垫圈测试装置测得，对碳钢表面，$12 \sim 16 \mu in$ 面饰，$18 \sim 22 HRC$。磨损率单位为 $10^{-10} in^3 \cdot min/(ft \cdot lb/h)$。

从工具设计的角度来看，金属配合表面的表面光洁度是重要的，因为它可以影响塑料的磨损率。图 6.15 和图 6.16 所示分别说明了金属硬度和表面粗糙度对添加 PTFE 润滑聚合物磨损率的影响。

2. 用于静电放电防护的聚合物

洁净室表面上的静电荷可能会造成严重的问题，包括表面污染率增加，微处理器运行中断以及静电放电（ESD）造成的损坏。在某些情况下，电磁干扰（EMI）也会影响微处理器的性能。塑料可以制作成良好的绝缘体、静电耗散材料或导电材料。大多数聚合物是绝缘的。一些聚合物是静电耗散的。

然而，在大多数情况下，静电耗散型和导电型塑料是通过向绝缘塑料中加入填料而制成的。

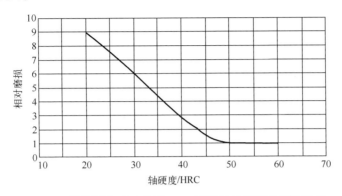

图 6.15　轴的硬度对于采用 PTFE 润滑轴承材料的磨损影响

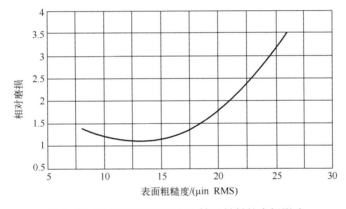

图 6.16　轴面饰对 PTFE 润滑轴承材料的磨损影响

　　许多方法都可用来获得静电耗散塑料，这种塑料壳用于需要静电放电防护的大多数领域。如果不要求透明，建议使用聚丙烯腈（PAN）碳纤维填充聚合物。聚丙烯腈碳纤维不像粉末碳填料那么容易脱落，因此更适合在洁净室使用。相反地，有机胺改性的聚合物是不理想的，因为这种具有静电耗散性能的添加剂将会发生排气效应，并且常常在水基清洁工艺中耗尽。对于要求透明度的应用，聚氨酯塑料是一个有吸引力的替代品。聚氨酯不需要使用添加剂即可消除静电。此外，聚氨酯有柔性形式，使其适用于帘幕的应用，但不适用于安全罩等刚性应用。对于要求透明性和静电耗散性能的安全外壳，已经开发了特殊的涂层。这些涂层适用于刚性聚氯乙烯（PVC）、聚甲基丙烯酸甲酯（PMMA）、聚碳酸酯（PC）。这些材料首先可以作为不同厚度的片材供货，可以加工，化学焊接；然后在现场进行处理，以确保在机加工接头处保留静电放电防护性能。

对于电磁干扰,可用材料的范围更加有限。为了防止电磁干扰的影响,塑料必须导电,而不是简单的静电耗散。这种较低的体积或表面电阻率,要求使用厚的金属薄膜、金属粉末、纤维或金属涂敷的碳纤维。一般来说,当体积电阻率小于 $10^2\Omega\cdot cm$ 时,具有电磁屏蔽效能。表 6.8 列出了塑料的一些电性能。

表 6.8 塑料的一些电性能

电气类别	表面电阻率/(Ω/sq)	体积电阻率/($\Omega\cdot cm$)	应用
绝缘	$>10^{12}$	$>10^{11}$	不导电的表面
静电耗散	10^6(不包括 10^6)~10^{12}(不包括 10^{12})	10^5(不包括 10^5)~10^{11}(不包括 10^{11})	逐渐流失电荷的表面
导电性	$<10^6$	$<10^5$	静电屏蔽材料
EMI/RFI 屏蔽	$<10^3$	$<10^2$	EMI/RFI 屏蔽材料

6.6 表面处理

表面处理的类别有许多,一些表面处理中,可将材料添加到原先不可接受的表面。另一些表面处理中,可通过去除材料来增强几乎可接受的表面材料性能。在某些情况下,这种去除是有选择性的。表面涂层包括涂敷油漆、阳极氧化和相关化学转化膜涂层、钝化、电解抛光、电镀和化学镀层。大多数(如果不是全部的话)材料表面的改性方法需要使用化学物质,如果处理不当的话可能引入其他污染问题。

需要表面处理的典型表面包括普通钢,必须进行处理以防止生锈。不锈钢可能需要钝化或电解抛光,具体取决于钢材的等级、制造工艺及其预期用途。例如,焊接可以改变耐腐蚀不锈钢的耐腐蚀性。有必要在焊接后反复对不锈钢进行钝化,以防止其被污染。铝通常需要表面处理以产生耐化学性和耐磨性。

表面处理的要求与体状材料的要求相同,这里简要介绍一些重点:

(1)表面处理不得释放有害蒸气;

(2)必须通过设计将磨损和部件损坏降至最低;

(3)表面处理必须与清洗液和工艺相兼容;

(4)表面处理层必须不能脱落;

(5)孔隙度应尽可能小;

(6)表面必须光滑,并具有较大的圆角和半径,且避免纹理表面。

6.6.1 涂敷油漆

油漆可以为低成本材料（如用于橱柜的高碳钢）提供低成本的表面处理。在没有涂层的情况下使用时，钢铁会生锈并迅速产生污染。涂漆后，只要正确控制涂漆过程，表面将变成耐腐蚀的，并且易于清洁。涂漆过程中最重要的考虑是合适的表面，以确保良好的附着力。表面必须没有机械加工和切削的油、锈蚀、水垢以及过度氧化。所用的油漆必须考虑到有暴露于飞溅物或被化学品擦拭掉的可能性。一般来说，油漆不适合浸泡应用，但通常可以接受与化学品偶然接触。典型油漆的性能比较如表6.9所列。

表6.9 典型涂料的性能比较

涂 料 类 型	磨损量[①]/mg	耐冲击性/(in·lb)[②]
弹性体聚氨酯		
无颜料，光泽	0~8	100~160
无颜料，平坦	0~22	90~160
有颜料的	0~33	80~160
胺环氧漆	40~60	50~120
聚酯型聚氨酯磁漆	50~70	30~80
聚酰胺环氧磁漆	90~150	30~50

① 使用Taber耐磨性测定仪，CS-17砂轮经过1000次循环获得的数据。
② 1in·lb=0.122903N·m。

环氧树脂是工业涂料中最常见的。它们可以作为环氧漆和环氧聚氨酯。这两类环氧涂料具有各自理想的应用。

环氧磁漆通常具有良好的耐化学性和耐溶剂性。它们也具有良好的耐磨性和良好的附着力。它们的抗碎裂性相当不错。氨基甲酸乙酯磁漆具有可变的耐化学性。它们具有优异的耐磨性和优异的附着力。聚氨酯涂料有两种形式。固化成坚硬脆性涂层的聚氨酯通常是搪瓷，抗碎裂性和耐磨性介于环氧漆和弹性聚氨酯之间。通常，上述的聚氨酯涂料是耐化学腐蚀性最强的涂料。而能够固化成弹性体涂层的聚氨酯具有中等耐化学性，其耐化学性在环氧磁漆和聚氨酯磁漆之间，但是具有最好的防碎屑性和耐磨性。油漆选择指南如下：

（1）环氧磁漆应用于不受磨损、撞击或反复接触化学品的表面；

（2）氨基甲酸酯磁漆应用于不经常磨损或碰撞，但经常暴露在化学品中的表面；

（3）易磨损和受到撞击的表面应涂上弹性聚氨酯；

（4）应根据预期用途检查耐化学性。

涂料在应用中有多种工艺。除了熟悉的刷涂、喷涂和浸涂方法之外，涂料可以进行粉末涂层或电泳涂层工艺（类似于电镀金属的工艺）。粉末涂料通常作为无溶剂操作来进行。干涂料颗粒被静电充电，而涂漆的部分被充上相反极性的电荷。通过静电相互吸引，油漆黏附到零件的表面，得到厚度相对均匀的油漆层。涂层后，油漆在高温下熔化。这通常会得到无孔的表面，但表面下的油漆会出现孔隙，粉末涂装后进行机械加工可能导致多孔涂料的暴露。

电泳涂漆比粉末涂料更接近于金属电镀。在电泳涂漆中，油漆小液滴分散在导电水溶液中。油漆液滴被充电到一个极性，并且被涂敷的部件充电到相反的极性。涂料在表面积累相对均匀的厚度。由于涂料是以液体形式涂敷的，液滴会凝聚在零件的表面，产生相对均匀的无孔表面。

6.6.2 阳极氧化和相关处理

铝具有很多优良的特性，包括质量轻和易加工性，但不具有耐磨性和耐化学性，阳极氧化和相关的表面处理可以改善铝的耐磨性和耐化学性。

（1）阳极氧化是金属表面到金属氧化物的电化学转换。

（2）随着金属转换，部件的尺寸经常增加。

（3）尖锐的角落处氧化涂层很薄。

（4）出于抗碎裂性的考虑，外角应该是圆角的。

（5）半径与涂层厚度之比应该是 30∶1 左右。

（6）为了提高耐磨性，阳极氧化之前应先进行电解抛光。

铬酸盐转化膜涂层是常用于铝、锌或镁合金的化学转化膜涂层的另一种形式。然而，这些涂层非常薄，不提供耐磨性，但通常提供一些防腐蚀能力。它们的主要用途是在最终的表面完成之前作为表面处理，通常用于改善油漆附着力。不推荐使用铬酸盐表面作为最终的表面，它们可以用作底漆。需要注意的是，当施加在铸造合金上时，铬酸盐转化膜涂层可能会发生问题。铸造合金通常具有显著的孔隙率，在镀铬过程中，一些镀液中的化学物质可能会被留存在这种孔隙中，在后续的清洗过程中，很难去除孔隙中的残留物。

6.6.3 电镀、电抛光和其他处理

电镀是在导电部件的表面上沉积金属膜的过程。当将该部件浸入含有待沉积金属离子的溶液中并施加电流时，溶液中的离子在表面上形成金属膜，在这个过程中需要电流。电镀工艺会在拐角处形成超量的厚度，但在盲孔内电镀有困难。

在化学镀中,当被镀的部件浸入镀溶液时,金属膜沉积在表面,不需要施加外部电能。化学镀容易形成均匀厚度的膜。所以,薄膜厚度在角落和孔内往往是均匀的。与电镀一样,镀液与工件表面接触是很重要的,留存在角落和盲孔中的气泡可能导致涂层有空隙。

不锈钢也有一些特殊的表面处理方法:钝化和电镀。不锈钢的钝化是通过将零件浸入稀硝酸或柠檬酸来完成的。这种方法可溶解不锈钢表面的部分金属杂质。不锈钢是铁与铬或与铬和镍的合金。在钝化过程中,铁从零件表面消失,大部分铬和镍转化为氧化物。与未经处理的不锈钢合金相比,钝化提供了更强的耐腐蚀性。电解抛光与电镀本质上是相反的:不是向表面添加材料,而是去除材料。尽管电镀倾向于更快地向角部添加材料(表面粗糙度的峰值),但电解抛光倾向于更快速地去除角落处的材料,降低表面粗糙度的峰值,这会改善表面粗糙度。除了不锈钢之外的许多金属(包括铝)都可以被电抛光。

6.6.4 涂层注意事项

如果对涂层承受其预期用途的能力存在质疑,则应进行相关测试。铝或钢上的化学镀镍涂层通常很薄,可以使用无针孔涂层。针孔暴露于湿气、酒精或其他化学物质中会导致电化学反应,这种腐蚀通常称为电偶腐蚀。两种不同的金属接触后将发生类似于电池的反应,水或其他化学物质的存在可以加速这一反应。如果电镀后的零件进行组装,镀层表面可能会开裂,同样会造成电偶腐蚀。涂层几乎一直应用于涉及促进腐蚀的化学物质的过程中,涂布后残留在部件上的残留物可能会产生污染,正常的金属电镀程序应该详细说明如何中和以及冲洗化学品。

6.6.5 增效涂层

增效涂层最初被开发用于润滑和保护制造卫星上的移动部件。以石油化学品甚至全氟化合成润滑剂为基础的普通润滑剂不能承受强烈的真空(出气)、极端温度(通常在近地球轨道上的$-200℃$到几百摄氏度)以及辐射。干性润滑剂会迁移并污染脆弱的设备。

使增效涂层在空间应用中的卫星上发挥作用的特性,也使其在洁净室中工具应用中发挥良好作用。这些性能包括优异的耐腐蚀性和耐磨损性。对于暴露于恶劣环境下可能会损坏未受保护金属表面(润滑是不可以存在的)以及产生磨损碎片可能性较高的应用,应考虑采用增效涂层。可以举出几个增效涂层可能是理想型选择的例子。真空设备中移动部件的表面可能是最好的例子之一,尤其是在设备中的空气可能会腐蚀或污染工具存放和使用的地方。与产品重复接触的零件表面(如预加载装置和夹具),增效涂层是减少碎屑产生的最佳选择,目前已经针对铝、钢、不锈钢、铜和铜合金、镁、钛以及其他金属和合金开发了增效涂层。

6.6.6 涂层的相对耐磨性能

表6.10中总结了一些常见表面涂层的相对磨损特性。在这个测试中,一个440C不锈钢块与涂有各种材料的钢轴进行摩擦。440C不锈钢块的硬度为58HRC,具有16μin RMS表面粗糙度。各种涂料和块体的磨损都用体积损失表示。硬铬、闪光铬和增效涂层提供了通常工程材料中最佳的耐磨组合。

表6.10 各种涂层材料的磨损性能

涂层材料	涂层磨损/(cm³·min⁻¹)	块磨损/(cm³·min⁻¹)
440C (58HRC,参考)	1	3
银	1	1
硬铬	2	2
闪光铬	3	2
硬阳极氧化+聚四氟乙烯(增效)	4	5
硬阳极氧化	10	10
硬化的化学镀镍 (65HRC)	15	4
硬镍 (50HRC)	17	2
透明阳极氧化	20	19
软镍 (41HRC)	53	0
锡	79	0
镉	80	0
化学镀镍 (45HRC)	162	2
黑镍	578	0

6.6.7 表面质地和孔隙度

一些控制说明中有禁止使用多孔或纹理表面的规定。这种禁止粗糙度或纹理的规定对于工具设计者来说可能是不实际的。首先,表面粗糙度是一个相对术语,实现微观光滑和无孔表面的成本非常高,可能是不合理的;其次,如果没有测量合规性的方法,工具设计者无法知道什么样的表面粗糙度和孔隙度是可接受的；最后，常用的商业设备无法在被选表面上达到相应的要求。

这些指导方针为明确什么是可接受的表面粗糙度和孔隙度提供了一个实际的解决方案。

（1）与产品接触或可能脱落碎片的工具部件的表面粗糙度和纹理应该是最小的。

（2）不接触产品或靠近产品的外围设备（个人计算机和其他支持设备）有可能具有商业可用形式的表面粗糙度和质地。

（3）外围设备上可接受的表面粗糙度和质地指的是可以使用擦拭布和清洁液清洁的表面。

（4）清洁后需能满足白手套测试的。

（5）脱落、撕裂或者卡住湿润洁净室擦拭布的表面是不可使用的。

擦拭布的撕裂和脱落本身可能会形成一个误区。在某个案例中，一个工具的采购方试图据此提出某个表面是不可接受的，因为它在剧烈摩擦时把一张干燥的纸面巾纸撕成碎片。然而，与用清洁液润湿的洁净室擦拭纸相比，干燥的面巾纸更脆弱，更容易撕裂和脱落纸纤维。正因为如此，大多数公司不允许在洁净室中用纸制品进行干擦。

表面粗糙度建议如下：

（1）具有 64μin RMS 表面粗糙度的组件通常是可以接受的；

（2）在检查原型零件时，125μin RMS 面饰条件是可以接受的；

（3）要实现比 64μin RMS 更平滑的表面粗糙度可能很昂贵。

在一个相当有趣的表面面饰轶事中，工具设计人员询问是否可以将电解抛光的不锈钢面板上的表面面饰改变为无光泽面饰。当被问到要求这样做的原因时，工具设计师回答说这样做会更好地隐藏指纹。显然，这位设计师并不了解表面处理的基本目的。

6.7 组件的选择和评估

电动机、气缸、皮带传动装置和类似的组件都属于部件。暴露于洁净室的部件必须符合化学稳定性、材料和表面粗糙度的要求。一般来说，应遵循以下指导原则：

（1）组件中的尘埃颗粒浓度必须符合工具要求；

（2）部件材料必须符合化学蒸气的生产要求；

（3）与产品表面接触的材料必须是静电放电安全的，并且至少与产品一样干净。

无使用经验的部件应作为单独的项目进行污染评估。

6.7.1 气动装置

气动装置在洁净室自动化中很常见。气动装置通常依靠压缩干燥空气（CDA）系统设施实现。大多数制造工程师认为 CDA 是清洁干燥的空气。多数污染工程师都会了解被压缩的空气已被污染。不要假设设备中的 CDA 是干净的，通常并不干净。气动缸上典型的污染物产生点包括来自轴密封件和雾化润滑剂的磨损残余物，这是确保气缸可靠运行所必需的，这会增加 CDA 中从气动装置泄漏的污染物。通过观察，气动装置最初可能经过测试并且干净程度是可以被接受的，但是它们的污染性能会逐渐恶化，除非该装置是专门为洁净室使用而设计的。

控制可能来自气动装置污染的指导原则如下。

（1）尽量选择专门为洁净室环境设计的气动装置。

（2）当气动装置需要润滑时，切勿使其干燥运行。无润滑将导致气动装置的过早失效。

（3）制造商指定的润滑剂可能被认为不适合客户的应用。当发生这种情况时，最可能的原因是排气性能不合格或在预期的环境中易降解，通常是因为在客户使用的工艺过程中遭受化学蒸气的侵蚀所致，需要询问客户可接受的润滑剂特性。在许多行业中，润滑剂问题的经历已经导致客户选择具有可接受的替代品。

（4）如果气动设备需要进行洁净室的改造，则最好使用真空外壳。

（5）可以使用自行抽空的气动装置。

（6）可用定制的波纹管控制污染物。但是，使用波纹管有一些缺点。其中包括安装支架，再加上波纹管的折叠空间消耗线性冲程，其复杂的形状使其难以清洁，并且需要排气管。所有这些增加了气缸的机械复杂性。

6.7.2 直线运动导轨

使用线性驱动器和直线运动导轨时，有必要在使用它们之前对元件进行合格测试。已经有两种设计取得了一定的成功，包括直线轴承-轴系统以及在 V 形轴或槽中行进的 V 形槽轮。

6.7.3 电动机

电动机通常是污染的发生源。污染来自于电馈通孔周围，也出现在轴开口周围以及外壳中的接缝处。与气缸一样，电动机最初可能看起来是干净的，但会周期性地产生不可接受的污染浓度。图 6.17 所示为一个例子，我们可以发现电机产生的周期性污染超过 FED-STD-209 100 级（ISO 5 级）或 1000 级（ISO 6 级）要求，持续数小时，但是在其他时间区间，电动机的运行优于 10 级（ISO 4 级）要求。

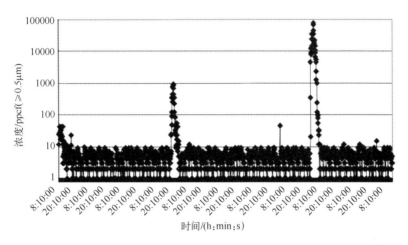

图 6.17　步进电动机产生粒子的突发模式

（图中：1ppcf = 1lb/ft³ = 16.02kg/m³）

使用光学粒子计数器仔细扫描电机，同时用过滤的空气对电动机本体加压。发现污染物从电机本体的轴开口处泄漏，并且通过垫圈从电线周围泄漏。虽然这两个污染源很平常，但是也发现污染物从外壳的编码器和电动机部分之间非常紧密的接缝处泄漏。图 6.18 中说明了用于电动机污染控制的解决方案，使其可以持续用于洁净度 10 级的应用。

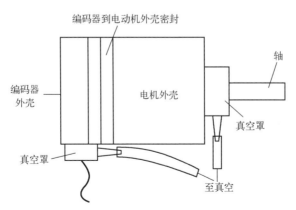

图 6.18　步进电动机的污染控制解决方案

6.7.4 工艺管道和使用点过滤

设计工具应包括工艺流体的使用点过滤。原因是在洁净室设施中提供的公用设施很少能够在设施的整个使用期间保持整个分配系统中所需的清洁程度。由于往往需要在较旧的设施中安装新的工具，为现有过程流体分配系统的可能退化做好规划，所以在工具内设计必要的过滤器是一个很好的预防措施。此外，在安装处理工具后，工艺流体分配污染的完整性可能变差。因此，工具内的工艺流体过滤器，为设施的工艺流体分配系统中可能发生的干扰提供了有价值的备份。

在管道和过滤系统的设计中，必须考虑以下几点：
（1）与工艺流体的化学兼容性；
（2）输送压力和流速；
（3）要清除的污染数量和种类。

可以使用这些因素来选择流体输送系统的构造材料，包括尺寸、材料选择、阀门和过滤器。此外，对于关键过程，此规划应包括工艺流体监测传感器的类型、本地和远程警报等。

过滤器需要定期更换，在概念设计阶段必须考虑到这种维护的必要性，以便可以方便地放置过滤器。当工具包含液体和气体时，这些工具通常位于独立的隔间中。液体需要二次围闭，并且通常会排出化学物质。废气通常需要化学排气通风装置。在使用有毒或易燃化学品的地方，除了隔室密封之外，泄漏检测也是一个重要的安全考虑因素。

文件应清楚地指出过滤器的位置，由于过滤器滤芯从未作为初始工具设置的一部分进行安装，所以很多时候经常发现在工作区中的工具没有配套安装过滤器。

6.7.5 现场监测设备

图6.17所示为电动机产生颗粒的爆发模式，说明了一般加工时需要考虑的重要因素。工具产生的污染在长时间看来是可以接受的，只是会产生不可预测的大量污染。现场（范围内）监测设备可用于处理这种随机的污染，监测设备适用于所有可能为工具指定的污染类型，而且在工具的安装计划中应考虑现场监测设备。

可以监测的部分清单包括以下内容：
（1）空气和/或液体颗粒的颗粒计数；
（2）流体中的有机污染和离子污染；

(3) 在真空室、真空箱中的粒子；
(4) 气相中的有机和无机污染物；
(5) 振动水平；
(6) 压缩空气或真空排气系统中的压力；
(7) 静电荷水平，包括空气电离系统的警报性能。

图 6.19 所示为监测这些监测对象中的几个设备可以如何组合在一个假定的工具上的方法。第 7 章将详细介绍连续监测的问题。

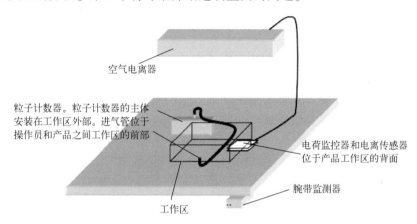

图 6.19 单个工作区的典型连续监测系统

工艺设备的原位监测有几个优点，如可以实时监测工具的静电放电或污染状态。敏感产品可以放在保护性包装或外壳中，直到污染或静电放电条件得到控制。在许多半导体工艺中，原位监测已经取代了记录板作为工具鉴定标准。此外，原位连续监测器已被用于优化工艺周期[3]。

6.7.6 手动工具

手动工具的注意事项与自动化的末端执行器相似。选择的材料必须是耐磨的并且与清洁化学品和工艺兼容。旨在提高附着力的表面处理（如滚花或深沟表面）可能会带来污染，难以保持清洁。该工具的手柄有一个额外的注意事项。手柄的材料和表面处理必须与操作员的手套和手型相匹配。在防静电工作场所的使用工具，导电或静电耗散材料优于绝缘表面。通常，塑料手柄的工具可使用局部抗静电剂进行处理或用导电胶带包裹。在需要同时考虑污染与静电放电问题的情况下，这些处理可能会带来比它们所消除的静电放电问题更大的污染问题。

手动工具上的陶瓷或陶瓷涂层尖端是值得考虑的。碳化钨和碳化钛具有优异的耐磨性。许多陶瓷合金也具有静电耗散的特性，这是静电放电应用中的重要考虑因素。在许多静电放电应用中，静电耗散镊子所提供的较慢放电比导电镊子提供的快速放电更为有利，可以防止静电放电敏感元件的损坏。

最好选择包装底部和输送机之间没有摩擦的输送机，几种不同的设计可以实现这一点。

（1）输送机的运输机构连续运动时，包装可能会在累积点被提起。这需要额外的机械装置，因此引入了机械复杂性。

（2）一些输送机在累积点停止输送系统。这需要传感器来检测包装的存在。

（3）在输送机的输送系统继续移动的情况下，一些输送机使用滚筒使其停在包装箱底部。

这些设计有两个非常显著的优点。当包装停止移动时，因为它不与运输机构的运动部分接触，或者运输系统也停止运行，从而包装与运输机构不发生磨损。这减少了来自输送系统和包装材料的污染。此外，由于摩擦动作停止，减少或消除了摩擦起电。运输系统中与皮带接触的皮带或辊子的材料选择是重要的。幸运的是，在另一种情况下，现代材料可以使材料选择与污染和静电放电要求兼容。碳纤维填充塑料辊或聚氨酯带既有良好的耐磨性，又能导电或静电耗散。

6.8 工具和工作区布局

在工具和工作区的设计和布局中，一个更重要的考虑因素是工具设计引起的气流影响空气流动，从而影响空气离子发生器的污染行为和性能。要了解气流在工具设计中的重要性，应该了解空气在洁净室中流动的方式。下文探讨了布局如何影响安装工具。气流设计对工具影响已在第 4 章中论述。

工具设计的所有部分都必须考虑以下影响或气流：①材料处理系统，包括取放机器人和精密搬运机器人；②零件存储位置；③产品夹具；④操作员移动。但是，随着微环境的使用变得日益重要，工具设计时也应额外考虑气流因素。

6.8.1 流量控制机箱、微环境和标准机器接口

流量控制机箱和微环境中的气流需要考虑一部分附加的重要因素，这些因素通常不在设施设计中。

（1）其中最重要的因素是保护率的概念。

（2）第二个考虑因素是诱导流动，类似于引起的旋转流动，称为滞留再

循环区域，这是在非单向流动的洁净室中发现的因素。图 6.20 所示为一个微环境内气流的例子。

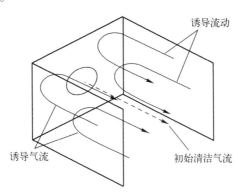

图 6.20 微环境内气流（初始清洁气流用虚线箭头表示，诱导气流用实线箭头表示。诱导气流可以产生滞留再循环区域，增加污染物的停留时间）

（3）第三个考虑因素是需要定期打开微环境，以便操作员进行干预或维修。

（4）由于文丘里效应，必须考虑空气进入微环境的影响。流过开口的空气产生压降。即使腔室相对于环境洁净室是正压，这种压降也可以使气流进入腔室。

保护率是指微环境内污染物浓度与环境外污染物浓度的比值：

$$C_{pr} = \frac{C_a}{C_m}$$

式中：C_{pr} 为污染物保护率；C_a 为环境洁净室中的污染物浓度；C_m 为微环境中的污染物浓度。

一般来说，污染保护率越高越好。颗粒污染物保护率大于 100 并不少见。但是，也有发现颗粒污染保护率低于 1 的情况。

案例研究：微环境

进行初步调查，以确定在何处以及如何监测微环境。这个半导体工厂是一个完全 SMIF 的设施，提供了几种关于何处和如何采样的可能性。我们的测量仪器包括一个静电荷现场测量的电位计，一台 Met one 227 光学粒子计数器（$0.1ft^3/min$，$0.3\mu m$ 分辨率）和一个 PMS μ0.1LPC 涡轮 110（$1.0ft^3/min$，$0.1\mu m$ 分辨率）。初步调查集中在清洁轨道光刻胶工具上。这些工具安装在洁净室内，天花板过滤器的覆盖范围可以达到 FED-STD-209 第 10000 级（ISO 7 级）的设计要求。房间里的着装纪律和自动化水平可以使房间像第 1000 级一样干净。因此，设计合理的完全 SMIF（晶圆隔离技术，又称标准机械接口）微环境预计可以在约 100 的污染保护率下运行，从而使光刻胶应用程序保持在的第 10 级至第 1 级性能。

这些工具包括用于晶圆输入和输出的 SMIF 分度器、光刻胶涂敷和显影工具、用于晶圆热调节的热板和冷板以及曝光工具。

掩模板放置在位于曝光工具外壳内的晶圆盒内,这个集成工具中的所有晶圆处理都是自动化的。

(1) 自动分度器臂用于打开 SMIF 盒,并从其中的晶圆托架上拾取和放置晶圆。

(2) 一个四轴机械手 (X、Y、Z 和 θ),用于处理由 SMIF 臂拾取并放置在热调节站上的晶片,进出光刻胶碗以及进出曝光工具。

(3) 自动更换光掩模板,也包含在 SMIF 吊舱内。

1) 静电电压水平

我们的主要兴趣在于测量不同状态下 SMIF 吊舱上的电压水平,包括储存状态、自动处理系统期间以及手动放置在分度器上时。

(1) 储存位置测得的吊舱外部电压水平一直低于 1000V,平均在 250V 左右。

(2) 在生产区域测量的吊舱(其中吊舱由自动导引车(AGV)操纵)平均电压水平为 2000V。

(3) 在手动加载区测量的吊舱电压水平持续超过 1000V,平均电压水平约为 5000V,并且甚至有高达 18000V 的读数。

我们将存储状态下吊舱的低电压归因于长时间的存储。自从这些吊舱经过处理以来,已经很长时间了。在生产过程中,自动化物料搬运系统操纵的吊舱上电压处于中间水平,这是由于 AGV 和自动堆料机的摩擦起电产生的。相反,手动操作会产生高静电电压。一般的洁净室环境配备了架空式空间离子发生器。直接在离子发生器装置下测得的放电时间与一般房间性能一致。即从 ±1000V 到小于 ±100V 的平均放电时间为 30~40s,浮动电位在 ±50~±100V 的范围内。

2) 光掩膜采样

图 6.21 所示为光刻胶应用中的工具布局。对尘埃粒子的 3 个主要区域进行采样:操作人员手动加载晶吊舱期间加载站的周围环境,标记为图 6.21 中的 A;内部分度器 1 和晶圆传送硬件自动化区域,标记为图 6.21 中的 B;将晶圆放置在冷热板上的拾取机器人旁边的区域,标记为图 6.21 中的 C。表 6.11 中总结了这 3 个位置在运行不同阶段的空气颗粒物数量。结果表明有 3 种不同的粒径:$0.1\mu m$、$0.3\mu m$ 和 $1.5\mu m$。在每个位置收集 10 个样品,以便可以确定颗粒计数的平均值和标准偏差。颗粒浓度等于或大于每立方英尺空气中规定尺寸的浓度。

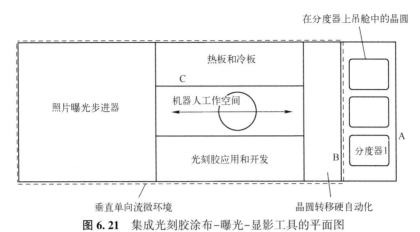

图 6.21 集成光刻胶涂布-曝光-显影工具的平面图
(虚线内工具的整个部分被封闭在一个垂直的单向流动微环境中)

表 6.11 第 1000 级洁净室微环境中集成光刻胶工具内部和周围的颗粒浓度

(单位：个/ft³)

位置	活动		粒径		
			0.1μm	0.3μm	0.5μm
A	闲置	平均值	33.7	14.2	5.0
		标准偏差	38.7	17.0	6.3
	操作员拾取和放置	平均值	64.7	26.9	13.1
		标准偏差	17.6	10.6	4.3
B	闲置	平均值	0.5	0.0	0.0
		标准偏差	0.7	0.0	0.0
	圆晶提升	平均值	0.0	0.0	0.0
		标准偏差	0.0	0.0	0.0
	圆晶转移	平均值	0.3	0.3	0.1
		标准偏差	0.8	0.8	0.1
C	闲置	平均值	7.3	0.0	0.0
		标准偏差	12.0	0.0	0.0
	机器人移动 1	平均值	9.6	8.0	6.6
		标准偏差	24	20.7	16.9
	机器人移动 2	平均值	247	103	45
		标准偏差	151	72	36
	机器人移动 3	平均值	978	338	192
		标准偏差	278	79	42

在晶圆装卸站中，没有任何活动的环境洁净室中，颗粒浓度都在第1000级要求范围内。装载和卸载晶圆吊舱的操作员移动仅略微使颗粒数量增加，其在1000级条件下仍保持良好。位置B处的采样显示了传输工具的仰角和平移运动。通过这种机制增加的颗粒与没有工具移动时的颗粒计数没有统计学差异。这些数据表明，微环境所提供的地点B的保护率远远大于1。

在地点C测量的颗粒浓度的情况各不相同，在闲置状态下，测量的颗粒非常少。但是，一旦机器人开始移动晶圆，粒子数量就会大大增加。通过连续3组的10个样本可以看出，随着机器人继续移动，机器人移动的颗粒数量继续上升。运行10min后，微环境内的浓度超过了洁净室环境的浓度。运行30min后，颗粒数仍在增加。注意：在这时，我们的主机已选择终止处理这个工具。我们在同一个制造商现场采样了另外两个相同的工具，结果相同。

安全罩通常可以作为流量控制罩。未提供高效空气过滤器、空气离子发生器或鼓风机的外壳的情况必须考虑以下几点：

（1）室内洁净度取决于洁净室供气、空气电离等；

（2）高效空气过滤器过滤的空气必须在外壳的天花板、墙壁和地板上提供开口。

微环境包括高效空气过滤器、鼓风机、空气离子发生器等组件。这些可以完全密封并使用加载-卸载功能进行访问。接下来讨论对微环境设计的考虑。

1. 维护通道

在许多工具中，需要操作员或维护人员进入，这时必须打开一个或多个门或面板。这可能暂时破坏工具内的清洁度。采取的一个策略是，在打开门或取下面板时增加供气风扇的流量，以在这些时刻提供额外的清洁空气。气流的增加可以通过使用出入口位置传感器或通过观察外壳内的压力来实现自动化。必须注意确保通过这种方法增加的空气速度不会增加外壳内的湍流或通过文丘里效应增加诱导污染进入腔室。

2. 文丘里效应

高速空气会产生局部负静压，这会导致空气泄漏到外壳中。如果外壳内的静压力足够大，则几乎不会产生空气感应。但是，如果外壳内的静压降低，由于文丘里效应，最终会有一些空气开始泄漏到外壳中。

6.8.2 洁净室工具的组装

有几个选择可用于成品工具的组装。第一种方法是在车间空气环境中组装工具，将其交付到现场，并尝试清理组装好的工具。这经常导致难以达到所需的工具清洁度。第二种选择应遵循下面的过程：

（1）零件和部件经过预先清洁和测量，以确保符合要求；

（2）清洗过的部件直接从清洗操作传送到临时便携式或软壁洁净室，用于最后组装工具；

（3）尽快清除装配过程中产生的污染物；

（4）装配完成后，在从洁净室中取出部件之前进行污染物检测；

（5）准备清洁包装，以便用于洁净室内的装运。

1. 部件和子部件的清洁

可以浸入的部件可以使用各种技术进行清洁。其中有一些清洁器在工具车间内很常见。这些包括蒸气脱脂设备，部件被浸入溶剂蒸气中。溶剂蒸气冷凝在部件的冷表面上，提取颗粒并溶解可溶性污染物。注意，蒸气脱脂对去除颗粒的效率相对较低，但在去除可溶性物质方面非常有效。一个缺点是，以前用于蒸气脱脂剂、卤代烃的许多化学物质可能不再使用，因为它们具有臭氧消耗和全球变暖的可能。替代品包括醇和氢氟醚。

喷雾清洗也是一种选择。与蒸气脱脂相比，它具有善于去除颗粒的优点。喷洒的液体通常被收集在集水池中，然后过滤和蒸馏，以便可以重复使用。最大的应用之一是水喷雾。这通常在部件或组件已经在含水洗涤剂溶液中浸没清洁之后进行。

超声波浸泡清洗也是一个非常普遍的选择。通常使用实验室大小的清洁器。含水洗涤剂溶液是最常用的。这可能会让许多人感到惊讶，但是浸泡和洗刷是非常有效的。所需要的只是一个合适的容器（如水槽、塑料桶、33gal①的塑料垃圾桶）、一些简单的工具（牙刷、管道清洁器、瓶刷）以及耐心等待。

清洗后，冲洗和干燥至关重要。如果允许在零件和部件水平上干燥，残留的污染物和清洁剂可能导致最终的工具不能通过污染测试。用自来水进行初步冲洗，然后用去离子水冲洗，以消除城市供水中水硬度化学物质的水渍。然后可以用压缩空气或氮气从部件上吹除过量的水分。随后可以在 50~60℃ 温度下慢速烘烤。对于小而不复杂的零件，烘烤时间可以短至 20min，对于印刷线路板和类似非常复杂的组件，烘烤时间可以长达 12h。请咨询接线板制造商或连接器制造商，以获取有关保护涂层、销钉润滑等方面的建议。

当然，有很多部件不应该被浸泡。这些部件可能会发生不可修复的损坏，或者通过浸入水或溶剂中而使寿命显著缩短。通常不能浸入润湿的部件包括轴承、电机、气缸、齿轮箱和光学编码器。这些部件都需要表面清洁，最好

---

① 1gal = 3.78L。

首先使用潮湿但不滴水的清洁擦拭布；然后使用离子化过滤空气吹干。烘箱或真空烘箱干燥可用于完成清洁过程。

部件清理完毕后，不得徒手处理。如果零件必须运输到最终装配位置，请向客户咨询有关使用何种类型的手套以及使用何种类型包装材料的建议。通过直接或间接检查验证表面清洁度。直接表面检测适用于光学表面和表面光洁平整的其他表面。技术包括使用倾斜照明或紫外照明的低倍率双目显微镜，对于不适合直接检查的复杂表面，可能需要间接检查。例如，盲孔多的部件难以用显微镜进行检查。间接检查包括两个步骤：①去除污染物（提取）；②测量。

提取方法包括透明胶带提取、黏性短棒、用流体冲洗（特别适用于盲孔）和超声波提取。粒子测量包括捕获过滤器上的污染物并检查过滤器，使用密度测定法、比浊法、液体颗粒计数法、冲洗法检查提取的样品。离子测量包括离子色谱法、离子谱法、使用离子选择性电极和点测试。有机测量包括气相色谱、质谱、红外光谱和紫外光谱、接触角测角法和光致电子发射。清洁和检查方法的种类很多，所以这里不可能详细讨论这个问题。幸运的是，用于清洁工具零件的技术与用于清洁产品零件的技术没有什么不同。有关这一重要主题，请见第 5 章。

2. 组装环境

清洁零件后交付洁净室。如果清洁工作是在非现场位置进行的，那么这些部件将被包装在干净的包装材料中，如聚乙烯或尼龙袋。只有当零件进入洁净室或设备直通式外壳之后，才能去除这些袋子。这里所说的洁净室范围包括小型的洁净工作台到全尺寸的洁净室。便携式模块化软壁洁净室价格低廉，通常在短时间内可用，适用于较大或较小的工具。清洁工作台和下流式单元对于临时清洁空间（特别是在车间中）是有吸引力的。把它们做成软壁洁净室的一部分，可以进一步提高其吸引力。

工具在洁净室中组装。每次组装操作后，应擦拭已组装部件以清除所有可见污染物（不要等到组装完成才清除组装碎屑）。在最终位置使用手套、擦拭布和流体，以确认表面光洁度是可接受的，并且清洁过程是足够的。尽快消除装配过程中产生的污染。例如，如果必须钻孔和攻丝，则应在钻孔时抽真空。在使用润滑剂的情况下，应立即清除过量润滑剂。如果长时间放置，润滑剂会逐渐扩散到更大的区域，使清理变得更加困难。在锡焊、钎焊和焊接操作过程中应抽真空，之后应立即清除剩余焊剂。

最后，如果要对工具进行验收合格测试，如尘埃粒子计数测试或表面剩余电荷残留测试，请考虑在将成品工具从洁净室中取出之前进行初步测试。

如果这时发现问题，通常比在现场更容易纠正。

3. 最终清理和包装

最终包装的区域通常在洁净室内。包装使用清洁的包装材料，如洁净度 100 级胶卷和包装袋、指定的胶带和洁净室适用的干燥剂，应向客户咨询此步骤的可接受材料。首先有些客户可能要求将工具包装两次，在污染控制方面称为双层包装，这是在洁净室用干净的包装材料完成的；然后将双袋装工具从洁净室中取出；最后打包运送给客户。

4. 在洁净室中安装工具

安装工具的第一步是去除包装材料。如果工具是双层包装的，请从客户那里确定能够去除外包装材料的位置。有些客户允许在洁净室外进行这项工作，其他客户通过直通式房间完成工具拆包，还有人在洁净室内设置一个开箱区域，外包装的外表面因为暴露于非洁净环境而变脏。取下外包装时必须小心，以尽量减少双包装中内包装的污染。

在不中断操作的情况下，将工具成功移入洁净室应遵循的理想活动如下：

（1）在装卸台或其他非洁净室环境中取出外包装材料（纸板或木制运输容器）；

（2）通过抽真空和擦拭，清除洁净室包装外部所有严重污染物，达到可见的清洁度；

（3）进入更衣室、锁气室或临时通道；

（4）取下外层清洁的包装材料；

（5）抽真空并擦拭，以在内包装材料的外表面上达到可见的清洁度；

（6）移动到洁净室的预定位置；

（7）搭建一个临时围栏；

（8）取出内包装材料；

（9）最后组装和调试后，重新建立工具表面的清洁度；

（10）完成认证程序。

一些公司更倾向于在临时机箱内部进行工具安装和调试。这些可以使用软塑料板和金属螺栓固定在位置上，或者使用临时预制墙板建造。

6.9 自动化工具的洁净室认证

第二阶段认证是工具认证的合适阶段。有几个选择可用于第二阶段认证：一种方法是在安装和调试之后将工具发送到最终安装和认证位置；另一种方法是在装配地点进行初步认证，以发现所有问题并在装运和最终安装之前解决问题。任何一种情况下，通常都包括 3 个阶段。首先，测试工具的环境，以确定它是否符合第一阶段的认证标准。在第二阶段，即第二阶段认证的第一阶段，分别认证污染产生点。在第三阶段，如果发现这些单个点产生过量的污染，则必须解决这个问题和重新认证。粒子生成点包括以下内容：

(1) 气缸、空气接头、阀门和开关；
(2) 电动机和螺线管、线性可变位移传感器和其他传感器；
(3) 液压缸及其相关配件；
(4) 皮带、齿轮、滑块、导轨和铰链。

一个一个地测试单个污染产生点（有时称为单轴法）可以使运动多次重复，或使轴的运行比最终实际应用中的运行更频繁。这种使用量的增加有一个优点：它允许更频繁地采样动作，从而在统计上更好地指示各个轴的性能。然而，实际使用条件下，单轴测试模式的使用将增加产生的污染物数量。为了防止不必要地轴失效，将污染归一化，以预测在最终应用中按照使用率所产生的污染。单轴方法增加的采样频率允许与所需的性能进行统计比较，因为还可以收集更多的数据点。图 6.22 所示为可用于加速污染产生的第一阶段单轴模式的工作表。

位置：			OPC MFG./：			操作号：		
日期：			校准日期：			工作区名称：		
采集人：			采样率模型（R）：			工作区 I.D：		
动作 (1)	TAC 时间 (2)	每个零件的周期 (3)	采样时间 (4)	循环次数 (5)	计数 (6)	PPCF/CYC (7)	PPCF（在 DGR 条件下）(8)	PPCF/PART (9)

图 6.22 工具认证工作表

(1) 运动或驱动；(2) TAC 时间：完成一个组件所需的分钟 T；
(3) 每个零件的周期：每个组件有多少次动作；(4) 以分钟为单位的采样时间；
(5) 高重复率采样期间的周期数；(6) 采样期间的颗粒数；(7) PPCF/循环×(6)/[R×(4)×(5)]；
(8) [(7)×(3)]/(2)生产率情况下的等效 PPCF；(9) 个/ft^3/部件；(7)×(3)。

第二阶段认证的第一阶段完成后，所有可能的粒子生成点已经确定。现在可以执行三步认证过程中的第三步，也是最后一步。这是第二阶段认证的第二阶段：该工具在其预期的应用环境中运行，最好是在其预期的位置。由于安装位置的主要气流，所有的污染物贡献因素现在都以不同寻常的方式结合在一起。

6.9.1 采样的统计要求

需要制订详细的采样计划。在后面的章节中，将介绍一个满足 FED-STD-209 洁净室尘埃颗粒计数认证要求的采样计划。

1. 采样位置的数量

采样点的最小数量必须为1，对应于产品的位置或过程将发生的位置。在一些工具中，可能需要多个样本位置，因此将提取多于一个样本。颗粒计数器的入口应尽可能放置在靠近产品的位置，并且定位于适当方向，以捕获过程中可能产生的颗粒，而不会干扰装配过程、工具运动或操作人员。如果产品在多个地点花费时间（如在装货-卸货站或装配点的零件队列中），那么产品耗时多的各个地点都应该进行采样。

2. 采样体积、时间和样品数量

工具认证可采用两种采样策略：单次取样和序贯取样。对于单次采样，如果被采样的区域正好在空气中的粒子浓度限制下运行，那么样本体积必须是预期包含20个粒子的体积。表6.12中假设工具的第二阶段验收限制是洁净室等级限制的50%。如果客户要求工具的使用百分比不超过50%，则表6.12中的条目除以客户的加工余量百分比乘以50。注意，最小采样时间由表6.12中的体积除以光学粒子计数器的流速（ft^3/min）确定。

表6.12 在每立方英尺空气中，每单个样品的最小采样量作为第二阶段认证的等级和粒度的函数（假设余量是等级的50%）（单位：个）

等级	粒径				
	0.1μm	0.2μm	0.3μm	0.5μm	5.0μm
1	1.14	5.3	13.3	40	n.a.
10	0.11	0.53	0.13	4.0	n.a.
100	n.a.	0.05	0.013	0.4	n.a.
1000	n.a.	n.a.	n.a.	0.04	5.7
10000	n.a.	n.a.	n.a.	0.004	0.57
100000	n.a.	n.a.	n.a.	0.0004	0.057

n.a. 表示不适用。

采样时间过长是不可取的。首先是经济效益不佳；其次，较长的采样时间可能与典型的处理时间不相容。当工艺时间比上述计算的采样时间短得多时，应缩短采样时间以接近工艺时间。当计算结果需要非常长的采样时间，序贯采样应该用于认证，其排序间隔接近处理时间。

3. 结果统计分析

在下列条件下，工具被认为是通过颗粒计数的验证：
（1）每个采样地点的样本平均值均低于第二阶段的认证限值；
（2）多个采样位置的95%上限控制（UCL）小于第二阶段认证限值。
95%的 UCL 计算如下：

$$UCL = \frac{M + K(S.D.)}{L}$$

式中：M 为所有位置的平均颗粒计数的平均值；$S.D.$ 为各个采样地点平均值的标准偏差；L 为采样位置的数量；系数 K 如下：

采样位置的数量 L	系数 K
2	6.3
3	2.9
4	2.4
5~6	2.1
7~9	1.9
10~16	1.8
17~29	1.7
>29	1.65

在序贯采样中，一个采样周期接一个采样周期检查数据点，使用表6.13中列出的控制限值来判断工具是否通过、失败或需要额外采样。
（1）如果浓度高于表6.13中的上限，工具将失效，并且可能会提前终止测试。
（2）如果浓度低于表6.13中的下限，工具通过并且采样可能会提前终止。
（3）如果浓度落在控制上限和下限之间，则必须继续采样。
（4）当采样时间满足表6.12中容积计算数据时，测试结束。

4. 顺序采样

假设一个工艺时间为 2min 的工具应使用流量为 $0.1 ft^3/min$ 的 $0.5\mu m$ 分辨率光学粒子计数器进行洁净度 10 级认证。

表6.13 第二阶段认证的序贯采样控制限值[①]　　（单位：个）

时间百分比/%	粒径																
	1级								10级						100级	
	0.1μm		0.2μm		0.3μm		0.5μm		0.2μm		0.3μm		0.5μm		0.5μm	
	UCL	LCL	UCL	LCL	UCL	LCL	UCL	LCL	UCL	LCL	UCL	LCL	UCL	LCL	UCL	LCL
10	53	—	11	—	4.5	—	1.5	—	113	—	45	—	15	—	150	—
20	35	—	7.5	—	3.0	—	1.0	—	75	—	30	—	10	—	100	—
30	29	5.8	6.3	1.3	2.5	0.5	0.83	0.17	63	12	25	5.0	8.3	1.7	83	17
40	26	8.8	5.6	1.9	2.3	0.8	0.75	0.25	56	19	23	7.5	7.5	2.5	75	25
50	25	11	5.3	2.3	2.1	0.9	0.70	0.30	53	22	21	9.0	7.0	3.0	70	30
60	23	12	5.0	2.5	2.0	1.0	0.67	0.333	50	25	20	10	6.7	3.3	67	33
70	23	13	4.8	2.7	1.9	1.1	0.64	0.36	48	27	19	11	6.4	3.6	64	36
80	22	14	4.7	3.0	1.9	1.2	0.63	0.41	47	30	19	12	6.3	4.1	63	41
90	19	15	4.2	3.1	1.7	1.3	0.56	0.42	42	31	17	13	5.6	4.2	56	42

① 如果粒子计数超过UCL，则采样点不合格，采样结束。如果颗粒计数低于LCL，则样品点通过并停止采样。如果颗粒计数保持在ULC和LCL之间，则继续采样，直到完整的采样周期完成。

（1）在表6.12中，找到10级的取样容积行。

（2）查看0.5μm项下的行。请注意，取样容积是4.0ft³。

（3）将采样容积4.0ft³除以光学粒子计数器的采样率0.1ft³/min。最小采样时间是40min。

（4）比较样本和处理时间。采样时间（40min）远远大于操作的处理时间（2min）。

（5）将采样时间设置为2min，以匹配处理时间。

表6.14中列出了3个假设事例的颗粒计数数据：一个是早期不合格的连续样本，一个是早期合格的连续样本，一个是需要采样40min做出决定的连续样本。

表6.14 序贯采样，洁净度10级，0.5μm，0.1ft³/min，限值和颗粒计数

时　间		提前失败		提前通过		全　程	
最小值/min	时间百分比/%	限值/个	计数/(个/ft³)	限值/个	计数/(个/ft³)	限值/个	计数/(个/ft³)
2	5	25	6	—	2		6
4	10	15	7	—	2		7
6	15	11.7	10	0.0	3		6
8	20	10.0	4	0.0	2		6

续表

时间		提前失败		提前通过		全程
最小值/min	时间百分比/%	限值/个	计数/(个/ft³)	限值/个	计数/(个/ft³)	计数/(个/ft³)
10	25	9.0	6	1.0	3	4
12	30	8.3	7	1.7	2	6
14	35	7.9	5	2.1	3	5
16	40	7.5	7	2.5	3	7
18	45	7.2	5	2.8	2	5
20	50	7.0	7	3.0	—	6
22	55	6.8	8	3.2	—	5
24	60	6.7	—	3.3	—	6
26	65	6.5	—	3.5	—	6
28	70	6.4	—	3.6	—	5
30	75	6.3	—	3.7	—	4
32	80	6.3	—	4.1	—	5
34	85	5.9	—	4.1	—	5
36	90	5.6	—	4.2	—	5
38	95	5.3	—	4.2	—	5
40	100	5.0	—	4.3	—	5

5. 洁净室工具认证

目前，已经提出了多种替代方法来进行工具认证。一种是封闭室测试法[4]，通过在封闭室内的一个采样点进行采样，它能够估计封闭室内的工具产生污染的速率。这种方法有两个主要的缺点：首先，该方法中的腔室不包含混合风扇，因此腔室中的污染物分布不可能是均匀的，因此只能估计来自工具的污染产生率；其次，污染源所在工具上的位置不是由这种方法决定的。在单向流洁净室中，工具上的污染位置源头尤其重要，因为可能会导致局部非常高的污染浓度。

另一种改进方法是在封闭室进行充分搅拌[5]。这种方法在使用单个采样点时可以显著改善污染发生率的估算。然而，它仍然有一个缺点，就是它低估了高度局部污染对单向流洁净室中特定污染敏感位置的影响。

有时使用更系统化的方法，其中每个潜在来源贡献的污染是在单向流动的环境中测量的，其中采样设备放置在能最大化检测污染的地方。例如，在一个 X、Y、Z、θ 机器人中，每个轴都单独运行，每个来源都是固定的，以纠正不合规范的条件。此时，工具在预期应用条件下运行，并将采样点固定在预定的产品位置。这种方法的优点是，特定污染源的位置之前已经被最小化了。当工具在其预期的应用中运行时，在预定的产品位置进行采样，然后直接测量对产品的影响。对于远程操作的工具，如自动化存储和检索系统，这种技术可能是唯一实用的方法。

6. 认证保持

除非材料或部件发生变化，否则最初建造工具的材料通常将继续符合其有机和离子污染要求。因此，离子和有机污染物水平很少需要定期监测。相反，颗粒污染（特别是磁性颗粒污染）可能会改变工具的使用寿命。因此，必须经常监测一般颗粒和磁性颗粒的污染。监测频率必须由污染性能的脆弱性和客户产品的风险决定。因此，洁净室使用的工具认证是一个持续的过程。

工具中的材料和部件以不可预知的速率磨损。最初的测试间隔时间将不足以跟上工具的粒子计数性能逐渐恶化的情况。在整个生命周期中，必须定期监测工具所产生的污染水平的改变。污染重新认证或监测计划必须在以下每个活动之后进行重新认证：

（1）定期维护；
（2）不定期的工具维修或维护；
（3）工具改进；
（4）工具重新定位。

如果没有上述任何一种情况，工具应至少每周重新认证一次，或按客户要求进行重新认证。但是，回想起我们使用步进电动机的经验，这种电动机会产生零星的污染，突发爆发性并不罕见。因此，可能需要不断监测并进行核实。连续监测系统的安装可以满足所有这些要求，因为它可以监测所有维护、工程过程等的污染变化情况。

6.9.2 分析设备和方法

鉴定材料、表面粗糙度和处理所需的分析设备必然是复杂的。建议早日获得材料实验室的支持，以便为每个考虑用于加工的项目确定所需的测试方法。通常，客户有一个可以对材料和表面处理进行合格测试的实验室。资格和认证所需的设备类型将在下面的章节中简要介绍。

1. 流动可视化和测量

气流可以用许多不同的技术进行观察。干冰或液氮冷凝雾可产生致密、持续的雾气，当从后面照亮时，会发现微妙的流动问题。但是，使用干冰时必须小心，因为它可能是油性污染的来源。它会污染生产洁净室。其他雾化器，用各种方法使水雾化，也可以市场上买到，但是这些雾化器往往会湿润表面。或者，在满负荷生产期间可用于洁净室的液氮喷雾器是MSP公司的2000型洁净室喷雾器。气流可视化用于以下方面：

（1）验证通过工具的气流的正确方向；
（2）定位流动停滞区域和/或滞留再循环区域；
（3）在工具设计和构建过程中；
（4）在某些情况下安装在洁净室后，工具安装可能会改变房间内的气流；
（5）验证抽真空机箱是否正常工作；
（6）确认隔板安装工具的密封正确。

使用热丝或热膜风速计、铂电阻速度传感器或旋转叶片式风速计测量风速。热丝或热膜风速计和铂RTD速度传感器特别有用，因为它们体积小，可以在工具的有限空间内进行测量。

2. 粒子计数器

可以使用各种光学粒子计数器。主要用于工具认证的是带有内置真空吸尘器、显示器、打印机和RS-232接口的独立式光学粒子计数器。众多供应商都在供应这些产品（如Pacific One、Pacific Scientific的分部，PMS，Climet），其他公司也生产光学粒子计数器。独立式光学粒子计数器在认证第一阶段特别有用，可以定位和消除污染产生点。

可以集成到连续监测系统中的模块化光学粒子计数器在需要持续验证工具性能的情况下特别有用，一般使用下面两种类型。

（1）电子复用系统。这些微型粒子计数器不包含真空泵、流量计或显示器。它们由中央计算机供电并且将结果报告给该计算机，中央计算机连续监控它们的操作。

（2）气动多路复用系统。这些系统由单个光学粒子计数器组成，这些计数器使用歧管或管束采样系统连续监测许多采样点。同样的，粒子计数器连续报告给中央计算机。

在粒子计数器的一般类别中有许多类型。凝结核计数器（CNC）通常不提供尺寸信息，但是报告总颗粒浓度的检测下限通常在 $0.002 \sim 0.005 \mu m$ 的范围内。光学粒子计数器（OPC）通常具有较低的检测限值，范围为 $0.05 \sim 0.5 \mu m$。

尘埃光学粒子计数器的检测限度越低，成本越高。此外，还有用于真空箱和烘箱采样的颗粒计数器。

关于复用的建议：电子复用系统优于气动复用系统，气动复用系统按顺序对每个位置进行采样。电子系统同时采样所有位置，也可使用液相光学粒子计数器。这些对于测量从零件表面提取的颗粒或连续监测工艺流体流或清洗槽特别有用，它们也可以用作进入工具的工艺流体的在线监测器。

3. 验证板监测

验证板是裸露的、无图案的硅晶片，其表面可以使用显微镜或自动表面扫描仪进行检查。在半导体制造行业中，用验证板来监测传统颗粒计数器通常不能到达的工艺设备的性能，验证板在精密制造环境中用于监测环境空气。硅晶圆表面扫描仪的制造商包括 PMS 和 Tencor。QC-Optics 也开发了专门用于查看硬盘的表面扫描仪。

验证板原则上可以扩展到任何用作可装运产品的替代品的部件。也就是说，验证板可以是平板显示器工厂中的磁记录盘、CD-ROM 或玻璃片。直接或间接测量验证板上收集的污染物数量，可以通过分析收集的材料样本以确定其来源。

4. 分析方法

在工具上收集的污染物的化学成分可能是污染源的有价值的线索，有下面几种采样方法可供选择。

（1）使用镊子、解剖探针或擦拭布或棉签采样。

（2）用胶带、黏棒或涂有黏合剂的薄膜进行采样。

（3）将空气中的颗粒样本收集在开放式过滤器上。

（4）过滤来自零件或见证板的提取物。

可以通过分析上述方法收集的污染物以确定其来源。这可以从最简单、最容易执行的测试开始，根据需要添加更复杂的分析。

（1）从双目光学显微镜开始。绝大多数污染物可以被迅速识别，而且它们的产生过程往往可以通过物质状态、大小、形状、颜色和半透明度来推断。

（2）使用低倍率光学显微镜的结果来指导附加分析的选择。例如，样品可能会被划分从而进行金属和陶瓷的 SEM/EDX 分析，同时可以对样品的剩余部分进行红外或拉曼分析以鉴定有机材料。

此外也可以尝试其他分析方法。

（1）扫描电子显微镜/能量色散 X 射线分析（SEM/EDX）可以提供高景深图像和元素组成信息。

（2）红外（IR）光谱学可用于识别有机材料，如聚合物和润滑剂，其中来自扫描电子显微镜的能量色散 X 射线分析可能仅报告碳和氧。红外光谱通常用于直径在 $20\sim50\mu m$ 范围内的样品，但样品可能是 $0.1\mu m$ 的厚度。

（3）拉曼探针分析可用于识别较小的有机污染物。拉曼探针分析受到激光光斑大小的限制，激光光斑直径一般小到 $1\mu m$。

（4）使用气相色谱/质谱（GC/MS）分析挥发性有机物。飞行时间二次离子质谱分析法可以分析比 GC/MS 更少量的物质。

（5）水提取物斑点和离子色谱对于腐蚀性阴离子含量非常有用。阳离子可以通过阳离子色谱或原子吸收光谱来分析。

 参考文献

[1] Semiconductor equipment standards generally focus on interface specifications. See www. semi. org for details.

[2] IEST-STD-CC1246D, *Product Cleanliness Levels and Contamination Control Program*.

[3] R. J. Bunkofske, Using real-time process control to enhance performance and improve yield learning, *Micro*, Feb. 2000, pp. 49-57.

[4] G. C. Roger, and L. G. Bailey, A closed-chamber method of measuring particle emissions from process equipment, *Microcontamination*, 5(2): 42-47, 66-67, Feb. 1987.

[5] R. P. Donovan, B. R. Locke, and D. S. Ensor, Measuring particle emissions from cleanroom equipment, *Microcontamination*, 5(10): 36-39, 60-63, Oct. 1987.

 其他读物

许多贸易和技术组织为污染控制提供了有益的信息。另外，一些公司还提供了特别实用的指南。下面的读物列表并不全面，只列出一些具有代表性的读物。

1. The publications *Modern Plastics* and the *Modern Plastics Encyclopedia*, published by McGraw-Hill, are good sources of general information.
2. LNP Engineering Plastics, Inc. produces a binder, *A Design Guide for Molders*, *Designers and Engineers*, that is full of property and design information and is especially strong for composite plastics.
3. *CleanRooms*, a publication of PennWell Publishers, is an excellent source of information for the general cleanroom environment.
4. *Precision Cleaning*, a publication of Witter Publishing Corporation, is a good source of information on cleaning chemicals and equipment.
5. *Micro* magazine, a publication of Canon Communications, is a good source of technical and trade information, with a focus on the semiconductor and electronic industries.
6. *Evaluation Engineering*, a publication of Nelson Publishing, provides a focus on electrostatic discharge and electromagnetic interference issues.

此外，还有技术协会发布了普遍获得国际认可的标准：

1. The Institute of Environmental Science and Technology, Mount Prospect, Illinois.
2. The Electrostatic Discharge Association, Rome, New York.

第7章

连续监测

7.1 引言

人们对于花费大量资金安装污染物或静电荷连续监测系统是否合理仍持怀疑态度，这通常是由于历史数据不准确所导致的，因为采样测试很难对工作场所的真实特性进行描述。人们会担心仓促地安装监测系统会导致传感器被放置在不必要的位置，最后对如何选择传感器类型、所需的分辨力等技术问题也出现困难。为了克服这些困难，需要一种方法来客观地决定在什么地方选择什么类型的连续监测系统。

后面将通过一些例子来说明一种确定是否使用以及使用什么类型的连续监测仪的方法。首先是如何选择尘埃粒子监测的方法，该方法的第一步是在工作区安装采样硬件，以符合关键采样和忙期采样的要求，收集数据以确定传统采样方法对工作区环境的测量是否准确。可以使用手持式光学粒子计数器、静电荷监视器或其他工作区监视器，采用修订的采样方法来采样，以收集比较数据，同时也可以继续使用先前的方法采样以获得对照数据。将使用新方法收集的数据与使用旧方法收集的历史数据或历史数据库进行比较，一般来说，通过比较可以看出，在许多采样点，旧的粒子计数方法严重低估了颗粒物浓度或静电荷水平，新的数据被用来识别不符合污染物合格限值的工作区。尝试对识别出的重要污染因素进行隔离并纠正措施。对于可以通过提高人工采样频率进行监测、控制并能够进行维护的工作区不需要连续监测，对于在人工采样下重复出现不合格的工作区需要采用连续监测。

对手动收集的数据进行分析，看是否有突发污染、变化趋势和周期性污染行为。此外，修正后的手动采样结果能够为选择具有最佳分辨率的传感器提供参考,避免因选择过高分辨率的传感器而增加不必要的成本。

最后将通过实例说明在垂直单向流动洁净室中,进行连续水平流动监测与静电荷监测的必要性。

7.1.1 监测方法

目前,国内外已经采取了多种方法来测量制造区域的污染或静电荷。例如,普遍认为洁净室必须对一般工厂环境施加正压,以防止不受控制的相邻工厂区域的污染物侵入。在大多数洁净室里,压力表或斜管压力表将永久安装在外墙上。每天一次或每班一次读取压力并记录读数。通过这种方式,可以对洁净室进行抽样审核。

再比如,在 HEPA 过滤器的表面附近采用旋转叶片或热丝风速计测量气流线性排放速度,以验证室内空气再循环系统是否正常工作。这个过程涉及大量的测量,所以很少这样做。通常,这种调查只能作为年度工作室认证的一部分。工作区级别的房间空气速度一般采集较少的采样点,并且通常以少于每周一次的频次开展手动调查。洁净室中循环风扇系统不可靠时,气流问题可能一连几周都发现不了。

对 ESD 符合性的检查同样受到手工采样数据不足的困扰,大多数受静电防护的工作区域都是手动检查的,这些检查非常耗时且检查频率很低。另外,每次检查的数据收集时间都很短,只能得到电荷产生和静电放电的简单印象。与手动采样污染一样,在检查过程中,被检查区域的活动经常发生变化,数据可能会进一步失真。

一些环境条件被认为比室内压力或空气速度(如相对湿度)更重要,并且每个班次至少检查一次或每批次检查一次(如浴液的起始 pH 值)。对于严重的污染参数,通常会在工艺设备或其专用的环境中(如步进机中的温度)建立一个连续的监测系统。由于工艺参数和产量之间有明确的联系,所以可以很容易地证明采用连续的监控系统是合理的。

尘埃微粒污染一直被认为是一个重要的测量和控制因素,因此许多生产过程需要每天或每个班次进行尘埃微粒测量。然而,传统的采样空气颗粒污染的方法往往会得到错误的计数结果,计数结果往往比实际值要小。此外,颗粒计数测量的频率较低,使得难以或不可能与产量相关联。这些错误的数据还经常被用来证明减少手动调查的频率是合理的,并被引证为自动持续污染监测是不合理的证据。

关于持续污染监测系统的先前讨论往往侧重于数据管理软件[1],或者默认假设将会购买监测系统[2],没有讨论如何向持怀疑态度的管理人员证明系统的正当性。有时，为了降低连续监测器的每个采样点的成本，已经开发了一些智能的方法[3]，但是仍然没有讨论一种方法来证明其必要性。

7.1.2 传统的尘埃粒子计数

在传统的尘埃微粒污染监测方法中，操作人员将传统的台式光学粒子计数器移动到工作区，并将等速采样探针放置在工作区中一个方便的位置，该位置通常由支架固定。传统的台式光学粒子计数器一般包含真空泵、电源、显示器，通常还有打印机，这些功能构成往往导致粒子计数器庞大而笨重。因此，传统的颗粒计数器被安装在实验室推车上，以便于在洁净室中移动，这对生产人员来说是显眼的。另外，等速探头及其支架通常体积庞大，难以靠近产品或工艺。因此，探头通常被放置在工作区的任意方便的位置，而不做其他考虑。

当需要进行粒子计数时，工作区的生产人员几乎总是停止所有的活动并且离开。这可能会消除正常生产期间产生污染物的因素，从而降低了样品中的颗粒数量。多数情况下，通过传统方法进行采样只能获得与洁净室或洁净工作区相关的污染，这通常称为洁净室静态采样，其中设备和人员的贡献不包括在总数中，与材料处理、装卸操作、人员污染等有关的污染很少包括在这种采样中。

此外，还经常会发现不实的数据删节。粒子计数操作员观察粒子计数的速率，只要计数达到相对稳定的速度，计数就可以继续进行。然而，如果观察到突然发生的粒子爆发，粒子计数操作员几乎总是终止计数，特别是粒子计数操作员可以将粒子爆发与某些不希望的活动（如某人正在经过）关联起来。在获得可接受的结果之前，操作员将尽可能频繁地重复不适当的数据删节。通常情况下，唯一被认为可以接受的计数是，低于被采样区域的等级限制。这两个因素（工作区静态采样和不正确的数据修改）形成了一个历史粒子计数数据库，这使得洁净室及其工作区在粒子计数方面似乎得到了很好控制。

但是，使用这些数据通常带来不良后果。首先，为减少与颗粒计数采样相关的人工成本，存在降低人工颗粒采样频率的倾向。当数据表明从粒子计数角度来看这些区域是可控时，很难说服他们进行更频繁的采样。将设施监控点分成两个或4个小组并不少见，从而将采样频率减半或减至1/4。在非常大型装配操作的情况下，这可能会导致每个样本位置每个月只访问一次的极端情况。其次，由于明显符合空气中的微粒限制，一切似乎都处于控制之中，从手动采样方法转换为耗资较多的连续监测系统是非常不合理的。

为了更正历史数据库并对工作区域进行更准确的描述，必须制定新的采样策略。在实施的早期阶段，这个策略的设计应该是尽量减少资本支出。策略还必须处理影响粒子计数准确性的主要因素：在错误的时间对错误的地点进行采样和不恰当的数据删节。

7.1.3 关键采样和忙期采样

下面，我们介绍和定义了以下关键采样和忙期采样。

（1）关键位置：尽可能靠近产品或工艺的位置，但不会干扰产品、人员或工艺设备的移动。

（2）忙期：实际生产操作期间，尤其是产品暴露的时期。

（3）关键采样和忙期采样：满足关键位置和繁忙时段要求的采样。

首先，粒子计数器的采样口通常置于关键位置，这样的位置一般没有层流气流，取消体积庞大的等速采样探头非常有利，这样就可以自由地在靠近产品的地方进行采样。然后，可以用支架、扎带和其他方法将粒子计数器采样管道固定到工作区，这样可以确保采样位置的可重复性，并防止管路松动干扰生产与测试过程。每个工作区实现关键采样和忙期采样的硬件只需几美元，安装只需几分钟。最后，粒子计数器出口端管道应该在工作区的某些位置终止，使粒子计数操作员能够将常规粒子计数器连接到采样管道，而不会干扰生产与测试过程。这样可以在不停止工艺过程的情况下进行采样，称为忙期采样。图7.1所示为安装在工作台上的关键采样和忙期采样管道。

图7.1　在工作台上安装关键采样管道和忙期采样管道

7.1.4 修改的数据收集协议

一旦采用这种低成本的关键采样和忙期采样硬件，就必须采用新的数据采集协议。在新的协议中，是不允许删除数据的。操作员在每次采样时观察并记录样品在工作区的阶段状态。

（1）如果没有正在生产的产品且工作区没有被占用，则样品标记为在第一阶段操作期间取的样品或者洁净室静态样品。

（2）如果产品正在处理中，但没有生产人员在场，则样品标记为第二阶段操作或洁净室和加工工具取样。这条规则需要进一步讨论，将在下面介绍。

① 如果采样点位于工作区、工作台或推车上的装载位置和材料处理位置，但产品在工具或外壳内部进行处理且没有人员在场，则样品标记为第一阶段样品。

② 如果采样点位于工具内部，并且来自人员的污染物与样品或产品位置隔离，则样品被标记为第二阶段样品。

（3）如果产品、人员和工具同时存在，样品标记为第三阶段操作，这代表全面运行并且人员充足。这个规则也需要进一步讨论。

如果该过程位于有效防止操作员产生污染物或静电荷的工具或外壳内，则该样品标记为第二阶段样品。

（4）如果粒子计数器的入口被刮擦或管道被撞击或其他干扰使计数无效，则需要对此样品进行注明。类似地，如果电荷传感器受到干扰（以不能代表实际使用条件的方式改变其读数），需要记录这些干扰。这些事件表明需要正确安装关键采样和忙期采样硬件，以确保最高质量的数据。

通过取消操作人员删节数据的权力，我们消除了对其他有效数据误删的风险。另外，通过标记每个样品的操作阶段，可以诊断可能的污染源。例如，如果第一阶段的计数颗粒在第三阶段计数中占较大比例，而且第三阶段的计数超出了规定的范围，那么设施（而不是人员和工具）可能会成为开始搜寻污染源的有效对象。

7.1.5 持续进行的关键采样和忙期采样

当污染或静电荷的样品位置被确定为超标时，开始第二阶段的调查。例如，可以通过使用类似 Geiger 计数器一样独立的粒子计数器，探查出各个粒子的产生位置。如果这些可以以较低的频率通过手动采样进行定位、固定和控制，则连续监测是不合理的。但是，关键采样和忙期采样硬件和协议应该继续使用。

如果工作区需要连续监控，该怎么办？在这种情况下，连续监测系统连接到相同的关键采样和忙期采样硬件。而且每当发出警报，都在该位置使用手动采样设备，并在 Geiger 计数器模式下再次使用，对污染进行调查。

7.1.6 案例研究：传统采样与关键采样和忙期采样的对比

案例研究 1：10000 级大开间式的工作区

表 7.1 所列为在洁净度 10000 级混流大开间式洁净室中两组数据收集工

作区的采样结果。列出的数据是颗粒浓度的平均值和标准偏差，单位为每平方英尺中 $0.5\mu m$ 以及更大直径的微粒数。之前，所有工作区都被发现符合使用传统手动采样协议第 10000 级洁净室的尘埃颗粒计数要求。使用关键采样和忙期采样方案，颗粒数略有增加，但不足以改变所有工作区符合第 10000 级的结论。A 管线和 B 管线的站点之间只有轻微的差异。混流式洁净室的结果与表 7.1 中类似。房间内的一般污染比单个工作区产生的污染更加占据主导地位。这些数据表明，这些工作区不需要连续的监测系统。

表 7.1 10000 级混流式洁净室中传统采样与关键采样和忙期采样

(单位：个/ft^3（$\geq 0.5\mu m$))

工作区和管线	传统采样		关键采样和忙期采样	
	平均值	标准偏差	平均值	标准偏差
1A	325	79	456	84
2A	458	85	531	139
3A	325	45	357	38
4A	452	250	694	242
5A	675	201	628	165
1B	236	125	288	159
2B	601	322	908	404
3B	266	64	254	52
4B	301	102	321	125
5B	425	211	623	364

图 7.2 中绘制的是表 7.1 中的数据，展示了每立方英尺空气中直径为 $0.5\mu m$ 和更大颗粒的尘埃粒子浓度。竖直方向上的刻度线表示平均颗粒浓度。竖条的上端和下端分别代表平均±3 个标准偏差。沿着 X 轴标记状态条，以指示样本位置编号以及传统采样与关键采样和忙期采样协议的对比。

案例研究 2：洁净度 10000 级大开间式洁净室中洁净度 100 级单向流工作台

表 7.2 中显示了与案例研究 1 相同的洁净室中两套相同的 100 级工作台的对比数据。这些 100 级工作台位于垂直单向流动单元之下，有效隔离了每个工作台。采用传统方法采样时，A 管线或 B 管线的 9 个工作台都不超过 100 级。相反，当使用关键采样和忙期采样协议进行采样时，所有 18 个工作台的粒子计数的平均值和标准偏差都会增加。在这 18 起案例中，有 7 起案例显示工作台的污染比洁净度 100 级严重得多。同样有趣的是 A 管线上的工作台 6

与 B 管线上相同工作台的比较，B 管线的工作台几乎要脏 10 倍。

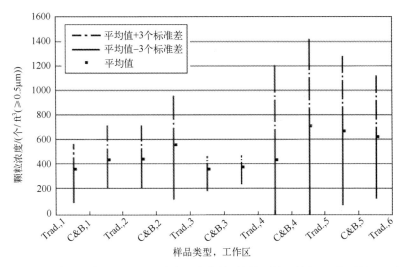

图 7.2 混合流洁净度 10000 级洁净室中传统采样与关键采样和忙期采样的比较
Trad.：传统采样；C&B：关键采样和忙期采样。

图 7.3 中绘制的是表 7.2 中的一些数据，用于说明使用传统采样与关键采样和忙期采样协议所获得结果的差异。Y 轴列出每立方英尺空气中 $0.5\mu m$ 及以上直径的尘埃颗粒浓度。在图 7.3 中，颗粒浓度以对数尺度绘制（与图 7.2 不同），以适应较大的数据范围。垂直状态条上的刻度线表示平均颗粒浓度。状态条的上端和下端分别代表平均值±3 个标准偏差。沿着 X 轴标记条以指示样本位置编号以及传统采样与关键采样和忙期采样协议的对比。

表 7.2 洁净度 10000 级大开间式洁净室中洁净度 100 级单向流工作台颗粒浓度的平均值和标准偏差　　（单位：个/ft³（≥0.5μm））

工作台和管线	传统采样		关键采样和忙期采样	
	平均值	标准偏差	平均值	标准偏差
6A	2	2	27	39
7A	14	4	180	114
8A	12	5	238	169
9A	6	5	292	151
10A	2	3	28	40
11A	6	4	52	31

续表

工作台和管线	传统采样		关键采样和忙期采样	
	平均值	标准偏差	平均值	标准偏差
12A	2	2	11	9
13A	1	2	10	55
14A	3	2	31	28
6B	3	2	258	200
7B	10	4	293	88
8B	8	4	153	116
9B	5	4	223	47
10B	5	2	36	17
11B	4	3	56	52
12B	2	2	19	9
13B	1	2	44	20
14B	3	2	10	6

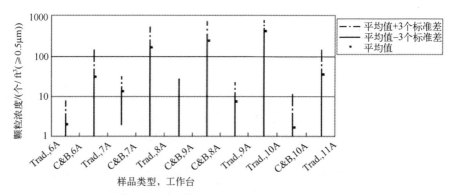

图 7.3 传统采样与关键采样和忙期采样方案在洁净度 100 级洁净工作台上所测得污染的比较
Trad.：传统采样；C&B：关键采样和忙期采样。

案例研究 2 说明了在单向流工作台使用关键采样和忙期采样的两个常见结果。
（1）个别工作台的排放量显而易见，因为混流洁净室的效果被消除了。
（2）可以检测其他相同工作台之间的差异。

案例研究 3：洁净度 1000 级洁净室中的 100 级防护罩
本案例研究是针对 1000 级洁净室内的 100 级垂直单向流动单元下的一组操作。在这里，由于调查样本量有限，我们显示平均值，而省略标准偏差。

所有使用传统方法采样的 20 个工作区都很容易达到 100 级要求。在这个设施中，大多数工作区也会达到或优于 10 级。关键和忙期的样本表明，大多数工作区甚至不满足 100 级要求，如表 7.3 所列。最差的情况发生在 18 号位置，那里超过了 1000 级要求。需要注意的是，使用关键采样和忙期采样方法设置监测器时，粒子足够多，几乎在每个工作区都可以使用一个分辨率为 $0.5\mu m$ 的 $0.1ft^3/min$ 光学粒子计数器。如果使用之前的方法收集的数据设置监测器，则选择的粒子计数器可能是分辨率为 $0.3\mu m$ 或 $0.1\mu m$ 的粒子计数器，这大大增加了连续监测的成本。

表 7.3 中的数据也可以绘制成图。图 7.4 所示为全自动化工作区的传统采样与关键采样和忙期采样平均值的对比图。它说明了工作区 7 中关键采样和忙期采样方法的一个重要特点。为了使用传统协议进行采样，操作人员必须打开工作单元的门。安全联锁装置将停止机器内部运行，消除相关污染源。关键采样和忙期采样硬件被安装后，使操作员可以连接到样品管道，而无须打开外壳。因此，机器将继续运转，从而可以检测到其污染源。

表 7.3 安装在洁净度 1000 级洁净室中的 100 级防护罩的传统采样与关键采样和忙期采样的平均值（单位：个/ft³（≥$0.5\mu m$））

位　置	传统采样的平均值	关键采样和忙期采样的平均值	位置类型
1	5	198	混合自动化
2	9	77	混合自动化
3	5	31	完全自动化
4	5	292	混合自动化
5	1	507	混合自动化
6	5	326	混合自动化
7	5	977	混合自动化
8	33	36	完全自动化
9	11	36	完全自动化
10	7	489	混合自动化
11	12	12	完全自动化
12	5	70	完全自动化
13	10	407	混合自动化
14	10	155	混合自动化

续表

位 置	传统采样的平均值	关键采样和忙期采样的平均值	位 置 类 型
15	27	499	混合自动化
16	12	254	混合自动化
17	3	78	完全自动化
18	14	1258	完全自动化
19	26	224	混合自动化
20	5	56	混合自动化

图 7.5 所示为混合工作区中传统采样与关键采样和忙期采样的图的对比（该工作区中操作员和自动化工具一起工作）。

图 7.4 和图 7.5 的比较说明了一种相当广泛的认知，但是这种认知很少得到如此清楚地证明：人是造成污染的主要原因。

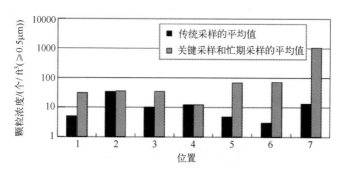

图 7.4 全自动化工作区的关键采样和忙期采样与传统采样方案的比较

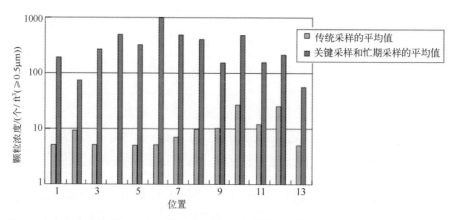

图 7.5 包含自动化操作和人员的工作区中传统采样与关键采样和忙期采样方案的比较

案例研究 4：洁净度 100 级单向流工作区

使用关键采样和忙期采样硬件监控 10 个不同的 100 级工作区[4]。这些数据也与传统监测结果进行了比较，采样的时间足够长，可以计算合规性百分比。合规性百分比是指工作区被监控到低于其粒子计数限值的百分比，合规性百分比越高被认为是越好的，合规性百分比非常低的工作区很有可能在传统每周一次的颗粒采样协议中被检测到。如图 7.6 所示。

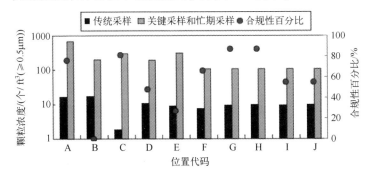

图 7.6 对传统采样与关键采样和忙期采样进行比较（在这个例子中，合规性百分比（某位置符合粒子计数要求的时间所占百分比）必须与工作区的平均粒子浓度分开来看）

案例研究 5：长时间的手动 OPC 监测

在本研究中，使用手动光学粒子计数器对工作区进行采样，并且使用关键采样和忙期采样让硬件运行几个小时。在洁净度 10000 级大开间式洁净室内的 100 级防护罩内每分钟收集一次数据。粒子计数操作员观察并记录工作区的活动，但不以任何方式干扰生产操作员的行为。

表 7.4 所列为粒子浓度数据的一个部分总结，包括大于等于 $0.5\mu m$ 粒子数平均值接近于 5 个/ft^3，以及粒子计数操作员在工作区中的活动记录，结果绘制在图 7.7 中。

表 7.4 长时间手动粒子监测数据

(单位：个/ft^3（$\geqslant 0.5\mu m$）)

时间	计数	观 测	时间	计数	观 测
11:50	2	午休时间，空房间	12:02	0	午休时间，空房间
11:52	1	午休时间，空房间	12:04	1	午休时间，空房间
11:54	6	午休时间，空房间	12:06	20	操作员返回
11:56	3	午休时间	12:08	15	操作员返回
11:58	4	午休时间，空房间	12:10	135	操作员进行擦拭
12:00	2	午休时间，空房间	12:12	255	操作员进行擦拭

续表

时间	计数	观测	时间	计数	观测
12:14	600	操作员进行擦拭	13:18	35	主管中断
12:16	125	操作员进行擦拭	13:20	25	主管中断
12:18	90	设置	13:22	45	第二个操作员先替换
12:20	125	设置	13:24	75	擦拭
12:22	360	组装	13:26	125	擦拭
12:24	425	钎焊	13:28	325	擦拭
12:26	250	钎焊	13:30	125	操作员调整排烟装置
12:28	35	设置	13:32	80	设置
12:30	50	设置	13:34	65	设置
12:32	100	组装	13:36	150	组装
12:34	255	组装	13:38	225	组装
12:36	325	钎焊	13:40	555	钎焊
12:38	385	钎焊	13:42	985	钎焊
12:40	100	设置	13:44	65	设置
12:42	35	设置	13:46	25	设置
12:44	60	设置	13:48	125	组装
12:46	125	组装	13:50	225	组装
12:48	175	组装	13:52	750	钎焊
12:50	325	钎焊	13:54	625	钎焊
12:52	475	钎焊	13:56	25	设置
12:54	100	设置	13:58	15	设置
12:56	65	设置	14:00	125	组装
12:58	25	设置	14:02	155	组装
13:00	175	组装	14:04	455	钎焊
13:02	225	组装	14:06	625	钎焊
13:04	375	钎焊	14:08	25	设置
13:06	400	钎焊	14:10	55	设置
13:08	100	设置	14:12	125	组装
13:10	65	设置	14:14	250	组装
13:12	35	主管中断	14:16	1250	钎焊
13:14	90	主管中断	14:18	955	钎焊
13:16	55	主管中断	14:20	50	设置

续表

时间	计数	观 测	时间	计数	观 测
14:22	35	设置	14:42	55	设置
14:24	225	组装	14:44	225	组装
14:26	175	组装	14:46	350	组装
14:28	655	钎焊	14:48	875	钎焊
14:30	475	钎焊	14:50	1120	钎焊
14:32	25	等待 WIP	14:52	25	等待 WIP
14:34	15	等待 WIP	14:54	15	等待 WIP
14:36	25	等待 WIP	14:56	30	等待 WIP
14:38	35	等待 WIP	14:58	25	等待 WIP
14:40	65	设置	15:00	10	等待 WIP

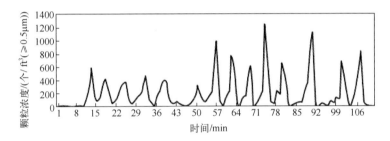

图 7.7 使用关键采样和忙期采样硬件的长时间手动采样所提供的情况示意图
(在第 50min 和第 57min 之间，新的操作员到达工作区，改变了焊台的布局。
由于操作员没有改变排烟装置的位置，造成颗粒数量的增加)

粒子计数操作员的记录本非常清楚地展示了工作区正在发生的事情。清洁擦拭是一个相对混乱的过程，因为它激起了大量的污染。安装和等待正在进行的工作（WIP）会产生很少的污染，装配（特别是焊接）会产生大量的空气污染，在工作区的项目排列不是固定的。为方便起见，第二个操作员移动了焊接夹具和排烟系统，造成了灾难性的后果。在焊接过程中，第一个操作员的污染平均为 370 个/ft^3 ($\geqslant 0.5\mu m$)，第二个操作员的污染平均为 746 个/ft^3 ($\geqslant 0.5\mu m$)。

这个案例研究说明了何时安装一个连续的监测系统是合理的。工作区布局必须具有一定的灵活性，以适应操作人员的触及范围和舒适度。连续的监测系统可能是一个有用的工具，以便在重新布局之后保持颗粒计数在控制范围内。

7.1.7 粒子生成的趋势、循环和突发模式

除了在工作区普遍存在的粒子平均浓度之外，我们还必须关注颗粒产生的趋势、循环和爆发模式[5]。通过长时间采样，粒子平均浓度似乎在控制范围内。仔细查看数据可能会发现一些产生有害粒子浓度的行为。

粒子计数的上升趋势是不被接受的情况，因为它们可能在将来的某个时刻超过控制极限。在深度清洁间隔期间，工作区逐渐变脏的情况下，将会观察到上升趋势的例子。由于工作区被污染的速度并不完全一致，因此很难预测下一次深度清洗的时间安排，这个例子中连续的监测系统可以提供有益帮助。

粒子生成的循环模式是一种特殊的突发模式，其中的突发模式具有可重复性。通常这些模式很容易与工作区的特定活动关联起来。如果可以建立关联，则容易制定和实施补救措施。经验表明，可以使用手动监测以及关键采样和忙期采样硬件来充分控制颗粒产生的循环模式。几乎每个洁净室都会观察到随机的污染。这些可能与突发的灾难性事件有关。从电动机上脱落的材料是一个具有代表性的例子，如图 7.8 所示。该步进电动机被连续监测 1 周以上。电动机的顺风向的污染浓度从 15~30 个/ft^3 开始，但在短时间内清除至 1~3 个/ft^3。其中可以看到两次大爆发。每个样本平均持续时间都是 10min，采集速度是 0.1ft^3/min。

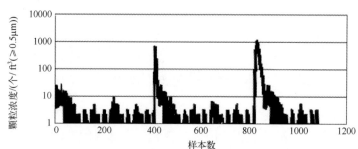

图 7.8 来自步进电动机粒子生成行为的突发模式

取 7 天多时间里的平均值，电动机仅产生 16 个/ft^3 的污染浓度。第二次爆发洁净度超过了 100 级，持续时间达 25h。通过每周一次的手动采样计划，发现这种爆发的机会只有 1/7。第一次污染浓度超过 100 级的爆发，持续时间超过 5h，每周采样一次，被检测到的概率只有 1/37。

7.1.8 案例研究：连续监测的其他应用

案例研究 6：持续的静电荷监测

磁阻（MR）磁头是现有 ESD 最敏感的设备之一。因此，现代静电安全

设施需要许多静电防护工具,以达到安全制造的目的。空气电离器是为这些静电安全工作区域提供保障的重要工具。传统上,使用带电板监视器测量空气电离器的性能。在每周审核期间,带电板用于测量放电时间和悬浮电压。在此过程中,ESD 技术人员将带电板的传感器放置在尽可能靠近预期产品位置的地方。有时会发现空气离子发生器失衡,需要维修。这通常仅包括清洁空气离子发生器上的发射器针尖。有时仅仅清洗发射器针尖是不够的,必须手动平衡离子发生器。

空气离子发生器性能的一个不太为人所知的特征是它们与环境相互作用。也就是说,离子发生器下方工作区的接地物体倾向于将电荷排到大地。排放电荷的极性和数量是离子发生器上未屏蔽发射器针尖下方距离和位置的函数。因此,重新放置工作区的物体可以改变离子发生器的平衡。在开发现场经常会发生这种情况,工具和工作区经常因产品或工艺流程的变化而改变。

为了更充分地表征这些变化,将装备有 20pF 板的静电荷监视器安装在工作区监测 4 天时间。每隔 10min 扫描样本,记录最大正电压和最大负电压摆幅。图 7.9 所示为在一个开发洁净室中的一个工作区测得的悬浮电位变化。工作区的布局是按照班次的方式进行观察的,任何变化都能被记录下来。

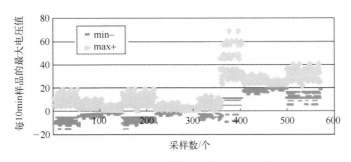

图 7.9 洁净室内防静电工作区的充电水平

图 7.9 中的检查显示,第一班(观察样本 0~50s、160~210s 等)期间,工作区观察到的污染浓度变化比一天中其他时间更大。在第一个班次中,启动洁净室用于生产,第二班次用于工程,其他时间几乎是空置的。但是请注意,在第三天的第二次轮班中进行了工程实验。在这个实验中,一个高高的测量支架几乎直接放在离子发生器的下面,工作区被重新安排以容纳支架。但是,当第二班次结束,支架被拿走的时候,工作区还没有恢复原来的布局。因此,在第三天工作区的平衡已经转变为强烈的失衡。

案例研究 7:连续气流监测

在本案例中,某个非常大的洁净室配备了 54 个模块化流量单元。洁净室技术人员每周进行一次速度测量，测量每个模块中过滤器排出的线性空气速度。大约每隔一周，至少有一个模块会被发现风速很低或没有风速，在垂直单向流洁净室中会产生不必要的水平气流的问题。所以，每周检测一次是不可取的，但是如何设计一个具有成本效益的连续监测系统来监测这种情况则是一个需要解决的问题。

答案在于洁净室的设计，如图7.10所示的平面图。洁净室的设计有助于定义4个气流区域，在图7.10中标记为A、B、C和D。这些区域由10~16个流量模块供应空气。人们立即认识到，来自任何模块的气流都将改变通过回风静压箱所限定区域的水平气流。为了提供一个模块流量监测系统，图7.10中编号为1~5的位置安装了5个热丝风速计。热丝风速计常用来测量洁净室内的垂直气流。在这个应用程序中，它们是用来监测水平流而不是垂直流的。

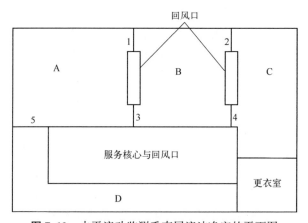

图7.10 水平流动监测垂直层流洁净室的平面图

在安装水平流量监测器之后，不会出现超过一个班次未检测到的不平衡状况。当然，流量监控器不会告诉洁净室技术人员哪个模块发生了故障。但是，显示器会告诉哪个区域之间的交叉点失控。技术人员将走向失控交叉点，并确定水平流动的方向。这将确定模块在哪个区域出现故障，从而使技术人员能够快速调查和识别故障单元。

7.1.9 总结和结论

目前，已经开发了一种有效的方法，可以评估对连续污染监测的需求。其应用已经在空气污染物采样和测量、静电安全工作区的电压平衡监测以及流量模块功能的监测中得到了证明。这种方法优化了采样点的位置，以便对工作场所进行正确的描述，获得的数据允许使用最低成本策略来选择粒子计数器或其他传感器。

7.2 连续的污染监测

为了确定在洁净室中连续监测颗粒的最佳系统,有必要了解两种类型的连续颗粒监测系统。

7.2.1 电子多路复用监测

多路复用监测涉及在每个特定位置使用专用的粒子计数器或粒子传感器,每个事件都会被检测到并计数。粒子计数数据无缺口,以每立方英尺粒子数或每立方米粒子数为单位监测颗粒。这个系统最适合用在任何时间都可能发生事件的关键位置。换言之,关键的、高度专业化的或特别敏感的宜选用电子多路复用系统。

根据采样频率、最小检测粒径下限以及粒子传感器的不同,粒子监测设备的选择非常多,其中包括相对廉价的 $0.1ft^3/min$、$0.5\mu m$ 分辨率的传感器,更昂贵的能够分辨 $0.02\mu m$ 的凝结核计数器,真空系统内部的粒子传感器,以及在其他苛刻条件下(如在高温、腐蚀环境等)使用的传感器。

电子多路复用监测的优点如下:
(1)连续检测并记录所有事件;
(2)针对关键或敏感的监控进行了优化,以适应更低的检测限值、流速以及恶劣或异乎寻常的环境;
(3)良好的设备故障监测和非计划维护预测能力;
(4)高度关联事件与产量损失的能力;
(5)对于造成产量破坏的情形,立即发出通知或警告;
(6)允许集成更多种类的传感器,如液体、真空、压力、速度、ESC 传感器等;
(7)当没有遵守程序或程序失控时,立即向操作人员和技术人员反馈意见;
(8)关闭和抽真空后,如果该区域及其过程符合规范,立即反馈。

7.2.2 气动多路复用粒子监测

气动多路复用粒子计数系统有时被称为顺序粒子监测系统,这种类型的粒子监测系统使用单个粒子计数器来监测多个点。多个采样位置的采样是通过增加一个连续的多路分配采样器来完成的,该采样器将粒子计数器连接到几个不同的采样管,每个管都以可按编程的顺序进行采样。一旦一个管道采样完成,多路分配器将切换到下一个待采样管。在这个改变过程中,粒子计数器停止计数直到更换结束，然后需等待一会时间，以允许来自先前样品的空气被清除，空气从鼓风机连续地通过所有样品管。这避免了"空气锤击"效应，通过气流的开始和停止，可以使样品管中的颗粒物得到释放。一般以立方英尺粒子数或每立方米粒子数为单位监测颗粒物浓度。

气动多路复用系统多应用于对数据连续性要求不严格的洁净室，如混流式洁净室，这些洁净室通常对洁净度要求相对不高。

在传感器的成本上，气动多路复用粒子监测系统比电子多路复用粒子监测系统相对便宜。因此，在选择哪一种系统时总会进行一番考量，目前有一种相对简单的方法可以在它们之间进行选择。这个决定必须基于颗粒浓度频率分布、不合格颗粒浓度将被检测到的概率和不合格的结果。颗粒浓度频率分布是在关键采样和忙期采样硬件的扩展手动使用期间获得的。图7.7所示为检测不合格颗粒浓度的概率，显示了颗粒行为的突发模式。可以使用 Monte Carlo（蒙特卡罗）分析来确定气动多路复用系统是否可以防止不必要的产量损失。

7.3 生产的连续监控

生产中的连续监控必须考虑许多不同的因素。监测的参数主要取决于产品和生产过程的要求，或者可能反映了特定洁净室运行的先前经验。每个制造商都会监控不同的因素，在很多情况下都会有独特的控制限值。因此，对于制造业必须讨论常见的监控参数，所有讨论的参数不一定要在每个设施中进行监控。

在这个讨论中，我们考虑了以下因素的影响：①空气质量；②工艺流体（如去离子水或压缩气体）；③表面清洁度以及静电荷的参数。监测的原因既包括污染控制，也包括对工人健康和安全的关注。

7.3.1 空气质量

下面将讨论影响洁净室空气质量的参数。

1. 尘埃颗粒浓度

有两种通用的方法来监测空气中的粒子。第一种方法使用连接到中央监控系统的单个粒子计数器的网络，这通常称为电子多路复用连续粒子监测系统或实时粒子监测系统。第二种方法使用单个粒子计数器，用多支样品管依次对房间中的多个不同位置进行采样。后一种方法通常称为气动多路复用或粒子监测系统。

两个系统之间的选择取决于洁净室的类型（混合流量与单向流量），以及不可预测的过度污染爆发对产品或过程产生不利影响的可能性。在混流式洁净室中，彼此相邻的样品位置倾向于呈现相对均匀且恒定的颗粒浓度。在这种情况下，每次计数之间的时间间隔是可以容忍的。另外，空气中的颗粒浓度与单向流洁净室相比往往是相对稳定的，因此通常建议在混流洁净室中使用顺序采样粒子计数器。

相反，在单向流动环境中，颗粒浓度高度依赖于每个样本位置的活动，而来自附近工作区的污染源通常完全无法检测到。另外，在个别工作区中的活动导致颗粒计数随时间高度而变化。这里将会青睐采用实时连续监控系统，尘埃光学粒子计数器的颗粒度分辨率和体积流量最低选择与洁净室的等级呈函数关系。根据FED-STD-209的统计要求，获得95%置信水平的颗粒浓度，至少要计数20个颗粒。因此，粒子计数器选择适当的分辨率和流速，以确保如果房间正好在其级别限值下运行时能够采样20个颗粒。下面将举两个例子来说明这个原理。

示例1

假设洁净室为100级，每个组装操作的平均处理时间为2min。对于一个全面运行的洁净室，我们预计$0.5\mu m$或更大直径颗粒的采集率为100个/ft^3。因此，当我们希望在2min内对20个颗粒进行采样时，我们希望使用一个粒子计数器，预计在$0.2ft^3$空气中发现20个颗粒。在这种情况下，$0.5\mu m$分辨率的$0.1ft^3/min$的粒子计数器就足够了。

示例2

假设洁净室为一个洁净度10级微环境，并且处理时间为4min。对于完全可操作的状态，我们预计$0.5\mu m$直径颗粒的采集率为10个/ft^3，$0.3\mu m$及更大直径颗粒的采集率为30个/ft^3，$0.2\mu m$及更大直径颗粒的采集率为$75\mu m/m^3$。在这种情况下，$0.1ft^3/min$的粒子计数器（分辨率为$0.5\mu m$）将需要20min来对20个颗粒进行采样，这是不够的。一个$0.1ft^3/min$的粒子计数器（分辨率为$0.3\mu m$）将在6.6min内对20个颗粒进行采样，并可能被认为是勉强足够。更好的选择是使用分辨率为$0.5\mu m$的$1.0ft^3/min$的粒子计数器（2min内采集20个颗粒）或分辨率为$0.2\mu m$的$0.1ft^3/min$的计数器（在2.66min内采集20个颗粒）。

2. 温度和相对湿度

洁净室中的温度和相对湿度由生产过程决定，或者在没有生产过程因素的情况下，取决于是否需要为操作员提供舒适的工作场所。当温度在$20\sim 22℃$（约$68\sim 72℉$）的范围内且相对湿度在35%~55%的范围内时，洁净室通常被认为是舒适的。精度为$\pm 0.2℃$的温度探头和精度为$\pm 2\%$的相对湿度传感器，通常被认为足以监测洁净室的环境是否舒适。

有些工艺过程要求更严格的湿度和湿度控制。光刻就是一个例子，通常，光刻工具被安置在称为微环境的特殊壳体中，这样就不需要对整个洁净室进行更严格的温度和湿度控制。这些严格控制区域的传感器的精确度和准确度要高于一般洁净室。

3. 洁净室加压

洁净室对工厂周围环境加压，以确保工厂污染的空气不会进入洁净室。事实上，在给定的洁净室内，可能有几个地方会监测到压差。例如，更衣室的压力将比洁净室的低一些，但相对于工厂仍呈正压。另外，洁净室中的服务中心应该对过程区域呈负压。对于洁净室来说，微环境通常处于一个正压力之下。设备污染外壳通常相对于洁净室呈负压状态。相对于工厂、维修核心以及真空箱体内部，一个典型的洁净室将在 $0.05 \sim 0.1 inH_2O$ 的正压之间运行。微环境通常相对于洁净室呈 $0.2inH_2O$ 的压强。微环境可以配备智能差压控制器，无论门位置如何，智能差压控制器都可以调节风扇速度以保持正压。

4. 空气速度和方向

许多洁净室有多个风机机房，或者可以设计成使用风扇过滤器。偶尔会发现，由于洁净室空气系统的不平衡，存在不希望的水平气流。流量不平衡可能是由个别风机故障、风机调节、风阀开启或关闭不当、管道系统崩溃和其他设备问题造成的，这些气流问题的影响可以通过使用安装在墙壁上的热丝风速计来监测，一些放置在关键位置的风速计使人们能够监测相对较大设施的平衡。层流洁净室中典型的水平流动被限制在不超过约 0.15m/s（约 35ft/min）。当房间失去平衡时，遇到每分钟几百英尺的水平流动并不罕见。

5. 空气分子污染

空气分子污染（AMC）大致可分为无机酸和碱、有机酸和碱污染。这些化合物如果浓度足够高，可能会严重腐蚀敏感产品表面或发生化学反应。在 AMC 半导体中的失效类型包括光致抗蚀剂的缺陷、无意掺杂、腐蚀、膜的附着失效以及外延沉积或氧化薄膜生长不均匀[6-7]。值得关注的是，实时和接近实时的监测系统可以监测到低至 ppb 的水平。使用样品浓缩技术、专用检测器和其他方法可以在几十分钟内检测到更低的浓度。

一种用于监测空气分子污染物的连续监测器是表面声波传感器，也称为 SAW 器件。SAW 器件是石英晶体微天平（QCM）的一种特殊形式。自 20 世纪 70 年代早期以来，QCM 一直被用作粒子探测器。典型的 QCM 设计如图 7.11 所示。电荷施加在石英晶体两侧的电极上。由于压电效应，石英晶体的厚度随所施加的电势而变化。典型的石英晶体将在几兆的频率下产生共振。

在操作中：首先使用一对匹配良好的晶体，一个暴露在气溶胶流中，另一个保持清洁，以几千赫振荡时，比较两个晶体振荡频率的信号差异；然后拍频的变化是暴露晶体的质量载荷所施加的共振变化的度量。这些石英晶体微天平的灵敏度是几十微克每平方厘米，用选择性吸收剂涂敷晶体表面可以将 QCM 变成实时的 AMC 监测器。

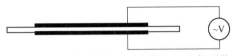

图 7.11　石英晶体微天平中的电极几何形状

在表面声波传感器中，电极排列在晶体的同一侧，如图 7.12 所示。这里，振动横跨表面而不是穿过晶体的厚度。同样当质量作用于晶体时，谐振频率会发生改变。然而，在 SAW 器件中，谐振频率是几百兆赫。SAW 器件具有比 QCM 更高的灵敏度，通常能测量 0.2ng/cm^2。SAW 器件更有趣的特征之一是可以将吸收剂涂层施加到其表面上。然后涂层的化学成分可以赋予传感器一些化学选择性，从而使 AMC 监测器可以根据特定类别的化学物质进行调整。

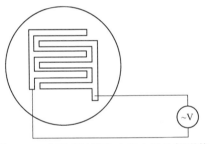

图 7.12　表面声波器件中的电极几何形状

6. 其他因素

还有其他一些因素会对洁净室的空气质量产生影响。

（1）静压室的压力。稳定的静压室压力对于空气质量非常重要，这表明风扇持续运行，并确保压力波动不会损坏过滤器和其他重要组件。静压室压力监测器可以安装在合适的位置，也可与水平流量监测器结合使用，以监测室内性能。

（2）风扇过滤器单元。许多现代化的设施都配备了风扇过滤装置。在微环境和设施中可能有成百上千个这样的单元，它们的持续运作对空气质量至关重要。目前，正在开发几种监测风扇过滤装置的方法。

（3）有机物、酸性物质和一般废气。监测排气系统中的压力是一种方便且低成本的方式，以确保它们将要从过程中除去的气体不会逃逸到洁净室中，从而不会降低空气质量。在很多情况下，如果材料耗尽，这些废气被排放到洁净室的空气中，可能会带来潜在的健康和安全风险。

(4) 室外空气质量。在某些情况下，室外空气质量对洁净室的空气质量有明显的影响。在这些情况下，天气监测站可以安装在建筑物外面，以协助管理补充空气系统。

7.3.2 工艺流体纯度

制造中使用的工艺流体包括去离子水、压缩气体、清洁剂和清洁用化学品。洗涤剂和清洁用化学品通常采用瓶装处理。控制这些类型化学品清洁度的最好方法：一方面，定期由合格的测试实验室使用适当的分析方法对其进行采样以确保批次纯度；另一方面，去离子水和压缩气体通常使用输送系统从中央存储位置分送至各个使用点。因此，流体的纯度不仅取决于源头，也取决于输送系统。工艺流体纯度取决于输送系统的性能。下面讨论了对于监控工艺流体输送系统必不可少的流量变量。

液体颗粒浓度

有两种主要方法可以监测工艺流体的液体颗粒：在线监测和过程监测。在线监测器可用于去离子水和其他液体以及压缩气体的监测。用于液体的在线颗粒分析仪通常依靠管线压力来迫使液体通过传感器，从而抑制气泡形成。压缩气体中颗粒的在线颗粒分析仪，通常利用压力扩散器将气体压力降低到颗粒计数器的操作压力。每升流量中能够测得几十到数百粒子的流速情况下，颗粒计数器的较低分辨率范围为 $0.05\sim2\mu m$，这样的分辨率足以适用于大多数应用。

样品也可以从处理罐、排水管以及液体不再处于管线压力下的其他处理室中采集。在这些情况下，采样必须依靠采样泵使样品通过颗粒计数器。对于空气中的粒子，就将恢复使用标准的光学粒子计数器。但是，对于液体中的颗粒，需要使用注射泵或采样器在压力下将样品推入传感器，以避免形成气泡。

7.3.3 100%采样的价值

为粒子计数连续监测系统选择传感器是十分困难的，因为有很多因素需要考虑。在选择中最常被考虑的因素是尺寸检测极限较低。但是，选择传感器时，应考虑除传感器的粒径检测下限值以外的因素。例如，还应该考虑传感器的采样率，采样率既定义了采样的体积，又定义了污染物或电荷的检测概率。

粒子计数器的检测概率是一个很好的示例。对于粒子计数器，检测限值下限一般定义为等于或大于传感器检出粒子粒径限值下限的概率。这些粒子必须通过该容积才能被检测到。因此，如果粒子计数器的采样率为100mL/min，但可以检出通过该容积的50%粒子，则检测概率预计为50%。

本节将通过举例说明两种传感器之间的比较：其中一个在 $0.05\mu m$ 尺寸下具有90%的检测效率；另一个在 $0.1\mu m$ 尺寸下具有50%的检测效率。对于两个粒子计数器，在 $0.2\mu m$ 和更大的尺寸时检测效率基本上是100%。检测下限为 $0.05\mu m$ 的传感器的采样速率为100mL/min，但是仅可以检测到通过该容积的0.25%颗粒，检测概率是采样量的1/400。因此检测概率是0.25%或0.0025。

$0.1\mu m$ 的检测下限传感器也具有100mL/min的采样速率，并且可以检测通过该容积的100%颗粒。在检测概率方面，就意味着传感器能够检出100%的采样量。因此，检测概率是100%或1.0。通过分析此两个因素（检测效率和检测概率）如何结合起来影响两个不同传感器报告的数据：

在第一种情况下，$0.05\mu m$ 分辨率的传感器在 $0.05\mu m$ 粒径上具有90%的检测效率，但是仅有0.25%的检测概率。将这两个因子相乘得到的结果是，在检测下限情况下，检测直径 $0.05\mu m$ 颗粒的概率为 $0.9\times0.0025=0.00225$ 或0.225%。在第二种情况下，$0.1\mu m$ 分辨率传感器在 $0.1\mu m$ 粒径上具有50%的检测效率，但具有100%的检测概率。将这两个因子相乘得到的结果是，在检测下限情况下，检测直径为 $0.1\mu m$ 粒子的概率是 $0.5\times1.0=0.5$ 或50%。

显然，$0.1\mu m$ 分辨率的粒子计数器比 $0.05\mu m$ 分辨率的粒子计数器更有可能在其检测下限检测到粒子。当我们考虑超过100%检测效率限制的粒子时，这个问题变得更加明显。

对于 $0.5\mu m$ 直径的颗粒，$0.05\mu m$ 检测下限颗粒计数器具有100%的检测效率，但具有0.25%的检测概率。将这两个因子相乘得到的结果是，检测直径为 $0.5\mu m$ 粒子的概率是 $1.0\times0.0025=0.0025$ 或0.25%。$0.1\mu m$ 分辨率传感器在 $0.5\mu m$ 粒径上具有100%的检测效率并具有100%的检测概率。将这两个因子相乘得到的结果是，检测直径为 $0.5\mu m$ 粒子的概率是 $1.0\times1.0=100\%$。

1. 流量

对于许多过程，流量是一个关键参数。例如，通过再循环过滤器补给去离子水过滤器的流量，对去离子水清洁器的运行至关重要。通常，这些设置都是使用旋转球流量计，必须定期进行目测检查，但不是连续监测。在目视检查不充足的情况下，可以连续监测流量。

2. 过滤器压差

压力计通常安装在在线过滤器的介质上，这些装置用于检查过滤器泄漏（低压差）和过滤器堵塞（高压差）。与在线流量计一样，过滤压力计很少被连续监测。在经验表明目视检查不充足的情况下，则需要持续的压差监测。

3. 电导率和特定离子

离子水、酒精和其他液体可能会被可电离污染物污染，从而增加了液体的电导率。在这些情况下，流体电导率仪或在线离子专用电极，被证明是具有很高性价比的连续监测方法。

4. 非挥发性残留物

在某些情况下，去离子水和其他溶剂可能会被不能电离的物质污染，因此用电导率传感器检测不到，也不会散射足够的光线，从而被液体颗粒计数器检测到。在许多情况下，在线非挥发性残留物（NVR）监测器可以在LPC或电导率监测器未能检测到污染物的情况下提供所需的保护。NVR监测器在压力下对流体进行采样，并使用雾化器将流体雾化。挥发性溶剂被蒸发掉，留下的凝聚核太小而不能用常规的光学粒子计数器（OPC）观察到。首先将气溶胶通过颗粒调节室（蒸发冷凝装置），以使冷凝核生长至可由OPC检测的尺寸，该检测器能够近乎实时地（几十秒内）将NVR降至1ppb。然而，对于连续监测系统而言，这些传感器每个采样点的成本都太高且不实用。因此需要一个实用的多点采样系统，但是目前还没有可以使用的模块。

5. 水分含量和露点

必须经常监测压缩空气和其他气体的可冷凝蒸气，特别是水蒸气。压缩空气的要求是水蒸气含量低至需要露点分析仪。气体的露点是液态水从压缩气体中凝结出来的温度，一个常见的露点要求是-40℉。

6. 总有机碳

总有机碳（TOC）是一种可用于监测去离子水纯度的方法，因为有机分子不会离子化，不溶于水，且存在于其临界胶束浓度以上。如果有机污染物不能电离，则不能被电导率监测仪检测到。如果它不溶而低于临界胶束浓度，则不会形成液滴，因此不会被LPC检测到。TOC分析仪能为有机分子提供接近实时的ppb级灵敏度检测和监测。

7. 成分

通常清洗设备设计成自动计量清洗剂并且自动注入清洗槽的新鲜去离子水中，计量泵在使用过程中并不可靠。在线紫外吸收检测器可以添加到监测系统，以确保进入清洗槽的洗涤剂溶液浓度是正确的。其他液体流的成分可以使用离子专用电极、电化学分析仪和各种其他传感器来监测。

8. 超声波容器性能

在超声波清洗中，消除污染有两个过程：空化和声流。主要清洁机制是空化，空化是由于超声压力波的相长干涉而在清洗液中形成微小的气泡。当空化气泡破裂时，它们形成微小的高速液体射流，从而去除表面上的污染物。然后声流作为次要的和较弱的清洁机制，将污染物从表面带走。

如果容器内液体的声压级太低，则不会形成空化气泡，容器的清洗效率变低。相反，如果液体中的声压级过高，则会对零件表面造成严重的损坏，特别是是由软腐蚀敏感材料（如软铝合金和许多聚合物）制成的零件。可使用传感器来监测超声波清洗池的性能。

7.3.4 表面清洁度和静电荷

下面讨论3个主要的关注领域：
（1）由于静电荷导致的表面污染率增加；
（2）工作区、工具和操作员接地；
（3）空气电离器状态。

1. 由于静电荷导致的表面污染率增加

目前，没有实时传感器可用于实时监测来自空气对表面的颗粒污染物的累积。另外，表面污染率的主导形式是接触传递。在接触传递中，污染来自在该区域工作人员的手和手套、工作台面和包装材料。

如上所述，可以使用多个实时空气污染监测设备（如光学粒子计数器和空气分子污染监测仪）间接监测表面污染率。另外，表面的颗粒污染率受到表面静电荷水平的强烈影响。因此，间接监测表面污染率的一种方法是监测空气电离性能和表面电荷水平以及空气粒子污染监测。

表面污染率与小颗粒表面上的平均电荷水平成比例。一般来说，表面污染率与表面平均电荷水平成正比。在低表面电荷水平下，大于 $3\mu m$ 的颗粒表面污染率基本上不受表面电荷水平的影响。但是，随着表面电荷水平的增加，对表面污染率没有影响的最大粒径转变为更大的粒径。

有两个因素用来描述表面上的电荷水平：静态电荷耗散或分流到大地的速率以及表面上的平均电荷水平。洁净室和防静电工作区通常使用3种材料。

（1）导电性材料：表面电阻率低于 $10^6\Omega/sq$。
（2）消散型材料：材料的表面电阻率范围为 $10^6 \sim 10^{12}\Omega/sq$。
（3）绝缘型材料：表面电阻率高于 $10^{12}\Omega/sq$。

如果接地，导体和静电耗散材料将非常迅速地放电到接近0。绝缘材料不能接地，而在洁净室里，空气中的离子只能非常缓慢地放电。即使是导电材料和耗散材料，如果没有正确接地，也会长时间保持带电状态。表面上的电荷水平可以使用场电位计来表征。如果发现高电量，可能需要对环境中的空气进一步电离以帮助中和这些电荷。

装有空气离子发生器的洁净室的放电时间和悬浮电位（平均电压）可以用带电板监测器进行监测。微型带电板传感器和低成本监测系统可为洁净室和ESD安全工作区域提供监测系统。另外，这些实时监控器可以配备专门的传感器，以监控工具、工作台面、产品、人员和其他表面的电量。因此，可以监测直接影响表面污染率的因素。

2. 工作区、工具和操作员接地

除了监测电荷水平外，监视器还可用于监测磁盘驱动器制造中许多物体（如工作区垫子和地板）的接地状态。腕带接地系统的性能也可以通过测量操作员皮肤的电阻来监测。

3. 空气电离器状态

空气电离器的几种设计都有自平衡电路。这些设备对放电针磨损、污染积累和工作区布局变化进行补偿的能力有限。当这些因素中的任何一个导致自平衡离子发生器失去控制时，它们可以激活警报。大多数类型的空气电离器都可以连续监测报警，从而做出反应。

7.4 在水性清洗应用中对原位监测进行评估

在清洁磁盘驱动器和其他精密装配行业中，单个零件或子组件的主要清洁工艺是水清洁。该过程通常包括浸入超声波搅拌、去离子（DI）水，去污剂混合物中浸泡进行初始清洁，然后在越来越纯净的去离子水的多个连续超声波清洗池中冲洗。我们研究使用原位液体光学颗粒计数器来监测这种清洁过程的可行性。同时，研究了一些影响颗粒计数的变量，还探索了使用两个不同的液体颗粒计数器离线测量零件清洁度的初步相关性，讨论了使用粒子计数器作为在线实时原位颗粒监测器（ISPM）的可能管理策略。

可以采取几种方法来监测和控制洁净高科技产品上的颗粒污染物，包括定期采样清洗液中的液体，并使用直接或间接的粒子测量技术定期测量部件。Nagarajan[8]和Gouk[9]报告的结论很好地支持了定期的零件测量。历史上，从生产中定期取样部件的方法已经满足了用户的需求。

清洗液或来自于清洗液部件的定期采样有以下几个缺点。

（1）手动采样可能会中断生产，并可能导致清洗液污染。

（2）在分析之前，从正在进行的生产中采样的零件在搬运或包装中可能会发生再污染。

（3）清洗液采样和部件采样是周期性的，可能并不总是代表清洗液状况。

(4) 这两种技术都需要进行离线实验室分析，但可能会引起程序错误，并可能导致延迟获得结果。

这些缺点导致的数据完整性可能受损，并且无法实时捕获不符合颗粒清洁度要求的部件批次。对于个别样品的颗粒清洁度的认知是相对完整的，但是因为取样频次太低，对于统计清洁度的认识却很差。这使得统计过程控制难以实现。Vargason[10]通过论文阐述了这些困难，在论文中也描述了半导体酸处理的多点ISPM。

Hess[11]描述了应用ISPM来快速优化半导体清洗槽。后来，Hess[12]在另一篇论文中描述了将ISPM应用于第二个半导体清洁系统，在该系统中，试图显示与使用晶片扫描仪的直接表面检查的相关性。结果显示，ISPM所报告的清洗槽中的颗粒计数与晶片上的颗粒表面计数之间存在明显的负相关性。这个结果的影响超出了在文章中假设的范围。虽然这些研究解决了许多关于ISPM在监测清洗过程中应用的问题，但都侧重于加工半导体晶圆的清洗槽。

Knollenberg[13]报道了使用ISPM来监测磁头组件清洁器中的颗粒的方法，磁头是硬盘驱动器的一个重要组件。在这项研究中，作者能够证明最终冲洗溢流（围堰后的采样）和从组件中超声提取的残余颗粒之间的强烈正相关性，测量使用的是液体光学颗粒计数器（LPC）。他们还能够展示ISPM的几个应用程序，以优化清洁器的性能并监测设备故障模式。然而，这项研究并没有解决更为复杂的问题，因为清洁器专门用于清洁单一零件类型。

这里的目标是确定使用ISPM来监测清洁器性能的可行性，在这种清洁器中，清洁了可变来料清洁度水平的几种不同类型部件。使这个问题进一步复杂化的事实是，到达率、清洁筐顺序和每个清洁筐的零件数量是可变的，这是应用ISPM的一个极端挑战，但值得对相关因素进一步进行评估。

7.4.1　实验描述

1. 清洁过程

清洁器由5个连续的清洁池组成。前两个池是预洗池和清洗池，最后3个是冲洗池。水箱由不锈钢制成，容量大约为80L，并配有浸入式超声波传感器。所有的发电机都是1000W的机组，在扫频模式下以95%的全功率工作。该系统是自动加载的，尽管对于下面描述的某些测试，清洁器是在手动模式下运行的。表7.5中描述了系统的重要操作数据（该系统还包括两台强制热风干燥器，本研究中未测量其颗粒性能）。

表 7.5 清洁过程的说明

参 数	水 箱				
	1	2	3	4	5
水箱名称	预洗	清洗	冲洗池 1	冲洗池 2	冲洗池 3
围堰	单侧	单侧	四侧	四侧	四侧
流体	去离子水	去离子水+0.02%非离子表面活性剂	去离子水	去离子水	去离子水
温度/℃	45+7-3	45+7-3	45+7-3	45+7-3	45+7-3
超声波频率/kHz	40	40	75	75	75

该系统以下列方式运行：当每个池中有部件装满清洁筐时，再循环系统关闭，但是超声波电源一直开着，持续 175s。当清洁筐进入或离开水箱时，关闭超声波电源，但再循环系统打开，导致相对大量的水溢出围堰。如果清洁筐的到达率是连续的，则再循环总共为 35s。如果零件到达时间间隔较长，再循环系统将保持较长时间。所有的清洗槽用大约 4L/min 的洁净水连续地进料。每个池子以 4L/min 的速率连续排出。再循环和补充水的过滤系统先后通过孔径为 5μm 和 0.2μm 的过滤器。结果见 7.4.2 小节，操作顺序（打开和关闭超声电源和循环泵）对颗粒计数特征具有显著影响。

2. 原位颗粒监测仪及其安装

原位颗粒监测仪由配备有 0.3μm 分辨率传感器的 PMS 900 型 CLS 采样器组成。仪器的输出采用 PMS Pharmacy View 软件在便携式计算机上采集计算，尽管 PMS Facility View 软件也可以用于相同的结果。原位颗粒监测器采样器通过样品滴定管和溢流储液器抽取样品。在这种安装布局中，用长大约 2m、内径为 3mm 聚四氟乙烯管道将池体连接到颗粒计数器。管道的内部容积约为 13cm^3。所收集的总样品大约是样品管中容量的 4 倍，确保了充足的样品冲洗。

所测颗粒数是指每立方厘米容积中粒径等于或大于 0.3μm、0.5μm、0.7μm、1μm、2μm、3μm 的颗粒数。在 3 个不同的位置收集样品：①在 4 号池（冲洗池 2）围堰内；②在 4 号池（冲洗池 2）内；③在 5 号池（冲洗池 3）内。希望获得 4 号池围堰中的测量结果以及 4 号池内部的测量结果，并比较 4 号池内部和 5 号池内部的采样结果。

3. 粒子测量过程

ISPM 的运行并不是由清洁筐到达任何特定的清洁池所触发的。也就是说，清洁器和 ISPM 独立运作。因此，当一筐零件进入被监测的池内时，ISPM 的事件顺序是不受控制的，这个事件顺序可能会影响任何清洁筐载荷的峰值。采样过程首先从样品管中通过样品滴定管及其连接的溢流储液器抽取液体，直至液体达到当前限值；然后施加压力以迫使样品液体通过传感器以抑制气泡形成。在预设的采样时间结束后，样品滴定管和溢流池中剩余的液体被排出。将设备中的压力排放到大气中，以准备迎接下一个样品。

4. 本研究期间的部件清洁

本研究期间清洁了 12 个不同的部件，这些部件包括大面积电泳涂漆铸件和机加工铝部件，裸露的铝制零件，铸塑件，不锈钢零件以及由不锈钢和弹性体塑料组合而成的部件，这些零件的抵达频率随其尺寸和消耗量不同而不同。可以使用 3 种通用描述将这 12 个不同部件进行分类：裸铝部件、塑料部件和其他部件。表 7.6 中总结了 3 种采样条件下这 3 组通用部件类型的清洁筐数量：从 4 号池的围堰中采样，在 4 号池内采样，在 5 号池内采样。

表 7.6　清洁筐计数的零件分组和采样条件　　　　（单位：个）

样品位置	裸铝	塑料	其他
在 4 号池围堰内	7	6	29
在 4 号池内	11	13	98
在 5 号池内	7	9	53

显然，"其他"类别是本研究评估的绝大多数清洁筐。在这个类别中，某个零件号代表了 180 个清洁筐中的第 111 个。这一标记可能允许对清洁器中颗粒计数进行详细的描述，记录进入清洁器的零件的类型和数量。这允许 ISPM 记录的每个峰值与正在清洗的部件类型之间存在唯一关联。

7.4.2　实验结果

1. 样品入口位置的影响

研究开始时，样品入口位于从 4 号池两侧溢出的液体进入其围堰（2 号冲洗池）的位置。图 7.13 所示为在清洗部件的生产期间记录的颗粒浓度的代表性图表。此图表显示 3 种尺寸范围内的累计颗粒浓度与一天当中时间的关系。颗粒浓度轨迹上方的水平条表示 11 个不同的部件清洁筐进入和离开 4 号池的大概时间。

其中一个特点是引人注目的。每一个部件筐显然都被报道为两个独立的高峰，或峰值前有一个平稳期，此结果可以通过理解清洁器的操作来解释。随着部件进入每个清洗池，再循环/过滤系统开始运行。因此，来自水箱的大量液体从围堰溢流到颗粒计数器的入口。清洁筐进入后 35s，关闭再循环泵，围堰的溢流流量为补充流量，约 4L/min。在循环结束时，关闭超声波搅拌器，再次打开循环泵，增加清洗池在围堰上的溢流流量。因此，当清洁筐首次进入清洗池时（高溢流率），颗粒数达到一个初始峰值（高溢流率），在超声波清洗期间粒子数量较低（低围堰溢流率），以及最后在超声波搅拌关闭后颗粒计数较高（高围堰溢流率）。因此，颗粒到达采样位置的速率受清洗设备操作周期的影响。

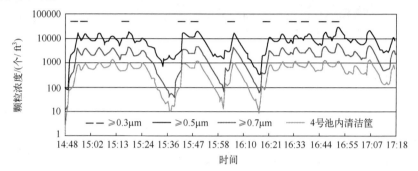

图 7.13　颗粒计数：1月25日，第一个班次，在4号池围堰采样

将样品入口重新定位到4号池内部消除了这种双峰效应，如图7.14所示。水平条表示清洁筐在4号池中的时期。可以识别一个不那么模糊的高峰。这可以更清楚地解释清洁过程中颗粒计数历史。可以对位于4号池围堰之外的样品入口与4号池之内的样品入口进行统计比较（表7.7）。这些结果表明，对于5个部件中的4个部件而言，与4号池内部取样相比，在围堰外进行采样显著降低了峰值颗粒计数。小的裸露不锈钢部件的结果相反：在围堰中获得的颗粒数大于在清洗池中获得的颗粒数。这个结果可能是由于样品中这些部件的批次数量很少所致。通过使用 t 检验，只有在裸露的铝部件和裸露的小型不锈钢零件具有95%的置信水平，因此才具有统计学意义。

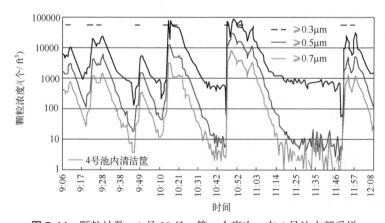

图 7.14　颗粒计数：1月28日，第一个班次，在4号池内部采样

表 7.7 从 4 号池围堰取样或从 4 号池内部取样的 ISPM 结果比较

(单位：个/cm³ (±0.3μm))

位 置	参 数	涂漆铝铸件	裸 铝	大型裸不锈钢	不锈钢加弹性体	小型裸不锈钢
4 号池围堰	平均值	16433	34789	12506	7483	26641
	标准偏差	3831	7959	4535	3998	5182
4 号池内部	平均值	18400	57903	14037	17229	14200
	标准偏差	6184	13196	7722	9905	5986

对于具有大量清洁筐数的 4 个部件而言，表 7.8 中总结了在 4 号池和 5 号池内测量的可比较清洁筐的平均颗粒计数。这些结果与预期的符合度很高，在两种情况下，结果如预期：4 号池中的平均颗粒数大于 5 号池中的颗粒数。对于其他两个部件，则明显相反：5 号池中的颗粒数高于 4 号池中的颗粒数。这表明涂漆铝铸件和裸铝部件可能需要更长的冲洗时间。同样，使用 t 检验，4 号池和 5 号池内采样的颗粒计数之间的差异仅对裸铝部件有统计学意义。

表 7.8 从 4 号池或 5 号池取样的 ISPM 结果比较

(单位：个/cm³ (≥0.3μm))

位 置	参 数	涂漆铝铸件	裸 铝	大型裸不锈钢	不锈钢加弹性体
4 号池	平均值	18400	57908	14037	17229
	标准偏差	6184	19186	7722	9905
5 号池	平均值	19280	77055	13366	13553
	标准偏差	5198	9332	3479	9020

2. 部件到达率和顺序的影响

注意，零件清洁筐的到达率和顺序是不受控制的。因此，相对干净的部件（如大的裸露不锈钢部件）可能会在相对较脏的裸露铝部件或相对清洁的塑料部件之前进行清洁。如果这种情况发生的时间间隔太短，冲洗池不能恢复到基线状态，则每个清洁筐的起始值将变化很大。当清洁筐进入冲洗池时，基线的不可预测性对任何给定的一筐零件所能达到的最高颗粒计数有显著的影响。一种可能的解决方法就是从清洁筐的峰值中减去其进入之前基线的最低值，而不管基线是否完全恢复。为了进行分析，将 4 号池和 5 号池中采样的峰值进行合并，并且与清洁器操作前 5min 中最低值的校正峰值相比较。结果如表 7.9 所列。

表 7.9 在 4 号池和 5 号池中采样的每种部件类型的峰值与先前基线校正峰值的比较 （单位：个/cm³ （≥0.3μm））

条 件		涂漆铝铸件	裸铝	大型裸不锈钢	不锈钢加弹性体	小型裸不锈钢
峰值	平均值	18695	64665	13778	15595	14211
	标准偏差	5857	18607	6378	9434	5986
	COV[①]/%	31	29	46	60	42
基线校正峰值	平均值	13519	64174	8758	6526	12294
	标准偏差	5942	19227	4247	3036	3745
	COV/%	44	30	49	47	30

① COV 为方差系数。

在每一种情况下，通过校正之前的基线可减少一种类型零件的平均值。但是，由于之前到达清洁筐的零件类型不受控制，修正量仍然是可变的。因此，修正的起点是可变的。对于这种基线校正方法，变异系数（标准偏差乘以 100 除以平均值）并不总是得到改善。这表明，在此研究中，减去峰值之前的最低值并不是一个可行的校正变量基线的方法。

为了确定基线校正是否有价值，将未校正的峰值与仅在清洁器有机会基本完全恢复基线之后才出现的峰值进行比较（如小于 1000 个/cm³ （≥0.3μm））。表 7.10 中显示了这 4 种类型部件的比较。修正完全恢复基线的峰值可以改善这 4 种类型部件的可变性系数。对于裸铝、大型裸露不锈钢和不锈钢加弹性体部件，使用 t 检验进行比较具有统计学意义。在使用 ISPM 的清洁器管理方面，允许清洁器恢复到较低的基线将是有益的。这可以通过允许篮子之间更长的延迟时间来实现，修改清洁器功能也可以实现更快的恢复，或者两者组合使用。

表 7.10 在 4 号池和 5 号池中采样的每种部件类型的峰值与先前完全恢复基线校正峰值的比较 （单位：个/cm³ （≥0.3μm））

条 件		涂漆铝铸件	裸铝	大型裸不锈钢	不锈钢加弹性体
峰值	平均值	18695	64665	13778	15595
	标准偏差	5857	18607	6378	9434
	COV/%	31	29	46	60
校正峰值	平均值	18636	73171	11035	6073
	标准偏差	5170	9881	4413	1073
	COV/%	27	14	40	18

3. 清洁筐载荷的影响（装载水平）

一般而言，每个清洁筐将包含一个或多个部件插件。一般来说，每个插件清洁筐将完全装满。在少数情况下，进入清洁器的一个筐子里会有不止一种类型的零件插件。通过记录每个清洁筐载荷中插件的数量和类型，可以确定清洁筐载荷是否对筐子的未校正峰值产生有显著的影响，结果列于表 7.11 中。在这个分析中没有出现大型涂漆铝铸件，因为对于这些大型铸件，一次只能清洁一个插件。这些数据表明清洁筐装载水平对未校正的峰值有显著的影响。在使用 ISPM 的清洁器管理中，清洁筐装载水平显然是一个应该加以控制的变量。

表 7.11 清洁筐载荷的影响，通过插件的数量测得[①]

（单位：个/cm^3（$\geqslant 0.3\mu m$））

插件数量	裸铝		钢		弹性体	
	平均值	标准偏差	平均值	标准偏差	平均值	标准偏差
1	28359	8747	12845	4354	5440	—[②]
2	39099	—[②]	17152	10371	11255	8946
3	70071	8578	n. a.	n. a.	17180	6242
4	74382	[②]	n. a.	n. a.	n. a.	n. a.
5	68563	13308	n. a.	n. a.	n. a.	n. a.
6	79744	13013	n. a.	n. a.	n. a.	n. a.

① n. a. 表示不适用；
② 包含该插件数量的清洁筐只有一个。

4. 与实验室测量的相关性

对于选择的清洁筐，可以对部件采样并送到离线污染实验室进行 LPC 分析。这部分研究的目的是确定使用离线提取和实验室液体颗粒计数器的清洁器和颗粒计数之间是否可以建立关联。离线提取是使用 Branson DHA 1000 超声波清洗池完成的。该容器总是装满约 4L 的干净去离子水，向其中加入几滴清洗剂。将部件置于规定的 Pyrex 玻璃器皿中进行提取，其中含有已过滤去离子水和 0.02% 表面活性剂溶液。对部件进行 1min 提取，之后立即进行 LPC 计数。DHA 1000 超声波水箱额定功率为 150W，并装有约 4L（1gal）的水。相比之下，在线清洁器有超声波发生器，输出 950W，装有大约 80L（20gal）水。因此，DHA 1000 超声波水箱中的能量密度通常为 150W/gal，而清洁器超声波清洗池的能量密度则通常为 48W/gal。因此，实验室提取中的颗粒去除效率可能比在线清洗机的大得多。

两种不同的颗粒计数器可用于 LPC 分析。使用 HIAC/Royco 8000A 型颗粒计数器测量所有部件，用 ASAP 采样器采样并使用 HRLD-150 传感器测量。

记录大于 2μm、3μm、5μm、9μm、15μm、25μm、50μm 粒径的累积颗粒计数。另外,通过 CLS600 采样器使用 PMS μLPS 颗粒计数器对来自某些部件的剩余提取物进行计数,并使用 IMOLV 0.5 传感器进行测量。记录大于 0.5μm、0.7μm、1.0μm、2μm、3μm、5μm、10μm、15μm、25μm、50μm 粒径的累积颗粒计数。这里允许 3 种 LPC 的比较,因为 3 种仪器的粒度重叠如表 7.12 所列。

表 7.12 本研究中使用的 3 个 LPC 的常用粒径范围

粒径/μm	PMS ISPM	PMS μLPS	HIAC/Royco 8000A
0.3	是	否	否
0.5	是	是	否
0.7	是	是	否
1	是	是	否
2	是	是	是
3	是	是	是
5	否	是	是
9	否	否	是
10	否	是	否
15	否	是	是
25	否	是	是
50	否	是	是

从表中可以看出,ISPM 与 μLPS 中的 5 个粒径通道(范围为 0.5~3μm)以及 8000A 中的两个粒径通道中(2~3μm)重叠。μLPS 与 8000A 在 6 个粒径通道内重叠,范围为 2~50μm。在这个测试中使用的 ISPM 仅在两个粒径通道上与 HIAC/Royco 8000A 重叠。因为离线零件清洁度测量使用的是 HIAC/Royco 仪器而不是 PMS μLPS。

1) 裸铝部件

裸铝部件是超出预计的,所以取两批裸铝部件进行实验室分析。粒径分布列于表 7.13 和表 7.14。在 80L 的水中,6 个裸铝部件插件的篮子载荷装有 1920 个部件,这相当于每升水中有 24 个部件。相反,离线测量每升水中仅有 5 个部件。因此,清洁器中的颗粒物负荷应该比离线实验室测量值高出近 5 倍。这可以部分地补偿离线提取中的额定超声波能量密度比清洁器中的标称超声能量密度大 3 倍的情况。

表 7.13　由 ISPM、PMS μLPS 和 HIAC/Royco 8000A 测得的裸铝部件累积粒度分布　（单位：个/cm³）

粒径/μm	ISPM	PMS μLPS	HIAC/Royco 8000A
0.3	76010	—	—
0.5	21156	7752	—
0.7	5214	3716	—
1	1193	2030	—
2	58	128	483
3	16	21	279
5	—	3	66
9 (H/R) 或 10 (μLPS)	—	1	7
15	—	0	1
25	—	0	0
50	—	0	0

表 7.14　由 ISPM、PMS μLPS 和 HIAC/Royco 8000A 测得的裸铝部件累积粒度分布　（单位：个/cm³）

粒径/μm	ISPM	PMS μLPS	HIAC/Royco 8000A
0.3	65217	—	—
0.5	18066	11819	—
0.7	4054	7472	—
1	878	4526	—
2	47	298	1014
3	4	41	603
5	—	5	147
9 (H/R) 或 10 (μLPS)	—	2	12
15	—	1	1
25	—	1	0
50	—	0	0

首先将清洁器中获得的 ISPM 结果与离线实验室测量中的 μLPS 结果进行对比。在 0.3μm 和 0.5μm 通道中，ISPM 的颗粒计数超过了 12500 个/cm³ 的符合性限值。因此，这些通道中的计数低估了冲洗罐中真实的颗粒浓度。另外，超过计数符合性极限可能导致将数个小颗粒计数为单个大颗粒，然后可

能出现在更大的通道中。这可以解释这样的观察结果：

在 0.5μm 和 0.7μm 通道中，ISPM 报告的颗粒数量更多，但是对于裸铝部件而言，在 1μm、2μm、3μm 通道中报告的颗粒数量少于在离线粒径测量中报告的 μLPS 的。粒子可能已经转移到更大的通道（0.5μm 和 0.7μm），致使粒径分布失真。

如果比较仅限于大于 1μm 的颗粒，则看起来 ISPM 报告的颗粒数低于 μLPS 的，但不一致性较小（小于 1/3 倍）。考虑到颗粒计数器、每升水中装载的部件以及这两个比较之间的功率密度的差异，这是合理的结论。转而使用 μLPS 和 HIAC/Royco 进行实验室测量之间的比较，可以发现，比 HIAC/Royco 仪器的计数低，HIAC/Royco 仪器的计数与 μLPS 的相比大了 4~30 倍。这个结果完全超出了预期，因为早期的研究作者指出，使用相同的传感器，μLPS 与 HIAC/Royco 8000A 之间具有良好的相关性。最后，将 ISPM 与 HIAC/Royco 进行比较，可以发现 HIAC/Royco 的测量结果远远大于相同粒径通道的计数。

ISPM 在清洁器中测得的颗粒浓度超过了 0.3μm 和 0.5μm 通道的计数符合性限值。因此，0.3μm 和 0.5μm 通道中的颗粒浓度可能被低估了，0.7μm 和 1μm 通道中的颗粒浓度可能被高估了。同样，将我们的比较限制在大于 1μm 的颗粒上，ISPM 报告的颗粒数比 μLPS 的低 1/10~1/5 倍。

通过比较 μLPS 和 HIAC/Royco 实验室测量，HIAC/Royco 报告了显著更多的颗粒数量。最后，将 ISPM 与 HIAC/Royco 进行比较，我们发现在 2μm 和 3μm 通道中 ISPM 数量分别低 1/150 倍和 1/20 倍。由于这些 ISPM 的测量结果大大超过了符合性计数限制，所以粒径分布可能不是用于建立与实验室部件清洁度测量相关性的最可靠方法。

2）大型裸不锈钢部件

采用 3 种技术对 4 批大型裸不锈钢部件进行采样和比较，如表 7.15~表 7.18 所列。清洁器中的清洁筐载荷约为每升水 0.75 个部件；在实验室测量中是每升水 2 个部件。因此，预计清洁器中的颗粒物负荷是离线部件测量值的 1/3。因此，如果 ISPM 可以用来与离线实验室测量的零件清洁度相关联，则预计颗粒计数器之间的比较是一个更可靠的指标。ISPM 计数的粒子数少于 μLPC 的。但是，如果我们将 ISPM 数据乘以 2.67（括号中的数字），那么两个粒子计数器之间的不一致就会减少。μLPS 与 HIAC/Royco 之间的一致性仍然不能令人满意。最后，对于两种情况下的不同部件载荷，当使用 2.67 的校正因子时，对于 2μm 和 3μm 通道而言，ISPM 的数据将来自于 HIAC/Royco 的数据分别低估了 1/10 和 1/5。

表 7.15　由 ISPM、PMS μLPS 和 HIAC/Royco 8000A 测得的大型裸不锈钢部件累积粒度分布　　　（单位：个/cm³）

粒径/μm	ISPM	PMS μLPS	HIAC/Royco 8000A
0.3	11014（29482）	—	—
0.5	3411（9107）	5093	—
0.7	756（2018）	1773	—
1	114（304）	878	—
2	11（29）	58	169
3	4（11）	16	111
5	—	6	41
9（H/R）或 10（μLPS）	—	2	11
15	—	1	3
25	—	0	0
50	—	0	0

表 7.16　由 ISPM、PMS μLPS 和 HIAC/Royco 8000A 测得的大型裸不锈钢部件累积粒度分布　　　（单位：个/cm³）

粒径/μm	ISPM	PMS μLPS	HIAC/Royco 8000A
0.3	19239（51368）	—	—
0.5	5033（13438）	5486	—
0.7	1159（3094）	2016	—
1	218（582）	1062	—
2	17（45）	101	285
3	7（19）	31	193
5	—	10	76
9（H/R）或 10（μLPS）	—	3	17
15	—	1	4
25	—	0	0
50	—	0	0

表 7.17　由 ISPM、PMS μLPS 和 HIAC/Royco 8000A 测得的大型裸不锈钢部件累积粒度分布　　　（单位：个/cm³）

粒径/μm	ISPM	PMS μLPS	HIAC/Royco 8000A
0.3	12890（34416）	—	—
0.5	3764（10050）	5020	—

续表

粒径/μm	ISPM	PMS μLPS	HIAC/Royco 8000A
0.7	952（2542）	1903	—
1	193（515）	983	—
2	20（53）	55	135
3	6（16）	15	84
5	—	5	31
9（H/R）或 10（μLPS）	—	2	9
15	—	1	2
25	—	0	0
50	—	0	0

表 7.18　由 ISPM、PMS μLPS 和 HIAC/Royco 8000A 测得的大型裸不锈钢部件累积粒度分布　　　　　　　　　（单位：个/cm³）

粒径/μm	ISPM	PMS μLPS	HIAC/Royco 8000A
0.3	10379（27712）	—	—
0.5	3188（8512）	5265	—
0.7	817（2181）	1865	—
1	163（435）	601	—
2	13（35）	83	196
3	3（8）	25	128
5	—	8	51
9（H/R）或（pLPS）	—	3	14
15	—	1	3
25	—	0	0
50	—	0	0

5. ISPM 与 μLPS 和 HIAC/Royco 的相关性

表 7.19 中结果显示了本研究中使用的 3 种不同技术之间的相关性。对这些数据的检查，可以预测，原始数据或校正 ISPM 数据与使用 HIAC/Royco 粒子计数器（$R^2=0.02$）所进行的离线测量之间不存在相关性。

表 7.19 ISPM 和 HIAC/Royco 离线零件测量之间的相关性

(单位：个/cm³ (≥2μm))

部件类型	ISPM		HIAC/Royco
	原始数据	校正数据	
大型裸不锈钢	11	29	169
	17	45	285
	20	53	135
	13	35	196
涂漆铸件	9	34	484
	26	99	419
	28	106	565
	25	98	647
	24	91	673
	16	61	504
	33	125	394
不锈钢加弹性体	10	9	177
	7	6	262
	57	51	261
塑料	21	12	46

另外还进行了一些测试，以确定冲洗周期中清洁筐对峰值的影响。这些测试表明，一些用于裸铝部件的清洁筐可能对峰值颗粒计数有显著的影响。

7.4.3 使用 ISPM 管理

可以为使用 ISPM 定义若干目标，以便协助管理清洁器。其中最重要的一项是对不符合质量控制要求中统计过程控制标准的成批零件进行识别和隔离；另一个目标是以自动方式收集描述零件清洁度的数据。在这项研究中，部件被清洗，因而具有多种表面清洁度。此外，部件清洁筐的到达率和组成是不受控制的。这导致难以解释清洗池中的峰值污染值，这也导致难以将清洗池中的颗粒计数与离线实验室部件清洁度测量值相关联。

可以进一步提出一些改进，以提高使用 ISPM 来评估清洁器的价值。

(1) 应该改善清洁器周期，以接近全面运作的基线。也就是说，应当增加再循环时间和流速，以使清洁筐之间的基线颗粒计数更接近 1000 个/cm³ (≥0.3μm)。

(2）应该更密切地控制清洁筐的装载。

(3）需要控制插件贡献的清洁度，以防止影响测试结果。

在此应用中，清洁器的操作周期对ISPM可获得的结果有可测量的影响。首先，清洁器恢复到基准颗粒计数的时间明显长于满载零件条件下的清洁筐的到达间隔。清洁筐的到达顺序是不受控制的，所以相对较脏部件的清洁筐可能正好在相对干净部件的清洁筐之前到来。这与较长的清洁槽恢复时间相结合，干扰了清洁器性能的解释。

7.4.4 结论

原位颗粒监测是半导体行业真空过程中公认的技术。在半导体工业的应用中已经证明适用于湿法清洗处理，并且已经证明在磁头驱动器工业中用于磁头组件的可行性，其中清洁器中的部件和污染负载的标识被相对严格地控制。磁盘驱动器的制造是另一个不同的问题。部件的清洁度、清洁筐的装载量以及部件在清洁器中的到达顺序或多或少是随机的。因此，为了使用ISPM作为过程控制工具提供最大效益，对清洁性能的控制要求修改清洁器的管理策略。

7.5 静电荷监测天线

有几种类型的天线可用于静电荷监测。天线的选择取决于电荷监控的目的。有三种类型的天线——盘形天线、可伸缩天线和10pF带电板天线，以及两种将它们连接到电荷监视器的方式。天线可以使用一个单或双香蕉插头连接到电荷监视器上，香蕉插头的使用可以使阻抗匹配电阻器放在电荷监视器内部，或者使用一个同轴电缆连接器进行两者的连接，其中阻抗匹配电阻器放入天线支架内。

可伸缩天线是一个很好的通用区域传感器。盘形天线的目的是监测更局部的电荷，如某一个产品上的电荷。10pF带电板天线专门用于监测空气离子发生器悬浮电压。使用一根香蕉插头将伸缩天线或盘形天线连接到电荷监视器，可以使电线成为传感器的一部分从而能够在工作区的相对较大区域监测静电荷。双香蕉插头用于将带电板天线连接到电荷监视器，从而为带电板的悬浮表面提供接地平面。采用同轴电缆连接器连接消除了导线检测静电荷的能力，提供了高度局部区域的电荷检测。

用于静电安全工作区域的天线上的特氟龙（聚四氟乙烯）

除了在天线基座上使用的特氟龙（聚四氟乙烯）之外，在静电安全工作区域还有许多绝缘体。为了回答"如何确定绝缘体是否适用于静电安全的工作区域"这个问题,必须认识到,大多数静电安全工作区域都装有空气电离器来控制绝缘体和浮动(不接地)导体的摩擦起电。这些离子发生器被安装和平衡后,可以满足工作区关键产品位置的放电时间和悬浮电位的要求。例如,MR 关键工作区(其中磁头线连接到非分线 MR 磁头,但是还没有连接到柔性电路组件上的接合焊盘)通常将需要在 10s 内将 ±1000V 放电至低于 ±20V,悬浮电位限制在 ±20V 以内。如果表面在正常使用条件下充电,电离装置能够在可接受的时间内将其放电至悬浮电位以下,则认为是可接受的。正因为如此,几乎在所有 ESD 安全工作领域,特氟龙(聚四氟乙烯)被认为是可以接受的,包括 MR 关键领域。

参考文献

[1] D. Pariseau, The future of cleanroom monitoring systems, *Cleanrooms*, Jan. 1995, p. 39.

[2] J. Livingston, R. Bower, R. Pochy, and L. Branst, Using an automated clean room monitoring system to maximize contamination control, *Micro*, Oct. 1997, p. 113.

[3] B. Fardi, An evaluation of a cost effective and efficient airborne particle monitoring system, *Proceedings of the 38th Annual Meeting of the Institute of Environmental Sciences*, Nashville, TN, May 3-8, 1992, p. 38.

[4] C. F. Query, Continuous monitoring in clean rooms: a guide for the first time user, *Proceedings of the Asia Pacific Magnetic Recording Conference*, Singapore, July 29-30, 1997.

[5] T. J. Bzik, Statistical management and analysis of particle count data in ultraclean environments, *Proceedings of the Microcontamination Conference*, San Jose, CA, Nov. 20-22, 1985, p. 93.

[6] M. Caminzind, Airborne molecular contamination in cleanrooms, *Cleanrooms*, 12 (1): 1-5, 1998.

[7] D. A. Hope, and W. D. Bowers, Measurement of molecular contamination in a semiconductor manufacturing environment using surface acoustic wave sensor, *Productronica '91*, Munich, Germany, Nov. 1997.

[8] R. Nagarajan, and R. W. Welker, Size distributions of particles extracted from disk drive parts, *Journal of the Institute of Environmental Sciences*, Jan.-Feb. 1993, pp. 43-48.

[9] R. Gouk, Optimizing ultrasonic cleaning for disk drive components, *Precision Cleaning*, Aug. 1997, pp. 13-17.

[10] R. Vargason, Liquid multiport system provides automatic real-time monitoring of wet-process station liquids, *Microcontamination*, Sept. 1990, pp. 39-41.

[11] D. Hess, S. Klem, and J. M. Grobelny, Using in situ particle monitoring to optimize cleaning bath performance, *Micro*, Jan. 1996, pp. 39-45.

[12] D. Hess, K. Dillenbeck, and P. Dryer, Comparison of surface monitoring and liquid in situ particle monitoring (for an HF and DI water rinse hood), *Proceedings of the 43rd Annual Technical Meeting of the Institute of Environmental Sciences*, Los Angeles, CA, May 4-8, 1997, pp. 321-324.

[13] B. Knollenberg, and K. Edwards, Use of in-situ particle monitors in HSA aqueous cleaning processes, presented at the IDEMA Microcontamination Conference, Santa Clara, CA, Mar. 10, 1998, pp. 39-51.

第 8 章

耗材和包装材料

8.1 引 言

洁净室内和防静电工作区内会使用多类耗材,主要为一次性鞋套、手套和手指套、擦拭布、棉签、一次性口罩、发罩、洗手液、护手霜以及一次性洁净服等。选择耗材时应考虑产品或工艺的要求、成本、重复使用性以及废品处理等因素。

随着电子和机电设备功能结构逐渐缩小,它们在抵御污染和 ESD 环境的能力也在逐步降低。此外,在洁净室和 EPA 区内使用的,用于防护 ESD 敏感元件的消耗品的认证过程尚未完全标准化。关于耗材在此类区域中使用时的性能的文献非常少,因此在本章中,我们将探讨耗材选择相关问题,包括认证测试等内容以及批量鉴定测试的必要性。

洁净室耗材测试包括用于特定产品或工艺的耗材合格性测试以及正在进行中的批次认证测试。认证测试方法可进一步细分为功能性测试和材料鉴定测试。批次认证测试具有持续性特点,可采用与材料认证测试不同的测试方法。污染和静电放电性能参数是材料认证时的主要关注因素。但是,可能会只有一个参数可用来说明材料固有可变性特征。在这种情况下,多数正在进行中的认证测试可能只考虑了某一个参数的影响因素。洁净室手套就是一个很好的例子。

耗材消耗量大,自然会有很多的单据,在所有费用中,耗材成本理应是其中最易核算的一项,然而现实却不尽然。文献中关于耗材成本的研究相对较少。1994 年的一项研究[1]列出了一家企业的成本估算,如表 8.1 所列。除了相对较高的成本和消耗之外,由于接触传递的高频次,耗材(尤其是棉签、擦拭布和手套）也是最有可能的污染源。从表 8.1 中的财务数据分析得出，手套占消耗品成本的 40%~75%。因此，后面将以手套作为范例，阐述如何对耗材的污染量和相关的成本进行有效控制。

表 8.1　与洁净室运行相关的物资成本（部分）

条　目	案例 1	案例 2
服装	连体服，2.5 次/周；护罩，3.5 次/周；及膝靴，1 次/周；0.67 美元/人/天	工装，2.5 次/周；护罩，3.5 次/周；无鞋套；0.57 美元/人/天
保洁	日常每天抽真空、更换地垫；每周拖地；0.66 美元/人/天	日常每天抽真空、更换地垫；每周拖地；0.66 美元/人/天
棉签和擦拭布	0.52 美元/人/天	0.52 美元/人/天
手套	每天 4~8 双天然乳胶手套；2.32 美元/人/天	每天 4~8 双丁腈手套；1.02 美元/人/天

8.2　洁净室用手套和防静电手套

　　洁净室和防静电工作区内使用的手套和指套的种类繁多。最常用的是浸胶膜手套，其具有连续性屏障特性，可以保护洁净室环境和产品免受佩戴者污染。其他如针织和缝制的织物手套等，部分可作为屏蔽手套使用。此外，还有特殊环境专用手套，如化学安全手套、防热或防寒手套等。本节仅探讨用于防污染或防静电的浸渍阻隔膜手套、手指套和手套内衬，以及提高舒适度的手套内衬，其他并不在此赘述。

手套内衬和手指套

　　有家企业为降低经营成本，使用一次性洁净室屏蔽膜手套。他们使用手套内衬套住拇指指尖和其中两个手指，用来代替一次性洁净室手套，如图 8.1 所示。他们还使用市售的洁净洗衣机和烘干机进行手套内衬洗涤，充分利用此方法降低成本。该方法的投资回报期不到 6 个月。

　　选择手套时应考虑多种参数，力学性能参数有长度、厚度、无针孔、刺穿、耐磨和抗撕裂性等。污染因素分两类考虑：功能性测试和非功能性测试。功能性测试包括接触污染测试和近接触污染测试。非功能性测试包括对可提取颗粒、阴离子、阳离子、活生物体和有机污染物的测试。在某些应用中，静电放电特性的功能性测试和非功能性测试可能会很重要。本章仅对适用于洁净室消耗品的功能性测试、非功能污染和静电放电性测试进行阐述。

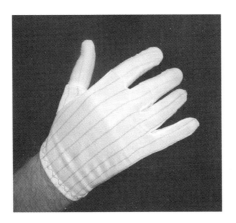

图 8.1 降低手套成本的巧妙方法（该企业选择在拇指和两根手指上佩戴一次性手指套，而非采用可洗涤手套。同时，对手套内衬进行洗涤，这进一步降低了成本）

8.3 功能性与非功能性测试

8.3.1 功能性材料认证测试

同洁净室用物资一样，手套或其萃取物有时会接触产品，有时会置于产品附近。用来评估洁净室用手套功能适用性的测试有两种：接触污染测试和近接触污染测试。也可根据用户要求，进行指定类型测试。

接触污染测试时：首先应准备适合于固定测试样品和产品的设备，使其对测试的影响降到最低，甚至忽略不计，将若干条状测试样品贴在产品上；然后将设备密封在聚乙烯塑料袋内，防止与来自包含测试样品的相近袋子气体相互作用；最后将袋子置于设定的温度和湿度（TRH）室内进行测试，多数企业都采用该方法进行测试。该测试方法通用要求：温度为 70~80℃，相对湿度为 70%~85%，时间持续 4~7 天。测试结束时，TRH 室在非冷凝条件下恢复到环境温度和湿度。将产品取出，检查是否有污渍、变色或腐蚀迹象，可通过肉眼检查，也可使用放大镜检查。近接触污染测试与接触污染测试非常相似，主要区别在于被评估材料靠近产品而不与产品接触，因此要注意确保被测样品不会滴落或下垂到产品上。被测样品位于产品下方时，被测样品与产品的间距通常为 250~1270μm（0.01~0.05in）。

此外，还应考虑如下因素。被评估材料可能会与水、异丙醇或从材料中提取的破坏性物质等化学物质接触。如果是这种情况，则通过将被测材料浸泡在适当溶剂中获取提取物（通常以干燥残留物的形式）用作功能性测试。

通常将这些残留物放在干净的铝称重盘或干净的铝箔上进行近接触污染测试。

8.3.2 非功能性测试：客观实验室测试

将通过功能性测试的材料进行客观实验室测试，可以深入了解材料特性。供应商可利用该测试结果了解材料性能，测试将量化可提取颗粒、阴离子、阳离子、有机污染及生物污染等参数，静电荷在有些工作环境中是一种污染物。这样做是因为该类产品的供应商很少有机会了解客户产品的污染测试结果，第3章已对此进行了详细的阐述。

1. 手套提取颗粒

可提取颗粒测试是最早用于手套的测试方法，最初用于表征金属部件或刚性聚合物部件。该方法首先利用40kHz超声波进行材料提取，而后将颗粒分散到液体中；然后使用比浊法或液体颗粒计数进行分析。人们很快发现，40kHz的超声波并不适用于提取天然橡胶胶乳，这种物质对超声波提取非常敏感，易于破坏。不适合进行超声波提取的材料，无论是用于清洗还是清洁度测量，都会显示一个多次超声波提取曲线，连续测量的每一次的测量值都在不断增加，如图8.2所示。

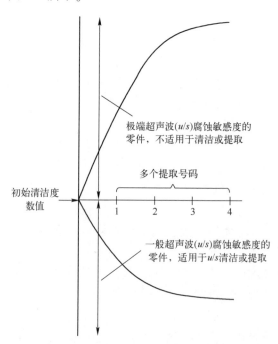

图8.2 多次超声波提取分别用于对腐蚀非常敏感的部件和普通部件的对比曲线

因此，超声波提取随后被定轨振荡器方法所取代，用于去除颗粒。测试手套时，向手套中填充含有约 200mg/L 容积的表面活性剂的过滤去离子（DI）水，并将手套放入含有相同溶液的烧杯中。振荡 10min 后，关闭振动器，取回手套，将液体排回到烧杯中。再振荡 10min，大量空气会以微小气泡的形式进入液体。通常情况下，液体颗粒计数器（LPC）会将气泡视为颗粒来计数。因此，必须开发一个程序来排除由此产生的悬浮于液体中的气体。有两种不同的排气程序：一种是超声波排气，将装有悬浮液的烧杯浸入超声波罐子中，迅速开启和关闭储罐电源，重复该程序 10~20 次，直到悬浮液不再冒泡；另一种是让悬架静置 20min[2]。相比超声波排气，放置 20min 后通常会使颗粒数量减少 1/10~1/5 倍[3]。排气后，使用液体光学颗粒计数器对悬浮液进行计数，当前采用的是 0.5μm 分辨率的颗粒计数器。

2. 可提取的离子含量

离子污染物通常在不含去污剂的去离子水中提取。其中一种方法是将手套内翻后，用去离子水填充，放置在 80℃ 的热板上，该方法通常称为外部浸出法；另一种方法是将已知的手套表面浸入 80℃ 水中 1h，该方法称为内部+外部浸出测试法。环境温度下短时间（通常为 10min）的离子提取通常称为提取，以区别于浸出。浸出或提取后，采用阴离子色谱法和阳离子原子吸收光谱法分析样品。通常使用的阴离子为氯化物、硝酸盐和硫酸盐，也有一些终端用户指定使用磷酸盐。阳离子则通常采用铝、铜、铁、镁、硅、钠和锌等。

3. 其他污染测试

其他污染测试方法如非挥发性残留物（NVR）、有机提取物和生物活性体测试等，也是常用的测试方法。NVR 测试时，用合适的溶剂（通常为异丙醇）洗涤手套，将溶剂在预先称重的量皿中蒸发。所增加的质量用毫克/平方英尺（mg/ft^2）表面积（或每 0.1m^2 的毫克数）表示。NVR 测试的缺点是耗时、程序难度大，偶尔会导致出现重大错误。对于阻隔膜手套，单位面积中大于 0.5μm 的累积颗粒数与 NVR 结果呈直线相关。NVR 和 LPC 测试结果之间的强相关性表明，对于该类型手套，可能并不需要进行 NVR 测试，如图 8.3 所示。

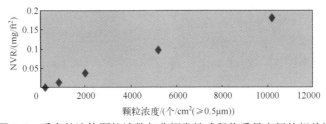

图 8.3　手套的液体颗粒计数与非挥发性残留物质量之间的相关性

可以通过各种有机溶剂从某类洁净室耗材中提取有机材料。异丙醇常用于擦拭洁净室内的工作台，是提取有机残留物的良好起始溶剂。有些则可能需要用侵蚀性更强的溶剂（如丙酮、二氯甲烷或己烷）进行提取，提高烃、可溶低聚物、增塑剂、硅氧烷或其他额外分子的回收率。可溶性材料回收后，可以通过蒸发浓缩样品，与 NVR 程序方法一样。但是，除了称量蒸发残留物之外，还应该采用傅里叶变换红外光谱法进行气相色谱分析，如混合物极其复杂，则采用质谱检测法。多数有机化合物对产品或工艺是有害的，该类化合物的验收标准是"未检出"，硅油就是一个很好的例子。

可以首先通过接触培养基表面，或吸取洗涤物涂布到培养基上来检测生物活性污染物；然后对培养基进行培养，得到有活力的生物体菌落，使其可被鉴定和计数。

8.3.3　手套选择时的静电放电考虑因素

处置静电敏感产品时，选用合适的手套材料至关重要，丁腈被公认为是制造防静电手套的合适材料。PVC 手套也是静电耗散的，通过掺入增塑剂使其变得柔软，增塑剂也是静电耗散材料。但是，增塑剂可能会干扰磁盘润滑剂性能，某些极端条件下会影响镀层产品中膜的黏着性。鉴于此，不推荐使用 PVC 手套。

也可以利用聚氨酯制造防静电手套。聚氨酯具有几方面的优越性能：首先，它非常坚固，手套可以做得很薄，可以提高灵活性；其次，聚氨酯手套耐穿刺和抗撕裂。图 8.4 所示为一种静电耗散型聚氨酯手套示例。聚氨酯手套也可以通过填充碳实现导电性，如图 8.5 所示。

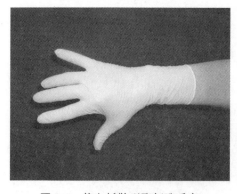 

图 8.4　静电耗散型聚氨酯手套　　　　图 8.5　充碳聚氨酯导电手套

洁净用手套静电放电性能说明

洁净用手套的静电放电性能可以用不同参数来说明，如体积电阻率、表面电阻率、放电时间、残余电压以及摩擦起电趋势等，体积电阻率和表面电阻率是判定材料导电性能的通用参数。上述参数对于选择或认证 EPA 区内设备、设施和产品非常重要。放电时间是判断能否达到安全电压水平的重要参数，可用于判断是否适用于特定的工作环境。当手套或其他消耗品由手套层压结构或复合材料制成时，残余电压就变得尤为重要。如果与外部环境接触的连续相材料高度绝缘，与层压体或复合结构的填充体相比，该材料可能会出现显著的电荷保持现象。

在静电放电鉴定方法中，摩擦起电（当不同材料摩擦或分离时获得和/或传递电荷）的相关测试是迄今为止最有争议的。摩擦起电测试的可重复性和适宜性很值得怀疑，以至于在文献中出现"目前没有一个测试可以预测特定材料的一般摩擦起电性能"的结论[4]。目前，由于还没有关于材料摩擦起电测试的协议标准，因此试图从摩擦起电的角度来评价耗材很困难。

目前，我们有必要从体积电阻率、表面电阻率、放电时间和残余电压等方面来测试耗材的电学特性，体积电阻率和表面电阻率测试方法可行，都有公认的测试方法。放电时间测试也可行，有公认的测试标准，能够反映材料在特定应用中的预期性能。残余电压测试主要基于包装材料经验进行测试，适用于层压或复合结构手套。体积电阻率或表面电阻率可用测量标准多样。目前，认为比较合适的标准是 EOS/ESD 协会标准[5]。比较有趣的是，体积电阻率或表面电阻率与放电时间之间能够建立直接相关性关系。标准测试方法也对放电时间进行了说明，如 FED-STD-101C[6]。

在硬盘驱动器行业手套使用规范中，放电时间性能参数已纳入行业标准。测试人员站立在绝缘物表面上，将手放在一个 20pF 的带电板上进行放电时间测量。首先将验证板和测量人员充电到一定量的初始电压；然后测量放电到目标电压的时间。磁盘驱动器放电最宽泛的放电要求是电压从 ±1000V 放电到低于 ±100V 的时间小于 5s。最严苛的要求是电压从 ±1000V 放电到 ±10V 以下的时间低于 500ms。

8.4 手套使用策略

测试时应考虑耗材和手套内衬的使用方法因素，手套内衬材料的选择取决于最终用途。有些公司把手套内衬视为消耗品：穿上洁净服装时，工作人员会戴上手套内衬，并且在戴上洁净室手套之前，将使用后的手套内衬放在洗衣桶中。有的人继续戴着手套内衬，戴上一双洁净阻隔膜手套进入洁净室，需要手工灵巧操作的行业通常更喜欢半指手套内衬。在大多数行业中，在洁净室中使用手套内衬是由佩戴者选择的，很多人会选择不戴手套内衬。

所有这些选择都会影响静电放电测试结果。使用绝缘材料制成的全指手套内衬（图8.6）可能会影响手套在使用过程中的静电放电性能，由于指尖与手套材料接触，导致由绝缘材料制成的半指手套内衬（图8.7）并不会干扰手套的静电放电性能。与用绝缘材料制成的全指手套内衬相比，静电耗散的全指手套内衬具有一系列的优点。

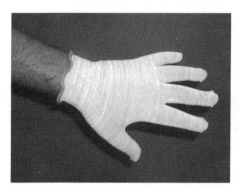 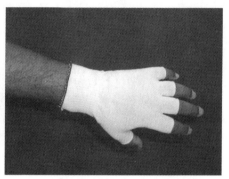

图8.6　全指手套内衬
（该手套内衬线中有银丝，
清洗时会消毒手套内衬）

图8.7　半指手套内衬
（指尖和阻隔膜手套间无布层，
适用于精密组装操作，可提高灵活性）

8.5　初次认证与持续批量认证的需要

耗材初次认证测试时，确定供应商是否能够通过控制措施达到预期的污染控制能力的方式方法不多。通常情况下，仅会对一批或两批耗材进行初次功能性测试和基准测量，以定量确定耗材的污染控制水平，该过程通常称为"首件鉴定"。理想情况下，应对初始批次所属的整批次耗材开展持续检查。

选择成本最低的测试方法，检测耗材的最大变化量，是开展持续测试的最经济有效的方法。根据经验，单个手套上的生物污染几乎总是以一个或几个菌落单位形式呈现。多数供应商即使未定期对变量进行检测，也能够很容易地满足阴离子、阳离子和有机提取物质等方面的要求。然而，我们注意到，多数耗材在颗粒计数方面变化很大，手套和塑料包装膜尤其如此。由于LPC测试相对便宜，使用LPC方法对可提取颗粒进行初步批次筛选测试是符合逻辑的。

8.6 手套洗涤

洁净室手套是最昂贵的洁净室消耗品之一。此外,鉴于其使用性质及接触传递方式,它也是最可能的污染源之一。多数消费者在接收时会明确手套的清洁度要求,该类要求正确合理。然而,对于通过洗涤提高清洁度、使用后清洁度逐步降低等知识却很少有公司了解。

针对此问题,有些学者很早就在研究中发现了天然乳胶洁净室手套的污染现象。此外,近期也有对丁腈橡胶手套污染情况的研究。研究方向包括手套清洁程度、手套洗涤和手套洗涤的效果、手套使用后的逐渐再污染以及原位手套清洁效果等方面。

洁净室手套对于高新制造业至关重要,此前已从污染和静电放电控制角度详细讨论了洁净室用手套检测和认证的方法[7]。本节中,我们将探讨使用中洁净室手套的污染状况和性能问题,并对实际使用条件下影响静电放电性能的因素进行了说明。

8.6.1 用天然橡胶乳胶手套进行早期观察

1985—1987年,主要监管机构对天然橡胶乳胶手套开展了一系列检查。由于对静电放电敏感产品造成的损害相对较低,天然橡胶乳胶是硬盘驱动器(HDD)制造和多数高科技产品制造业的首选手套材料。检查后,人们发现某个特定品牌的天然乳胶手套不会在硬盘驱动器部件上留下指纹,而在同一个洁净室中使用的另外4个品牌都在硬盘驱动器部件上留下了指纹。

将5个不同品牌的手套带到实验室进行分析:首先进行第一项测试,戴上一副手套,触摸显微镜载玻片干净表面。用该种方式对每种样品手套都进行测试;然后使用暗场光学显微镜在160倍放大率下检查显微镜载玻片。结果发现,在每平方厘米范围内留下少于500个且直径大于等于2.0μm的颗粒的手套,不会在硬盘驱动器部件上留下可见指纹,而留下5000个颗粒的手套,则留下了清晰可见的指纹[8],该证据表明了接触可转移颗粒与硬盘驱动器部件上出现缺陷之间的相关性特征。

鉴于用光学显微镜进行手套清洁度检查程序较为烦琐,研究人员将用于手套颗粒提取物识别的光学显微镜和手套提取物计数的液体颗粒计数之间建立了相关关系[9]。尽管未同时报道,研究人员对显微镜载玻片上的沉积颗粒的微观计数、LPC计数和过滤器上计数的颗粒之间也建立了相关性关系[8]。需要研究出一种新的颗粒提取方法进行液体颗粒计数。初步测试表明,由于天然橡胶乳胶对侵蚀性极度敏感，使用超声波提取并不可行。新制定的提取程序如下：

（1）将 300mL 去离子水（DI）和 0.02%浓度的清洁剂放入手套中；

（2）将手套放入 2L 烧杯中，烧杯中装入 500mL 去离子水和 0.02%清洁剂；

（3）以 120r/min 的速度摇动 10min；

（4）从烧杯中取出手套，将手套中的水排回至烧杯中；

（5）通过脉冲快速开关电源进行超声波排气；

（6）立即使用 LPC 进行计数。

该方法可同时对手套的内外表面进行测试。测试使用的手套是左手手套或右手手套，不是双手通用手套。据观察，当某只手套不可用时，操作人员会将手套翻转过来，之后两只手套互相戴在相对的另一只手上，从接触可转移污染角度来看，手套内外部质地同等重要。此外，还进行了一些初步测试，确定手套的阴离子浓度水平。进行阴离子测试时，将手套装满纯度为 $18M\Omega \cdot cm$ 的去离子水，用绞合线密封并置于 $60 \sim 80℃$ 的热板上 1h。待样品冷却至室温后，通过离子色谱分析得出，1985—1987 年使用的天然乳胶手套中大于等于 $0.8\mu m$ 以上的平均颗粒数量为 8000 个/cm^2，阴离子污染量为在 $2 \sim 10\mu g/cm^2$，以氯化物和硫酸盐为主[10]。

8.6.2 手套可洗性

接下来要确定手套是否可清洗。如果颗粒松散地附着在手套上，且可以通过接触转移，则用流水对其搓洗比较有效，水洗也能够有效地去除离子，可使用 Hamamatsu C1515 晶圆表面检测系统对其进行检测研究。调整 C1515 灵敏度，使其针对大致 $5\mu m$ 大小的微粒具有 50%的检测效率。首先戴上一双新手套，触摸裸硅晶片表面，遗留的指纹平均颗粒含量 175 个/cm^2；然后将手套在去离子水流中洗涤并在常规（非 HEPA 过滤）干手器中干燥；最后触摸硅晶片，遗留的指纹平均颗粒含量 3 个/cm^2，且颗粒直径大于等于 $5\mu m$。

通过上述实验得出手套清洁度可以通过接触传递污染，可使用显微镜或晶片检查等手段进行污染物检测。此外，使用 LPC 手套提取物的测量结果证明，手套洗涤对于减少污染接触传递是有效的。还有一个重要问题：手套使用时会发生什么？研究人员决定对生产过程中实际使用有磨损的手套进行清洁度测试，而非进行污染模拟测试。由于手套内部与操作员皮肤接触而累积产生的污染物不会对硬盘驱动器零件产生污染风险，研究人员选择了一种新的 LPC 提取形式，仅对手套外表面进行污染测试。提取过程如下：

(1) 清洗一个 500mL 的烧杯后加入约 350mL 去离子水和 0.02% 清洁剂；
(2) 对溶液进行超声波排气；
(3) 使用 LPC，提取约 50mL，此值作为 LPC 空白值；
(4) 把手套翻过来（脱下手套时，自然而然就能完成这一步骤）；
(5) 将剩余的 300mL 清洁剂水溶液倒满倒置的手套，用扎带密封；
(6) 在含有 500mL 清洁剂水溶液的 2L 烧杯中搅拌 10min；
(7) 将手套内的水倒入 500mL 的烧杯中；
(8) 通过快速开关电源进行超声波排气；
(9) 立即使用 LPC 进行计数。

实验结果有些出乎意外。重复该测试对结果进行验证，如表 8.2 所列。显然，有些地方出了问题。使用 2h 后的手套与全新手套一样干净。将倒入清洁剂-水溶液后发生泄露的手套数量一并考虑时，该问题得到解决。由于针孔的存在，指尖泄漏的手套没有进行 LPC 测试。而少数没有泄漏的手套可能是在 2h 工作期间的某个时间点进行了更换，几乎无机会脱落或通过接触获得颗粒。最令人不安的发现在于，多数操作员都戴着指尖有针孔的手套，从污染的角度来看，这种做法是错误的。

表 8.2 全新及使用 2h 后的天然橡胶乳胶手套对比测试结果

手套状态	颗粒浓度/(个/cm² (≥0.8μm))	泄漏百分比/%
全新	8520	0
使用 2h 后		
测试 1	8270	70
测试 2	8396	57

为了更好地对手套再污染率进行说明，我们回到实验室，使用 C1515 晶圆表面检测系统检测与硅片的接触传递污染。测试时：首先，使用晶片检查系统对手套进行清洗和检测；其次，操作员在洁净室内走动，触摸放置在工作台表面上的物体约 5min；然后，检测从手套到硅晶片的接触传递污染。重复该过程 15min 后，再次检测接触传递污染；最后，在去离子水中洗涤手套，检测接触传递污染。表 8.3 列出了实验数据，可以看出，洗涤后的手套未能保持清洁状态。20min 内，手套的接触传递污染率已恢复到初始状态的 1/2。显然，手套洗涤可以在初期减少接触传递污染，但效果只是暂时的。而重新清洗手套可以使手套恢复到清洁状态。

表 8.3　天然橡胶乳胶手套清洗、再污染和重新清洗后的污染数值

手套状态	接触传递的颗粒浓度/(个/cm² （≥5μm）)
初始状态	175
洗涤后	3
洁净室内使用 5min 后	50
洁净室内使用 20min 后	90
重新清洗后	3

生产制造过程中，可以采取以下方法保持手套清洁。

第一种方法是操作员返回手套站，重新清洗手套。该方法并不可取，会降低生产力。

第二种方法是用异丙醇润湿的洁净室擦拭布擦拭手套，但该方法还未经测试，当前市场上尚无廉价的且预先润湿的一次性洁净室擦拭布。替代方法是使用可用的针织或机织洁净室擦拭布，但该方法管理成本高，经济成本也太高。

第三种方法是为操作员提供工作台粘垫，该方法通过了评估，并最终被选择使用。

那么，工作台粘垫是否能够有效减少接触传递污染呢？研究人员对此进行了说明。将一个标准洁净室地垫切割成面积大小约为 6in² 的地垫，大约 20 名操作员在生产作业前清洗了手套，将佩戴手套 2h。首先使用干净的显微镜载玻片收集接触传递样品；然后使用暗视野显微镜检测转移到显微镜载玻片上的颗粒，并记录 2μm 和 10μm 两种不同尺寸大小的粒子数量。程序如下：

(1) 用新洗的手套触摸显微镜载玻片；

(2) 触摸粘垫后，用清洗后的手套（不同的手指）触摸载玻片；

(3) 使用 2h 后，用手套触摸载玻片；

(4) 用不同的手指触摸垫子；

(5) 用干净的手指触摸载玻片。

表 8.4 所列为粘垫实验结果。新洗过的手套不会将大于 10μm 的颗粒转移到干净的玻璃显微镜载玻片上。但是，会转移直径大于等于 2μm 的颗粒，转移量约为 120 个/cm²（回想一下，即使是最干净的未经洗涤的天然橡胶乳胶手套，大于等于 2μm 的颗粒的直接转移量约为 500 个/cm²）。接触粘垫后，污染减少了大约 40%。洗涤后的手套使用 2h 后，大于等于 10μm 的颗粒数平均转移量为 5 个/cm²。触摸粘垫之后，没有大于等于 10μm 的颗粒被转移到显微镜载玻片上，这表明粘垫 100% 有效去除了手套中新转移的大颗粒。佩戴 2h 后，直径大于等于 2μm 的颗粒平均转移数量为 300 个/cm²。

表 8.4　天然橡胶乳胶手套原位清洁粘垫有效性数据

手套状态	粒径/μm	接触传递的颗粒浓度/(个/cm² (≥规定粒径))	
		接触粘垫之前	接触粘垫之后
清洗后	10 2	0 120	0 70
2h 后	10 2	5 300	0 200

在所有手动装配工作台上都安装了粘垫。已有数据记录证明了粘垫在减少颗粒接触传递方面的作用，特别是对于大于 10μm 的颗粒较为有用。此外，还起到另外两个作用：一是如果指尖上有针孔或微小撕裂，粘垫会将手套指尖撕下；二是工作台上有了粘垫还可以时刻提醒操作人员必须保持清洁。

8.6.3　丁腈手套性能

1991 年以来，随着磁阻（MR）磁头的引入，硬盘驱动器行业逐渐开始变化。磁阻磁头对静电放电极为敏感，继续使用天然橡胶乳胶已不可行。丁腈橡胶成为替代天然橡胶乳胶手套的首选材料。丁腈橡胶引入后，手套的洗涤、再污染和原位清洁性能再次受到关注。与天然橡胶乳胶手套相比，丁腈手套不易形成针孔，如表 8.5 所列，手套洗涤测试性能也得到了显著改善。从结果可以看出，与初始值相比，手套洗涤可显著减少手套颗粒数，提高阴离子清洁度水平。

表 8.5　腈纶手套初始状态和洗涤后的典型颗粒和离子清洁度水平

参　数	初始状态	手套洗涤后
颗粒浓度/(个/cm² (≥0.5μm))	1000~4000	25~100
阴离子/(μg·cm^{-2})	1~4	0.01~0.10

本节还对手套再污染趋势进行了研究。首先，对接收时和洗涤后的手套的颗粒和阴离子等进行检测。研究时，同时评估了两种干燥方法：一种采取传统的加热式干手器进行干燥；另一种是利用 HEPA 过滤洁净室版本的干手器进行干燥。分别在佩戴 0.5h、1h、2h、4h、8h 后取回手套，测量外表面。有 5 个处于不同工序的操作员参与了该项研究。表 8.6 总结了手套洗涤研究结果，可以看出，手套的颗粒清洁度提高了 5 倍，阴离子清洁度提高了近 10 倍。需要注意的是，初始清洁度比 1985—1987 年的天然橡胶乳胶手套实验所观察到的要好得多。另外，标准加热干手器和 HEPA 过滤干手器，对清洁度结果不会产生明显影响。

表 8.6　丁腈手套的颗粒和阴离子的洗涤性能

状态		颗粒清洁度/(个/cm² (≥0.5μm))		阴离子清洁度/($\mu g \cdot cm^{-2}$)	
		平均值	标准偏差	平均值	标准偏差
接收时		1120	400	0.940	0.055
洗涤后	常规干燥	200	10	0.095	0.005
	HEPA 干燥	190	10	0.090	0.010

表 8.7 中对手套清洁度与在洁净室中使用时间的关系进行了说明。各工作台似乎不受重新污染率影响，因此将所有的工作台数据进行了平均。表中的结果表明，从粒子污染的角度来看，手套在佩戴 1~2h 后，污染程度和初始状态一样。此外，还存在稳定的粒子污染积聚现象。手套也未泄漏，表明在处置过程中，丁腈手套虽有磨损，但未出现针孔问题。相比之下，即使在佩戴 8h 之后，阴离子污染水平虽然也呈现增加趋势，但增加值未超过原始值的 20%。阴离子污染的累积不是连续的，这表明阴离子污染水平的变化可能是手套阴离子含量的固有变化，而非受时间效应的影响。显然还需要进行补充研究，以确定手套是否重新污染，阴离子是否扩散到物体表面，是否有新的表面暴露区域，可以提取到先前提取不到的阴离子。

表 8.7　佩戴时间对丁腈手套的颗粒和阴离子清洁度的影响

时间/h	颗粒清洁度/(个/cm² (≥0.5μm))		阴离子清洁度/($\mu g \cdot cm^{-2}$)	
	平均值	标准偏差	平均值	标准偏差
0	195	10	0.090	0.050
0.5	700	600	0.045	0.015
1	850	350	0.180	0.190
2	1500	450	0.050	0.010
4	1475	475	0.115	0.135
8	2250	475	0.185	0.170

8.6.4　手套洗涤总结

手套是最重要的洁净室耗材之一，考虑到使用性质及污染接触传递问题，手套也是最重要的污染源之一。洁净室专用手套可以通过清洗显著提高清洁度。需操作员戴上手套后对其进行清洗。清洗后，手套颗粒和离子污染度会减少 1~3 个数量级。手套在使用过程中不会保持清洁状态。离子污染水平会小幅度增加，且幅度明显。更重要的是，使用 1~2h 后，手套会被颗粒物再次污染，污染程度会等于或高于初始状态的污染水平。原位手套清洁可以避免颗粒对手套的再污染。

8.7 手套的静电放电性能

随着电子和机电设备的功能结构不断缩小，其承受污染、静电应力（EOS）和静电放电的能力也在减弱。洁净室手套对污染控制至关重要，处置静电放电敏感产品时，手套的静电放电性能也同样重要。8.3.3节[7]中探讨了洁净室及防静电工作区用手套的选择标准。8.6.2节中详细探讨了手套的使用和洗涤对污染控制水平的影响[11]。本节将探讨在实际使用条件下手套和手套内衬的静电放电性能。

磁阻和巨磁阻（GMR）磁头、固态激光器以及栅极宽度小于$0.35\mu m$的半导体器件等对静电放电最为敏感，应根据产品的设计和性能特点要求，制定全面的静电放电控制方案，应对静电放电问题。早在1983年，Walker就指出需要制定一个全面的静电放电控制方案[12]。作为运行全面的静电放电方案的又一例证，Hansel[13]指出操作人员应参与到完整的控制方案之中。其他研究人员也提出了接地和电荷监测系统[14-15]、静电放电应用材料的选择[16-17]、空气离子发生器的选择和管理[18-19]、洁净室服装原料织物选择[20]以及压敏胶粘剂的静电放电[21]等方面的要求。近期，有文章提出了磁阻磁头全面静电放电控制方案的需求[22]。但是，上述都未对防静电手套的选择和性能问题进行研究。鉴于在生产制造过程中，手套是产生和转移静电荷的重要物品，应及时关注。

必须从整个静电放电控制方案的角度来对手套进行管理，尤其是当洁净区又是防静电工作区时。在洁净室内使用手套时，必须充分评估其对于洁净服、腕带、显示器、鞋类、手套内衬等的防静电性能影响。上述设备设施构成了整套的静电放电控制系统，必须协同发挥作用以确保其防静电性能。

8.7.1 静电放电特性的材料选择

处置静电放电敏感产品时，佩戴合适材料的手套至关重要。人们普遍认为，丁腈是一种适于处置静电放电极度敏感产品的手套材料。PVC手套也是静电耗散型手套，可以通过掺入增塑剂使其变得柔韧。增塑剂也具有静电耗散特性。但是，使用同样的增塑剂会降低磁盘润滑剂性能，极端条件下会干扰电镀产品中的镀膜附着性能，在处置污染敏感产品时并不适用。天然乳胶虽然在高新制造业中得到了广泛的应用，但其防静电性能并不理想。人们尝试通过表面处理来改变天然乳胶性能，但发现也不可行，擦拭或清洁过程中表面处理物会被清除，导致其他污染产生。聚氨酯性能优良，有良好的阻隔性、低表面电阻率和耐磨性特征，但聚氨酯手套比较昂贵，成本较高。

8.7.2　洁净室手套和手套内衬的静电放电性能说明

洁净室手套的静电放电性能可通过不同参数来说明，如体积电阻率、表面电阻率、放电时间、残余电荷保持率及摩擦起电趋势等。体积电阻率和表面电阻率是说明材料导电性能的常规参数。上述参数对于防静电工作区内材料的选择和使用至关重要。放电时间是一个重要的参数，到达安全电压水平的放电时间往往决定材料是否适用特定工作环境。残余电位或电容电荷电位对于评估层压或复合结构的性能特别重要，在该类结构中，连续相材料与外部环境接触，与层压体或复合结构本体相比，可以是高度绝缘的。

在所有参数中，摩擦起电趋势（在与不同材料摩擦或分离时获得和/或传递电荷）是迄今为止最具有争议的。摩擦起电测试的可重复性和适宜性非常值得怀疑："目前没有一个测试可以预测特定材料的一般摩擦起电性能"[4]。目前，并未形成统一的材料摩擦起电测试标准方法，从摩擦性能的角度来说明手套的防静电性能只能作为研究方向。

鉴于此，我们需要从电阻、放电时间和残余电荷保持等角度来测试手套。电阻测试比较可靠，目前有标准测试方法。放电时间测试也有用，依据普遍接受的测试方法，可以反映材料在特定应用中的防静电性能。残余电荷保留测试主要基于包装材料的经验，可对由层压或复合结构制成的手套进行测试。

电阻的测量方法很多，相对适宜的标准有美国静电放电（EOS/ESD）协会标准[5]及美国联邦标准[6]，电阻和放电时间之间可以建立直接的相关性。

放电时间参数已成为硬盘驱动器制造行业用手套规范中的行业标准测试参数。测试人员站在绝缘板上，将手放在20pF的带电板上，测量放电时间。将带电板和测试员充电到一定的启动电压，测量放电到目标电压的时间。对于磁盘驱动器来讲，所允许的最高要求是在不到5s的时间内从±1000V放电到小于±100V。最低要求是在不到500ms的时间内从±1000V放电到小于10V。

手套和手套内衬的使用方法不同，测试结果也不同。选用何种手套内衬取决于最终用途。有些公司将手套内衬作为手套使用：工作人员穿上洁净服时戴上手套内衬,在戴上洁净手套之前,将使用后的手套内衬放在洗衣桶中。有些人员会继续在手套内衬外戴上洁净手套,然后进入洁净室。需要手动操作的行业通常更倾向于使用半指手套内衬。对于多数行业,在洁净室中使用手套内衬是佩戴者的最佳选择,但也有许多人选择不戴手套内衬。

手套的选择与使用会影响测试结果。使用绝缘材料制成的全指套手套可能会影响使用过程中的防静电性能。指尖与手套材料接触,绝缘材料制成的半指手套内衬则不会影响手套的防静电性能。因此,与绝缘材料制成的全指手套内衬相比,静电耗散型全指手套内衬有些许优势。

测试的目的在于确定实际应用中手套和内衬使用策略对放电时间的影响。也就是说,采用多个手套和内衬组合测量带电表面的静电放电时间。关于手套的测试设计既要考虑手套制作原料和手套内衬的选择,同时也要考量手套清洁度和相对湿度问题。研究目标是确定这些变量对洁净室环境中手套使用性能的影响,在洁净室环境中,穿着者会穿着洁净室服装,佩戴手腕带等。

8.7.3 测试注意事项

本报告中的所有手套均是在(23 ± 2)℃((72 ± 3)℉)和$50\%\pm5\%$RH或$12\%\pm3\%$RH条件下进行测试的。测试之前,手套在上述环境条件下至少放置48h。

该项研究测试了5种洁净室用手套。测试了3种不同类型的丁腈手套,用于研究氯化对放电性能的影响。也对聚氯乙烯和天然橡胶乳胶进行了测试。

（1）未被氯化的丁腈手套。
（2）内部氯化的丁腈手套。
（3）双面氯化的丁腈手套。
（4）聚氯乙烯（PVC）手套。
（5）天然橡胶乳胶手套。

3套丁腈手套由俄亥俄州科肖克顿的Ansell临界环境开发小组提供。PVC手套来自Oak Technical Products公司,天然橡胶乳胶手套是CR100型手套。

对以下4种不同的手套内衬进行了测试:
（1）无手套内衬;
（2）全手指绝缘Berkshire手套内衬;
（3）半指绝缘Berkshire手套内衬;
（4）全指X型静电耗散手套内衬。

上述手套为高新制造业中常用的手套种类。

下面，分别在3种不同的环境条件下对手套进行测试：

（1）直接从原包装中取出；

（2）去离子（DI）水洗后；

（3）使用硅酸镁污染手套后（手套在测试前进行除尘，所以没有明显的污染）。

在佩戴腕带和不佩戴腕带两种情况下交替进行测试。测试时，将仪器放置在特氟龙（Teflon）隔离板上，确保放电电流流经电荷监视器后再流过腕带。不佩戴腕带时，仅通过电荷监视器进行放电。

佩戴手套后，将手部与NOVX 5000系列监测系统接触，然后进行测试。使用NOVX数据采集软件记录数据。这有助于施加电压（±1000V）到目标电压（±100V、50V、20V、10V）放电时间的恢复。NOVX仪器内置100GΩ电阻，通过静电计与接地路径导通，因此，即使把绝缘材料与20pF板接触，也会产生一定的放电电压。鉴于此，在上述测试条件下，通常认为是优良绝缘体的天然乳胶手套也会相对快速地放电。

测试时，手套样品至少为3个，程序如下（测试对象合理佩戴手套和内衬）：

（1）测试对象站立在绝缘板上，确保留存静电荷；

（2）操作员将手放在充电板上，使用正常力度按压；

（3）20pF皮托板带电板显示器和操作员被充电至1200V以上；

（4）操作人员通过腕带接地放电，未佩戴腕带时通过触摸监控系统的输入端放电；

（5）分别记录从±1000V到±100V、±50V、±20V和10V的放电时间。

8.7.4 影响手套静电放电性能的因素

确定放电时间主要受哪些因素影响是重点目标。为完成该目标，应综合考虑多种因素，比如类似的测试条件（直接从包装中取出、水洗以及再次污染）以及手套类型（3种不同类型的静电耗散型PVC丁腈手套）等因素。综合考虑各种变量，可以清晰地解释与分析测试结果。

1. 佩戴或不佩戴腕带

是否佩戴可接地的腕带是一个变量因素。表8.8中列出了佩戴及不佩戴接地腕带时每只手套的放电时间。表中数值基于手套内衬的平均值得出。无论何种情况，不佩戴腕带都会影响放电时间。此外，即使通过腕带接地，天然乳胶手套也不会在10000ms（10s）内放电至50V以下。

表 8.8　腕带对手套材料从 ±1000V 至 ±50V 的放电时间的影响

手套①		使用腕带	放电时间/ms
丁腈	未氯化	是	77
		否	>10000
	内部氯化	是	71
		否	>10000
	内部和外部氯化	是	63
		否	>10000
聚氯乙烯		是	65
		否	>10000
天然乳胶		是	>10000
		否	>10000

① 综合考虑手套内衬和洗涤条件，50%RH 条件下，手套刚从袋中取出。

对于静电敏感度较高的产品，如磁阻磁头，放电电压应小于 50V。当要求放电电压为 50V 以下时，应强制佩带腕带。不戴腕带会降低手套和手套内衬系统的防静电性能，后面章节的阐述皆基于佩戴腕带的测试条件。

2. 相对湿度

对于绝缘天然橡胶乳胶手套，相对湿度（RH）环境不会对放电时间产生影响。而对于 3 种类型不同丁腈手套和 PVC 手套，可以评估相对湿度的影响。表 8.9 中列出了相对湿度对 4 类静电耗散型手套的静电放电时间的影响。

表 8.9　相对湿度对静电耗散型手套从 ±1000V 放电至低于
目标电压的放电时间的影响　　　　　　　　　（单位：ms）

手套①	相对湿度/%	测试电压			
		±100V	±50V	±20V	±10V
丁腈					
未氯化	50	51	71	105	169
	12	55	83	182	394
内部氯化	50	48	63	92	126
	12	58	87	162	237
内部和外部氯化	50	47	62	90	150
	12	42	56	88	173
聚氯乙烯	50	35	44	56	65
	12	36	45	58	67

① 未经洗涤直接从袋中取出的手套（不包括静电去离子水洗涤或使用中的手套）。

对于这3种丁腈手套，相对湿度越低，放电时间越长，尤其是放电至20V或更低时，影响最为显著。未氯化手套的影响最明显，仅内部受到氯化的手套次之，内外部都被氯化的手套影响最小。降低相对湿度也会影响PVC的防静电性能，但影响效果有限。无论何种情况，手套或相对湿度都能满足最严苛的要求，即无论相对湿度如何，都可以在500ms内从±1000V放电至±10V以下。

3. 佩戴手套内衬

综合考虑手套及洗涤状态，不同手套内衬的防静电效果如表8.10所列。

表8.10 手套内衬对从±1000V到目标电压的放电时间的影响[1]

（单位：ms）

内衬	相对湿度/%	目标电压			
		±100V	±50V	±20V	±10V
无	50	51	67	95	126
	12	41	53	75	116
X型静电	50	51	70	110	161
	12	52	76	153	270
半指	50	50	67	107	192
	12	48	70	134	259
全指	50	79	70	128	202
	12	50	72	130	225

[1] 综合考虑了所有的静电耗散型手套及洗涤条件。

目标放电电压降低时，放电时间会增加。无论何种情况，手套-内衬组合的平均放电时间均不超过300ms。显然，所有的手套-内衬组合都可以满足磁盘驱动器制造商要求的最严苛放电时间（从±1000V放电到小于±10V的时间应小于500ms）。

裸手的静电放电时间最快。人体皮肤电阻值通常约为1500Ω，远低于静电耗散材料的$10^5\Omega$下限值。除了在较低的相对湿度条件下放电至20V或更低值以外，X型静电手套内衬的静电放电性能几乎与裸手相当。半指绝缘手套内衬能够很好地放电至10V以上，但放电至10V所需的时间会显著增加。在较低的相对湿度条件下，半指手套内衬放电至20V或更低电压所需的放电时间会受到不利影响，但是影响没有X型静电手套内衬那样强烈。全指绝缘手套内衬性能最差。有趣的是，全指绝缘手套内衬几乎不受测试环境相对湿度的影响。

4. 复水时间

在 50%RH 环境条件下测试时，有一个重大发现。全指绝缘手套内衬性能一开始表现不佳，但随着时间的推移性能不断提升。研究人员认为这是汗液使衬垫材料复水的结果。但该效果能够持续的时间并没有测量过。表 8.11 中所列的数据适用于完全平衡的内衬（稳定的读数）。达到可接受放电性能所需的时间可能会受测试环境中相对湿度的影响，手套和内衬佩戴者手掌出汗程度的影响更大。目前的测试结果源于出汗较多的佩戴者的测试数据，但不会影响腕带性能或电荷监控系统的性能。

表 8.11　戴上手套和内衬后与戴上手套和衬垫 5min 后（12%RH）
从 ±1000V 到目标电压的放电时间对比　　　　　　　（单位：ms）

手　套	内　衬	目　标　电　压			
		±100V	±50V	±20V	±10V
内部和外部氯化	X 型静电	41	55	98	230
	X 型静电 5min	38	49	68	116
	全指	43	57	85	148
	全指 5min	42	58	76	105
内部氯化	X 型静电	81	134	266	373
	X 型静电 5min	44	57	81	117
	全指	57	84	164	256
	全指 5min	44	60	96	177

在 12%RH 下更仔细地观察，发现与 50%RH 环境相比，手套内衬的复水效果更好。在 12%RH 测试环境中，手套达到稳定放电的时间约为 5min。对于两种丁腈手套和两种不同的手套内衬，表 8.11 中列出了手套和内衬即刻测试与穿着 5min 后测试的放电时间对比数据，被测体为两类丁腈手套和两类手套内衬。在 12%RH 环境中，X 型静电和全指绝缘手套内衬的放电时间都受佩戴时间的影响，尤其是放电至 20V 及以下所需的放电时间。然而，无论何种情况，放电时间都不会比磁盘驱动器行业中最苛刻的时间要求更慢。

5. 氯化丁腈

综合考虑丁腈手套的内衬和洗涤过程后再确定氯化效果。表 8.12 对测试结果进行了总结。与其他测试结果相比，该类测试结果最一致。手套氯化程度越高，放电性能越好。需要强调的是，该类影响虽然小，但仍可以衡量。

对放电到20V及20V以下所需的时间影响效果最为显著。

表8.12 氯化对从±1000V到目标电压（50%RH）的放电时间的影响

(单位：ms)

状态	目标电压			
	±100V	±50V	±20V	±10V
未氯化	56	77	139	222
内部氯化	53	71	103	142
内外部都氯化	46	63	94	135

6. 手套和内衬组合

综合考虑洗涤条件，我们可以评估手套放电到10V的性能效果。表8.13中对结果进行了总结。数据显示，氯化手套对放电时间有影响，但对各类手套的影响并不一致。双面氯化的丁腈手套可以优化所有手套内衬的放电时间。全指手套内衬似乎会增加放电时间。但是，无论何种情况，放电时间都不会超过500ms。

表8.13 从±1000V放电到±10V（50%RH）的时间内，
手套类型与内衬类型之间的相互作用　　　　(单位：ms)

手套		内衬			
		无	X型静电	半指	全指
丁腈	未氯化	145	164	206	372
	内部氯化	155	108	146	158
	内部和外部氯化	111	145	150	135
聚氯乙烯		66	125	128	142

7. 手套洗涤条件

研究人员对3种状态的手套进行了防静电性能测试，分别为直接从包装中取出后、在去离子（DI）水中洗涤（接着用毛巾干燥）后以及用硅酸镁轻度污染后。表8.14中列出的结果表明，手套洗涤可以稍微改善放电时间。在放电至10V这一情况下，这一改进现象非常明显。即使看不见，手套表面的污染也会对放电时间产生不利影响。

表 8.14 手套处理对从 ±1000V 到目标电压以下的放电时间的影响[①]

（单位：ms）

处理情况	目标电压			
	±100V	±50V	±20V	±10V
未清洗	45	60	86	127
DI 水清洗	44	56	78	102
被再次污染	62	90	166	276

① 所有手套类型的平均值。

8. 总结

即便规定的放电时间最为宽松，不戴腕带也会导致手套防静电性能失效。对于 3 类不同的丁腈和 PVC 防静电手套，相对湿度较低时，放电时间会增加。使用手套内衬往往会增加放电时间。对于全指手套内衬，防静电效果受时间影响。同时，由于手部出汗原因，放电时间的增加幅度会随着时间的推移而降低。双面氯化的丁腈手套比内侧氯化的手套放电更快，内侧氯化的丁腈手套的放电速度比未氯化的丁腈手套更快。手套内衬的性能似乎不受手套材料影响，即使是要求最高的磁盘驱动器公司，放电时间仍能满足要求。最后，洗涤能稍微提高手套的防静电性能，污染物会大大减弱防静电性能。

8.8 手套洗涤

在污染控制和静电放电控制过程中，手套是重要的消耗品，值得深入研究。首先，应对手套的认证测试进行研究；其次，应重点关注天然橡胶乳胶、丁腈橡胶等手套的清洁度问题；最后，应关注影响手套防静电性能的因素。前面章节已对天然橡胶乳胶、丁腈和聚氯乙烯进行了比较。但都没有提到制造手套阻隔层时所需的重要材料——聚氨酯。在各类阻隔膜手套中，传统的常用手套材料的成本最低。由聚氨酯制成的阻隔膜手套每件的成本约为传统手套成本的 5~20 倍，由于价格昂贵，通常不作为传统手套的替代品使用，也从未被评估过。

但是，在质量认证和日常使用时，必须充分考虑聚氨酯特有的化学性质和物理性质。例如，与其他 3 种材料相比，聚氨酯手套的离子数、颗粒数和有机污染物浓度明显更低。某些特定应用场景，如深紫外光刻等，这些可能是至关重要的影响因素。另外，与丁腈或 PVC 相比，聚氨酯能够更快地完成放电，这是其应用于巨磁阻磁头行业的一个重要因素。最后，与更低成本的同类产品相比，聚氨酯也更舒适耐用。

聚氨酯手套的耐久性能不断提升，使用户能够在制定手套整体设计策略时关注手套的洗涤和再利用问题。手套洗涤和手套清洗含义不同，不能相互替换使用。手套洗涤是批量对手套进行清洗和干燥，是新手套生产过程中的通用工序。前面章节已对手套清洗进行了说明，是由佩戴者对一双手套进行清洁和干燥。

8.8.1 成本效益问题

对高科技制造产品做出购买决定时，通常需要对其进行成本与效益分析。但通常很难证明产品的污染控制或静电放电控制性能与采用该策略制造的产品成品率和可靠性之间的因果关系。因此，即使通过功能性实验室和客观实验室测试，聚氨酯手套的化学性能和物理性能更好，也难以说明像聚氨酯手套这样的高价产品的成本比低成本的竞争对手更有优势是合理的。本节将介绍聚氨酯手套的应用方法，采用此方法可以充分发挥手套的性能优势。但是，与其他手套材料相比，聚氨酯手套的实验室测试结果有什么不同呢？

8.8.2 聚氨酯手套实验室特性

1. 可提取离子

表8.15中对初始状态下4种不同类型手套材料的常规离子污染水平进行了对比，测试方法均采用行业标准测试方法[2]。初始状态的聚氨酯手套的离子污染程度比NRL、丁腈和PVC要低，多数情况下低1~2个数量级。同时，还研究了聚氨酯的相容性对离子清洁度的影响。研究结果如表8.16所列，表中列出了被检测的批次中发现低于该方法检测下限（LDL）的百分比，即"未检出"的百分比。当手套提取物低于LDL时，使用LDL值计算平均值和标准偏差。

表8.15 天然橡胶乳胶、丁腈、PVC和聚氨酯手套的可萃取离子含量

离 子	每个手套材料萃取的离子含量/($\mu g \cdot cm^{-2}$)			
	乳 胶	丁 腈	PVC	聚 氨 酯
钠	0.300	0.250	0.250	0.031
氯化物	1.300	0.450	0.100	0.087
钙	0.450	0.350	0.050	0.011
硝酸盐	0.100	0.100	<0.01	0.011

表8.16 重复测试的聚氨酯手套的可萃取离子含量

(单位：$\mu g \cdot cm^{-2}$)

离 子	批次百分比（未检出）/%	平 均 值	标 准 偏 差
氟化物	80	0.013	0.015
氯化物	0	0.05	0.03
溴化物	100	0.01	0.011
硝酸盐	33	0.023	0.033
硫酸盐	100	0.03	0.04
磷酸盐	100	0.005	0.000
钠	15	0.04	0.04
钾	40	0.05	0.08
硅	80	0.06	0.02
钙	83	0.02	0.00

上述数据表明，多数离子数值通常低于采用该方法的检测下限值。平均离子浓度总是低于 $0.06 mg \cdot cm^{-2}$，呈现出较好的离子清洁度均匀性特征。相比之下，天然橡胶乳胶和丁腈手套的平均值以 $mg \cdot cm^{-2}$ 为单位，比聚氨酯清洁度低 1~2 个数量级。

2. 颗粒物特性

研究人员采用行业标准测试方法对 35 批次聚氨酯手套进行测试，发现每平方厘米存在 920 个大于等于 $0.5\mu m$ 粒径的颗粒物，标准偏差为 342。在清洁度方面，与 NRL 和丁腈手套相当，和之前的报告一样。但是，上述比较测试并非在同一个实验室中进行，手套上的颗粒计数也存在较大程度的变异性特征。即使程序上符合步骤要求，将不同实验室的颗粒计数测试结果关联起来也很困难。为了更好地对不同的手套材料进行比较，应在某固定实验室内采用标准测试方法进行测试分批比较。表 8.17 中列出了直径大于等于 $0.5\mu m$ 颗粒的累积计数值。

表8.17 采用 IES RP5.2 方法确定的不同手套材料的颗粒计数

(单位：个/cm^2（$\geqslant 5\mu m$）)

统 计	手 套 材 料			
	天然橡胶	PVC	丁 腈	聚氨酯
平均值	1000	950	975	375
标准偏差	100	125	150	75

8.8.3 静电放电性能

8.8.2 节列出了包括表面电阻率、体积电阻率以及放电时间在内的手套静电放电性能参数测试的多种测试方法[5-6]。近年来，客户已逐渐意识到，手套等只是静电防护系统中的组成部分，还应对其他项目进行测试。20 世纪 80 年代中期，研究人员设计开发了一套手套性能评价系统，至今仍广泛采用，测试项目包括手套内衬、人员、服装和接地系统。测试时，测试人员佩戴上实际应用的手套、内衬、腕带、洁净室服装等。测试人员站在绝缘板上后，触及带电板表面，然后把人、手套和绝缘板接地。之后分别从±1000V 放电到小于±100V、±50V、±20V 或±10V，记录放电时间，评估手套的静电放电性能。该方法已被用于评估 NRL、PVC、丁腈和聚氨酯手套。放电时间如表 8.18 所列。NRL 不能放电（数据记录为大于 10000ms，此时记录设备超时）。PVC 放电到目标电压的时间均小于 100ms，基本不受相对湿度的影响。丁腈比 PVC 稍慢。不含碳填料的聚氨酯手套介于 PVC 和丁腈之间。

表 8.18 在 50%和 15%相对湿度条件下，天然橡胶乳胶、PVC、丁腈和聚氨酯手套从±1000V 放电到低于目标电压的放电时间

（单位：ms）

材料类型	相对湿度/%	目标电压			
		±100V	±50V	±20V	±10V
天然橡胶乳胶	50	>10000	>10000	>10000	>10000
	15	>10000	>10000	>10000	>10000
聚氯乙烯	50	35	44	56	65
	15	36	45	58	67
丁腈	50	48	63	92	126
	15	58	87	162	237
聚氨酯	50	31	40	51	60
	15	32	42	53	61

8.8.4 化学污染

高科技行业需要特别关注化学污染物，而离子测试不会检测到化学物质。化学物质可以以液体形式存在，通过接触传递，也可以以气相形式污

染，通常称为空气分子污染。其中，应特别关注邻苯二甲酸酯、有机硅、有机胺或无机胺。通常用水或溶剂提取物质，蒸发溶剂浓缩提取物，将浓缩的残余物称重，然后利用傅里叶变换红外（FTIR）分光仪等仪器分析。顶空分析时，将材料密封在玻璃瓶中后进行加热。采用 GC/MS 分析顶空中的气态物质。分析后会发现聚氨酯的性能很好。例如，利用 FTIR 分析后，会发现异丙醇提取物中无有机硅。利用顶空 GC/MS 分析后，发现了微量的邻苯二甲酸酯，但没有进行定量。也能够发现较大量的有机胺，但浓度很低。

8.8.5 磨损特性

利用新研发的测试设备、新制定的测试方法测试手套的磨损特性。将被测手套的腕套密封在一个歧管上。用 HEPA 过滤空气将手套充气到 $7\sim10 inH_2O$ 压力水平条件下。手套中的压力在 $200\sim250Hz$ 频率上在 $\pm2.5 inH_2O$ 范围内波动。手套周围充满着 ULPA 过滤器空气，利用光学粒子计数器从中采样，粒子计数器分辨率为 $0.3\mu m$，采样速率为 $1.0ft^3/min$。每只手套采集 10 个周期为 1min 的空气样本，每类取 3 只进行采样。测试项目分以下 3 项。

（1）振荡。在无磨损条件下，测量手套脱落的颗粒物。该测试项目旨在测量伸展状态下的脱落情况，典型的例子是戴上手套时。

（2）磨损。用一个略带纹理的直径为 2.25in 的圆筒以 $45\sim55r/min$ 转速在手套的手掌和手指区域旋转，对脱落的颗粒物进行测量。该测试项目旨在测量手套与环境中的不同材料接触而引起的脱落情况。

（3）自磨损。将手套与放置在直径为 2.25in 圆柱体上的同类手套进行摩擦，测量脱落的颗粒。圆柱体也以 $45\sim55r/min$ 的速度旋转摩擦手套的手掌和手指区域。该测试项目旨在测量手部摩擦引起的脱落颗粒。

目前正在进行进一步的测试，来建立泰伯（Taber）耐磨性测定仪与薄膜磨损特性标准测量方法[23]的相关性。NRL（天然橡胶乳胶）、丁腈、PVC 和聚氨酯的磨损测试结果如图 8.8 所示。其中，丁腈的粒子产生量最大。振动磨损时，PVC、天然橡胶乳胶和聚氨酯呈现出的磨损量大致相同。但是，这 4 种材料的自磨损规律并不相同。丁腈产生的颗粒最多，其次是天然橡胶乳胶，PVC 和聚氨酯产生的颗粒最少。基于这些数据，可以发现聚氨酯的洗涤反应良好，洗涤时，颗粒主要源于手套接触时产生，特别是在干燥流程作业时。

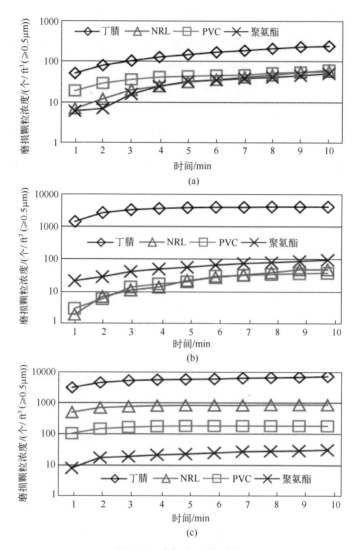

图 8.8 磨损产生的颗粒

（a）振动；（b）磨损；（c）自磨损引起的累积磨损颗粒。

8.8.6 洗涤测试

对两个系列批次的聚氨酯手套进行多次洗涤，然后进行评估，采用标准方法对每个洗涤批次的样品进行颗粒计数分析。图 8.9 所示总结了两项研究成果。数据显示，NVR 在实验过程中快速降低，降低值近一个数量级。颗粒数量也在减少，但减少速度不快。即使在洗涤 10 次后，颗粒数量仍然持续减少，这表明持续的洗涤能够更有效地进一步减少颗粒数量。测试时还检查了手套，确认是否存在袖珠、孔洞和撕裂情况。测试后发现93%的手套可穿戴，剩下7%由于袖珠散开或存在小孔、撕裂等不合格，小孔、撕裂位置都非常靠近袖珠。

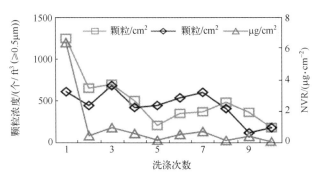

图 8.9　聚氨酯手套多次洗涤对颗粒提取和 NVR 的影响

8.8.7　洗涤和再利用对手套成本的影响

经过10次洗涤测试，93%的手套经磨损、洗涤和干燥过程后仍可以使用。数据表明每只手套平均能耐受4.9次洗涤（如果该项研究中的洗涤次数超过10次，耐受次数无疑会增加）。下面我们对洗涤和再利用的优势进行分析。假设一双新的聚氨酯手套的成本为1.50美元，即每只手套0.75美元；收集、检查、洗涤、包装和返回一副手套的成本为0.06美元，即每只手套0.03美元。由于每只手套平均使用5.9次，则每只手套的使用寿命成本为0.897美元（0.75+4.9×0.03＝0.897美元）。每只手套使用5.9次，相当于每只手套每次使用成本为0.152美元，即每双手套每次使用成本为0.304美元。与常规使用的手套相比，更有成本优势。这种成本优势并没有计算由于手套抛弃量减少和废物处理量降低所带来的节约成本。若每只手套平均使用5.9次，则固体废物量按比例会减少近85%。

因此，在制定决策时，可不用考虑耐用聚氨酯手套的洗涤和再利用的成本因素，关注重点可放在低污染、高静电放电性能以及高舒适度等方面，决策也更为容易。

8.8.8　结论

应对洁净室手套的使用进行评估，以适用不同的应用环境。应通过功能性测试以及客观实验室测试进行评估。在制定手套整体使用策略时，必须充分考虑手套性能、购置成本、清洗和洗涤等因素。可通过手套洗涤，使看似不合理的昂贵的手套变得经济实惠。

8.9 擦拭布和洁净棉签

洁净室擦拭布和洁净棉签对于高科技行业的制造业务至关重要。用于评估这些消耗品在洁净室应用中适用性的主要方法首先是功能性和非功能性的认证测试；其次是液体吸收率或液体容量等应用验收测试。一些测试测量的参数可被认为既是非功能性又是功能性的，如磨损特性。但是，最终擦拭布的性能必须根据其在预期应用中去除污垢（如颗粒和油性薄膜）的能力来判断。

在污染控制方面发表的文献，提供了许多在清洁度测试和客观实验室测试下对擦拭布性能的描述，这些测试可能被认为是功能性和非功能性的。评估擦拭布功能污染性能的尝试包括干式弯曲，以确定由于擦拭布脱落[24]以及在干磨损测试期间擦拭布脱落对洁净室空气质量的影响[25]。在湿擦拭之后需要使用干擦拭布擦干表面，或使用干擦拭布来吸收溢出物，或者干擦拭优于湿擦拭的情况下，擦拭布的颗粒脱落特性是重要的考虑因素。后来的一项研究表明，液体提取后液体颗粒计数能提供更高程度的灵敏度，可以在非常干净的环境（ISO 5 级（FED-STD-209 第 100 级）或更清洁的环境）下检测擦拭布在压力条件下脱落的颗粒[26]。

最初，使用光学显微镜对过滤后的液体提取物中脱落的颗粒计数。不久之后，颗粒悬浮液的颗粒计数技术被液体光学颗粒计数器取代。人们很快就认识到，LPC 计数方法有其自身的局限性，最终开发了一种利用扫描电子显微镜对细颗粒进行计数的技术，并且利用光学显微镜计数大颗粒，特别针对纤维材质[27]。随后的研究开始探索洁净室擦拭材料的颗粒脱落问题，这些问题可能模拟现实使用的条件：在湿润的情况下擦拭。之后受到新标准发布的启发[28]，对擦拭布进行了吸湿能力和速率、可剥离颗粒、在磨损条件下产生的颗粒、用水和异丙醇作为溶剂的可提取物含量以及高温灰化后总离子物质的评估[29]。

8.9.1 选择适用的擦拭布或洁净棉签

擦拭布或洁净棉签的选择并不容易，且极易混淆。市场上有一些污染控制专用擦拭布和洁净棉签制造商。用于防静电时，更不易选择。如果既用于防静电也用于控制污染，则更为困难，可选的不多。擦拭布或洁净棉签由天然纤维和/或合成材料制成，原材料选择众多，最常见的如棉花和纤维素等天然纤维，以及聚酯、尼龙、人造丝和聚丙烯、聚氨酯、聚乙烯醇等合成材料，天然纤维和合成材料的混纺类型也有。擦拭布或洁净棉签的生产方法相对更复杂：

(1) 编织（一种或多种看起来像布的纤维图案）；
(2) 针织（一种看起来像毛衣的纤维图案；针织品类型多样）；
(3) 无纺布（纤维随机取向）；
(4) 泡沫；
(5) 木制手柄；
(6) 非导电塑料手柄；
(7) 静电耗散或导电手柄。

下面将探讨选择擦拭布或洁净棉签最佳原料的 3 个关键因素。

1. 化学兼容性

首先要解决材料的处置方式问题，是湿处理还是干处理？与哪些化学品接触？应考虑化学相容性问题。应确定哪些化学品会与擦拭布接触。根据将要接触的液体、气体和固体情况，初步确定候选擦拭布。通常可以根据制造商提供的参考资料，从化学相容性角度筛选出不合适的擦拭布类型，然后确定可承受离子、有机污染物和微粒污染物数量，目前这已形成了相关验收标准。该标准基于待清洁表面的表面清洁度要求，并且在很大程度上与要使用擦拭布或洁净棉签的洁净室的清洁度等级无关。依据该验收标准和候选材料清单，就可以对擦拭布进行功能性和非功能性认证测试。

2. 功能性和非功能性验收测试

第 3 章已经介绍了功能性和非功能性验收测试，本节将对擦拭布和洁净棉签材料认证测试应用进行探讨。也考虑了洁净室及 0 级 HMB 静电敏感器件防静电工作区内擦拭布和洁净棉签的使用情况。当前应依据擦拭布或洁净棉签的使用方式确定功能性验收测试方法。

首先要考虑擦拭布的使用方式，是否需要用擦拭布擦拭零件。如果不需要，则不需要进行接触污染测试，不应将其纳入认证测试。相反，源于擦拭布的蒸发残余物可能比擦拭布本身更具腐蚀性。如果部件很可能会靠近擦拭后留下的蒸发残留物，则应将其纳入验收测试中，对其进行近接触污染测试。同理，如果不用擦拭布擦拭部件，则不需要使用静电耗散型擦拭布或导电型擦拭布。应确认普通擦拭布在常规工作环境条件下能够满足静电放电要求，这非常重要。但是，应注意，使用设定的清洁溶液对静电耗散工作台面进行湿擦可能满足静电放电要求，其次应考虑洁净棉签的使用方式。假设洁净棉签主要用于清洁静电放电部件引线上的可见污染物，在这种情况下应进行接触污染测试。同时也可能需要使用静电耗散或导电材料将其接地。

3. 应用程序优化

应用程序优化是选用合适擦拭布和洁净棉签的最后障碍和问题。鉴于此，首先选用的擦拭布和洁净棉签应与工作场所中使用的化学品化学兼容，并应通过功能性和非功能性污染和静电放电认证测试；然后对余下的候选对象进行测试，依据满足预期任务的有效性进行排名，这种方式相对比较主观，由操作员决定哪个备选材料效果最好。评估方法可以非常简单，假设要擦拭工具的表面粗糙度已知，具有这种表面粗糙度的部件样品可以被擦拭，或者更好的是，如果工具可用，则可以擦拭工具。如果擦拭布撕裂、撕碎或在留下纤维，则不适用于此环境。假设需要清理角落，可以通过目视选择哪些候选类型的清洁效果最为有效。工作人员通过这种方式，主观地按照功能性、易用性等对擦拭布进行排序。有时可采用定量验收标准。比如，可以间接测量擦拭表面的清洁度，这可以通过冲洗擦拭表面，测量冲洗液中的残留物来实现。

案例研究：独特的"棉签"

20世纪70至80年代，薄膜感应磁头是最前沿的磁记录磁头技术。磁头万向节组件（HGA也称为磁头悬挂组件）生产过程结束时，会对零件进行清洁和检查。如果在放大的空气轴承表面上观察到颗粒或污迹，则用木柄棉签手工擦拭污染物。从以往经验来看，大部分的空气轴承表面都需要擦拭。

液体颗粒计数和离子污染测试始于20世纪80年代中期。该类仪器用于测试研究成品HGA从最终清洁之前到目视检查之后的污染轨迹，检测结果令人担忧。无论从颗粒污染还是从离子污染的角度来看，已擦拭的HGA明显比未被擦拭的HGA更脏，这为更换棉签提供了充分的证据（此外，还启动了污迹来源调查，试图废止或减少擦拭）。

有一家棉签制造商曾被联系，寻求研究支持，列出了问题和研发目标，最后新研发了一种提取方法，以便客观实验室对新研制的"棉签"进行测试。新"棉签"（基于安装在碳纤维塑料手柄上的聚酯"棉签"头）研制进程相当迅速。从颗粒计数角度来看，比传统棉签清洁度高10倍以上。从离子污染角度来看，它比棉制棉签干净100多倍。

应用程序优化比材料优化更耗时。部分原因是人们会将新"棉签"的性能与传统棉签的性能相比较。使用新"棉签"的操作员在使用传统棉签方面非常有经验，从而提供了新"棉签"的使用经验，并针对污染清除有效性、抗再沉积污染性以及易用性等方面提出反馈意见。研发人员据此很快对头部设计进行优化，这需要进行大量迭代来优化应用程序。尽管合作紧密，应用程序优化花费的时间比材料优化的要多4倍以上。但是，这种花费了大量时间研发的"棉签"被引入用于生产时遇到的阻力很小。

8.10 可重复使用包装材料和一次性包装材料

8.10.1 包装中的静电放电考虑因素

选择包装材料时，应考虑其静电放电性能因素，包括屏蔽电磁干扰（EMI）、放电时间以及摩擦起电等。塑料包装材料通常是绝缘材料，如聚乙烯、聚丙烯、聚苯乙烯、聚对苯二甲酸乙二酯等。加入脂肪族胺等添加剂是制造聚乙烯和聚丙烯防静电包装的惯用方法，添加剂可以暂时吸收大气水分，使表面电阻率降低。该方法通常也称为局部抗静电剂使用方法，但该方法历来都有难题存在，如湿度敏感性问题（相对湿度低于10%~15%时，会丧失导电作用）、污染问题（排气、接触传递）以及水或酒精清洁后的性能损失问题。

静电荷衰减测试方法通常用于对给定表面电荷放电（电压衰减）所需的时间进行测试。电压衰减的测试标准方法多样，最常用的是MIL-B-81705。涡轮增压器测试也是常用的测试类型。传统的包装材料很少符合静电放电要求，但可以对材料进行改造使其符合防静电环境使用要求。当某区域既是防静电工作区又是洁净区时，必须平衡防静电措施和污染控制措施。下面几小节阐述了常用的做法。

8.10.2 碳填充聚合物

碳填充聚合物是解决静电耗散包装和导电包装问题的有效方案。碳粉、碳纤维最为常用，填充量通常为物体体积的15%~30%。碳填充材料的选择并非易事。应选离子污染物或硫化合物含量低的材料，防止腐蚀。同时，应优选与聚合物牢固黏附的材料，防止碳颗粒脱落。人们普遍认为，任何情况下都不能在洁净室内使用碳填充材料。蜡笔测试结果可以证明，洁净室用碳填充聚合物并不可行。测试时，碳填充聚合物可在一张白纸上留下痕迹，但这不能作为污染控制环境中不能使用碳填充聚合物的明确证据。事实上，使用黑色建筑用纸，用不含碳填充物的相同聚合物也可以很容易地演示蜡笔测试的现象。选择包装替代品进行测试时，必须考虑客观磨损率。表8.19中数据显示，磨损指数越大，材料的体积或质量损失就越大。任何情况下，相对于未填充状态，碳填充后都会降低聚合物的磨损率。

表 8.19　碳填充聚合物和非填充聚合物的塑料磨损率和钢材磨损率对比[①]

基础聚合物	未填充磨损指数	碳填充	
		碳比例类型	磨损指数
聚碳酸酯	2500	30% PAN 纤维	85
聚醚酰亚胺	4000	30%粉末	70
聚砜	1500	30%粉末	75
尼龙 6/12	190	30%粉末	25
缩醛	65	20%纤维	40
聚醚醚酮	200	20% PAN 纤维	60
聚苯硫醚	540	30% PAN 纤维	160
尼龙 6	200	30% PAN 纤维	30
尼龙 6/10	180	30% PAN 纤维	25
尼龙 6/6	200	10% PAN 纤维	60
		20% PAN 纤维	40
		30% PAN 纤维	20
		40% PAN 纤维	14
聚酯纤维（PBT）	210	30%粉末	30
ETFE 乙烯四氟乙烯	5000	30%粉末	10
		20%聚丙烯腈纤维	28
聚偏二氟乙烯	1000	15%聚丙烯腈纤维	14
ECTFE 乙烯三氟氯乙烯	1000	15%粉末	18
ABS 丙烯腈丁二烯苯乙烯		30%聚丙烯腈纤维	100

① 磨损指数$=W/(PVT)$，其中 W 为磨损体积（in^3），P 为压力（lb/in^2），V 为速度（ft/min），T 为时间（h）。

8.10.3　金属加载

聚合物中的金属填料通常以纤维、薄片和粉末形式加入，可以降低聚合物的表面电阻率和体积电阻率，使聚合物具备电磁干扰屏蔽性能。

8.10.4　局部结合剂和有机结合剂

聚合物表面加入局部有机试剂后可以吸收大气中的水分，能够使静电耗散特性作用于聚合物表面，但有些缺点极大限制了它们的用途。静电耗散特性受吸收水分影响，相对湿度较低时，会失去静电耗散特性。此外，局部添加剂可溶于水、洗涤剂-水溶液和乙醇等。使用上述溶剂擦拭或清洁这些局部化学试剂处理过的塑料时，会使添加剂流失，降低表面的静电耗散特性。这些溶剂在清洁和擦拭作业中普遍使用，因此多数高新技术行业无法使用相关局部聚合物涂层。使用局部聚合物涂层会产生明显的蒸气压，形成空气分子污染物，这在多数行业中也是一个问题，并不可行。另外，局部结合剂通过接触传递会导致进一步的污染问题。

其他相同类型的化学品也可用作添加剂，混入用于形成薄膜或模塑包装的聚合物中。化学品清洗后会扩散至聚合物表面，因此相对于表面处理剂，这种添加剂留存在受清洗物表面上的数量更多。但是，聚合物主体的内部添加剂材料会逐渐耗尽，最终将无法补充。混入的化学添加剂仍然存在类似的湿度和污染问题。用于添加聚乙烯或聚丙烯的化学品中，最常使用的是有机酰胺和有机胺；用于添加聚氯乙烯时，邻苯二甲酸二辛酯最为常用。

8.10.5 共聚物共混物

有些聚合物本身具有静电耗散性能或导电性能。将这些聚合物添加到其他聚合物中，可以制造静电耗散或导电性能聚合物，而不产生颗粒问题或局部添加剂问题。Transplex 就是一个很好的例子。

8.11 面部覆盖

控制口鼻污染的方法有多种。一次性口罩材料多种多样，如纸张、纺粘聚烯烃网、开孔泡沫以及膨体聚四氟乙烯（聚四氟乙烯、特氟龙）等（可重复使用的面部覆盖装置或面罩通常为机织或面料针织，一般戴在头罩上）。全密封罩方法最为复杂，全密封罩看起来像太空头盔。佩戴面部覆盖装置是为了控制由鼻子或嘴巴呼吸、说话或面部运动等可能产生的污染，同时也能够防止手、手套和其他物体碰触面部或面部毛发。

第一个因素是面罩样式。面罩样式不一，使用效果也不同。是否与脸部完整贴合是影响面罩效果的重要因素，这既与面罩设计有关，也受佩戴方式的影响。第二个因素是制造材料。第三个因素是佩戴者产生污染的倾向。例如，吸烟者往往比非吸烟者产生的污染多，感冒患者和过敏人士往往也会产生更多的污染，特别是在打喷嚏时。穿戴者的熟练程度也是一项影响因素。研究表明，与完全不佩戴面罩相比，如果佩戴完全覆盖鼻子和嘴巴的面罩（只露出眼睛）的方式不正确，产生的颗粒污染物可能会更多[30]。

表 8.20 中比较了头部运动、说话、鼻子呼吸和嘴巴呼吸时，纸和膨体聚四氟乙烯膜鸭嘴式面罩、仅由纸制成的与鸭嘴式面罩类似的面罩以及织造聚

酯可重复使用面罩等3种面部覆盖装置颗粒污染物防护效果。头部运动时，3种面部覆盖装置都产生了最大程度的颗粒浓度，说明磨损、同面部或头部覆盖装置的贴合程度及弯曲程度可能比面部覆盖装置的过滤性能更重要。其他研究也得出了类似的结论[31]。

表8.20 面部覆盖装置的颗粒污染防护性能比较

(单位：个/ft^3(≥0.3μm))

项 目	可重复使用编织	纸	纸+PTFE 膜
头部运动	205	180	114
说话	160	58	45
鼻子呼吸	112	19	10
嘴巴呼吸	88	26	8

参考文献

[1] Presentation material from the IBM Contamination Control Course, Paris, Apr. 19-21, 1994.

[2] IEST-RP-CC005, *Cleanroom Gloves and Finger Cots*.

[3] R. W. Welker, previously unpublished laboratory data. This result was obtained for used gloves. For new gloves, the difference between ultrasonic degassing and undisturbed degassing was insignificant.

[4] D. Cooper, and R. Linke, ESD: another kind of lethal contaminant? *Data Storage*, Feb. 1977, p. 49.

[5] Electrostatic Overstress/Electrostatic Discharge Association Standard S11.11-1993.

[6] FED-STD-101C, Method 404.

[7] R. W. Welker, and P. G. Lehman, Using contamination and ESD tests to qualify and certify cleanroom gloves, *Micro*, May 1999, pp. 47-51.

[8] R. W. Welker, previously unpublished laboratory data.

[9] R. Coplen, R. W. Welker, and R. L. Weaver, Correlation between ASTM F312 and liquidborne optical particle counting, *Proceedings of the 34th Annual Technical Meeting of the Institute of Environmental Sciences*, King of Prussia, PA, May 3-5, 1988, p. 390.

[10] R. W. Welker, Glove selection and use, presentation material from the IBM contamination control Course, Paris, Apr. 19-21.

[11] R. W. Welker, Controlling particle transfer caused by cleanroom gloves, *Micro*, 17 (8):

[12] R. C. Walker, Implementing an ESD control program, *Microcontamination*, Aug. – Sept. 1983, pp. 20–24.

[13] G. E. Hansel, The role of the production operator in preventing ESD damage, *Microcontamination*, Aug.–Sept. 1984, pp. 43–46.

[14] S. C. Heymann, C. Newberg, N. Verbiest, and L. Branst, Voltage-detection systems help battle ESD, *Evaluation Engineering*, Nov. 1997, pp. S-6 to S-12.

[15] J. C. Hoigaard, ESD test equipment and workstation monitors, *Evaluation Engineering*, July 1998, pp. 58–61.

[16] M. Banks, Watch those electrons, ESD battle heats up, *Data Storage*, July 1998, pp. 61–62.

[17] S. L. Thompson, All about ESD plastics, *Evaluation Engineering*, July 1998, pp. 62–65.

[18] E. Greig, I. Amador, S. H. Billat, and A. Steinman, Controlling static charge in photolithography areas, *Micro*, May 1995, pp. 33–38.

[19] A. Steinman, How to select ionization systems, *Evaluation Engineering*, June 1998, pp. 62–69.

[20] B. I. Rupe, Electrical properties of synthetic garments with interwoven networks of conductive filaments, *Microcontamination*, May 1985, pp. 24–28.

[21] R. J. Peirce, and J. Shah, Potential ESD hazards from using adhesive tapes, *Evaluation Engineering*, Nov. 1996, pp. S-30 to S-31.

[22] R. W. Welker, A comprehensive ESD control program for MR heads, presented at the Asia Pacific Magnetic Recording Conference, Singapore, July 29–31, 1998.

[23] ASTM Standard Test Method D4060-90, *Abrasion Resistance of Organic Coatings by the Taber Abraser Method*.

[24] W. J. Havel, and C. Sheridan, Modified flex test for particulate analysis of dry wipers, *Proceedings of the 31st Annual Technical Meeting of the Institute of Environmental Sciences*, Las Vegas, April 30 – May 2 1985, pp. 80–84.

[25] O. Atterbury, H. R. Bhattacharjee, D. W. Cooper, and S. J. Paley, Comparing cleanroom wipers with a dry abrasion resistance test, *Micro*, Oct. 1997, pp. 83–100.

[26] C. F. Mattina and S. J. Paley, Assessing wiping materials for their potential to contribute particles to clean environments: a novel approach, in *Particles in Gases and Liquids: Characterization and Control*, K. L. Mittal, Ed., Plenum Press, New York, 1990, pp. 117–128.

[27] C. F. Mattina, and S. J. Paley, Assessing wiper materials for their potential to contribute particles to cleanroom environments, Part II; Constructing the stress strain curve, *Proceedings of the 37th Annual Technical Meeting of the Institute of Environmental Sciences*, San Diego, CA, New Orleans, LA, May 1991.

[28] IES-RP-CC004.2, *Evaluating Wiping Materials Used in Cleanroom and Other Controlled Environments*.

[29] J. M. Oathout, and C. F. Mattina, A comparison of commercial cleanroom wiper materials for properties related to functionality and cleanliness, *Journal of the Institute of Environmental Sciences*, Jan. - Feb. 1995, pp. 41-51.

[30] G. Sullivan, and J. Trimble, Evaluation of face coverings, *Microcontamination*, May 1986, pp. 64-70.

[31] B. Brandt, and A. L. Wright, Analyzing particle release of cleanroom headcoverings, *Microcontamination*, 1990, pp. 53-99.

第9章

人为污染控制与静电控制

9.1 引 言

人类自身是导致各类污染产生的一大污染源。我们的皮肤和头发周而复始的生长、老化，皮肤和头发的表面布满了各种有益的细菌和真菌。出汗时留下丰富的离子培养基；皮肤油持续润滑着我们的皮肤；我们的日常穿着是导致纤维污染的一大污染源；鞋子是泥土和污渍的重要载体。为了更好地了解控制污染所需的程序和工具（包括洁净服的选择、穿衣、脱衣和存储的程序与步骤），我们简要地对人为污染源及其影响进行了介绍。此外，洁净室内人员的操作行为也是污染产生的重要因素，比如如何进出洁净室以及在洁净室内的工作行为。防静电工作区同样也会因为使用静电防护设备和防静电服装而受到影响。员工在防静电工作区内的行为也是需要考虑的因素。

9.2 人为污染源

人体是各类污染物的主要来源。人体是颗粒物的主要来源，也是周围环境中化学和生物气溶胶的主要来源，再加上日常服装纤维、土壤和化妆品颗粒物，对于需要关注污染的多数行业来讲，人是洁净室污染的主要来源。过去人们主要关注颗粒物污染控制，其次是静电放电控制。目前，除去医疗器械、注射药物和药品等行业（长久以来主要关注生物污染控制），对于许多其他行业来讲，化学和生物污染的控制也受到了越来越多的关注。据报道，有一次在航天飞机发射前出现了机载电脑故障，而后调查人员也报告了由于人体化学和生物污染导致的其他半导体故障情况。同样，由于食品、化妆品等行业中洁净室的普遍使用，化学和生物污染已成为污染控制的焦点。

9.2.1 皮肤和头发

人类的皮肤和头发周而复始地生长和老化，它们通常被视为人类生命体这个伟大的可再生资源的一部分。颗粒物是皮肤和头发污染的主要形式之一。据估计，视活动形式，人每分钟可以产生多达5万~10万个粒径在0.5μm以上的颗粒物。皮肤和头发之所以异常重要，不仅仅是因为它们是可再生的，更是因为它们的持久耐用性。皮肤保护我们的身体免受机械损伤、干燥，保护我们免受微生物的攻击，还可以抗热、抵寒、防辐射，最大限度地降低化学品的影响。鉴于这种强大的保护能力，在对附着其表面的颗粒物进行清洁或采取高科技工艺进行处理时，它们显示了相当难以置信的存活能力。例如，在氧化炉中，皮肤剥落物也能够存活或者至少也能留存可识别的物体。

人们在清洁时已经发现，从皮肤细胞内释放的原生质残留物对机械擦洗具有明显的影响。使用机械敲击或摩擦的方式擦洗人体皮肤和头发残留颗粒时，常常会造成细胞破裂，致细胞内容物涂抹到被清洁表面。破裂的细胞会产生离子污染物，加剧腐蚀。细胞一旦破裂，其产生的污染物会变得特别黏稠且难以去除。

早在20世纪80年代初就有实验证明，即便通过氧化炉，人体皮肤的残留物也能够污染硅晶片的表面。即使在液氮环境条件下，人体细胞也能抵御冷冻，这也使不育治疗成为可能。这些实验也表明了人类皮肤和头发对酸和碱的耐受性特征[1]。

随着年龄的增长，人类皮肤细胞会逐渐变干，逐渐变硬。最外层的皮肤比较硬，但也很脆。这些硬而脆的细胞很容易从皮肤表面剥落（图9.1）。皮肤的老化过程在一定程度上起到抗干燥、防耗损以及防止化学侵蚀的保护作用。从一定程度上讲，皮肤通过老化的方式起到保护作用。也就是说，最外

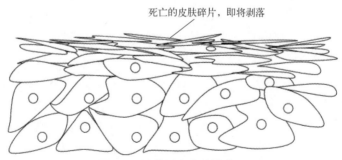

图9.1 最外层皮肤的横截面

层的皮肤脱落是皮肤抗耗损和提供化学保护的一种机制，这种脱落机制是皮肤细胞成为人类最重要的污染源的因素之一。

人类皮肤细胞脱落的程度是不容低估的，皮肤是人体最大的器官，老化的皮肤不断地脱落，被新的皮肤细胞所取代。据估计，人一般在一年内会脱落大约 2kg（4.4 磅）的皮肤细胞。这些皮肤细胞多数太小，通常小于 35μm 或 50μm（普通照明环境条件下，正常矫正视力的人所能观察到的最小颗粒），甚至都看不到。但在某些情况下，这些细胞是可见的。

每个人都有过这样的经历，在微暗的房间里透过百叶窗缝隙可以看到照射的光线，在光线中会看到空气中的悬浮颗粒。研究表明，在美国普通居家环境中，大约 80% 的悬浮颗粒是死去的皮肤碎片。这些粒子一直都在，但它们尺寸很小，正常照明条件下是不可见的。在特殊的光照条件下，如明亮的光线照射在黑暗的房间内时，悬浮颗粒就变得可见了。

头皮屑是一种可见的皮肤碎片的聚集物，是大片的白色片状物质，主要由头皮上的油脂组成。洗发水洗发时会去除油脂，使皮肤碎片分散。皮肤碎片直径小于 30μm 或 50μm 时，便不再可见。它们仍在那里，但是看不到。

从我们的日常服装上可以明显地看到皮肤脱落的影响。众所周知的广告语"衣领上的汗垢圈"就是对衬衫领子上泥土和灰尘颗粒的描述。"环圈"的主要来源并非我们通常所想，并非灰尘，我们所看到的主要是嵌入的皮肤碎片。"汗垢圈"之所以出现，是因为领子与脖子紧密接触。我们所有衣服都嵌有皮肤碎片，而这些皮肤碎片一般都不被察觉。

虽然头发和皮肤在化学成分上非常相似，主要由角蛋白构成，但两者结构有很大的不同。头发表面结构由两部分组成：内皮层和周围角质层（图 9.2）。皮层长度与头发长度一致，是一束聚集的纤维，为头发提供抗拉伸强度。但是，单根纤维之间的结合力相对较弱。皮质周围有许多重叠的细胞

图 9.2　头发纤维的角质层鳞片涂层

层，称为角质层，像鱼鳞一样。角质层非常薄，是多层细胞重叠结构，通常为5~10层的厚度。角质层作为护甲层能够防止皮层中的纤维分离。

梳理、刷洗或者用其他方式接触头发时，了解角质层的变化也同样重要。每次触碰头发都会损伤角质层。角质层鳞片的凸起边缘清晰可见；鳞片边缘不规则，易于折断。表皮碎片的碎屑仍然粘在头发表面上。每次触摸头发都会对其造成损害。梳头、戴帽、戴上发套或洁净室头罩，又或者照镜子蓬松头发，都会导致角质层鳞片等微小碎片掉落。这些微小碎片尺寸太小，通常只有约2μm厚、几微米宽，肉眼无法看到。只要戴上洁净室头罩，就会污染头罩内表面。佩戴一次性头罩有助于保持头罩的内部清洁。在两次洗涤过程之间必须往复穿脱洁净室头罩10~20次时，这是一个重要的考虑因素。脱下头罩时，会有角质层鳞片"阵雨"似的落下，但肉眼看不见。整个角质层磨损掉后，便不能保护皮质中的纤维，可能会导致头发分叉，给长发人员带来烦恼。而更重要的一点是，角质层鳞片的磨损和由此产生的通常约为0.5μm厚的角质层颗粒"阵雨"可能会成为严重的污染源。

皮肤和头发由皮肤油脂润滑，它们也是主要的化学污染源。皮肤油脂有助于降低皮肤和头发的磨损率，作用明显，但同样也会弄湿表面，造成污染。此外，出汗的时候会分泌产生离子污染。汗水是人体系统自然冷却过程的重要部分，通常含有钠离子、钾离子和氯离子。钠离子和钾离子会污染硅晶片并扩散到硅中，引起掺杂问题，氯离子会加剧腐蚀。

9.2.2 指纹

每个人都有指纹。清洗玻璃器皿、擦拭窗户是对指纹的最常见体验。大家都知道，当尝试清洁饮水杯或镜面时，用干擦拭布无法擦掉指纹。为了去除指纹，必须使用肥皂水溶液或者特殊的玻璃清洁剂（一种含有洗涤剂的水溶液）。指纹含有油脂，如果不使用洗涤剂或肥皂，指纹难以去除。

我们的皮肤表面有大量的汗腺（提供冷却功能）和脂腺（提供润滑功能），它们在身体上的位置分布各不相同。我们手掌和脚底没有油腺。相反，手掌和脚底的汗腺浓度却最高。因此，手是与汗水有关的离子污染的固有来源。相反，手面并不是油污的主要来源，手上并没有油腺。那么油性指纹从哪里来？这是因为面部和头皮存在大量油腺，不经意地碰触脸部或头发会导致手上附着油脂。

这也是污染控制的重要考虑因素之一。显然，我们必须戴上手套来控制坏死的皮肤细胞、汗液和离子等因素污染。手套不允许碰触脸部，以防止被油脂和与皮肤有关的其他形式污染物所污染。

9.2.3 细菌和真菌

除去提供屏障保护作用之外，外层皮肤还布满了大量的细菌和真菌。但是，人们通常会否认这种说法，并给出他们的理由。最常见的说辞是他们今天早上洗澡，洗澡的确可以消除皮肤表面松散的细菌、真菌以及松散的皮肤薄片。但是通常在 1.5h 内，细菌和真菌以及松散的皮肤细胞又会重新出现。出于这个原因，对于洁净室环境而言，洗澡并不是控制皮肤上细菌和真菌的有效手段。

听到此说法的第二个反应通常是担心自己会生病。人们通常会把细菌与病菌联系起来，而我们一般认为细菌会引起疾病。但对于健康、完整的皮肤来说，情况并非如此。目前已经开展了一些实验：将葡萄球菌细菌的活培养物涂布在完整皮肤上，0.5h 后，对皮肤表面进行测试，发现所有的细菌都已死亡。之所以如此，是因为自然生存在皮肤表面的细菌和真菌吞噬了葡萄球菌。因此，我们同皮肤表面的自然物是共生和谐的关系[2]。生物学中的共生关系是两种生物体享有互惠互利的关系。就皮肤表面的细菌和真菌来讲：一方面，我们得到了保护，免受有害病原体的危害；另一方面，天然的细菌和真菌得到了免费的午餐。

这些有益微生物对潜在的病原体攻击和消耗，为我们提供了第二级预防感染的保护。普通的清洗过程仅去除了部分微生物，但不会对皮肤起到消毒作用。几分钟到几个小时内，微生物会重新布满外表皮。当然，这意味着自然脱落物不仅包括死亡的皮肤碎片，还包括细菌和真菌。这对于关注生物污染的行业来说，是需要特别关注与考虑的因素。

9.2.4 飞沫

说话时会产生一种看不见的飞沫颗粒，通常由皮肤碎片、消化酶、盐组成，偶尔还有食物残渣。嚼口香糖或吃糖果会增加唾液的产生。因此，在洁净室内或防静电工作内嚼口香糖或吃糖果会增加唾液的产生，导致产生更多的飞沫。也许更重要的是要关注健康问题：如果在化学蒸气环境设施里嚼口香糖，可能会吸入更多的化学气体。这是因为咀嚼时会吞咽大部分的额外唾液，增加对室内空气气体的消耗。如果穿戴眼罩或可洗面罩，唾液量的增加也会加剧洁净室内衣物污染量。

9.2.5 日常服装

日常普通服装由多种纤维构成，且常常混合使用形成"混纺"，包括棉、涤纶、人造丝、丝绸和羊毛等。它们的特点之一是很短，因此用这些短纤维纺出的织物、纱线和丝线易于脱落。所以，家中的衣物烘干机中的棉絮过滤器上会堆积灰尘。与之形成对比的是，用来编织洁净室服装的纤维通常很厚很长。

普通日常服装的纤维也相当脆弱，日常服装会随使用而磨损：裤子会出现有光泽的斑点，棉T恤变薄，毛巾似乎慢慢溶解破损。这是由单根纤维磨损产生的，而且这种情况不仅仅发生在洗衣房里。每当日常服装材料接触到其他物体时，如衣物之间的接触、衣物与皮肤的接触以及最重要的与洁净室服装的接触，会使纤维脱落下来。

日常服装中的多数纤维在显微镜下很容易识别，其中棉花最为有趣。棉花的典型特点是形状扭曲，横截面看起来有点像哑铃，其扫描电子显微镜照片如图9.3所示。棉纤维很容易识别，多数专家使用光学显微镜而不是扫描电子显微镜进行污染识别。放大约160倍时，足以分辨。使用光学显微镜能够识别纤维颜色这个附加特征，光学显微镜在进行纤维污染分析时更有优势。

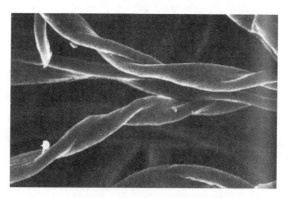

图9.3　典型棉纤维的扫描电子显微镜照片

日常服装可能会产生另一个问题，该问题与鞋子有关。鞋子可能是污染控制工作区的最重要的污染源。在瓷砖地板上或者在铺设地毯的办公空间行走时，尤其是走出室外时，鞋子会受到污染。防静电鞋也会受到污染的影响。积累在鞋类接地器、靴子和专用的防静电鞋上的污染物会使鞋底绝缘，干扰接地系统。因此，重要的是要频繁的定期对易于磨损的鞋子进行检查，至少应每天检查一次鞋子的接地情况。良好的工艺实践需要关注以下事项：

（1）不要让防静电鞋子接地器在防静电工作区中磨损；

（2）每次进入防静电工作时，测试鞋子接地效果。

9.2.6 其他形式的污染

关于基本化妆品的典型应用研究有一份经典的报告：用于打底、睫毛膏、腮红、唇膏和眼影的化妆品中含有数百亿个粒径大于 0.5μm 的颗粒，而且每天必须重复使用几次才能保持良好的外观形象。表 9.1 中列出了每种特定化妆品的颗粒浓度，强调了洁净室中需要避免使用化妆品（保湿霜除外）。相反，已经表明，使用化妆品和/或羊毛脂基保湿剂显著减少了皮肤碎片等颗粒物的脱落，尤其是操作员（无论是男性还是女性）面部皮肤碎片的脱落。化妆品和保湿剂的使用有效减少了皮屑和睫毛等脸部上部位置多种微小颗粒物的脱落。但是，化妆品和乳液通常含有钠、钾、其他金属、有机硅、羊毛脂、牛脂、蜡和其他污染物，因此，并不适用于洁净室。

表 9.1 一次使用化妆品的颗粒浓度[3]

化 妆 品	每次应用时产生的直径大于 0.5μm 的近似粒子数量
口红	1100000000
腮红	600000000
粉饼	270000000
眼影	3300000000
睫毛膏	3000000000

化妆品对污染控制区域的影响有如下几个方面。最直接的是，化妆品变成尘埃粒子，导致污染。其次，它会接触并转移到洁净室服装的表面。在许多行业，服装每周更换一次到两次，这意味着通常要穿 10~20 次才进行洗涤。换衣服过程中，污染物很容易松散，不仅会污染穿戴者自身的服装，也会对周围其他人的服装造成污染。洁净室衣物清洗、清洁工艺经过特殊设计，清洗过程柔和温顺，既能起到清洁作用，也不会损坏服装。而被化妆品污染的服装需要清洁过程异常剧烈，既增加了洗涤成本，也有可能缩短服装的使用寿命。

护手霜是一种化妆品。如果使用普通护手霜后再处置洁净室服装，可能会导致污染。但是，市面上有种护手霜，防护效果明显，与从裸露的手部表面自然转移的污染相比，涂抹这种护手霜后，可以有效减少离子污染物的接触传递量[4]。

香水也是化妆品。因为它有香气，所以很多人认为它一定是气体分子污染源，应该限制它们的使用。但是，关于是否应限制使用香水，还存在很大的争议。如果要禁止使用香水，我们是否也要禁止使用香波、洗衣粉和除臭剂呢？可以说，限制香水在洁净室中的使用并无益处，除非发现使用香水与产品或工艺问题之间存在直接联系。香水作为一种气味遮盖剂，往往用于掩盖异味，但并不会消除异味，令人难受的气味仍然存在，并有可能会造成气体分子污染。由于被更为强烈的气味掩盖，我们根本不会注意到它。

呼吸和交谈时会产生包括内部黏膜细胞的唾液。早在20世纪80年代初，就有研究表明，与非吸烟者相比，吸烟者会明显增加呼吸中黏液颗粒等其他污染颗粒物的数量。喝水确实有助于降低污染物增加的趋势，但效果只会持续相当短的时间。某个高科技公司对吸烟者做出了一项明确规定，即个人在吸烟结束之后，必须等待一段时间后方可返回洁净室[5]。

9.3 典型的更衣方案

我们不可能一一列举所有可行的更衣方案，但会就某些典型的更衣方案提供些参考建议。据此，可以对任何给定区域定制形成更衣方案。这里以环境科学与技术研究所提供的更衣要求为例，如表9.2所列。最基本的要求是，对于任何级别的洁净室，必须对人为主要污染源进行控制。据此，最基本的服装污染控制系统包括发罩、手套、鞋套、面罩和工装。这与表9.2中所示的要求不同，后者建议使用发罩、工装和鞋套，忽略了面罩和手套。

此方案也常用于配备洁净工作台的工作环境。ISO 8级洁净室，尤其是航空航天工业，通常也会使用此方案。在洁净室建设的最后阶段（通常是指天花板过滤器或风扇过滤装置安装之后），配置服装是最低要求。我们必须坚持采用最便捷、成本最低的方法来控制最重要的污染源。佩戴发罩，包住头发，使其不直接暴露、不接触其他物体。佩戴面罩，呼吸或谈话时可以减少唾液滴污染。佩戴手套，可以用来避免形成指纹。穿戴工装，使其包裹住膝盖以上的日常服装。套上鞋套，包住日常鞋子上的污染。

进入高于ISO 8级的洁净室内时，通常需遵守额外的服装穿戴要求。对于ISO 7级或ISO 6级环境，除发罩之外，通常还要求佩戴头罩。有些行业会要求将工装换成连体服。在ISO 5级和更高级别的洁净环境中，穿着连体服是强制性要求。如果穿着连体服，通常也要配上及膝靴。这些要求与IEST给出的建议基本一致，如表9.2所列，但也有一些值得商榷。表9.2中所列的结构内容将作为该讨论的指导框架。

表 9.2　推荐的服装配置

服装类型	ISO 14644-1 空气清洁等级[①]							
	ISO 6 级	ISO 7 级	ISO 6 级	ISO 5 级	无菌 ISO 5 级	ISO 4 级	ISO 3 级	ISO 2 级和 1 级
内部套装	AS	AS	AS	R	AS	R	R	R
发套（蓬松式）	R	R	R	R	R	R	R	R
编织手套	AS	AS	AS	AS	NR	NR	NR	NR
阻隔层手套	AS	AS	AS	AS	R	R	R	R
面罩	AS	AS	AS	R	R	R	R	AS
头巾	AS	AS	AS	R	R	R	R	R
动力头盔	AS	AS	AS	AS	AS	AS	AS	R
罩袍	R	R	AS	R	NR	NR	NR	NR
连体服	AS	AS	R	R	R	R	R	R
两件式套装	AS	AS	AS	R	NR	NR	NR	NR
鞋套	R	R	AS	R	NR	NR	NR	NR
靴子	AS	AS	AS	R	R	R	R	R
特制鞋束	AS	AS	AS	AS	AS	AS	AS	AS
建议更换频率	2 次/周	2 次/周	3 次/周	1 次/周	每次进入时	每次进入时	每次进入时	每次进入时

① AS 表示专用，R 表示推荐，NR 表示不推荐。

资料来源：参考文献 [6] 中的附录 A。

9.3.1　内部套装

内部套装用于替换日常服装，通常包括聚酯衬衫和裤子。内部套装早在 20 世纪 90 年代就被广泛推广应用。根据相关要求，工人不能身着日常服装进入更衣室区域，内部套装便成了日常服装的有效替代品。IEST-RP-C003.3 讨论了内部套装区域的建筑结构，但对其实施策略提之甚少。为了达到最优效果，内部套装应限制使用于工厂的洁净区或半洁净区。半洁净区很少被赋予实际意义，指受内部套装更衣区保护的区域，在该区域内禁止穿着日常服装。禁止在洁净区或半洁净区以外着内部套装。更进一步地说，在半洁净区内，纸制品也可能会被限制使用，禁止进食、饮水等其他活动（如吸烟）。图 9.4 所示对配备内部套装的房屋结构进行了举例说明。设置半洁净区，可以避免定期污染物采样。

采取内部套装措施时应考虑到隐私问题：男性和女性都需要单独的更衣室进行服装更换。要求员工在穿上内部套装之前进行淋浴，是一项极端要求，该要求进一步严格了洁净间的管理要求。如果生物污染问题极其严重，可以采取该项措施。

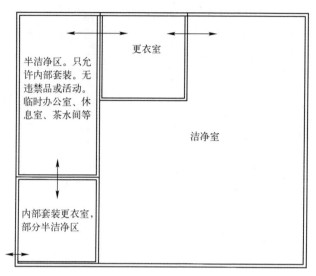

图 9.4 实施内部套装服装配置的建筑计划
（工厂环境：箭头表示不同阶段的人员流量方向）

9.3.2 发套（蓬松的）

对于发套或发罩的使用，我们有个有趣的技术问题。佩戴发套或发罩：首先是为了防止头发松散，避免在室内飘动或者披散在工装外面；其次是为了防止头发与洁净服内部表面接触，从而最大限度地减少对洁净服（洁净服在送洗之前会穿戴多次）的污染。IEST 推荐的服装配置如表 9.2 所列，我们建议与 ISO 8 级至 ISO 3 级的洁净室防护要求结合使用。但是，表 9.2 中对洁净服 ISO 2 级和 1 级环境中的特定应用要求进行了降级，表 9.2 中推荐使用动力头盔。我们认为，该项推荐并不明智，使用动力头盔时，应同时佩戴发套或发罩。这方面内容在 9.3.6 节中有更详细地描述。

9.3.3 编织手套

IEST 标准仅针对 ISO 8 级至 ISO 5 级条件列出了专用手套，对于更高级别的洁净环境，不推荐使用该类手套。用户应谨慎对待该项建议，编织手套不作为更衣手套使用时，则不予考虑。为确保舒适，也不应将编织手套用作手套内衬。手套的选择和使用已在第 8 章中进行讨论。

对于某些行业，仅采取手部清洁措施并不能够满足整个更衣过程所需的污染控制要求。佩戴更衣手套处理洁净室服装时，有时会产生磨损，更衣手套有几种材质可供选择。常见的做法是穿戴可洗涤手套内衬。生物和制药工业通常将无菌阻隔层洁净室手套作为更衣手套。有些行业将编织手套内衬作为更衣手套使用，通常在更衣结束后继续佩戴，将其置于洁净室手套以下。重点关注生物活性污染的洁净室内，更衣手套最为常见。生物污染再次布满我们皮肤表面的速度不可预知，对于有些行业，生物污染可能被认为是无法承受的风险。

9.3.4 阻隔层手套

IEST-RP-CC-003.3 列出了适用于 ISO 8 级至 ISO 5 级的阻隔薄膜手套，仅推荐将其用于无菌 ISO 5 级和更清洁的环境。用户应谨慎对待此项建议。手部污染的接触转移程度可能比其他类型污染的总和还要多。第 8 章已详细讨论了特定环境条件下手套选择和评估的方法。

9.3.5 面罩

IEST-RP-C003.3 列出了用于 ISO 8 级、ISO 7 级和 ISO 6 级洁净室环境中面罩的特定用途，建议其他等级的洁净室都对面罩提出佩戴要求。洁净室操作人员也应谨慎对待该项建议，选择面罩时，应充分考虑设计和性能因素。面罩可能是头罩的组成部分，用作缝合面罩时，更衣室内就少了一类需要存储的物品，这是一大优势。与单独可洗涤面罩相比，它们可以与头罩一起洗涤，这样就减少了处理步骤，也减少了固体废物污染。当然也有不足之处，多数人并不想重复使用。一次性面罩则解决了该项问题，每次进入洁净室时都可以随取随用（表 9.3）。

表 9.3 面罩和头罩的性能

类　　型	代　码	肺活量/mL	面具拉伸性/(g/ft^2) [1]
卡扣式可洗面纱	A	650	95
环耳型，聚四氟乙烯介质，聚丙烯面罩	B	905	510
离面型，聚四氟乙烯介质，白面罩	C	690	9600
外科用松紧带口罩	D	710	215
胡须型面罩	E	925	110
分体闭合式护罩	F	0	n.a.
下半部分为口罩、上半部为安全眼镜的面罩	G	5	n.a.
下半部分为口罩、上半部无安全眼镜的面罩	H	20	n.a.
连体服型面罩	I	0	n.a.
无面罩情况	—	2900	n.a.

[1] n.a. 表示不适用。

此前有项研究对面罩和头盔的颗粒物控制效果进行了量化[7]。在这项研究中,使用面罩和头盔的各种组合来测量 ISO 10 级洁净室中的颗粒数,研究结果似乎并不需要令人担忧。但是,必须考虑到这些测试是在 ISO 10 级单向流洁净环境下进行的。与混流式洁净环境相比,单向流环境中的高速气流和受控的气流方向更容易稀释颗粒。

9.3.6 头罩和动力头盔

目前,有多种洁净室内用头罩可供选择,如敞开式头罩、带有卡入式面纱的开放式头罩以及只露出眼睛的头罩等。此外,动力头盔也被广泛使用。

1. 敞开式头罩

敞开式头罩通常最受青睐。它不会导致眼镜起雾,佩戴感觉要比其他两种头罩要凉爽。污染控制整体方案会对面罩佩戴提出要求,这在一定程度上降低了该类头罩的使用频次。头罩的尺寸类型也不一(如小号、中号和大号),它们通常是常规大小,不能够确保适合每个人。头罩通常装有卡扣,可以使佩戴者根据脸型和头部大小进行调整。但是,多数佩戴者并未受过灵活使用卡扣调整头罩大小的相关训练。卡扣式面纱作为一次性面罩的替代品,通常在佩戴敞开式头罩时一并佩戴。卡扣式面纱可洗涤,而且要比一次性面罩便宜,这是其优势。当然也有不利之处,比如需要考虑洗涤费用问题,同时,也要考虑面纱丢失或损坏造成的成本问题。

2. 只露出眼睛的头罩

佩戴只露出眼睛的头罩时,外部个体只能看到佩戴者的眼睛。该类头罩也称为行刑者式头罩。由于眼睛周围存在开口,难以密封,通常与纸质面罩一同使用。该类头罩幽闭、恐怖,也会导致眼镜和护目镜起雾,遭到很多人的抱怨。舒适度问题是最常见的问题。由于卡扣置于头罩后面,调整头罩的贴合度也很困难。此外,对于戴眼镜的人来说,很难避免头罩的太阳穴眼孔位置处出现缝隙。如果调整头罩,尽量减小眼镜支架产生的缝隙,通常会导致贴合度过紧,使眼镜支架紧压在头上。

图 9.5 给出了一种尝试解决该问题的创新与改进方案,非常有趣。头罩的侧面配有重叠襟翼缝合的插槽。佩戴者在戴上眼镜之前,调整头罩的紧贴度,使其与脸部紧密贴合。然后照镜子进行调整,将眼镜支架滑入支杆插槽的狭缝。该类头罩还配有通风侧面板,可以减少热负荷量,佩戴更舒适。

IEST-RP-C003.3 建议,该头罩可用于 ISO 8 级、ISO 7 级和 ISO 6 级特定的应用环境,在 ISO 5 级、ISO 4 级和 ISO 3 级中推荐使用,也可用于 ISO 1 级和 ISO 2 级特定应用环境(推荐使用动力头盔),目前该建议并未得到认可。首先,在航空航天业中航天器总装时,头罩强制佩戴,尽管总装通常在 ISO 8 级和 ISO 7 级洁净室中完成。其次,佩戴动力头盔而不佩戴传统的洁净室头罩已经被证明

图 9.5 洁净室头罩中的眼镜支架插槽

效果并非最好。人们早在 20 世纪 80 年代后期就对动力头盔的两种佩戴选项进行了研究。一是在更衣室里佩戴动力头盔,用于替代常规头罩;二是在更衣室中佩戴常规洁净室头罩,人员进入工作区域内,再戴上动力头盔,之后进入工作区。在第二种选项中,动力头盔的披肩需要穿在连身服的外面。

我们在 ISO 3 级环境区域内分别对两种方案进行测试,采取连续光学粒子计数,每个方案测试时间为一周,轮流测试了两次,最后给出了穿衣方法效果最好的 3 种情况。每次测试后,在紫外线下对动力头盔进行目视检查并进行清洗。3 项测试的结果无可辩驳[8]。

(1) 采用方案 1 进行测试时,尘埃光学粒子计数满足 ISO 3 级性能指标要求。但是,在洁净室内在传统头罩外佩戴动力头盔,很容易达到 ISO 2 级性能指标要求。

(2) 戴在传统头罩上的动力头盔在 3 项测试中都明显更清洁。

(3) 相比于只佩戴动力头盔而不穿着其他服装,在传统头罩上穿戴动力头盔,可以显著提高生产线产量。

9.3.7 罩袍、连体服和两件式套装

连体服(有时称为套装)或者罩袍(有时称为工作服或洁净实验室外套)是洁净室内覆盖人体的主要着装类型。罩袍的开口位于膝盖处位置,罩袍通常在 ISO 8 级或 ISO 7 级(FED-STD-209 中 10 万级或万级)洁净室内使用。连体衣可以完全覆盖腿部。连体衣通常在 ISO 6 级(FED-STD-209 中 4 级)洁净环境中使用。两件式套装易穿,偶尔会用两件式套装替代连体服使用。

在 ISO 8 级或 ISO 7 级(10 万级或万级)洁净室内工作时,工作人员通常会很放松。他们认为,ISO 8 级或 ISO 7 级对洁净度要求不太高,因此不必担心产生过多污染。然而,这是种误解。ISO 8 级和 ISO 7 级洁净室的气流特性会使污染物长时间存留在室内。考虑到气流的惰性特性,工作人员更应该注意不要在 ISO 8 级和 ISO 7 级洁净室中造成污染。对于航天工业,航天器总装时采取的

防控措施充分说明了上述要求，总装通常在 ISO 8 级和 ISO 7 级高顶棚洁净室中完成。在总装阶段对飞船进行清理并不容易，所以总要求穿着连体衣。

服装应尽量覆盖人体躯干。手腕处的皮肤易于接近产品和工艺过程，暴露的风险问题特别大。手套的套口并未与工作服或连体衣的袖子连接，这也增加了暴露风险。不同类型的手套锁扣（封闭手套口的装置）如下。

（1）使用胶带或粘胶带的手套锁扣。黏合剂残留物会产生污染，该类难以采用。

（2）套筒式袖子、两端用弹性袖口缝制的织物袖管。该类有效，但也有缺点，可能会因为洗涤导致丢失或损坏。

20 世纪 90 年代引入了整体手套锁定机构，在连体衣的每个袖子末端配置双袖口。袖口可以是弹性袖口、编织袖口，也可以是由搭扣固定的袖口，如图 9.6~图 9.8 所示。

图 9.6　整体手套锁定机构：双袖口缝在袖子上。外部卡扣式袖口
　　　　往前臂方向拉伸后暴露出内部弹性袖口

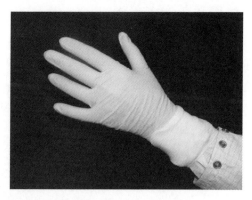

图 9.7　戴上丁腈防护薄膜手套，将手套卷边拉过内套管弹性体，
　　　　可以暂时将其固定到内袖的弹性袖口上

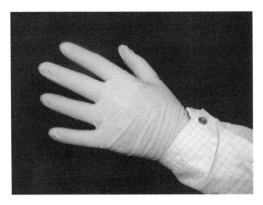

图 9.8 将外卡扣式袖口套在手套袖口上,形成一个迷宫路径。
卡扣紧固,将套筒固定到手套袖口,形成有效的手套锁扣

9.3.8 鞋套、靴子和特质鞋束

IEST-RP-C003.3 推荐在 ISO 8 级、ISO 7 级和 ISO 6 级洁净环境中使用鞋套,在 ISO 6 级和 ISO 5 级特定环境中也可使用,不推荐在无菌 ISO 5 级洁净室或更清洁洁净室中使用。但选择和使用时,对上述要求再一次产生了理解偏差。在特殊专用鞋子的说明章节中,将该类鞋描述为工厂鞋,并且建议仅在较不重要的科研生产活动中使用,这也特别容易引起误解。

多数企业规定,在进入污染控制区域之前,必须用擦鞋机对日常鞋子进行清洁。擦鞋机主要有两类:配有 HEPA 过滤器的擦鞋机(通常被称为独立式擦鞋机)和需要外部真空排气的擦鞋机。使用者需要了解正在使用的擦鞋机的类型,确保设置正确,更衣室入口外的走廊处是擦鞋机的最佳安置位置之一。

出于安全原因,普通工人经常需要将日常鞋子更换为洁净室专用无尘鞋。洁净室专用鞋配有钢脚趾,这类鞋相对来说更为安全。此外,洁净室安全鞋也可以作为防静电鞋使用,可以消除洁净室或防静电工作区的静电问题。多数日常鞋子不能像洁净室无尘鞋和/或靴子一样进行接地。

访客进入洁净区时可能会要求穿戴一次性鞋套,洁净室专用鞋通常不会供访客使用。图 9.9 所示举例说明了配备有接地带的一次性鞋套。接地带是导电带,用于一次性鞋套的导电带通常不包含 $1M\Omega$ 的限流电阻。因此,在进入洁净室或防静电工作区之前,使用鞋类测试仪对其进行测试非常重要。将导电带与皮肤直接接触(置于皮肤和长袜之间),可能会使佩戴者暴露于潜在的致命电压危险状况中。有效的解决方案是先穿上一次性鞋套,或者换成洁

净室专用鞋，然后再穿上一双及膝靴。IEST-RP-CC003.3 推荐的做法忽略了这种最好的清洁方法。

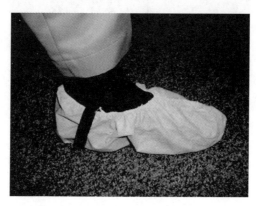

图 9.9 正确使用一次性鞋套（注意，导电带不直接与皮肤接触，而是置于鞋和袜子之间。每次进入洁净室或防静电工作区时，都必须测试）

9.3.9 建议的更衣频率

IEST-RP-CC003.3 推荐的更衣频率也是其中最具争议的一方面。推荐的更衣频率在很大程度上是工作组成员的经验总结，但在文件[9]中对成员情况并没有具体说明。相比之下，下面提及的频率可供参考。

（1）一次性、可洗涤面罩和头罩应根据工作需求，经常性更换。更换频次取决于工作人员对脏衣服不可接受的程度，取决于何时提出更换意见，具有很强的主观性。

（2）无论洁净室的 ISO 等级，为了实现生物污染控制，在每个入口处都需要进行服装更换。

（3）更衣频率取决于过程。在受污染可能性较高的作业中，操作员的更衣频率要更高。举例来说，维修人员易于接触污染环境，他们必须定期在工艺通道中工作，脏衣服很容易与产品和工艺接触。

根据上述要求，更衣频率应视具体情况而定。但具体执行时，是一项艰巨的任务。

案例研究：更衣频率

确定适宜的更衣频率是整个污染控制计划最主观的要素之一。目前，已经进行了各种尝试来量化更衣频率，如身体箱测试。但是，除其中一种操作方法以外，没有一项取得令人满意的效果。有一位工程师，非常敬业，被要求找到洁净室连续监控系统中高颗粒计数报警的原因。他很快找到并解决了气缸漏气、轴承失效等可能导致颗粒数上升、报警的原因。最后他发现一个工作台，在当第三次倒班时，该工作台的粒子数经常超差，而他找不到任何机械性原因。

某天晚上，他决定亲自观察第三次倒班情况。一个身材魁梧的操作人员就位后，颗粒数快速上升，粒子计数器开始报警。随后，工程师要求操作员离开工位，粒子数恢复正常。重复几次后，工程师得出结论，该操作人员就是导致粒子数超差的原因。然后他问操作员多久换一次洁净室服装。操作员回复说："由于没有适合我尺寸的服装，大约每4周更换一次。"之后和洗衣服务部门和采购部门进行了沟通，调整了库存，该操作员每周更换两次服装，粒子数超差问题就解决了。

9.4 进入洁净室的程序

进入洁净室的程序及穿戴要求应根据洁净室内产品要求变化而变化。因此，有必要规定进入洁净室的一般衣着注意事项，而不仅推荐某个单一的程序要求。通用程序要求如下：

(1) 脱下外衣并存放；
(2) 洗脸、洗手；
(3) 擦拭鞋子；
(4) 擦拭随身携带物品；
(5) 戴上发罩和面罩；
(6) 穿上鞋套或换上洁净室专用鞋；
(7) 洗手；
(8) 选择并穿上尺寸大小合适的头罩；
(9) 选择并穿上尺寸大小合适的罩袍或连体服；
(10) 选择并穿上及膝靴（需要时）；
(11) 选择并戴上尺寸大小合适的手套；
(12) 照镜子整理仪容；
(13) 使用黏辊或风淋门；
(14) 进入洁净室；
(15) 清洗或擦拭手套。

首要原则是逐步净化，首先要移除最脏的物品，逐步提升清洁度。更换大衣、夹克和毛衣等外衣，洗脸、洗手等步骤需要在进入更衣室之前完成。合理的更衣室通常配有更衣前区域和正式更衣区域。清洁、穿戴头罩、面罩、鞋套等通常在更衣前区域进行。内部更衣室是穿着正式洁净室服装的地方（有关更衣室设计的更多细节，见第10章）。

9.4.1 预更衣室程序

外套不应放在更衣室或休息区内，应挂在衣帽架上。不允许带入洁净室内的物品，如钱包、午餐等，应存放在储物柜或办公桌上。对此，那些通常会遇到恶劣天气（如雪和雨夹雪）的地区需要着重考虑，在该环境下，工作人员外套可能会受到严重污染。上述地区的衣帽架不应放置于更衣区内。对于没有恶劣天气的地区，衣帽架可以放置在更衣室内。

绝不允许在洁净室里化妆。因此，所有人员都应先洗手和洗脸，然后才能进入更衣室。在返回更衣室之前，如果需要，可以使用适用于洁净室或防静电工作区的乳液。

9.4.2 清洁

按照逐步净化的原则，下一步就是对将要带入洁净室内的所有物品进行清洁，小到简单的随身携带物品，大到仪器设备，都需要清洁。随身携带物品通常在更衣室里清洁，较大的物品通常在设备直通通道中清洁。洁净室里任何可能会使用的物品都不能放在洁净服下。因此，如果要在洁净室中使用笔、记事本、传呼机和手机等，必须进行清洁和手持使用。简单物品（如手写笔或手机）清洁通常不会形成阻力。但是，清洁包含数百个独立工具的工具箱则是一项艰巨的任务。然而，它通常被忽略。幸运的是，现在有了合理的解决方案。

工具箱外部必须彻底擦拭干净，保持足够清洁，然后才可以进入污染控制区域。然后将额外湿巾放在塑料袋中，放入工具箱中。此外，还可以在工具箱中放入几双手套，将其送入洁净室工作区内，然后放在地板上。打开工具箱，将用于维护或操作的工具取出，一个接一个清理干净后放在工作台上。这样，就只要清洁需要使用的工具，节省了时间，通常也会符合合规性要求。注意请不要将工具箱直接放置在工作台上，即使工具箱的外部是清洁干净的，但工具箱内部和工具内部并不干净。

9.4.3 发罩和面罩

接下来是戴上发罩和面罩。发罩和面罩的穿戴顺序取决于面罩的类型。佩戴发罩之前，应该先戴上面罩（用耳环固定在头上）。相反，系在头部后面的面罩会使头发打结。在这种情况下，首先戴上发罩通常会更舒服。胡须套通常是一种薄的纺粘聚烯烃材料，类似于发罩，用松紧带固定在头上。使用胡须套时，胡须套和发罩的穿戴顺序不定。图 9.10 所示为一个典型的发罩和胡须套的组合形式。

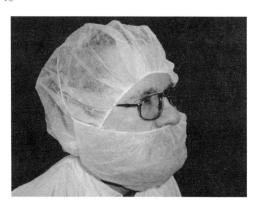

图 9.10　典型的面罩和发罩组合形式
（关于如何戴面罩有一些争议，本例中面罩戴在鼻子下方）

对于如何穿戴面罩，也有一些问题，据未公布的实验室数据显示，与戴在鼻梁上的面罩相比，戴在鼻子下方的面罩更为清洁。该结论由通过尘埃光学粒子计数器对几个测试对象的顺风粒子数测量后得出的。由于与传统观念不一致，存在争议，可以理解。人们普遍认为，面罩应戴在鼻子上。

由于面罩无法在鼻梁周围形成有效的密封环境，戴在鼻子下的面罩实际上要比戴在鼻子上的面罩更为清洁。观察结果表明，鼻子旁边的面罩缝隙处会泄漏口中和鼻中的颗粒物，所以鼻子和口腔泄露的颗粒总和大于仅来自鼻子泄露的颗粒物。有关证据在 20 世纪 80 年代初期确认提出，尽管研究证实戴在鼻下的面罩比戴在鼻子上的面罩更清洁，管理层却拒绝使用戴在鼻子下的口罩。

纸质面罩类型多样，风格有两种，由头部固定方式决定。面罩和发罩的穿戴顺序取决于面罩的穿戴方式。如果戴上发罩，那么有耳圈的面罩则很难戴上。相反，系在头后的面罩基本上都应该在戴好发罩之后穿戴，以防止在系面罩带时缠住头发。对于某些工作程序，需要经常更换面罩，面罩应戴在头罩的外部。

褶皱纸面罩是最常见的面罩之一。佩戴时，面罩上的褶皱必须展开，使面罩的底部到达面罩下方，与下巴贴合，纸面罩的顶部通常戴在鼻梁上。通常，这种样式的口罩都配备有金属连接件。金属连接件必须贴合在鼻梁上，以提高密封效果。不能正确佩戴面罩，没有将褶皱扩大，也没有将其贴合在鼻梁上，这些都是最常见的错误。

9.4.4 擦鞋器

多数企业要求，在进入污染控制区域之前，必须用擦鞋器对日常鞋子进行清洁。通用擦鞋机类型有两种：配有 HEPA 过滤器的擦鞋机（通常称为独立式擦鞋机）和需要外部真空排气的擦鞋机。了解擦鞋机的使用类型，确保其设置正确，非常重要。普通工人需要经常将日常鞋子更换为洁净室专用鞋。

一般情况下，擦鞋机位于更衣室门外。应充分认识到，擦鞋机即使配有抽真空装置或内部过滤器，也很容易产生污染。某些场所会将擦鞋机放在更衣室内，但应尽可能放置在外部出口处。使用擦鞋机是为了尽量减少污染更衣室地板。很多场所都将粘垫放置在擦鞋机的附近。

9.4.5 洗手

双手与脸、头发和鞋子发生接触，在穿上洁净服之前必须洗手。更衣缓冲室里有时会配置盥洗台。一般来说，个人手部冲洗和清洗时间约要 15s 左右。烘干有两种方式可选：一种是在电动干手器下烘干 45s；另一种是使用可洗涤和可重复使用的亲水洁净擦拭布擦干，时间一般不超过 15s。洗手装置由踏板或光电感应的洗手台组成。对于某些生物技术或医疗行业，可以使用配备消毒化学品的自动洗手台。对于半导体、航空航天、磁盘驱动器或平板显示器行业，该类自动洗手台并非必需品，应重点关注去除颗粒、离子和有机物，是否无菌性并不重要。

许多场所都会配备乳液。使用乳液的益处如下：
（1）乳液可以有效解决皮肤干燥问题，从而最大限度地减少皮肤剥落；
（2）乳液可以用来润湿手腕，从而最大限度地减少静电放电问题。

案例研究：洗手

使用电动干燥机进行手部烘干，过程很慢。因此，许多人会跳过洗手步骤，避免时间延误。为了解决该问题，某个大型制造商在其最繁忙的洁净室进行了一项实验。他们将传统的毛巾卷分配器布置在洗手台旁边，分配器配有特殊的毛巾卷，这些毛巾卷由亲水性聚酯纤维织成，使毛巾吸水而且不会产生脱落。

起初，实验很有效。操作人员不再跳过洗手步骤，他们只需要电动干燥器干燥所需时间的 1/3 就可以将手擦干。研究人员分发了调查问卷，收集操作人员对毛巾卷和电动干燥机使用的反应，起初，反馈很积极。然而，一个星期后，人们发现毛巾卷分配器已被拆除，被电动干燥机取代。被问到时，管理部门承认是他们下令进行更换的。原因是他们不喜欢看到毛巾卷上的污迹和灰尘。

9.4.6 换成洁净室服装

双手清洁后就可以进入更衣区域了。有两类洁净室服装可供选择：罩袍和连体服。罩袍在膝盖处开口，连体服则可以囊括整个腿部。图 9.11 所示为某个罩袍的图例。图 9.12 所示则为某个连体服（也称为罩衣）的图例。

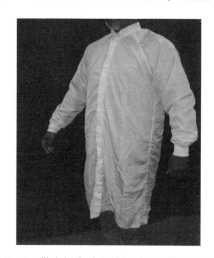

图 9.11 带有插肩袖和针织袖口的洁净室罩袍

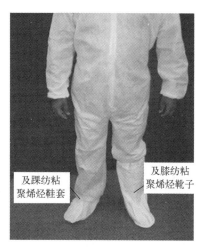

图 9.12 纺黏聚烯烃洁净室连体服（手腕和脚踝处有弹性袖口。该模特左脚着及膝靴，右脚着及踝短靴）

多数行业员工都会在洁净服穿戴多次后再进行洗涤。洁净服需要储存，且存储方式多样。将衣服悬挂是最快捷的方式。存储在抽屉、储物柜或布袋中也很常见，但这种方式需要将洁净服折叠，这就额外增加了时间，通常也会导致清洁度降低。对于重复使用多次再进行洗涤的行业，使用时需要从存储位置处取出。对于每次使用后就进行洗涤的行业，如生物技术和制药行业，洁净服会放置入口处，员工每次进入洁净室时就可以穿上新的服装。

保持洁净服外部洁净非常重要。洁净服不得同日常服装或地板接触，不得过多碰触手部。穿戴罩袍和连体服时，首先将头罩戴上。通常要将头罩夹紧，置于罩袍下，使其覆盖整个头部。紧固面罩，与面部四周贴合。带上头罩后，照镜子检查面部或眼睛的开口位置，确保将头发覆盖。这里体现了发罩的一个优势：相对轻松的就可以将头发塞进发罩内。发罩还可以防止头发与头罩内部产生直接接触。这助于保持头罩清洁。

接下来，人员取到洁净服后，将服装从上向下套入。手持罩袍或连体服时，通常会像洗碗巾一样搭在前臂上，这会很容易地将污染从日常服装传播到罩袍或连体服上，但这种错误很常见。罩袍穿戴并不比雨衣穿戴困难。但是，袖子不触碰地板就穿上连体服就相对困难了，要有一定的技巧，可以参考如下步骤。

（1）抓住被手套覆盖的袖端。
（2）抓起袖子时，同时抓住连体服的腰部位置，收腿。
（3）腿部套入。如有稳定的依靠，套入过程会相对轻松。
（4）每条腿套入后，放下腿部褶裥。
（5）将手臂顺次插入袖子中。
（6）从下到上系紧洁净服，一直系到领口位置。

然后，坐在换鞋长凳上依次套入及膝靴，每换一只后就放在长凳干净一侧。多数靴子都配有卡扣，可以与连体服腿部扣在一起。部分是配有可调节松紧带扣的靴子，可以紧扣在腿部位置。也有些款式在靴子顶部位置缝有弹性带。

最后，对着镜子进行检查，一切正常后进入洁净室。洁净室的进入程序因公司而异。多数公司会设置风淋区域。关于风淋，人们进行了多项研究，风淋效果值得商榷。有些公司则采用黏辊去除污染。

如果需要佩带腕带，通常要在戴上洁净室手套之前对其测试。测试时，插入腕带口，皮肤与测试仪连接，形成回路。同理，如果要测试鞋子，最好在戴手套之前完成。防静电手套通常会影响腕带和鞋类的测试结果，然后选用手套。第8章已对手套进行了详细讨论。作为最后的措施，多数公司会清洗手套。第 8 章已详细介绍了手套清洗步骤，有些公司要求在更衣室内时也要佩戴手套。

9.4.7 动力头盔

动力头盔如图 9.13 所示，全密封，也称为 Stackhouse 头罩。该种塑料头罩有两类：一体式头罩和分体式头罩，如图 9.14 所示。使用显微镜时，分体式头罩更为方便。在洁净室内，使用工作人员腰部位置配备的风扇，可使室内空气流入头罩。风扇由电池组供电。空气通过 HEPA 过滤器回到洁净室。

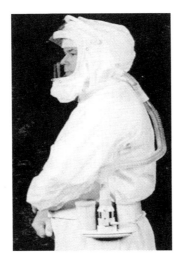

图 9.13 Stackhouse 头罩或全密封头罩
（分体式头罩遮板处于打开状态，可以使用显微镜）

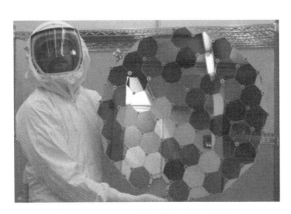

图 9.14 NASA 在 Genesis 项目收集器总装中使用的 Stackhouse 头罩
（NASA/JPL/CalTech 提供）

动力头盔单价很高，每个需要数百美元，如采用此类头罩，每人至少配备一个以上。通常情况下，工人佩戴一个；架子上放置一个，以防紧急撤离时使用；另外一个动力头盔放置在往返洁净室通道内的小车上。除去每人配备3个动力头盔的成本，佩戴的舒适度也经常受到质疑。实际上，该类头盔很舒服，部分是因为大部分的重量都压在腰部腰带上，部分是因为空气系统使头罩内外空气流动，能够保持脸部凉爽。是否真的会被使用呢？很容易就可以给出答案。英特尔公司多年来一直在半导体制造领域使用 Stackhouse 头罩系统。IBM 的溅射装载室也使用了多年。该系统已被 NASA 用于"创世纪"号宇宙飞船总装任务中。

9.4.8 鞋子

洁净室内用鞋种类多样。通常万级（ISO 7 级）和 10 万级（ISO 8 级）洁净室唯一使用一次性鞋套。许多工厂在生产过程中会使用一次性鞋套。

1. 鞋套

不建议在 ISO 5 级和 ISO 4 级无菌洁净室以更高级洁净室中使用一次性鞋套。严格执行该要求并不明智。对于上述洁净室，在更衣过程中，除穿着及膝靴之外，还强烈建议使用鞋套。在洁净室内，操作人员需穿着洁净室专用鞋，但是一般不会为访客配备洁净室专用鞋，只为他们提供鞋套。与发罩一样，使用鞋套有助于保持洁净室服装清洁。

2. 洁净室专用鞋

洁净室专用鞋既可以作为安全鞋（脚头钢筋加固）使用，也可以作为防静电鞋使用，如图 9.15 所示。多数洁净室专用鞋和防静电鞋与运动鞋没有区别，因此工作人员可能会无意的从洁净室或防静电工作区中穿出去，这可能

图 9.15 典型的洁净专用鞋（鞋带上标有特殊标签标，为 ESD 安全。切勿将专用工作鞋穿出清洁区域或防静电工作区域）

会使其受到污染，不适用于洁净区与防静电工作区环境要求，这会造成不良影响。因此，通常会给该类鞋配置识别标签。

及膝靴在洁净室中最为常见（图9.12）。及膝靴可以作为防静电鞋套使用，但经验表明，并不是所有的及膝靴都具有他们声称的防静电性能。

案例研究：鞋子接地失效

多数污染控制区也是防静电工作区，这使更衣过程更为复杂，在洁净室站立工作的时候，可能需要通过鞋子进行接地。为了方便起见，在穿着接地鞋的条件下，不需要将静电放电敏感器件放置在静电屏蔽包装中就可以从一个防静电工作台转移到另一个工作台上。然而，有几起非常著名的鞋子未充分接地引起的事故。对于每起事故，公司都没有特别关注员工接地的情况，在进入工作区之前公司没有进行强制对鞋子进行接地完整性测试。

发生事故的公司都购买了号称具有"防静电"功能的及膝靴，但都发生了静电放电事件，很明显，他们的静电放电控制程序并不完善，没有起到防静电效果。在使用便携式鞋类测试仪进行检测时，发现鞋子未接地。而解决此问题的方法是在及膝靴内部鞋底上缝上导电带。穿靴子的操作员在将靴子拉紧之前，将导电带插入鞋和袜子之间。在进入工作区前，对工人接地进行测试，确保接地有效完整。

9.4.9 擦鞋机和粘垫

更衣室的入口处经常配有擦鞋机和粘垫。多数公司将擦鞋机置于更衣室门外。部分公司会将擦鞋机置于外部更衣室内部，两种方式都有效。擦鞋机的使用面临两个主要问题：首先要让员工使用擦鞋机，由于擦鞋机很容易将鞋子带掉，多数人会避免使用擦鞋机；然后，设置擦鞋机的要求是基于内置HEPA过滤器的假设而规定的，但事实并非总是如此。如果未购买使用配有HEPA过滤器的擦鞋机，或者未购买配有HEPA过滤器的辅助擦鞋机吸尘器，每次使用时，都会将鞋内的灰尘方向喷射至使用者本身。

案例研究：鞋子清洁

如果使用了没有排气或过滤功能的擦鞋机，会产生严重问题，不可小觑。在对一家大型半导体制造商审计时，发现某个外部更衣室外的擦鞋机未配备连接到外部的排气通道。擦鞋机可能内置一个内部过滤系统，但因时间原因，不要求对其拆卸检查。如果内部过滤器未正确安装、已损坏或者超出了使用寿命，这种检查可能也毫无意义，目视检查也不会发现上述问题。鉴于此，审计人员拿着便携式粒子计数器等候在更衣室内，观察擦鞋机使用后的情况。

约5min后，一名工人进入了外部更衣室，洗手后使用擦鞋机开始清洁。短短几秒钟，颗粒数量从约 5000 个/ft³ 增加到超过 5000000 个/ft³。这对内部更衣室也产生了较大影响，工作人员会在这里穿着工作服进入洁净室。内部更衣室的粒子数应平均小于 100 个/ft³。但是，每次使用擦鞋机后进入内部更衣室时，在距入口处 20 多英尺距离范围内的粒子数量会显著增加，峰值会高达 10000 个/ft³。使用擦鞋机后产生的尘埃颗粒会跟随工作人员进入内部更衣室。

粘垫的类型有两种。最常见的是可黏性粘垫，它是一用压敏黏合剂涂敷的大片塑料。多数厂房会使用永久黏性地板。如果洁净室处于防静电工作区内，考虑到静电放电要求，应谨慎选择可黏性粘垫的位置。因此，可剥离黏性粘垫的位置并不一成不变。

9.5　洁净室内行为

洁净室内行为始于更衣室入口处，任何洁净室内工作人员都应熟悉并遵守更衣室内相关规定要求。如果不熟悉穿衣程序，不知道去哪里取得清洁用品，那么该工作人员几乎肯定不会遵守并执行相关要求。因此，在进入新洁净室时，必须与洁净室管理人员沟通确认，取得更换衣物并确认要遵循的规定要求。

更衣室内不一定都配有相关标识，所以不能依靠标识来告诉你该在房间里做什么。一个合理的洁净室管理程序应该包含洁净室入口和出口处贴有相关规定要求。然而，该类标识很少存在，或者即使存在的话多数表述也并不准确，洁净室内行为控制的方法有很多。

（1）员工个人只处置自己本身的洁净室服装。进入时，请勿碰触他人物品。不要在更衣室或洁净室内接触他人服装。

（2）处置洁净室服装时，应尽量减少与服装外部接触。当从包装中取出罩袍或连体服时，应尽量只抓取衣领处。处置头罩时，只能触摸披肩处。戴上头罩后，尽可能减少碰触头罩外侧，仅可用调整卡扣来贴合面部。

（3）穿衣时，不要让衣服碰到地板。如果不小心掉到地上，应首先将其放在洗衣篮内；然后换穿一件新的。

（4）手部清洗后，请勿触摸脸部或头发。

（5）多数更衣室未配有盥洗池。如果无盥洗池，则应在穿上鞋套和发罩后，用蘸有水或酒精的洁净室擦拭物，擦拭双手。

（6）仔细选择手套、洁净室头罩、罩袍或连体服以及及膝靴，确保尺寸大小合适。

（7）应尽量减少裸手与洁净室手套外表面的接触。

（8）应经常性的彻底清洗手套。如果无手套洗涤剂，请使用蘸有酒精或去离子水的洁净擦拭布。

（9）无论何时何地碰到粘垫，都应踏上粘垫走过相关区域。

在进入洁净室之前，请对照镜子检查仪容，避免头罩上眼洞开口处头发伸出和/或皮肤和日常服装裸露在外，及时调整面罩确保脸部覆盖。确保所有卡扣都已固定，确保手套与袖子端叠放。

洁净室入口处可能配有风淋装置。柜式风淋装置和隧道式风淋装置较为常用。柜式风淋装置像一个有两扇门的小壁橱，其中一扇门通向洁净室；另一扇通向更衣室，而隧道式风淋装置通常无门。使用两类风淋装置时都需在墙壁上安装高速空气喷嘴，用以去除洁净室衣物外面松散的污染物。

许多研究表明，风淋装置在去除洁净室外部衣物上松散的颗粒物方面效果甚微。为了提高风淋效用，应做到以下几点。

（1）控制风淋装置内部人员不超出设计容量。

（2）始终使用配有双极空气离子发生器的风淋装置，比如快速脉冲空气离子发生器和连续双极直流空气离子发生器。

（3）风淋时，配合风淋做相应摆身拍打动作。从头顶开始擦拭洁净室服装外表面，从上到下整体拍打，拍打时确保佩戴手套。

（4）风淋的同时转动身体，确保高速空气射流吹遍身体各个部位。

（5）风淋室内的压力小于洁净室内的压力时，勿打开风淋门。应对带有联锁装置风淋装置进行测试，确保联锁装置工作正常。

有些公司使用黏辊作为风淋装置的补充或替代品。黏辊通过系统地擦拭洁净室服装外部来达到清除松散污染物的目的，擦拭时从头部开始，从上向下整体进行[10]。

9.5.1 洁净室内工作

进入洁净室后应切记如下重要事项。

（1）切勿触摸自己或他人暴露在外的皮肤。请勿与未穿戴洁净室专用手套的人员握手。

（2）始终谨记自己在洁净室内工作。

（3）注意室内气流，可以通过观察 HEPA 过滤器的位置和空气回流情况，辨识气流方向。请勿站立于清洁空气源与产品或工艺之间。

（4）注意移动时产生的湍流。移动前，请远离敏感度较高的产品和工艺工程。

(5) 行动和动作要有目的性。

洁净室内气流非常微弱，HEPA过滤器的气流通常为（0.4±0.05）m/s（(90±20)ft/min）。听起来很快，但实际上只有约1.4km/h（1mile/h）。走路的速度通常是其的4~6倍（大约6~9km/h（4~6mile/h））。人体运动时会产生湍流涡流，在洁净室内行走时，会产生速度约为HEPA过滤器出气速度4~6倍的湍流气流。

当天花板过滤器覆盖范围小于100%时，空气速度将低于此值。因此，如果四处走动，产生的湍流可能会很轻易地影响HEPA过滤器的清洁气流。所以当在洁净工作台前、工艺设备或产品周围走动时，距离应尽可能地远。

9.5.2 HEPA过滤器

切勿触摸过滤器表面。进行保洁时，绝不能触摸HEPA过滤器及其保护罩。如果HEPA过滤器或其保护罩的表面看起来已被污染，如有水渍，不要尝试清洁，将其告知洁净室管理层，引起相关人员重视。如果已被污染，就无法清洁了，必须进行替换。对于安装在天花板上的HEPA过滤器和安装在层流工作台上的过滤器亦是如此。层流工作台上的过滤器与人员和工艺过程位置相近，特别容易损坏。

9.5.3 调升地板

如果必须抬高多孔地板，请控制同时抬起的地板数量，处置完后一定要记得放回原位。如果必须抬起地板，应尽可能快地完成后续工作，然后将地板放回原位，尽量减少室内气流扰动的时间。如果地板架高位置有产品存在，请与工程师核实，确认抬起造成的气流扰动不会对生产造成不利影响。

9.5.4 手套意识

不要过度依赖手套，手套会被弄脏，而且易被撕裂。应经常检查手套，如果发现有撕裂或针孔，请立即更换，可以采用不同的方案来替代手套。有些公司允许额外携带至工作台处。更换手套时，应尽可能远离工作台。将双手放在腰部以下，脱下手套后戴上一双新的。有些公司会在洁净室中央位置处放置洁净室手套。需要时，必须回到更换处进行更换，但也有些企业禁止在洁净室内更换手套。对此，有几种备选方案，可以简单地在损坏手套上戴上第二副手套；也可以回到更衣室，取下撕破的手套，重新洗手后戴上一副新的手套。

9.6 洁净室退出程序

多数公司都对如何进入洁净室进行了很好的培训工作,但在退出方面做得不好。审计中最常见的问题出现在洁净室退出程序和服装储存程序方面。这些问题是由于培训不到位造成的,并非工作人员不遵守相关要求。

工作人员会对"脱衣顺序应该与穿衣顺序相反"产生误解,这是最常见的错误。如果严格执行该要求,第一个脱掉的应是手套。但这并不正确,在洁净室内戴手套长达2h后,手部表面可能会受到汗渍、皮屑等污染物严重污染,很显然,没有人会想在此状态下触摸洁净室服外表面。虽然很明显,但这是工作人员离开洁净室的时最常犯的一个错误。因此,必须更好地完善洁净室退出和离开的程序要求。按照相反的顺序脱掉洁净服装的要求只适用于及膝靴、罩袍或连体服和罩衣。

有次培训时,有位学员向我说道:"我在洁净室待了2h,手套太脏了,我不想碰我的洁净服!"而笔者的回答非常简单:"如果你的手套脏了,在洁净室工作时就应该更换。你不应该用那些脏到都不想碰触洁净室服的手套来接触产品。"

9.6.1 及膝靴

应首先脱掉及膝靴。如果要存放在袋子里,鞋底应该相互靠拢,鞋帮包裹在鞋子上。如果存放在储物柜或小房间内,则不应该包裹。此时,鞋底应放在储物柜底部,靴子顶部要轻轻地折叠。如果与悬挂衣物一起存放,则必须小心,鞋底勿与膝盖以上的连体服外部接触。通常洁净服腿部下半部分配有卡扣,方便紧扣靴子上部,使鞋底不会碰到腿部膝盖以上位置。

9.6.2 罩袍或连体服

靴子脱掉后,再脱掉罩袍或连体服。如果要将连体服放在袋子内或小房间内,则应该将其整齐折叠,使其放在靴子干净护腿上。如果要存放在储物柜或袋子内,应该从下向上滚动或折叠,这样在下次穿着时,会方便抓拿衣领。如果要存放在衣架上,则应首先拉上拉链或卡上卡扣,将其固定在衣架上;然后可以将靴子固定在衣服腿部位置,并卡入到位。

9.6.3 头罩

接下来要脱掉的是头罩。如果可能,取下头罩时应小心不要一并脱下发罩。另外，当有身穿洁净服的人员在附近时，应注意不要脱下头罩。头罩脱下时会导致头发颗粒物飞溅，容易污染他人服装外部。脱下头罩后，不要摆动或晃动头发。如果要将头罩挂在连体服或罩袍上，则应该将头罩卡入连接到连体服衣领上，使干净的一面相互接触。

处置头罩时，有几种错误会经常出现。洁净室内穿戴头罩会产生不舒服感觉，所以经常会先脱掉头罩，然后再脱下罩袍或者连体服。然而，这并不明智。处置洁净室服装时，往往也不会考虑哪一边是干净的，哪一边是脏的，导致经常会把干净的一面靠着脏的一面。将头罩塞入连体服或罩袍内，并将其固定在袖套内，也是常见的错误。

如果洁净服存放在小房间内或储物柜内，则必须定期对小房间或储物柜内部进行清洁。清理并洗涤洁净服时是储物柜清洁的最好时机。小房间或储物柜处于空置状态时，也会很容易地进行内部擦拭清洁。

9.6.4 发罩、手套和一次性鞋套

在更衣室内不得脱掉额外的洁净物品。据此，应在离开更衣室后脱掉并丢弃发罩、手套和鞋套。如果操作并不可行，则应尽可能远离洁净服穿着人员。

9.7 服装与预期实现等级之间的关系

洁净室设计（及其预期等级）与使用者着装和行为紧密相关。洁净室设计时，应注意每小时换气预估次数与非单向流洁净室类型之间存在一定的关系。在单向流洁净室和非单向流洁净室中，可以很容易地看到使用者服饰和行为与洁净性能的影响。

表9.4中列出了洁净室全面运行的第三阶段的认证数据，数据来源于美国、加拿大、墨西哥、德国、英国、新加坡和泰国部分洁净室。有些数据是从在相对较短时间内进行的年度测试和资产调查获得的，但符合FED-STD-209D和E（当时有效标准）的要求。也就是说，满足对采样点数量、粒子计数器尺寸分辨率和流速选择、样本数量等的统计要求。每个案例的采样点都集中分布在房间关键和繁忙位置处，且每个关键和繁忙位置都至少设置了两个采样点。例如，有4个采样点分布在线圆晶涂布机处，有两个位于装载站，两个位于卸载站。首先，将关键采样和忙期采样覆盖区域与房间剩余区域剥离；然后，计算剩余区域的采样点数量，以均匀网格的形式选定采样位置。

表 9.4 所观察到的服饰和洁净室性能之间的关系

洁净室特性			服 装	已实现等级
类型	换气/h	预计等级		
非单向	约 20	100000	连身裤、发罩、手套	100000
地坪地板	约 20	100000	连身裤、开放式头罩、面罩、及膝靴、手套	1000
	约 60	10000	罩袍	10000
	约 60	10000	连身裤、开放式头罩、面罩、及膝靴、手套	1000
	约 120	1000	罩袍、头罩、面罩	1000
	约 120	1000	连身裤、开放式头罩、面罩、及膝靴、手套	100
单向多孔活动地板	约 500	100	罩袍、行刑者式头罩、手套	100
	约 500	100	罩袍、行刑者式头罩、鞋套、手套	10
	约 500	100	连体服、头罩、及膝靴、手套、全面防护罩	1
室内单向、多孔活动地板，房间隧道部分的地坪地板	120（室内）	1000 室内	罩袍、行刑者式头罩、鞋套、手套	100 房间内
	约 500（隧道内）	100 隧道内	罩袍、行刑者式头罩、鞋套、手套	10 隧道内

图 9.16 所示为采样计划的工作方式。除装入或卸下过程，零件都放置在封闭的盒子里。装载是关键，如果涂装之前，零件因暴露而受到污染，涂装时会产生缺陷。卸载时也很关键，涂层干燥后，附着的污染会在光刻时造成缺陷。装载站和卸载站的操作员的工作位置有两处：工作台前及毗邻的 WIP 手推车处。对关键区域采样时，应选取 3 个点，对于只接触地板的，则只需要选取一个采样点。因此，该区域的采样点多于 4 个，采样方式采用的是 FED-STD-209 规定的均匀网格方式。

这种样本位置选择的方法，比仅基于统一的样本位置网格采样的方法，能更清楚地说明操作人员执行着装和纪律要求的影响。对于每个预期级别的非单向流洁净室，有效执行精心制定的着装要求可有效提高尘埃粒子清洁度。对于单向流洁净室，服饰和要求的变化影响不大，但仍可衡量。单向流洁净室通过改变房间布局来优化气流效果，隧道效应最为明显。

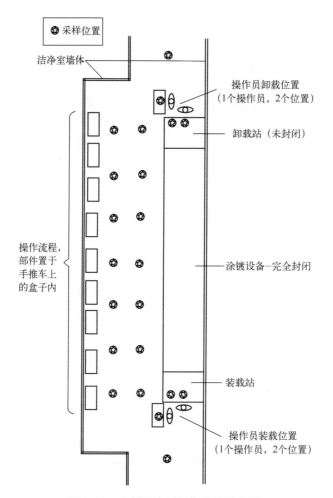

图 9.16 光刻胶涂层操作的采样位置

9.8 防静电工作区进入程序

防静电工作区的进入程序远不及洁净室的进入程序复杂。进入前应用肥皂洗手,去除油脂、食物颗粒和护手霜。如果需要涂抹护手霜,解决皮肤干燥问题,只能使用经过批准的护手霜,多数未经批准的护手霜中的化学物质可能会形成导电路径,又或者吸收水分,造成敏感电子线路短路。

进入防静电工作区后,应穿上防静电鞋并进行测试。两只脚都应该穿防静电鞋。脚跟接地器、脚趾接地器(图9.17)、带导电带的一次性鞋套、专用防静电鞋和洁净室无尘鞋等都属于防静电鞋。测试时,每次测试一只脚,以确保两只鞋的接地器工作正常（对双脚进行一次性测试可能会掩盖鞋子接地问题）。如测试结果不符合指标要求，应尝试在用湿毛巾清洁后再次测试，多数鞋子都能通过电阻测试。如未通过，则必须更换。

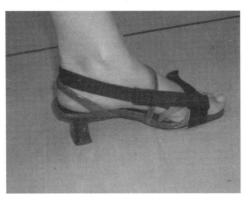

图 9.17 穿着高跟鞋或牛仔靴时的脚趾接地器

接着，佩戴腕带，腕带必须与皮肤直接接触。如果腕带戴在手套或衣服上，会对性能和测试值产生干扰。腕带会中和身体上的带电电荷，因此保持与皮肤接触非常重要。如测试值过高，可能是因为皮肤太干，也可能是因为腕带中的内置电阻有问题。如果润湿手腕后，阻值仍然过高，应用传统的电压表测试腕带线缆，确定电阻器是否损坏。如果阻值太低，则表明电阻器已损坏，腕带必须更换。佩戴电阻过低的腕带会产生安全隐患。戴手套或指套之前，应进行鞋类测试和腕带测试。静电耗散型手套或手指套的阻值也有可能超差。最后，穿上罩袍、发罩、手套或指套等。

9.8.1 防静电工作区内行为

防静电工作区中的行为要求与污染控制区中的行为要求非常相似。必须时刻注意行为举止。进入防静电工作区前，必须了解接地要求。如果站立操作，则需要穿着防静电鞋，同时地板必须接地。如果坐着操作，则必须佩戴腕带进行接地。

相比于常规产品，静电放电敏感产品的处置要求更为复杂。经过妥善包装后才能把静电放电敏感产品从一个工作台移动到另一个工作台上，如移动区域位于防静电工作区内，可以将产品放置在静电耗散托盘中。如果移动区域包括非防静电区，则需要将静电放电敏感产品封装在屏蔽包装袋内。

9.8.2 洁净室内的防静电工作区

如果防静电工作区位于洁净室内，则需要满足其他限制条件。人员不仅要遵守防静电要求，还要遵守污染控制要求。这就意味着不仅要严格执行洁净室的穿衣规定，还要遵守防静电工作区内的管控要求。这可能会使房间的进入过程更为复杂。

多数洁净室要求进入前佩戴手套，腕带佩戴在洁净室服下，在袖口外戴手套时会造成穿戴不便。腕带线必须穿过由袖套和手套形成的迷宫式密封环境，这就增加了洁净服穿衣困难程度。进入工作区前，必须进行腕带测试，用戴手套的手接触腕带表面会导致腕带测试不合格。因此，必须尝试解决上述问题。可以用戴手套的手佩戴腕带，测试采用另一只裸手进行。

腕带拖放到不当位置可能会产生风险，损坏产品，也可能会限制自由移动。身穿腰部有腕带开口的洁净服可以有效解决上述问题。用10ft长的腕带线代替6ft长的腕带线，拉紧服装之前，将腕带线穿过腰部缝隙。这样就避免了腕带线圈悬挂，降低了腕带线在工作台上拖拽进而损坏产品的可能性。

也可以将地线连接到服装外侧的卡扣上，而非腕带上。如果采取该措施后，每个人都能通过腕带测试，则该措施有效。

第三种解决方案是在脚踝上佩戴腕带，但是脚踝上佩戴线圈可能会造成绊倒危险，不推荐使用。此外，这也会增加防静电工作区内的工作难度。腕带佩戴的重要的规则是：①坐下之前插入腕带；②站起来后拔掉腕带。如果腕带穿在脚踝上，该规则就很难执行了。

如果某区域既是防静电工作区也是洁净区，鞋子接地就会是一个问题，最常见于及膝靴。在有些测试过程中出现了部分问题，那些被认为是防静电及膝靴被发现并不符合静电防护要求。几乎所有的案例都表明这是由于靴子的鞋底和日常鞋子的不导电鞋底之间不良连接产生的。

9.9 服装和洗衣服务

通常，人们对于用于控制人体静电放电、颗粒物污染、化学污染和生物污染的洁净服的使用理解并不全面。有些人员并不完全了解污染和静电放电控制最新研究进展，对于设计选项、织物替代物和洗衣程序的要求等也知之甚少，但经常会被安排制定服装控制方案并监督其实施。此外，服装类型选择也受到设施基础环境的影响，需要依据具体环境选择更衣方式。更衣室布局与服装选择之间的相互作用关系将在第10章中进行探讨。这里我们仅讨论各类场所洁净室服装系统选择时必须考虑的因素。关于洁净室服装系统的要求随着产品的变化而变化。本讨论基于目前可用的织物、服装配置以及清洁和消毒技术，旨在为服装系统选择提供广泛的指导方针。

9.9.1 服装选项

用户决定洁净服的选择与使用类型。洁净室内工作人员包裹的越严密，产生的颗粒物就会越少，洁净室就越干净。服装选择类型如下。

（1）头部服饰，包括发罩、开放式头罩、仅露出眼睛的头罩和完全防护头罩。

（2）身体服饰，包括罩袍和两件式/一件式连体服（连身衣）。

（3）鞋类，包括一次性鞋套、洁净室专用鞋和及膝鞋套。

（4）面罩，包括胡须罩、面罩、手术口罩、面罩和完全封闭的面罩。

（5）针织手套、屏障手套和阻隔层手套（包括手套内衬、更衣手套和手指套）。

（6）其他物品，如内衣。

（7）通常用于人员防护的洁净室专用辅助设备，如护目镜、安全防护罩、围裙、化学安全手套、隔热手套或隔冷手套。

服装类型选择主要受洁净室性能等级、所用工具性质（如孤立体，标准机械接口（SMIF））以及无菌环境等因素影响。更衣室布局、男性和女性更衣室是否独立分开以及是否使用风淋装置等也是影响因素。

9.9.2 服装清洁度测量

关于洗涤后服装清洁度的测量方法的争论经久不衰。相比之下，关于静电放电性能的测量相对来说已无争议。洁净服清洁度的测量方法之一最早见于 ASTM 方法 F51，该方法首先采用了一种经过专门设计的过滤器支架，用于真空吹除衣物表面的颗粒污染物；然后使用光学显微镜检查过滤器，并计数颗粒和纤维，但这种方法有许多缺点。除了不同显微镜操作员很难获得可重复计数之外，这种方法操作也非常烦琐。没人愿意定期进行分析。

旋转室测试法，也称为赫尔姆克（Helmke）滚筒法，过去被视为 ASTM F51[11]的替代方法。在 20 世纪 90 年代初期，不同实验室之间的对比测试结果并不能充分说明相关性特征，旋转室测试法没有被广泛使用。IES 也不再推荐该类方法，仅将其视为给定设施内服装清洁度跟踪的控制方法，而不是作为实验室比对的方法。

有未发表的研究声称，Helmke 滚筒方法中的滚筒的静电带电倾向是该方法面临的其中一项主要问题，即使在测量导电纤维编织服装时也易产生静电[12]。这是由于金属滚筒由绝缘塑料滚轮驱动，金属筒并没有接地，不会将电荷传递给大地。测试时将接地的金属采样管连接到尘埃光学粒子计数器上，每次滚筒被激发到颗粒计数器样品管时，颗粒计数值就会爆发性升高（目前还不能确定颗粒数爆发性增长是由滚筒内部脱落还是由静电放电产生的）。火花产生的频率是金属滚筒和样品管之间距离的函数，金属样品管靠近转滚筒时，火花产生频率会增加，颗粒数量也随之上升，这比将样品管刻意远离转滚筒产生的火花更频繁。样品管相对于滚筒位置的变化，可能是实验室间颗粒计数复现的影响因素。滚筒接地并使滚筒内空气电离，会消除静电放电影响，大大提高计数的复现性。

Helmke 改装滚筒也可用来从测量干燥剂袋中脱落的污染物浓度。该方法可重复性较高，可以很容易地将新干燥袋和已被使用受到污染的旧干燥袋中分离出来[8]。近期研究表明，Helmke 滚筒经过改进，测量结果的复现性有所提高[6,13]。

其他方法也用于测量洗衣服务中衣物的清洁度。其中一种方法是，在热去离子水中提取衣物，测量可提取的离子污染物；另外一种方法是，用标准测试面板洗涤衣物后进行超声提取，利用比浊法或液体颗粒计数法来计数颗粒。这两种也是服装清洁度测量方法，但采用率不高。

利用扩散室也可对服装系统产生的粒子进行测量。扩散室是一个面积为 4ft×4ft、高为 8ft 的 HEPA 过滤式衣柜。工作人员身穿洁净衣进入扩散室并做一系列动作，使用尘埃光学粒子计数器来测量服装散落的粒子数。该测试可用于比较不同的服装系统的清洁度，但在比较实验室间的差异方面效果有限，因为每个工作人员的动作都有差异。

9.9.3 面料选择

目前，用于污染和静电放电控制的织物已相当明晰。对于静电放电控制，有多种服装可供选择。多数一次性聚烯烃实验室服装经化学处理后，可抑制静电荷积聚，可用于制衣。另外，如果某区域是防静电工作区，而非污染控制区，可以使用带有编织导电纤维的棉质实验室罩袍。相反，如果某区域既是防静电工作区域又是洁净工作区，则需要身穿由单丝聚酯导电纤维编制的衣服。

膨胀聚四氟乙烯膜制式服装在最高等级洁净室（洁净度 10 级或更干净）中最为常用。选择时必须谨慎，要确保它们具有静电耗散特性。多数洁净室使用织物服装。从污染角度来看，相比起针织服装，梭织服装的污染控制性能更为优越。

静电耗散服装洗涤时更为方便。干燥时就可以去除大部分颗粒。非静电耗散服干燥时往往会产生静电，不会去除绒毛等纤维污染物。因此，即使不考虑防静电需求，静电耗散服装也更有清洁优势。

9.9.4　服装设计与制造

一般来说，服装应避免配有口袋、折叠衣领，减少污染物存留的可能。服装应用合成复丝线缝制。织物的切割边缘应经过热封或绑扎，避免脱落。拉链应配有宽松衣襟内衬界面面料，防止衣襟卡在拉链中。袖口两端应有松紧带、针织或搭扣，确保贴合度。

成衣的做工差异可能会很大，因此必须仔细检查。从织物边缘处抓住松散的线头是最常见的做工问题。拉链错位、卡扣缺失等也很常见。也应该配备搭扣，方便用来调整，这对于领子和头部覆盖物尤其重要。

高级服装既可以提高舒适度，也能够提升性能。比如头罩的眼镜腿缝隙，佩戴者可以将眼镜腿戴在头罩的眼睛开口之外，调整眼睛开口，使其不挤压眼镜腿就可以紧密贴合脸部。高级服装的手腕或腰部配备了狭缝，可以用来容纳腕带线。所有这些狭缝都有一个遮盖结构。

也应考虑手套保护机制功能。可以选用带有长度调节卡扣的加长外套。如配备加长针织袖口，用胶带或扭绳固定手套就会更容易。双袖口（通常包含一个针织内袖口、一个弹性或搭扣固定的外袖口）可以使袖口将手套夹在中间，手套穿过曲折路线被固定到手腕上。使用两端带有弹性封闭件的洁净室织物袖管，也是一种选择。

9.9.5　选择洁净室洗衣服务[14-15]

现在，几乎所有的洁净服都采用水基清洁剂进行清洁。有时也会使用干洗化学品去除污渍，该服务通常会纳入整体洗衣服务中。除提供全方位服务以外，洗衣房会额外销售洁净服，可以更快地满足因服装丢失或破损而产生的新增或更换需求。也能够用于处理紧急情况，比如可用于因化学品泄漏、火灾等事故造成的人员疏散作业。另外，由于工作人员数量变化，洁净服尺码需求也会发生变化，洗衣房也能够解决该问题。

洗衣房应能够进行小修小补，如更换卡扣和拉链、小裂缝和破洞修补等。衣物撕裂会导致产生大量的松散纤维，不应织补修复。小撕裂和破洞应采用自粘贴补丁，将衣服内外表面黏合。

为提供优越的洗衣服务，洗衣房应配备如下设备或设施。

（1）现场水净化系统。

（2）装配在隔板上的洗衣机，装载侧位于工厂环境中，卸载侧置于洁净室内。

（3）装配在隔板上的干衣机，装载侧位于清洗室内，卸载侧位于洁净室内，用于叠衣和打包。

（4）现场可用的服装修补工具。

（5）现场实验室，能够测量去离子水纯度、尘埃粒子计数和服装清洁度。

有些洗衣企业会为大客户提供现场服务。客户的服装库存由洗衣企业人员负责管理，比如确保洁净服足量供应。当因事故进行洁净室疏散作业需要临时重新更换服装时，洁净服数量就变得尤为重要了。将洁净服分门别类（头罩、连体服、及膝鞋套等）送洗，检查不可修复的撕裂和污渍等也属于库存管理范畴。

参考文献

[1] E. W. Moore, Contamination of technological components by human debris, *Proceedings of the 29th Annual Technical Meeting of the Institute of Environmental Sciences*, Los Angeles, Apr. 19-21, 1983, pp. 324-329.

[2] M. Wilson, *Microbial Inhabitants of Humans: Their Ecology and Role in Health and Disease*, Cambridge University Press, New York, 2005.

[3] Q. T. Phillips et al., Cosmetics in cleanrooms, *Proceedings of the 29th Annual Technical Meeting of the Institute of Environmental Sciences*, Los Angeles, Apr. 19-21, 1983.

[4] R. W. Welker and M. Schulman, Contact transfer of anions from hands as a function of the use of hand lotions, *EOS/ESD Conference Proceedings*, 23: 288-290, 2001.

[5] Unpublished company internal report.

[6] IEST-RP-CC003.3, *Garment System Considerations for Cleanrooms and Other Controlled Environments*.

[7] P. McPherson, D. Duggan, and J. Manguray, Evaluating the particle containment effectiveness of face masks and head gear, *MCRO*, 3, 1998.

[8] R. W. Welker, previously unreported observations.

[9] By contrast, the members of committees developing standards for the ESD Association are published in every standard, lending credibility to the balance of viewpoints represented.

[10] In one systematic study of sticky roller versus air shower effectiveness, the sticky roller was found to be approximately 50 times as effective as an air shower. This data has previously not been published.

[11] G. E. Helmke, A tumbling test for determining the level of detachable particles associated with clean room garments and clean room wipers, *Proceedings of the 28th Annual Technical Meeting of the Institute of Environmental Sciences*, Los Angeles, March 25-27 1982, pp. 218-220.

[12] K. Adams, and M. McSwain, Controlling ESD and particle contamination in disk drives with grounded garment systems, *Advancing Applications in Contamination Control*, Sept. 1999, pp. 11-14.

[13] J. M. Elion, Improving the repeatability and reproducibility of the Helmke drum test method, *Journal of the Institute of Environmental Sciences*, May 2002, pp. 20-23.

[14] P. Travis, G. Shawbar, and L. Ranta, How to choose a cleanroom laundry, *Proceedings of the Annual Technical Meeting of the Institute of Environmental Sciences*, Apr. 23-27, 1990 New Orleans, pp. 355-358.

[15] C. W. Weber and J. M Wieckowski, The effects of variations in garment protection on cleanroom cleanliness levels, *Journal of the Institute of Environmental Sciences*, Nov.-Dec. 1982, pp. 13-16.

第10章

更衣室布局

10.1 高效更衣室设计原则

更衣室一般用于提供一种交接环境,作为从污染的工厂环境进入洁净室之前的缓冲地带。人员在更衣室内进行自我清洁,然后进入洁净室。对于工厂来讲,洁净室总是保持正压。良好的更衣室设计使更衣室对工厂保持正压,对洁净室保持负压。

缺乏高效、实用的更衣室设计和布局是污染控制和静电放电控制过程中普遍存在的问题。一般来讲,更衣室的尺寸较小,没有针对人员流量进行针对性设计。未形成处理一天中某些时刻人员流量激增的能力,比如轮班换班和休息时会有大量的人员进出更衣室。更衣室人员应能够在最短时间内完成更衣。因拥挤或不必要的排队而造成的拖延(如洗手或烘干等)会降低生产力,还会导致人员跳过必要的自我清洁步骤(如洗手等)。

很难估计跳过的步骤对洁净室清洁度及由此造成的产量降低的影响,尽管这种影响是一定会产生的。然而,额外的排队时间会造成生产力降低,这两者的关系是可以预估的。图10.1所示为一个相对受控的研究,对两者的关系进行了说明。基于时间与动作的研究模式,该图说明了更衣室使用人数和更衣室规模(以每人每班次所占平方英尺的数量计)的关系。该项研究专注于换班,换班时大量员工同时使用更衣室。也就是说,换班开始时,员工会同时进入更衣室,导致拥挤现象发生。同时,该研究针对的更衣室都规定了同样的更衣步骤,未考虑更为复杂的更衣步骤因素。一般的更衣步骤如下:

(1)擦拭鞋子;
(2)洗手,擦干;

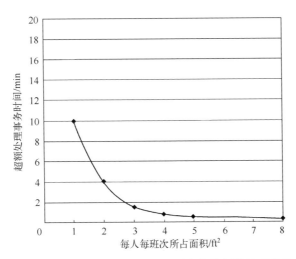

图 10.1 换班与洁净室被占用期间,进入更衣室的额外处理事务时间对比

(3) 戴上头罩、穿上连身衣或罩袍、高筒靴或鞋套;

(4) 测试鞋子;

(5) 戴上手套。

员工倾向使用宽敞的更衣室,而非狭窄的更衣室。面积小的更衣室往往会限制员工移动,更衣室面积不断缩小,带来的问题严重性也日益增加。随着更衣室面积的不断缩小,通过更衣室所花费的时间与面积大小之间的关系变得更加重要。

通过图 10.1 所示数据,我们可以预估生产力的损失。假设工作时有早间休息、午餐休息和下午休息共 3 个休息时段,则一天中更衣室有 8 个时段处于高占用率状态。

(1) 初始进入。在此期间,更衣室可能会有双重占用负荷:当后续班次的人员进入洁净室时,上一班次下班的人员可能同时也在洁净室内。不同的是,在工作区做"交接"的公司将避免这种双重占用的问题。这一政策虽然避免了会在更衣室出现的瓶颈,但是由于在交接时每个工作区内有两个操作员,所以可能会影响工作效率。

(2) 上午休息时退出。操作员团队倾向于一起休息。许多大批量制造商鼓励这种行为,以确保操作员得到强制性休息并促进团队的友情。

(3) 上午休息后进入。

(4) 出去吃午饭。

(5) 午餐后进入。

(6) 下午休息时退出。

(7) 下午休息后进入。

(8) 轮班结束时退出。

假设更衣室的尺寸为每人每班次提供 2ft² 的占地空间。如果通过消除不必要的家具或移动某些操作器（如将更衣室内的擦鞋机重新安置在外面），更衣室的尺寸可以增加到每人每班次 2.5ft²，则平均每人每次更衣时间大约减少 1.5min。如果有 8 次更衣，这将变成每人每班次增加 12min 的生产力。彻底改造更衣室，使每个操作员每平方米的面积增加到 4ft²，每次更衣平均节省 3min，则每人生产时间增加 24min。

随后的观察结果验证了这一结论。在后来的研究中，排队时间是通过计算进入更衣室的第一个人与离开更衣室的最后一个人之间的间隔时间来测量的。除以使用更衣室的人数，我们可以估算平均更衣时间与每人每平方英尺占地面积之间的关系。从图 10.2 中可以看出，涉及一大群人时，更衣室的平均面积与更衣中的每人平均处理事务时间之间有很强的关系。也可以看出，投资回报是递减的：当更衣室为每人提供 3ft² 或更多占地空间时，虽然为每个人提供更大的空间但几乎没有什么改善。

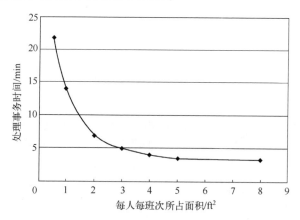

图 10.2 关于更衣室占用与换班时间的扩展研究

图 10.1 所示的一般趋势是有数据支持的。在换班期间更衣室越拥挤，工作人员通过更衣室所需的时间就越长。更衣室非常小的时候，趋势更令人吃惊。由图 10.1 所示的上升趋势预测的生产力损失，得到了图 10.2 中的数据的支持[1]。更衣室中每人每平方英尺占地面积越小，一个人进入洁净室所需的额外时间就越长。当然，这些研究都只是考虑到交接班人员更换衣服的时间，没有考虑改善房间布局的效果。

更衣室的设计应反映更衣程序。更衣室设计中，必须明确每个更衣活动的站点，以及更衣的顺序。每个站点应执行的操作应以书面和图解的形式张贴指示。张贴说明强化了更衣程序的培训。另外，要做什么在直观上很明显，因为每个更衣活动都是按要求的顺序来呈现的。设计也应该尽量将进入工作区的人员与离开工作区的人员分开。康拉德·斯托克斯（Konrad Stokes）[2]是这种更衣室设计策略的最早支持者。这种人员流动的分离防止了碰撞和阻塞的形成，但是引入了一些特殊的设计问题。下面的几个案例将会说明这两个原则。

10.2 案例研究：更衣室

案例研究1：简单线性更衣室

本案例研究中的更衣室，是为穿孔式活动地板上的ISO 5级（FED-STD-209 100级）垂直单向流洁净室而设计的，带有2ft的底层静压室。更衣室可容纳140人（每班70人）换班。

第一个例子的更衣过程如下。

（1）擦拭鞋子。

（2）脱掉外衣（外套、毛衣等）。

（3）处理鞋子（普通员工从日常鞋子换到洁净室专用的无尘鞋；访客穿上一次性鞋套）。

（4）擦拭设备。

（5）洗手。

（6）穿上服装：行刑者式头罩，连身衣，过膝靴。

（7）测试鞋子。

（8）测试腕带。

（9）戴上手套。

（10）清洗手套。

更衣室是从一个旧洁净室翻新而来的，取代了某个尺寸严重不足的更衣室。更衣室的总体布局如图10.3所示。更衣室的形状由洁净室中的工具和工艺的布局决定。由于工人能够比以前更快地进入洁净室，所以改造旧的更衣室和建造新的更衣室的改造成本在不到70天的时间内就收回了。

更衣室最外面门外的斜坡顶部设有一个擦鞋台。擦鞋工作流程在最外面更衣室门的外面，以节省宝贵的更衣室地面空间，并且尽量减少鞋子带来的碎片在更衣室内空气中流通。所有的日常鞋子应该都会带有不同程度的尘土，所以在进入更衣室之前应该进行擦拭。此外，斜坡顶部还配备了一个衣帽架，

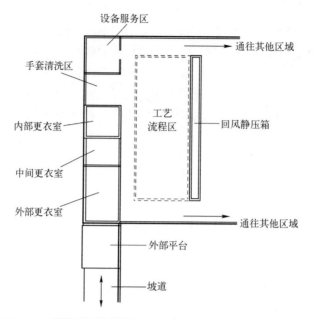

图 10.3 所描述的狭长更衣室由洁净室内加工区域形状决定

以容纳西装外套、毛衣和其他外衣，因为这些衣服在洁净室服装下穿着舒适感会很差，如图 10.4 所示。

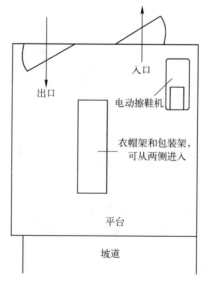

图 10.4 更衣室外部平台（擦鞋机置于更衣室外，减少室内灰尘。衣帽架与包装架为访客专用，方便存放不得带入洁净室内的衣服、毛衣及其他物品等）

擦鞋后就可以进入外部的更衣室。这个区域是 ISO 7 级（FED-STD-209 10000 级）洁净室，在地板上有毛圈地毯，在换鞋台下面有安装在地板上的回风格栅。在这个区域工作的操作员要穿安全鞋，因此需要提供换鞋柜。沿着墙壁有长凳供换鞋用。访客穿一次性防静电鞋套。鞋柜将房间分成两半，可以通过钥匙从任一侧进入另一侧。房间划分为两条路径，使独立的入口和出口路径成为可能。换鞋区铺了地毯，较为舒适。图 10.5 所示为外部更衣室的平面图，专门用于更换鞋子。

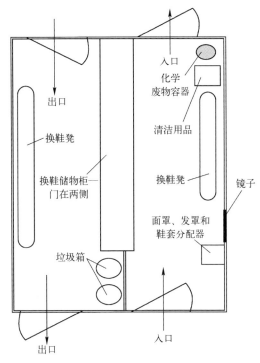

图 10.5 换鞋区（换鞋区是进入更衣室的第一个区域，需要在换鞋区换鞋或穿一次性鞋套。换鞋区还设置了清洁区域，配置了危险废物容器，用于处理带有溶剂的擦拭布和棉签）

该区域还配有发罩和面罩分配器。提供镜子以协助正确佩戴面罩和发罩。清洁站配有一个翻转台以及含有异丙醇的洗涤瓶、黏合边缘、聚酯洁净室擦拭布、棉签和安全废物容器。注意：大件物品是通过一个单独的传递设施进入洁净室的。

然后工作人员会通过一扇门进入一个配备了 5 个洗手池和 10 个干手器的洗手区域（旧的设施只有 3 个洗手池和 3 个干手器的空间，给大规模的工作人群造成了不必要的长时间排队情况）。洗手区域位于更衣室中间的靠近入口一侧。更衣室的出口处是更衣室的洗衣处置区。设置这个洗衣处置区有两个目的：首先里面有多个箱子，让操作人员将他们的头罩与他们的连身衣分开，同时还为保洁人员提供了一个存储空间。其次，它为洁净室紧急疏散情况下可能需要的备用服装提供了存储区域。洗手区域的细节如图 10.6 所示。这个区域是根据 ISO 7 级设计规则设计的，但是相对于第一阶段换鞋区保持正压。这个区域在一个栅格活动地板上。紧靠着入口门的地板上，铺设了一次性粘尘垫。从洗手区到内部更衣室的入口处设有自动滑动玻璃门，工作人员通过自动滑动门进入更衣区。在更衣区里，可以从壁挂式分配器中选择一件新的服装，或者可以从挂在墙上的服装储藏室中重复使用一件衣服。如果使用新的服装，则需要将包装材料放置在垃圾桶里。悬挂服装存放架将房间划分为两个区域，鞋柜也是如此。衣帽架可以从任何一侧访问。这样，操作员可以在离开更衣室出口侧的洁净室之后将他们的衣服挂在衣架上，然后在更衣室的入口从衣架上取回衣服。

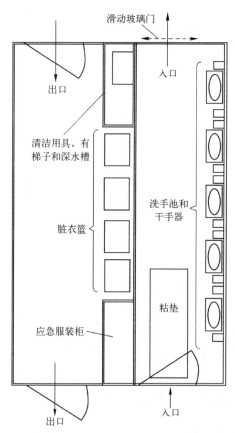

图 10.6 中间更衣区域，包括入口的洗手区域和出口的服务区域。服务区包括清洁用具柜、脏衣篮和应急服装柜

偶尔人员会不小心让服装碰到地板。这就要求把衣服放在脏衣箱里，换上干净的衣服。在房间入口一侧设置有脏衣箱，以加强单向通行能力。当进入洁净室时，操作人员被告知将任何脏衣物放在悬挂储存设施下面的地板上。保洁人员或操作员（在下一次从洁净室退出时）将取回它们，并将其分拣到位于更衣室出口侧的脏衣物箱中。这个房间提供一个通道，供保洁人员在此进行工作。这将需要对更衣室的两侧都进行评估。在通道地板上放置了一个粘垫，保洁人员经常在出口侧进入门厅和供应壁橱，并且需要容易地进入内部更衣室。入口更衣室设有多个镜子，以便人员在进入过程中可以经常检查自己的仪容，在图10.7中详细显示。

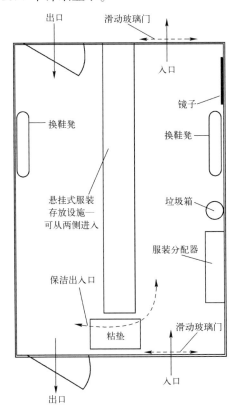

图10.7 更衣室的第三阶段：内部更衣室

从内部更衣室进入手套洗涤区（被认为是更衣室的一部分），是通过自动滑动玻璃门进入的。然后人员通过滑动玻璃门进入手套区域。首先，他们将测试他们的鞋子和手腕带，然后戴上手套，清洗并干燥手套。这个区域对洁净室是开放的。如果手套被撕裂，必须更换手套，手套的取用就不需要离开洁净室了。

图10.8显示了这个区域的情况。手套清洗站的照片如图10.9所示。

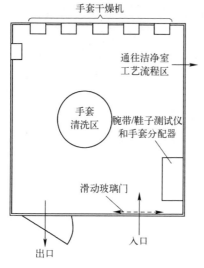

图10.8 手套清洗区　　　　图10.9 手套清洗站

在从洁净室出来时，人员将穿着完整服装进入更衣领域。短靴、连身衣和帽子将被取下，并挂起以供再次使用（这个区域没有垃圾桶或镜子，见图10.7）。这样做是因为不鼓励拨动头发或取下手套。之后人员将经过脏衣物箱到达换鞋区，在换鞋区将换回他们的日常鞋子。在离开更衣室之前，放置了一个垃圾桶，用于脱掉手套。还放置了一面镜子，供人员在离开更衣室之前整理头发。

案例研究2：更衣室外部的支持设施——休息室和洗手间

本案例研究中的 ISO 7 级洁净室包含 48 个 3ft×5ft ISO 5 级垂直单向流洁净工作台。洁净室在地坪地板上。HEPA 过滤器覆盖了 15% 的面积。

更衣室的设计可适应 200 人的换班（每班 100 人）。

在这个案例研究中，更衣过程如下：

(1) 脱下外衣（夹克、毛衣等）；

(2) 在洗手间（不是更衣室的一部分）内洗手；

(3) 擦拭鞋子；

(4) 换鞋；

(5) 穿上衣服（全面罩和罩袍）；

(6) 测试鞋子；

(7) 测试腕带；

(8) 戴上手套。

更衣室被设置在一个非常小的区域。部件小隔间就在该区域，但部件小隔间的门通向外部大厅。因此，操作员每次前往部件小隔间时都必须更衣。零件和文件经常在洁净室和部件小隔间之间移动，造成这个洁净室操作的生产力大大降低。这个区域面积太小，无法容纳洗手台。此外，原来的休息区远在400ft之外。为了更好地满足人员需求，对整个大厅的休息室进行了改造，使其直接面向更衣室的大门。休息室的位置被改变了，距更衣室入口处不到80ft，如图10.10所示。经过改造，休息室更靠近更衣室，方便将外衣存放在休息室内。休息室与洁净室间距不远，避免了将不必要物品存留在更衣室内，减少了杂物，提高了更衣室的整体清洁度。

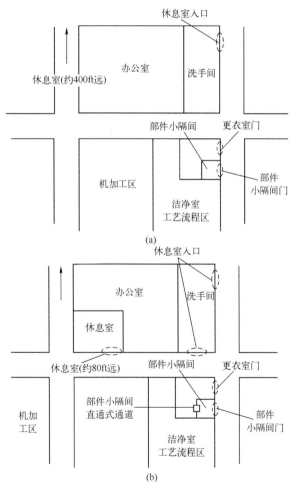

图10.10　总体区域改造前和改造后对比图

（a）改造前；（b）改造后。

洗手间门经过改造后，洗手更为方便，无须在更衣室内放置洗手台。前往更衣室时，会路过洗手间，这极大地促使了员工遵守关于洗手的相关要求。在部件小隔间的后壁上设置直通式通道，不仅可以方便部件传递，还能够避免多数违规行为，比如，员工进入部件小隔间时会忘记脱掉洁净室服装。更衣室的基本改造如图10.11所示。

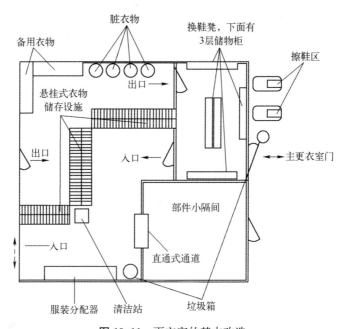

图10.11　更衣室的基本改造

鞋缓冲区搬迁到更衣室入口外的走廊。擦鞋后，人员进入换鞋区，换鞋区铺了舒适的地毯。在洁净室工作的操作人员需要穿安全鞋，因此也提供了换鞋储物架。沿着墙壁摆放长凳，以便于换鞋。换鞋储物架位于每个工作台下面的3层架子上。访客穿一次性防静电鞋套。

房间划分为两条路径，允许单独的入口和出口路径。由悬挂衣物储存架分成两个部分，提供独立的入口和出口通道。更衣区设有一个服装分配器、废物容器和几个镜子，更衣室里的部件小隔间墙体设有一条通道。人员进入洁净室，首先测试鞋类和手腕带，然后戴上手套。鞋子和手腕带测试仪和手套分配器位于洁净室内部，如图10.12所示。在小隔间内安装了一个传递窗口，以便人员可以在无须离开洁净室的情况下使用小隔间服务，如以前那样。工作人员只需要通过更衣室的门走出去，就能到达部件小隔间。

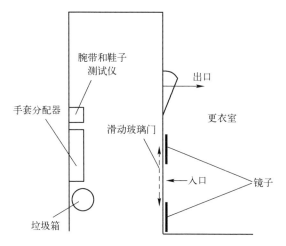

图 10.12 更衣室中的腕带和鞋类测试区域

人员将从悬挂式衣服储物柜的另一侧离开洁净室，从更衣室的任何一侧都可进入储物柜区。更衣室的出口处设有脏衣桶，但没有垃圾桶。为了脱掉他们的手套，人员首先必须换回他们的日常鞋子并退出换鞋区。如图 10.11 所示，垃圾箱位于换鞋缓冲区旁边的走廊上。

案例研究 3：在更衣室中设置设备维护区域和设备直通式通道

此案例研究涉及混合洁净室。它包含 ISO 7 级（FED-STD-209 10000 级）和 ISO 5 级（FED-STD-209 100 级）区域。ISO 7 级区域是为了装配而设计的。通过自动清洁机器将 ISO 7 级区域的零件移入 ISO 5 级区域。清洁器将 ISO 7 级区域与 ISO 5 级检查区域分开。洁净室的 ISO 5 级区域包含大约 80 个 3ft×6ft 的垂直单向流动清洁工作台。洁净室位于一个 2ft 活动地板上。因此，有必要为既要在 ISO 7 级又要在 ISO 5 级区域工作的人员提供更衣室。

更衣室的设计可容纳 400 人的换班（每班 200 人）。另外，要求维修人员将衣物存放在与装配人员服装相同的地方。这显著增加了悬挂式服装存放区的数量。在这个洁净室之前的设计中，维护人员远离更衣室，把洁净的衣服留在他们所在的区域，因此他们的衣服很少洗涤，这导致了重大的污染问题。

另一个设计限制是设备直通式通道需要靠近设备维护区域，但存在设计问题：更衣室外的主要服务通道是叉车运动路径。这使得擦鞋机的放置位置复杂，因为擦鞋机不容易携带。图 10.13 所示为洁净室和更衣室的总体情况。

本案例研究对象是一个矩形空间，与案例研究 2 中的空间不同，每人每班次每平方英尺的面积非常小。其中一个问题是弄清楚如何为大约 650 件服

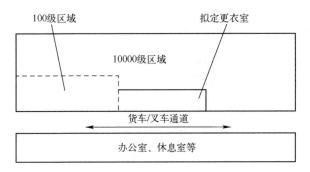

图10.13 设计问题概述（使用人数多，洁净室面积很小，并且进行设备清洁的直通式通道和设备维护工作区也必须包括在内）

装提供悬挂式服装存放架。通常的设计是为每件衣服提供约3in的悬挂服装存放架。这将需要大约160ft的悬挂服装存放架。但是这个地区只有120ft长，当下解决的办法是把这个区域分成几个区域，如图10.14所示。更衣室的入口必须具有双重用途：容纳上、下入口坡道行走的人，也可以容纳安装在洁净室内的设备。因此，入口必须定制设计，如图10.15所示。

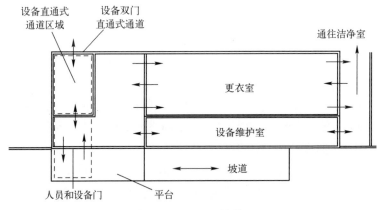

图10.14 入口区域分区

洁净室的下一个区域是擦鞋区域。这个区域出现了一个特别复杂的通行控制问题，如图10.16所示。图10.17所示为更衣室的概述。

在该更衣室内，工作人员被分成两组，使其能够在有限的空间中容纳足够多数量的工人。一半工人从一个入口进入，另一半工人从另一个入口进入。所有更衣选项都按照所需的顺序显示，所有人员离开各自的更衣区域，通过滑动玻璃门进入洁净室。测试手腕带和鞋子，由于可能发生的人员拥挤问题，鞋子擦拭区在设计中被放大。进入更衣室的人会先擦拭鞋子，

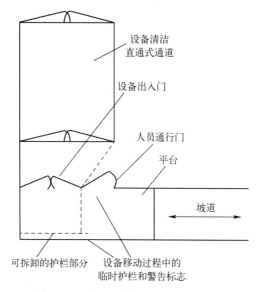

图 10.15 设备入口细节（设备入口应能容纳人员和设备。坡道设计时，应能够根据需要拆除护栏，使叉车将设备升到平台的高度。设备装载时，设置临时警告屏障，将人员与设备分开）

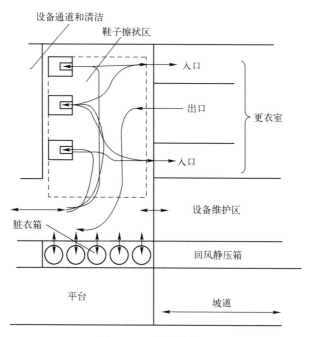

图 10.16 鞋子擦拭区

之后通过两个入口之一进入更衣室，离开单个出口的人可能需要将衣服存放在脏衣箱中。因此，他们需要与进入更衣室的 50%的人交叉进行。同时，设备维修区的人员进出也导致了该区域通行不畅。并戴上了洁净室手套。所有人员都通过中间的出口区离开洁净室。服装存放在可从两侧取放的悬挂式服装存放架上。短靴存放在悬挂式服装存放架下方的小隔间中，下次进入时方便拿取。这就使在长度仅 80ft 的更衣室存放 160ft 的悬挂式服装存放架成为可能。

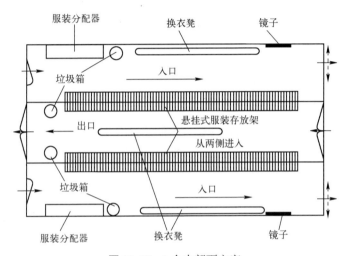

图 10.17 3 个内部更衣室

该更衣室的另一个有趣的特点是脏衣箱，位于外墙上作为回风静压箱的一部分。每个脏衣箱在更衣室一侧都有一个摆动门，以便处理服装。每个门口都有一个全尺寸的门，通往斜坡的顶部，这样就可以在不需要进入更衣室的情况下对脏衣箱进行维护保养。脏衣箱的位置如图 10.16 所示。

最后一点很重要的，在设备维修室工作的人员现在可以将设备移动到通道中，并且穿着他们的日常服装进行初始工作，这可以通过从设备直通式通道的入口侧进行。当设备准备进入洁净室时：工作人员首先将按照正常的更衣室程序穿着洁净室服装，并从洁净室一侧进入设备直通式通道；然后他们会彻底清洁设备并将其移入洁净室。

10.3 进入洁净室

在可能的情况下，更衣室的设计应尽量适应洁净室所需的更衣程序。为了设计更衣室，有必要了解指定的更衣过程。通过审查，建议进入规程如下：

（1）计划好进入洁净室的行程：
① 进入洗手间，洗脸和洗手，并卸妆；
② 将不需要带入洁净室的任何外衣和物品取出并存放；
③ 从口袋中取出任何可能需要在洁净室里使用的东西，如手机、传呼机、笔等；
④ 使用所提供的材料，即擦拭布、棉签和化学品在清洁区清洁这些物品。
（2）更衣前行为：
① 戴上发罩；
② 戴上口罩；
③ 穿上一次性鞋套。
（3）洗手。
（4）按从上到下顺序穿洁净衣服：
① 带上头罩；
② 穿上罩袍或连身衣；
③ 穿上及膝靴。
（5）完成穿衣过程：
① 对照镜子检查仪容；
② 使用粘辊或风淋设施；
③ 进入洁净室；
④ 戴上洁净室手套；
⑤ 清洗手套。
这个进入规程是针对没有用于生物污染控制优化设计的洁净室，控制生物污染可能需要额外的步骤。

10.3.1 计划进入洁净室的行程

洁净室进入程序的第一个要素是计划进入洁净室的行程。需要脱掉和存储任何不需要带入洁净室的外衣和其他物品，更衣室设计需要考虑到这一点。应该规划洁净室和更衣室周围的支持区域，以方便人们放置西装外套、毛衣、雨衣、雨伞、饭盒、公文包等。这些存储区域应该尽可能靠近更衣室的入口，区域范围一般被称为休息室。如果休息室设置在方便的地方，往往会督促人们遵守洁净室纪律，包括禁止带入违禁品，并减少更衣室的杂物。

进入洁净室之前还需要清洗一下。对于大多数人来说，这包括洗手和洗脸，以去除洁净室禁止的化妆品和护手霜。如果这些洗手间设施的入口离洁净室入口较近，则较为方便，将会督促工作人员遵守纪律。洁净室进入程序的第二个要素是擦拭，对于普通人来说，擦拭包括确定在洁净室中需要使用的物品等操作，可能是一个袖珍传呼机、一部手机或一支笔。任何在洁净室要用到的物品都必须带入洁净室，在洁净室时，不允许接触在洁净室工装下的普通服装口袋里的物品，在洁净室里将手伸到洁净室衣服下，是违反洁净室规定的。因此，任何在洁净室中使用的物品都必须擦干净，放到洁净室工装的口袋，以便将其带入洁净室，并且暴露在洁净室环境中。

清洁延伸到需要带入洁净室内的设备和工具，这些物品必须通过清洁程序进行净化。设备进入洁净室最方便的方法是在更衣室附近提供通道。可以使用更衣室附近提供的清洁材料进行设备净化。设备初步擦拭完毕后，工作人员可以换上洁净室服装，并且执行最后擦拭，然后将设备移入洁净室。

因此，在更衣室入口的设计中需要提供一个带工作台面的清洁区，用于清洁手提物品，并且在设备通道中提供清洁区以便于设备进入。由于清洁过程将产生废弃的擦拭物和棉签，所以还需要提供垃圾箱空间。根据工作地点和所涉及的化学品，可能还需要一个危险废物容器。

10.3.2 更衣前操作

更衣前操作包括戴上发罩、面罩，穿上一次性鞋套，某些情况下还会佩戴用于更衣的手套。发罩和面罩的顺序取决于面罩和发罩的性质。这些材料应该按照它们将要被使用的顺序提供。随后应提供一次性鞋套或洁净室专用鞋子。此时，在进行其余的更衣流程之前，应该先洗手。

10.3.3 洁净室服装的穿衣过程

洗手并且烘干后，可以穿洁净室服装。穿衣过程从顶部开始并向下进行。这是设计更衣室的一个关键，在这个设计中，将进入洁净室的人与离开洁净室的人隔离是非常重要的。创建分离的最有效的方法之一是提供悬挂式服装存放架作为更衣室的入口和出口路径之间的分隔线。

这个区域必须始终可以提供干净的衣服，所以必须存在服装分配器。服装分配器是必要的，因为偶尔衣服会掉在地板上，而掉在地上的衣服并不能再穿，所以替代服装必须随时可用。在这个区域必须有废物容器，以处理每次拿到新衣物的包装。

如果要在洁净室里穿及膝靴，那么在洁净室更衣区必须提供座位方便换鞋。同样，在洁净室更衣区的出口侧也必须提供座位，以便脱掉及膝靴。在两次穿衣之间存放靴子有几种选择：一些用户喜欢将靴子扣到连身衣的腿上；一些公司更喜欢在悬挂式服装存放处提供一个小隔间等。在任何一种情况下，最好在悬挂式服装存放处下面提供一个空间，以便存放在穿衣过程中产生的脏衣。或者，可以在更衣室的入口侧设置脏衣箱。

10.3.4　整理着装

目前，工作人员穿着所有的洁净室服装，他们有必要照镜子检查他们的仪容。该检查是为了查验所有的搭扣附件是否正确固定，并确保在着装后没有不必要的皮肤或日常服装暴露在外。

下一步是洁净室服装外部的净化，许多公司为此使用风淋设施。相比使用风淋净化洁净室服装外部而言，一个更好的选择是使用黏辊。无论选择哪种方法，都必须在更衣室的设计中根据这一操作步骤作出规定。

进入洁净室后，戴上手套。最好在洁净室内而不是在更衣室内提供手套站，因为手套必须经常更换。将手套站放置在更衣室内是不方便的，会导致操作人员的生产力损失。洁净室进入程序的最后一个操作是在带上洁净室手套后再次清洁手套。因此，在设计洁净室时，应考虑在更衣室或在整个工艺过程中提供手套清洗站。

10.4　退出洁净室

一般来说，当人们离开洁净室时，将会观察到更多的流程错误，这可能主要是由于培训不当所致。在一定程度上来说，一个设计合理的更衣室可以帮助克服许多由于布局和家具所致的退出错误，并督促工作人员适当的退出行为。因此，建议退出洁净室的程序如下。

（1）退出洁净室。
（2）从下往上取下洁净室服装：
① 脱掉及膝靴，放在一边；
② 脱掉罩袍或连身衣；
③ 脱下发罩。
（3）退出内部更衣室，将污染的服装分类放到脏衣箱中。
（4）退出中间更衣室：
① 脱掉并丢弃发罩、手套和一次性鞋套；
② 如果穿着洁净室专用的无尘鞋，则换回日常鞋子；
③ 将洁净室专用的无尘鞋储存在储物柜或隔间里。
（5）退出外部更衣室。

工作人员经常只是一般性了解到如何退出洁净室，但没有得到足够的详细说明。这其实可以通过更衣室的布局和布置来部分纠正。离开洁净室后，工作人员进入内部更衣室中，这是退出过程中第一个经常发生错误的地方。

退出洁净室的一个常见的指导是，需要按照与之前相反的顺序把洁净室的服装脱掉。大多数人听到这个指导都错误地认为这个操作包括洁净室手套，最常见的错误之一是首先取下手套，因为手套是最后戴上的。戴上防护膜手套后，手上的皮肤可能会被汗水覆盖，积累死皮细胞，并且滋生大量的细菌和真菌。所以离开洁净室时，千万不要徒手处理洁净室的衣服。

内部的更衣室是脱掉及膝靴、罩袍或连身衣的地方，按照这个顺序，不得脱掉任何其他东西。洁净室服装如果要再穿，则这些服装会被储存起来。洁净室衣物的储存是很重要的，因为不适当的储存会不必要地降低服装的清洁度，需要先把靴子脱下并放在一边。内部更衣室的出口通道上，应尽可能在靠近出口处设置座椅，如图10.18所示。放置好换鞋凳，以便工作人员在离开洁净室时首先遇到换鞋凳，这样可以提醒工作人员先脱掉靴子。罩袍或

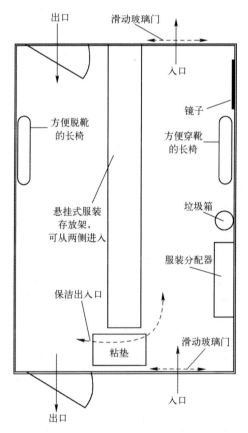

图 10.18 案例研究1中的内部更衣室
（注意，工作台位置以及出口通道中没有垃圾桶的情况）

连身衣将在第二步被脱掉，这些物品都需要立即悬挂（清洁的一面朝外）在一个指定的存放架上。如果穿着连身衣，拉链必须拉上以确保服装的洁净度（如果穿了一件罩袍，衣领就会被扣住以固定在衣架上）。靴子可以放在衣服下面的一个小隔间里，或者扣在膝盖以下衣服的腿上；然后取下头罩，并扣到罩袍或连衣裤的衣领上，头罩干净的一面对罩袍清洁的一面；脱掉靴子、罩袍或连身衣之后，工作人员就可以离开内部更衣室。中间更衣室可以把衣服分类到脏衣箱中，如图 10.19 所示。许多设施使用卡入式面纱，并要求在洁净室的每个出口处都更换这些面纱。制药公司等具有严重生物污染问题的工厂，往往让员工在每个出口都换衣服，这些服装被分类放到脏衣箱。注意图 10.19 中，退出人员一直没有遇到废物箱。

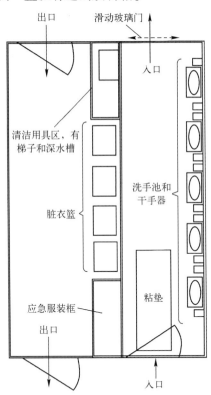

图 10.19 案例研究 1 中穿过中间更衣室的出口通道
（注意，该处仍未配置废物箱，提醒他们不要取下面罩、手套或鞋套）

随着人员离开中间更衣室进入外部更衣室，外部更衣室为换鞋提供了一个长椅，并且提供了用于处理发罩、面罩和一次性鞋套的垃圾箱。在这个区域可以放置一面镜子，因为离开更衣室的人与进入洁净室的人完全隔离，但是图10.20中没有显示。在人们进出单人间的更衣室中,经常可以看到有人站在旁边整理头发,并与检查洁净室服装的人使用相同的镜子。

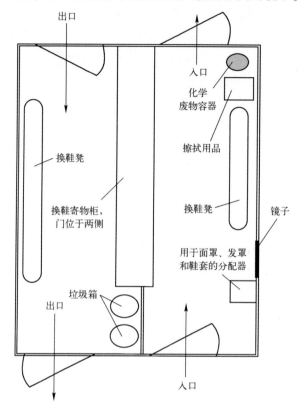

图10.20 案例研究1的外部更衣室的方案,离开洁净室的人员在此首次碰到垃圾箱

10.5 其他注意事项

更衣室设计和布局的重点如下。

(1) 不要牺牲更衣室的空间。更衣室空间太小会导致事务处理时间过长,从而导致生产力损失和跳过需要执行的操作。

(2) 按照更衣的顺序布置和提供更衣室。

(3) 尽最大可能将进入更衣室的流量与离开更衣室的流量分开。

其他注意事项包括控制更衣室的相对压力、提供足够的标志来强调更衣过程。更衣室必须对洁净室呈负压,而不是反过来,以确保空气从洁净室流向更衣室。此外,在多房间设计中,空气应该逐渐从更衣室流出,反映了设计的意图。这种设计能够对进入洁净室的人员进行逐步的净化处理。图 10.21 中使用案例研究 1 中的体系结构说明了这种设计的原理。以这种降压方式来控制压力的方法之一是使用可调阻尼器，以便控制从每个房间到工厂空气环境的泄漏率。

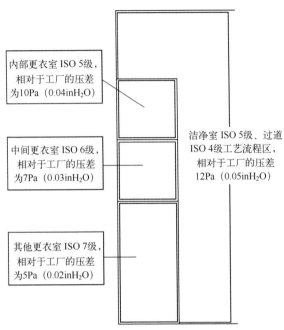

图 10.21 案例研究 1 中更衣室的相对房间增压和洁净度等级

多数市场销售的更衣室标志会将所有步骤写在单个面板上。这对于传统的更衣室设计是适当的，因为传统更衣过程的所有步骤都在一个房间中完成。然而，在多房间更衣室设计中，这是不合适的，因为更衣步骤分布在多个房间中。此外，更衣步骤可能分布在单个房间内的多个位置，进一步增加所需标志的密度。

参考文献

[1] The data plotted in Figure 10.1 were observed in a single manufacturing facility in California that has relatively uniform requirements for dressing to enter the cleanroom. The data collected in Figure 10.2 were observed in facilities with varying garment strategies. The data plotted in Figure 10.2 were collected in Thailand, Germany, England, and locations in California, New York, and Minnesota.

[2] K. H. Stokes, Cleanroom technology: change rooms—design and operation, *Microcontamination*, June 1987, pp. 12-18.

第11章

程序和文件

11.1 文档的层次结构和审核

程序和文件是污染控制和静电放电控制过程的基本要素。程序规定了完成方式。高层级的标准与规范、单个过程指令与说明等都属于文件控制程序。

图11.1对文档层次结构进行了举例与说明。所有层级的文件都可以进行审核。审核是对是否符合要求进行评估，有助于找出问题，也可用于指导纠正措施。审核方法多样，操作员自我审核是其中一项最有效的方法。自我审核时，通常进行简单的目视检查，确定防护措施持续有效，确保必备的防护设备设施可用，如监控设备、离子发生器或接地线等。

独立质检员或审核员进入工作区，观察设备状态与人员活动，记录偏差，这是传统的审核方式，而非仪器检定审核。专业技术人员利用专业仪器对设备设施进行检测，也称为仪器检定审核，这是第三种审核方式。有时也会邀请第三方独立顾问或审核机构进行审核，这种审核方式称为第三方审核。与图11.1所示的文件层级一样，这几种审核方式也可以构成一种审核层级，如图11.2所示。

任何审核都可以形成不符合项报告及对应的纠正整改方案。一般来说，对于小型企业，高级管理层一般都能够跟踪审核结果及整改情况。相反，对于大型企业，审核和整改可能会涉及数百人（或数千人）及成百上千个工作台，管理层可能无法全部吸收审核所反馈的庞大信息，可能会造成应对与整改措施不到位。可以使用管理记分卡，收集和处理审核数据与信息，帮助管理层了解整改措施的合理性和有效性。

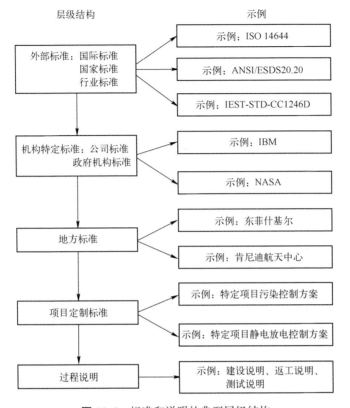

图 11.1 标准和说明的典型层级结构

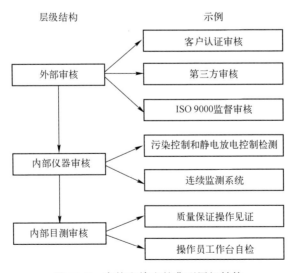

图 11.2 审核和检查的典型层级结构

11.2 操作员自检

自检是最易执行的审核方式。该类审核所需的仪器和文件最少。在洁净度控制自检中，个人通过照镜检查仪容，确保着装完整、着装步骤正确。多数企业鼓励团队合作，团队成员互相帮助，确保着装完整、着装步骤正确。

在工作台前，操作员也应进行自检。走近工作区时，应确认配备了必要的污染和静电放电控制设备设施。例如，通过查看显示屏上的电源灯以及样品管的连接情况来确认尘埃粒子连续计数器的工作状态。污染控制应着重关注控制污染源，如通过目测确认设备盖是否安装到位、是否存在真空。清洁工作台时也应自检。擦拭时，应经常检查擦拭布，确保不存留污迹或可见颗粒。此外，还可通过目视检查工作台表面的清洁度，检查时通常不会借用放大设备，但可以采取照明措施。

在静电放电控制自检中，操作人员通常需要对腕带和鞋子进行测试。因电阻值过低而失效的腕带或鞋子会形成致命的电击危险。鉴于此，腕带电阻值自检时应记录在案。如果交流电动工具对地电阻和电压泄漏值是日检项目，则应配备一个万用表。

接地线及安全连接情况也是需要目视检查的。对此，应拉动接地线，确保都已安全连接。对于移动设备，经常需要在铰接接头上进行接地连接。接头不断移动，不断增加接地线的压力，使之快速老化。接地线多数都是轻型多股线，单条线断裂后会逐渐损坏整根线。因此，对其进行拉拽测试非常重要。如果发现多股线已经损坏，操作员最好主动断开剩余线路，切忌忽视，避免生产过程中出现接地失效情况。其他如离子风机的工作状态、工作台上是否有违禁物品等也可以通过目视检查。

自检的最大作用在于避免科研生产时使用了不符合要求的工作台。无论何时，工作台使用前都应自检。为使自检有效，应采取以下措施。

（1）当出现不符合现象时，比如离子风机失效、接地线破损、粒子计数器失效等，必须采取纠正措施。

（2）应将需要采取纠正措施的工作台记录在案，包括失效原因及需要采取的纠正措施。

（3）当发现有应查明而未查明未上报的不符合项时，应采取处罚措施。

自检时应进行记录，完成自检记录的最有效方式是严格按照步骤执行。对于目视检查，首先应初始化行程卡，根据计算机要求录入"是"，以此类推。对于不符合要求的任何事项都应详细记录，而不仅仅只进行简单标记。

可以参照以下说明，确保自检有效。

（1）用 IPA 浸湿的 Alpha 10 擦拭布擦拭晶圆夹具，用离子风枪吹干。

（2）用异丙醇润湿的 Alpha 10 擦拭布擦拭 SMIF 吊舱。用 IPA 浸湿的干净泡沫拭子清洁升降机平台四周的凹槽，用离子风枪吹干。

（3）确认 5 根地线并固定在公共点接地总线上。

（4）确认产品生产位置可以接收到顶部离子风机输送的气流。

多数说明都可以利用图例阐明。随着数码相机的广泛使用，利用照片形式进行文档记录更为方便。如下说明含糊不清，不推荐使用。

（1）擦拭工作台。

（2）检查离子风机工作状态。

多数企业要求，质量保证人员应对关键操作进行监督。质量保证人员对项目的监督检查也是一种目视检查方式，可以独立于操作人员报告，形成独立的记录文件。

11.3 非仪器审核

非仪器审核通常由检验员执行。检验员通常是质量保证组织成员。检验员应独立采取检查措施，目视监督关键工艺的处置过程。

非仪器审核可以随机进行，也可以按计划执行。审核人员应接受专业培训，确保审核符合要求，避免出现偏差。一般来说，质量保证人员等相关检查人员应熟悉污染和静电放电控制措施。

非仪器审核不需要使用测量仪器，审核员仅需通过目测观察是否符合要求。该类审核频次不如自检频次多，可作为自检的补充，通过双重检查确保自检有效。非仪器审核时应查阅确认操作员自检文件记录，对相关设备设施进行二次审查。可能出现的不符合现象如下：

（1）虽然工作台符合规定要求，但自检文件记录不齐全；

（2）虽然有完整的自检记录，但发现工作台不符合规定要求。

如出现第二种不符合现象，可采取纪律处分措施。但是，这有可能是流程指示不充分造成的，比如对自检拟采取的措施描述不足。也有可能是由于现行的程序要求并不能达到预期的效果，比如为了保持工作台清洁，所需的擦拭频次要比文件规定的要多。如非仪器审核时发现了不符合项，通常会形成书面不符合报告。自检文件与该报告不同，除质量保证人员等检查人员查阅自检文件外，通常很少会被检查。

11.4 仪器审核

仪器审核可出具定量结果。但由于需要配备仪器及经过专业培训的操作人员，仪器审核频次要比非仪器审核或操作员自检频次少得多。对污染控制进行仪器审核时，通常使用尘埃光学粒子计数器，空气流量计和差压传感器等也是常用的仪器。

审核员还可以准备好胶带、显微镜载玻片、SEM粘垫、生物污染采样器等工具。对于配备连续空气颗粒传感器的企业，审核时可能还需要使用流量计及零过滤器，用以确认空气采样速率符合要求、样品管线未被污染。此外，还可能需要便携式数据站，用以核实远离中央系统显示器采样点的颗粒数。

万用表、表面电阻测试仪和静电场电位表是静电防护管理仪器审核时的必备仪器。此外，还会定期对交流电源插座、腕带、鞋、相对湿度和离子风机性能进行测试。仪器审核完成后通常会出具一份书面报告，检查表较为常用，审核员据此进行数据记录，审核报告通常自动生成。仪器审核的频率应能反映出防静电工作区不符项的风险程度。例如，在航空航天工业中，通常会规定离子风机残余电压要求，离子风机通常每6个月校准1次。相比之下，磁盘驱动器行业会特别关注离子风机失效风险，通常每月至少检查1次。

11.5 第三方审核

内审是对企业静电与洁净度控制效果的最直接的评估。但仍有必要定期邀请外部独立机构进行第三方审核。第三方审核有自身的价值，但也有风险存在。审核时如不依据企业参照标准和流程要求，而是依据外部标准，审核则不会达到预期要求。相反，如依据标准较为宽松，则可能会忽略某些问题。第三方审核要求与企业内部要求不一致时，审核结果则无意义。

为了符合国际标准要求，第三方审核的问题便显露出来。国家标准间经常存在分歧。国际标准组织（ISO）试图制定满足所有会员国家要求的标准，即使在某个特定国家内认可接受的标准也不会有统一的要求。表11.1中列举了两个外部静电放电控制标准和一个内部控制标准JPL D-1348 F版本[1]，多数情况下都可以因地制宜地制定相关标准。因此，第三方审核时，要根据他们预期遵守的企业标准，评估特定工作场所的执行情况。

表 11.1　ANSI/ESD S20.20、JEDEC ESD 625A 和 JPL D-1348 F 版本标准对比

要求	ANSI/ESD S20.20	JEDEC ESD 625A	JPL D-1348 F 版本
适用性	±100V，HBM	±200V，HBM	±20V，HBM
场电势限值	2000V（12in）	1000V（12in）	200V（1m）
交流电动工具尖端接地	<20Ω，未指定电压	未指定	<20Ω，<0.020V
何时需要个人接地和工作服	处置静电放电敏感产品（ESDS）时	距离静电放电敏感产品 12in	距离静电放电敏感产品 1m

① HBM 表示人体模型。

第三方审核也可以由顾问执行。该类审核通常是咨询性的，非常有用。顾问可能有着丰富的防静电工作区或洁净室审核经验和敏锐的洞察力，可以弥补内部审核专家的不足。通常还可以发现因内审专家过于熟悉而忽略的问题。

其他如接受第二方审核、外部认证机构审核或独立机构审核等，是为了取得并维持认证资格。某些情况下，可以进行角色互换。企业可以对供应商和客户进行外部审核。

11.6　审核打分卡使用管理

审核的目的在于发现不符合项。发现不符合时，必须报告。使用标准清单或审核表格可避免检查漏项，保持防静电工作区现场审核的一致性。小型企业可以很容易执行上述要求。但对于大型企业，执行上述要求则可能会非常困难。

使用审核打分卡是解决大型企业审核问题的有效方式，可以提高管理能力，在不额外增加工作量的同时能够深入了解工艺流程的执行情况。可以基于不合格百分比进行打分，使用单个数字评估企业的管理效果及其内部规章流程的执行情况。根据管理参与的程度，打分卡可根据具体要求细分为特定项目领域、特定贡献因素（如设施、材料、人事纪律等）。

举例来说，可以通过观察进入洁净室的商定人数评估人员进入洁净室的规章制度遵守情况。如出现违规行为，且未有同事纠正，将被标记为不合格。比如，对进入洁净室的 10 个人进行观察，如果有 9 个人按规定要求完成更衣，一个人没有手套，则合格率是 90%。

观察工艺处置过程时，审核员可通过目视检查工作台的擦拭情况、验证静电放电接地效果等重要影响因素。审核时应使用标准打分卡，保持评估标

准的一致性以及评估结果的可比性，最后分数通过累加求得。然后，用满分减去这个分数，剩下的分数再除以满分，就可得到百分比形式的结果，即不合格率百分比。该数就是审核的评估值。多个不同区域的不合格率百分比形成帕累托图，如图11.3所示。管理层通常希望能够跟踪整改进度，可以绘制趋势图进行报告，如图11.4所示。

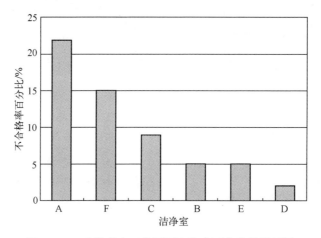

图11.3　7个防静电工作区不合格率百分比帕累托图

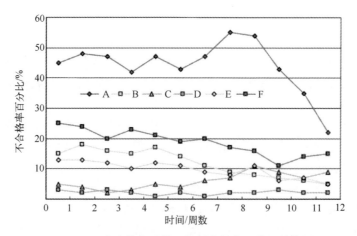

图11.4　7个防静电工作区的不合格率百分比趋势图

如使用连续监测系统用于污染或ESD监控，报警日志则可以用来评估合规性。可以使用工作台报警时间百分比来定量评估工作台的使用性能，如图11.5所示。

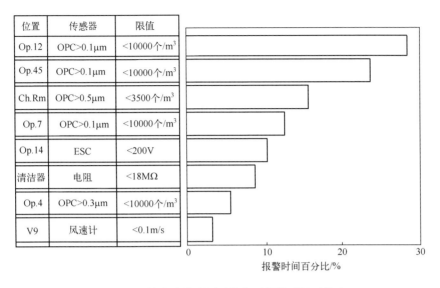

图 11.5 某个连续监测系统典型报警时间百分比

审核发现，经过总结提炼，数据明晰，优点显而易见。根据数据信息，管理人员可以非常容易地掌握防控管理效果，同时也便于部门间比较。也可与使用同一个工艺生产同一个产品的跨国公司防控效果进行比较。跨国公司往往面临制定形成统一规范要求的问题。打分卡是评估处一致性的有效方法。第三方审核时不一定邀请第三方审核机构，可以由国外现场访问人员进行内部审核。

11.7 典型调查

本节示例说明了某个静电与污染控制管理审核时所做的典型调查。

1. 第1部分：组织和技术活力

1）组织

如何管理污染和静电放电控制行为是组织的首要考虑要素。为此，必须清楚组织结构。

（1）什么人可以审核？发现不符合时应如何处理？谁负责整改？管理层如何了解管理、审核及整改情况？

（2）制造部门间的污染和静电放电控制责任和权力如何划分？如何协调行动？

（3）如某一环节或整个生产处置过程需要采取污染控制措施，是否有归口管理部门？

（4）如某一环节或整个生产处置过程需要采取静电控制措施，是否有归口管理部门？

（5）污染或静电放电归口管理部门是否有独立于上述所有流程的报告流程？

（6）污染或静电放电控制组织如何正式制定和改进控制报告？

（7）签注类型有哪些：预分析输入，过程发展输入等？

（8）不符合开具部门权限有哪些？谁来确认不符合？如何确认不符合？

2）技术活力

涉及污染和静电放电控制的工作人员应有技术活跃度，这非常重要。要求是动态的，原因如下。

（1）污染和静电放电控制要求经常变化。洁净度和静电放电敏感性持续不断识别，级别不断细化。因此，必须持续改进、不断修订，适应产品敏感性要求。

（2）同设备一样，污染和静电放电控制技术也在快速发展。

因此，技术活跃度是确保污染控制和静电放电控制措施紧跟潮流并满足产品控制要求的关键因素。组织内的污染控制和材料科学专家如何与组织内外的同事和同行交流？

（1）污染和静电放电控制人员是否出席或参加国家会议和研讨会、发表论文，与分布在不同位置的组织实体进行互动？

（2）公司是否报销员工加入技术协会和订阅技术资料的费用？

（3）在过去的几年中，技术活跃度水平是否足以在未来的1~2年内维持最先进的污染和静电放电控制措施？

（4）正在采取哪些措施积极主动的联络贵公司以外的污染控制专家？

（5）正在采取哪些措施来积极主动的联络公司以外的静电放电控制专家？

2. 文件

文件记录是唯一能够证明某机构采取了措施使之符合相关管理控制要求的手段与方式。如果管理规定不充分，文件信息则是错误的。需要进行详尽分析，确定符合污染或静电放电控制要求的标准。文件系统应能够证明符合要求。当然，应进行前期分析，确定具体的污染控制与静电放电控制要求。分析要点应包括以下内容。

（1）如何记录和管理污染控制和静电放电控制行为？

（2）组织是否有统一规范或手册？

（3）对于特定产品或项目，组织是否针对性的制定了相关标准？

（4）文件是否能在线查阅、记录，是否是最新版本？
（5）有哪些外部参考资料？是否已通过适用性验证？
（6）谁负责文档验证？

3. 培训

人员培训是企业污染或静电放电控制方案最重要组成部分，人员与产品直接接触，直接影响污染或静电放电控制效果。人员和产品的接触程度可分为几档：手动组装印制电路板时接触程度最高；而在自动化工作区，为机器人提供补充材料的工作人员与产品的接触程度则较低；对于只需要定期在自动化工作区内进行微小修正工作的工程师来说，接触程度则更低。无论如何，任何在静电放电或污染控制工作区域工作的人员都应了解相关控制管理要求，使其熟悉、了解要求的唯一方法就是接受适当的培训。

（1）制造人员、工程师、管理人员和客户是否定期接受污染控制培训？
（2）培训层次有划分吗？
（3）是否只进行课堂培训，是否有辅助的工作台现场操作培训？
（4）培训后是否进行考核？不合格是否有处罚措施？
（5）再培训频次如何？
（6）培训教师是否有资质要求？

4. 洁净室或防静电工作区入口

更衣室是洁净室和外部环境间的接口。应严格遵守相关管理控制要求，否则更衣室将成为洁净室污染的主要来源。违规进入则是最常见的违规行为。

（1）进入更衣室前应遵守哪些规定要求？例如，服装是否合规？是否已经洗手？
（2）进入更衣室前操作员是否需要洗手？
（3）手套是否需要清洗？
（4）更衣区域如何布局？
（5）操作员是否应穿洁净室专用鞋？
（6）外衣应存放在哪里？
（7）该工作区域是否执行防静电管理要求？
（8）进入防静电工作区前是否接受防静电培训？
（9）对带入洁净室的工具和设备，有哪些限制要求？

5. 穿衣策略

服装类型是洁净室和防静电工作区管控的重要方面，是影响洁净度和防静电效果的重要因素。服装控制要求不仅针对洁净服和防静电工作服，还包括手套、口罩、手腕带、鞋类等。

（1）服装类型有哪些？

（2）服装选择标准有哪些？

（3）服装购买和测试标准有哪些？

（4）供应商/洗衣服务企业的服装批次测试标准（比如 ASTM 51 和 Helmke 滚筒规定的标准）有哪些？

6. 设施维护

维护保养不当是污染或防静电工作区出现故障问题的常见原因。主要影响因素如下。

（1）工程人员很少对生产过程负有直接管理责任。设备设施专业化程度高，工程人员很少有机会了解设备设施外观及其生产操作方式。

（2）采购人员很少对设施负有直接责任，并不知晓日常操作的注意要点。

考虑到上述两点，承包商进行设备维护或保洁时，很少会得到有效指导，作业时可能会产生严重问题。比如，承包商可能会在未被告知正确使用隔离板（Visqueen）的情况下简单设置一个屏障进行设施维修作业，此时并未意识到屏障并没有发挥防护作用。如未得到承包设施改造的工程小组的正确指导，承包商并不会知道他们设置的隔离板无效。

同样，对于保洁人员的培训，可能会存在培训不充分问题，这是因为采购人员本身没有接受过相关方面的培训。因此，防静电与污染控制工程主管、设施工程主管和采购主管应相互协调，确保不再发生该类问题。

（1）洁净室或防静电工作区内的设备是否有在设施运行或非运行期间的操作书面作业说明？

（2）开始作业之前，是否进行现场签字确认？

（3）重新在受污染区域或防静电区域进行科研生产活动之前，是否强制重新进行认证？

（4）工程或采购人员是否已接受污染或静电放电控制意识培训？

7. 材料和耗材认证

一般来讲，产品与工艺处置过程中使用的材料和耗材是静电放电控制或污染控制过程中的最薄弱环节。对控制材料、耗材和设备进行官方认证，可以在限制范围内进行购买，而降低成本则是采购首要考虑因素，这可能会与污染或静电放电受控要求直接冲突。

（1）产品制造材料发生改变时，是否需要进行化学兼容性和静电放电测试？是否需要执行正式审批程序？

（2）消耗材料（如手套、棉签、擦拭布等）是否也执行类似程序？
（3）是否有唯一技术中心负责耗材批准和采购？
（4）洁净度或静电放电敏感产品是否都有认可材料清单？
（5）是否有通用洁净室和静电放电控制材料清单？

8. 洁净度或静电放电敏感产品处置过程

审核时也应关注洁净室或防静电工作区内产品或工艺处置过程，该项最易执行。

（1）有哪些关于工作台的清洁说明？
（2）是否有通用清洁说明？是否有工作台专用清洁说明？
（3）是否有洁净室清洁指导方案（清洁指导文件）？
（4）工作开始前，是否依据专用审核标准验证工作台污染和静电放电控制措施得当？

9. 设计权限

（1）洁净室内设备设施管控规定的责任主体是谁？
（2）防静电工作区内设备设施管控规定的责任主体是谁？
（3）设备设施或工具的选用主体是谁？
（4）清洁工艺开发和设备选择责任主体是谁？

10. 过程设计和变更权限

（1）新工艺使用前，是否正式通过签字流程审批？
（2）现有工艺更改可能影响认证时，是否正式通过签字流程审批？

11. 工具和设备的设计与认证

（1）污染和静电放电控制人员是否对洁净室工装的设计产生影响？
（2）新工作台和工具使用前，是否通过检测或校准？
（3）工程师是否参照规定文件设计洁净室和静电放电敏感工具？

12. 室内器件清洁

（1）是否有记录文件，对以下事项作出规定？
① 溶剂清洁系统使用。
② 首选表面活性剂和清洁剂。
③ 零件清洁规范和认证过程。
④ 清洁设备设计和工艺开发。

（2）是否有满足制造操作要求（平均修理时间、适用性百分比、预防性维护计划等）的清洁保养协议？
（3）是否持续监测清洁器？

（4）是否监测控制限值和行为等级？
（5）如何设定控制限值？
（6）是否对循环性反馈行为做出规定？
（7）如使用去离子水，是否进行连续监测？
（8）去离子水的使用监测定位在哪里？如何监测？
（9）在水溶液清洗过程中，是否对表面活性剂浓度进行连续监测？或者是否抽样检测，如果是，如何进行？

13. 合规性措施

（1）制造商是否进行审核，确认产品符合管控要求？
（2）对产品是否采取独立审核措施？
（3）审核频率是多少？
（4）审核是否可量化评估？
（5）如果是，是否对趋势进行监测，如何报告？
（6）是否有反馈/纠正措施计划？

14. 供应商流程和包装

（1）是否有供应商资质评价和认证程序？
（2）是否使用供应商污染控制清单？
（3）供应商是否执行室内污染或静电放电控制认证方案？
（4）供应商清洁程序是否受到监控并通过认证？
（5）供应商是否提供不能进行室内清洁的零件？
（6）对能够在室内清洁的耗材以及不能在室内清洁的耗材的包装进行说明。
（7）包装材料是否合格？
（8）是否有零件打包和拆包的程序？

11.8 案例研究：破碎磁体流程

磁盘存储行业中，破碎磁体的回收最为困难，需要对磁铁破碎后的回收过程进行详细记录。作业人员应有详尽的说明作为指导，同时接受精细培训。最后，仔细检查可能的破损区域和修复区域。一个理想的破碎磁体清洁流程可成功避免房间、工具和操作员带来的破碎磁体颗粒。然而几乎不可能会达到100%的成功率，所以可能需要很长时间才能成功回收破碎磁体。通过案例给出了些许磁体破碎回收程序建议。

11.8.1 破碎磁体定义

破碎磁体是指无论是否通电,都能将磁性材料释放到工作场所的磁体。破碎磁体的保护涂层不能预防磁体颗粒释放到工作场所中。因此,除物理破裂之外,破碎磁体还包括磁体涂层的撕裂、划痕和碎屑。

11.8.2 关于处理破碎磁体程序的建议

本节推荐的破碎磁体程序重点强调隔离、清理以及两类人员责任:打破磁体的人(也称为破碎磁体操作员)和工作助理。

1. 污染区域隔离

破坏磁铁的作业人员告知周围工作人员发生了磁体损坏事件。位于可控距离以外的其他作业人员腾空该区域。有一家企业规定了应对磁体损坏事件发生位置采取清空和清洁措施,覆盖半径约1m的范围。该规定只针对垂直单向流洁净室,在垂直单向流洁净室内,无论水平流向如何,在一定距离范围内,污染物会均匀分散。如洁净室内未安置架空地板,气流非单向流动,以不对称距离方式设定安全区域更为合理。上风位置处安全距离应小于1m,侧面约1m(垂直于气流方向),下风向位置处距离应大于1m。无论哪种情况,所定义区域均称为磁性污染区域。

2. 清理团队

破碎磁体作业人员,即打破磁体的人,从助理处获取破碎磁体套件。提供套件的助手不会进入污染区域。而打破磁体的人员不应从污染区域出来,直至完成清理工作,套件应放在拉链塑料袋内或适宜的可密封容器内。清理完成后,助手用另一个可密封容器处理上述第一个容器。也就是说,作业人员将包含工具和废弃物的套件放入第二个袋子中,助手将外袋密封后再将其丢弃。助手还应接收作业人员利用SEM黏性残块采集的样品。不应戴手套处理样品,应使用专用镊子。

3. 破碎磁体套件

破碎磁体套件应是一个可密封容器,如拉链封口塑料袋,其包括以下物品的部分或全部:

(1)两个可密封袋子;
(2)几双手套;
(3)一个低成本的胶辊;
(4)美术树胶(可选);
(5)橡胶水泥(可选);

（6）黏性手套或擦拭布（可选）；
（7）胶带或粘垫；
（8）音圈或其他合适的高能量涂层磁体；
（9）SEM 黏性棒（胶带）采样包；
（10）用于处理黏性棒的镊子。

4. 清理步骤

如果破坏磁体的人仍然拿着磁铁或其中的一部分，应将拿着磁体的手上的手套拉下，使其包住磁体。然后把手套系好并放在破碎磁体容器（如果有的话）或废物袋中。再戴上破碎磁体套件中的一个手套。如果破损的磁体套件包含高能量磁体涂层，如钕铁硼磁体，则将其通过洁净室手套拿在手中。然后用包裹磁铁的手套系统地扫描手部、手套以及操作员的服装、工具、工作台表面和家具，以确保完全覆盖（沿气流方向重叠擦拭），这个过程通常称为磁体扫掠。扫掠结束后，将手套翻出并捆绑。这使得高能磁体能够被回收以供将来使用。翻转和密封手套使被吸住的颗粒子困在里面。

磁体有时会在工具内部破碎，在磁体扫掠过程中，妨碍了高能磁体的靠近（通常定义为与清扫手套表面的接触）。在这种情况下，相对谨慎的做法是使用某种形式的黏合剂来捕获和去除颗粒。橡胶水泥也适用于这些应用，美术树胶提供了一个合适的黏性表面。工具的污染区域可用橡胶水泥或美术树胶涂抹。橡胶水泥固化成橡胶状态后，将其剥落。

平坦的表面应使用粘垫、手套或滚筒进行清洁。适合洁净室使用的黏辊在这一步骤中非常有效。此外，自粘式密封件的废料也很适用，并且如果检验合格，则不会产生有害排气问题。一些公司在应用中已经使用俗称"粘布"的黏性手套。它们是可利用的，但是建议在使用前确定它们的无机和有机污染物是合格的。工作区域的平坦表面使用选定的粘垫、擦拭布或黏辊进行系统清洁。

破碎磁体操作员的手和衣服的污染是一个严重的问题，因为这些被污染的材料可以将污染物传播到其他洁净室服装，并且被污染的手可以将污染传播到工具和工作区。当磁体操作员离开洁净室时，磁性污染物也可能从磁体操作员身上脱落，从而导致洁净室的污染。因此，破碎磁体操作员防止手套和手传播磁体污染物很有必要。

有几个选项可用于控制来自破碎磁体操作员的磁体污染。其中一种选择是在清理完成后再次使用粘辊和磁力扫描。然后再次更换手套。最后破碎磁体操作员可以使用 SEM 黏性棒对该区域进行粘胶带测试。建议至少有 4 个黏性棒用于此次采样用途。应该分析黏性棒，以确认清理后磁性区域恢复清洁。

一家公司还让助理提供第二套洁净室服装,用于破碎磁体操作员在完成清理之后穿着。这家公司让破碎磁体操作员退出洁净室和更衣室。可能被污染的洁净室服装在走廊上放在垃圾袋中并被移走,最后焚烧处理。

5. 文档记录

发生磁体破碎事件后,应形成分析报告,明确破碎位置、时间和日期以及作业人员。应将报告表格置于破碎磁体套件中,并送交至质量工程、材料科学实验室和制造工程等部门,使其注意可能需要采取的纠正措施。纠正措施可以很简单,对该区域进行二次(或多次)清理,使其恢复到磁体破碎之前的状态即可。报告可敦促工程师采取措施,纠正因工具设计或材料选择不合适而造成的磁体损坏。详细的事件分析报告还有其他好处。

6. 培训

培训必不可少,技术和规定是成功防护破碎磁体污染中的关键因素。培训要求如下:

(1) 操作人员需要了解破碎磁体风险;
(2) 操作人员需要接受破碎磁体区域培训;
(3) 操作人员应知悉破碎磁体清理套件位置;
(4) 操作人员应熟悉破碎磁体清理套件中的工具及使用方法。

7. 破碎磁体区域样品分析

破碎磁体区域样品磁性污染程度与产量和可靠性成正比。一家磁盘驱动器制造商因磁性污染造成了严重的产量损失。为了保护客户免受该类故障模式的影响,该企业要求在事故发生后 8h 内知悉磁体破碎区域的清洁度。磁体破碎事件发生后,对发生区域进行清洁,利用 SEM 样本进行分析,将分析结果与该区域的清洁历史记录进行比较,以确定是否需要采取额外的清洁作业。

参考文献

[1] JPL Standard D-1348 Rev. F, Document 34906, Jet Propulsion Laboratory, Pasadexa, CA.

内 容 简 介

本书着眼于高新制造业中的环境质量基础工程问题，系统提出了污染控制与静电放电控制的要求与方法。通过标准和案例分析，重点阐述了污染控制与静电放电控制的内在联系，以及工作区设计、材料选择、工具使用、过程检测、清洁维护、包装运输、管理措施、审核认证等方面的具体要求和方法。

本书可供航空航天、武器装备、电子工程、通信工程、半导体技术、计算机与信息工程等领域从事静电与微污染控制研究工作的科研人员、工程技术人员和管理人员阅读、参考，对于提升我国高新制造业质量能力具有指导意义。